高等学校计算机专业规划教材

C++面向对象程序设计（第2版）

邵兰洁　马　睿　主　编
徐海云　母俐丽　副主编

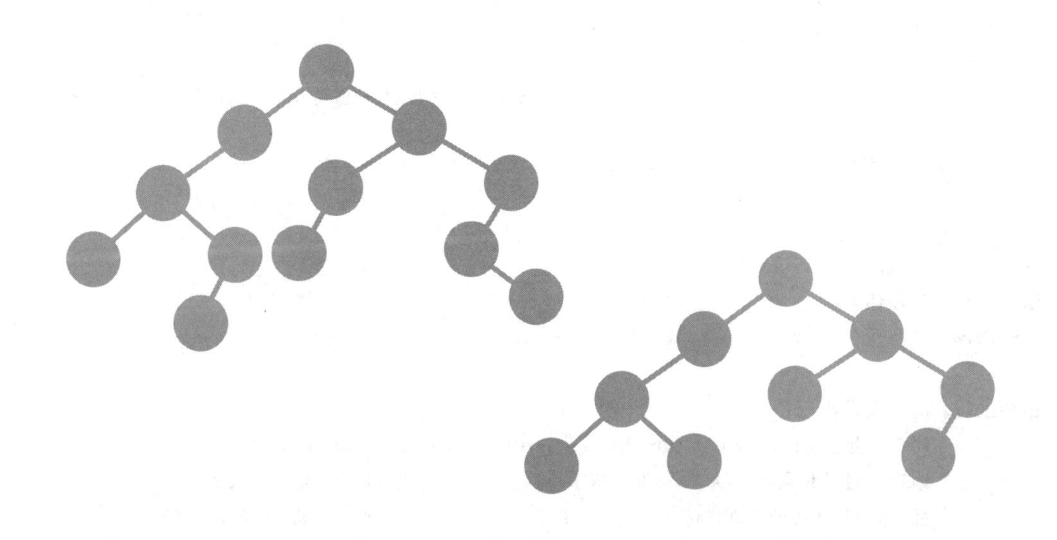

清华大学出版社
北　京

内容简介

本书以 CDIO 工程教育模式所倡导的"基于项目的学习"理念为指导，通过一个难度适中的综合性项目——图书馆图书借阅管理系统的面向对象程序编写，全面而深入浅出地介绍了面向对象程序设计的编程思想、标准 C++ 面向对象程序设计技术。内容包括：面向对象程序设计概述，C++ 在面向过程方面对 C 语言的扩充，C++ 面向对象程序设计：类与对象、继承与派生、多态性与虚函数、友元、静态成员、运算符重载、泛型编程、输入/输出、异常处理等内容。

本书内容丰富，通俗易懂，实用性强。全书以项目开发为主线，将对知识点的教学融合到项目功能模块开发中，让学生"学中做""做中学"。学生在项目实践中学习和巩固知识点，培养和锻炼自身的自主学习能力、工程实践能力、创新能力、团队合作能力等多方面能力。

本书是按照应用型本科教学的基本要求编写的，适合用作高等院校计算机及相关专业本科生的面向对象程序设计课程教材，也适合用于具有 C 语言基础，想学习 C++ 面向对象编程技术的自学者和程序设计人员的参考用书。

图书在版编目(CIP)数据

C++ 面向对象程序设计/邵兰洁，马睿主编. —2 版. —北京：清华大学出版社，2020.1（2023.1重印）
高等学校计算机专业规划教材
ISBN 978-7-302-54452-4

Ⅰ. ①C… Ⅱ. ①邵… ②马… Ⅲ. ①C++ 语言－程序设计－高等学校－教材 Ⅳ. ①TP312.8

中国版本图书馆 CIP 数据核字(2019)第 264482 号

责任编辑：龙启铭
封面设计：何凤霞
责任校对：徐俊伟
责任印制：刘海龙

出版发行：清华大学出版社
网　　址：http://www.tup.com.cn，http://www.wqbook.com
地　　址：北京清华大学学研大厦 A 座　　**邮　　编**：100084
社 总 机：010-83470000　　**邮　　购**：010-62786544
投稿与读者服务：010-62776969，c-service@tup.tsinghua.edu.cn
质量反馈：010-62772015，zhiliang@tup.tsinghua.edu.cn
课件下载：http://www.tup.com.cn，010-83470236
印 装 者：三河市铭诚印务有限公司
经　　销：全国新华书店
开　　本：185mm×260mm　　**印　　张**：29.5　　**字　　数**：717 千字
版　　次：2015 年 2 月第 1 版　　2020 年 1 月第 2 版　　**印　　次**：2023 年 1 月第 5 次印刷
定　　价：49.00 元

产品编号：082537-01

当今,面向对象编程技术是软件开发领域的主流技术,该技术从根本上改变了人们以往设计软件的思维方式。它把数据和对数据的操作封装起来,集抽象性、封装性、继承性和多态性于一体,可以帮助人们开发出可靠性高、可重用性好、易修改、易扩充的软件,极大地降低了软件开发的复杂度,提高了软件开发的效率,尤其适用于功能庞大而复杂的大型软件开发。C++为面向对象编程技术提供全面支持,是主流的面向对象程序设计语言,在当前软件开发领域占据重要地位。全国各级各类高校计算机及相关专业基本上都开设了该课程,目的是让学生掌握面向对象程序设计的基本知识和基本技能,学会利用C++语言进行面向对象程序设计,解决一般应用问题,并为后续专业课程的学习奠定程序设计基础。

C++由C语言发展而来,它在C语言的基础上进行功能扩充,增加了面向对象的机制。无论从编程思想、代码效率、程序的可移植性和可靠性,还是从语言基础、语言本身的实用性来讲,C++都是面向对象程序设计语言的典范。学好C++,不仅能够用于实际的程序设计,而且有助于理解面向对象程序设计的精髓,再去学习诸如Java、C#之类的面向对象程序设计语言也就简单了。

但是,目前的大多数C++教材在内容安排上都是既介绍C++的面向过程程序设计(这里绝大部分是在介绍原来C语言的内容),又介绍C++的面向对象程序设计。这样的教材对于没有C语言基础的读者来说是合适的。目前有不少高校是把C语言和C++分别作为独立的两门课,尤其对计算机科学与技术专业、软件工程专业的学生来说,这样的安排更合理些。所以需要以C语言为起点的C++教材,这样可以节省教学时间。本书就是应这种需要而产生的。本书的特点如下:

(1) 重点突出,内容取舍合理。本书重点讲解C++的面向对象程序设计,同时兼顾C++在面向过程方面对C语言的扩充。

(2) 通俗易懂、深入浅出。本书力求用通俗易懂的语言、生活中的现象来阐述面向对象的抽象的概念,以减少初学者学习C++的困难,便于自学。

(3) 强调示例程序的可读性和标准化。本书的所有示例程序均遵循程序员所应该遵循的一般编程风格,如变量名、函数名和类名的命名做到"见名知义",采用缩排格式组织程序代码并配以尽可能多的注释等,程序可读性强。同时每个示例程序均在 Visual C++ 2017、Code::Blocks 17.12、Dev-C++ 5.11 下调试通过,并给出运行结果。所有示例程序均按照标准 C++ 编写,力求培养学生从一开始就写标准C++ 程序的习惯。

(4) 强调示例程序的实用性。本书示例程序都是经过精心设计的,实用性强,力求解决理论与实际应用脱离的矛盾,从而达到学有所用的目的。

(5) 重视学生实际编程能力的培养。本书以 CDIO 工程教育模式所倡导的"基于项目的学习"理念为指导,精心设计了一个贯穿全书各章节的综合性项目——图书馆图书借阅管理系统,兼顾教师的教与学生的学,既有用于教师示范的系统功能模块,又有用于学生练习实践的系统功能模块,非常适用于教学。随着学习进程的推进,在教师的示范与引导下,学生不断地运用所学的面向对象的 C++ 程序设计技术完成、完善该系统,最后形成一个完整的系统。学生通过项目实践练习,既理解了面向对象的编程思想,掌握了面向对象程序设计技术,又提高了自身的实践能力、自主学习能力,同时也培养了自身的创新能力、团队合作能力。

(6) 特别关注内容提醒。凡是需要学生特别关注的内容,书中都用带阴影的文本框标记,以引起学生的注意。

(7) 每章附有精彩小结。每章结束时都有一个精彩小结,对本章知识点进行高度概括,画龙点睛。

(8) 提供配套的上机指导与习题解答。配套的上机指导可以为课程上机提供方便,习题解答方便读者自查。

全书共分 11 章,第 1 章为面向对象程序设计概述,本章从一个简单的商品库存管理系统的面向过程程序设计出发,讨论了传统的面向过程程序设计方法的不足,进而引出面向对象程序设计方法,介绍面向对象程序设计的编程思想、面向对象程序设计的基本概念、面向对象程序设计的优点、面向对象的软件开发过程。在面向对象技术理论的指导下,本章最后一节对贯穿全书的综合性项目——图书馆图书借阅管理系统进行了面向对象的分析与设计。第 2 章为 C++ 面向过程程序设计,主要介绍 C++ 在面向过程方面对 C 语言功能的扩充。第 3～10 章介绍 C++ 的面向对象程序设计,包括类与对象、继承与派生、多态性与虚函数、友元、静态成员、运算符重载、函数模板与类模板、输入/输出和异常处理、STL 等内容,每章最后一节均提供针对本章所讲内容的图书馆图书借阅管理系统的开发。本书第 1、3、4、8 章由邵兰洁编写,第 2、9 章由徐海云编写,第 5、6、7 章由马睿编写,第 10 章由母俐丽编写,第 11 章由陆同编写。书中项目案例由邵兰洁设计开发。全书由邵兰洁、马睿统稿,邵兰洁审稿。

本书是按照应用型本科教学的基本要求编写的,自 2015 年 2 月第 1 版出版以来,受到读者的广泛好评,多所院校将本书作为计算机及相关专业本科生的面向对象程序设计课程的教材,在此,我们对读者表示由衷的感谢！本书是第 2 版。本次改版基于 C++ 11/14 新标准进行了内容更新,书中所有例题程序均全部采用新标准改写,增加了实现高效 C++ 泛型编程的 STL 的比重,修改了部分章节的例题。限于篇幅,删除第 1 版中的第 11 章图形界面 C++ 程序设计,放到与本书配套的《C++ 面向对象程序设计习题解答与上机指导》的第 2 部分上机指导中介绍。

本书适合用作高等院校计算机及相关专业本科生的面向对象程序设计课程教材，也可用作具有C语言基础，想学习面向对象编程技术的自学者和广大程序设计人员的参考用书。

在本书的编写过程中阅读参考了国内外大量的C++书籍，这些书籍已被列在书后的参考文献中，在此谨向这些书籍的作者表示衷心的感谢。本书的出版凝聚了出版社工作人员的辛勤汗水，在此感谢出版社领导与编辑们的信任与付出。

为方便读者学习和教师教学，本书配有以下辅助资源：

※ 配套的PPT电子课件；

※ 全部例题程序代码；

※ 全部习题程序代码。

以上资源可从清华大学出版社的网站(http://www.tup.tsinghua.edu.cn)下载或加入QQ群686214194索取。

由于编者水平有限，书中难免存在疏漏和不足之处，恳请读者批评指正。

编　者

2020.1

目录

第3章 类与对象 /76

第5章 多态性与虚函数 /223

第6章 友元与静态成员 /246

第7章 运算符重载 /263

第 8 章 函数模板与类模板 /301

第 9 章 输入输出 /339

第1章

面向对象程序设计概述

本章从一个简单的商品库存管理系统的面向过程程序设计出发，讨论了传统的面向过程程序设计方法的不足，进而引出面向对象程序设计方法，介绍面向对象程序设计的编程思想、基本概念，面向对象程序设计的优点，面向对象的软件开发过程。最后对贯穿全书的综合性项目(图书馆图书借阅管理系统)进行了面向对象的分析与设计。

1.1 面向过程程序设计

面向对象程序设计与面向过程程序设计作为两种常用的程序设计方法，有着各自的适用范围。在学习面向对象的程序设计之前，先来回顾一下面向过程的程序设计。

C语言是一种支持面向过程程序设计的编程语言，在学习C语言时，所编写的每一个程序都是面向过程的。下面是一个简单的实现商品库存管理的面向过程的C程序框架。

```
/*商品库存管理系统C语言源代码product.c*/
#include <stdio.h>              /*标准输入/输出函数库头文件*/
#include <stdlib.h>             /*标准函数库头文件*/
#include <string.h>             /*字符串函数库头文件*/
/*定义宏*/
#define MAXSIZE 100             /*商品结构体数组的大小,可自行设置*/
#define PRODUCT_LEN sizeof(struct product)          /*商品结构体的长度*/
#define FORMAT "%-8d%-15s%-15s%-15s%-12.1lf%-8d\n"
                                                    /*商品信息输出格式控制串*/
#define DATA products[i].id, products[i].name, products[i].producer,
    products[i].date, products[i].price, products[i].amount
                                                    /*按格式输出商品的各项数据*/
…(其他宏定义略)
/*定义商品结构体*/
typedef struct product{         /*标记为product*/
    int id;                     /*商品编号*/
    char name[15];              /*商品名称,最多14个字符*/
    char producer[15];          /*商品生产商,最多14个字符*/
    char date[15];              /*商品生产日期,最多14个字符*/
    double price;               /*商品价格*/
    int amount;                 /*商品数量*/
```

```
}Product;
/*定义全局变量*/
Product products[MAXSIZE]; /*定义商品结构体数组*/
…(其他全局变量定义略)
/*自定义函数原型声明*/
void showMenu();              /*显示系统功能菜单*/
void inputProduct();          /*商品入库*/
void outputProduct();         /*商品出库*/
void deleteProduct();         /*删除商品*/
void modifyProduct();         /*修改商品*/
void searchProduct ();        /*查询商品*/
void showProduct ();          /*浏览商品*/
void totalProduct ();         /*商品统计*/
void sortProduct ();          /*商品排序*/
…(其他自定义函数原型声明略)
/*主函数 main*/
int main() {
  int choice;                 /*存储用户对系统功能菜单的选择结果*/
  system("color F0");         /*设计程序运行窗口的背景为亮白色,前景为黑色*/
  showMenu();                 /*显示系统功能菜单*/
  scanf("%d", &choice);
  while(choice){              /*choice为0时退出while循环*/
        switch (choice)       /*根据用户的选择,执行相应的操作*/
        {
            case 1: inputProduct(); system("pause");break;
            case 2: outputProduct(); system("pause");break;
            case 3: deleteProduct(); system("pause");break;
            case 4: modifyProduct(); system("pause");break;
            case 5: searchProduct(); system("pause");break;
            case 6: showProduct (); system("pause"); break;
            case 7: totalProduct(); system("pause");break;
            case 8: sortProduct (); system("pause"); break;
            default:printf("选择有误!"); system("pause");     /*错误输入*/
        }                                                      /*switch结束*/
        while( getchar() !='\n' );     /*为了避免下次输入出错,需要清除键盘缓冲区*/
        showMenu();
        scanf("%d", &choice);
  };
  printf("您选择了退出系统!!!\n");
  printf("谢谢使用本系统,再见!\n");
  printf("按任意键退出");
  getch();                             /*让屏幕暂停*/
  return 0;
}                                      /* main函数结束 */
```

```
/* 定义自定义函数 */
void showMenu()                          /* 显示系统功能菜单 */
{
    system("cls");                       /* 调用 DOS 命令,清屏,与 clrscr()功能相同 */
    /* -------------------------显示系统功能菜单-------------------- */
    printf("\n************************************************");
    printf("\n************************************************");
    printf("\n**       ################################       **");
    printf("\n**         ####欢迎使用商品库存管理系统####       **");
    printf("\n**       ################################       **");
    printf("\n**                                              **");
    printf("\n**        1. inputProduct()(商品入库)           **");
    printf("\n**        2. outputProduct()(商品出库)          **");
    printf("\n**        3. deleteProduct()(删除商品)          **");
    printf("\n**        4. modifyProduct()(修改商品)          **");
    printf("\n**        5. searchProduct()(查询商品)          **");
    printf("\n**        6. showProduct()(浏览商品)            **");
    printf("\n**        7. totalProduct()(商品统计)           **");
    printf("\n**        8. sortProduct()(商品排序)            **");
    printf("\n**        0. exit(退出程序)                     **");
    printf("\n**                                              **");
    printf("\n************************************************");
    printf("\n************************************************");
    printf("\n");
    printf("            请选择要执行的操作(0～8):");
}
void inputProduct() {
    …(函数体代码略)
}
…(其他自定义函数实现代码略)
```

由上述商品库存管理的面向过程的 C 程序框架可以看出,面向过程的 C 程序的基本组成单位是函数,系统的每一项功能对应一个 C 函数,如果某项功能较复杂,可以对其进行功能分解,分解为多项子功能,子功能可以继续进行分解,直到每项子功能都足够简单,不需要再分解为止,每项子功能对应一个 C 函数,并由其上层功能所对应的 C 函数调用。main 函数负责调用顶层功能所对应的 C 函数。运用面向过程程序设计方法所设计出来的 C 程序模型如图 1-1 所示。

面向过程程序设计的基本思想为:功能分解、逐步求精、模块化、结构化。其程序结构按其功能划分为若干基本模块[①];各模块之间的关系尽可能简单,在功能上相对独立;每一个模块内部均有顺序、选择和循环 3 种基本结构组成;模块间通过调用或全局变量有

---

① 一个模块就是一个程序段,是能够实现某一功能,可以独立地进行编制、测试和维护的程序单位。在 C 语言中,一个模块可以对应一个自定义 C 函数。

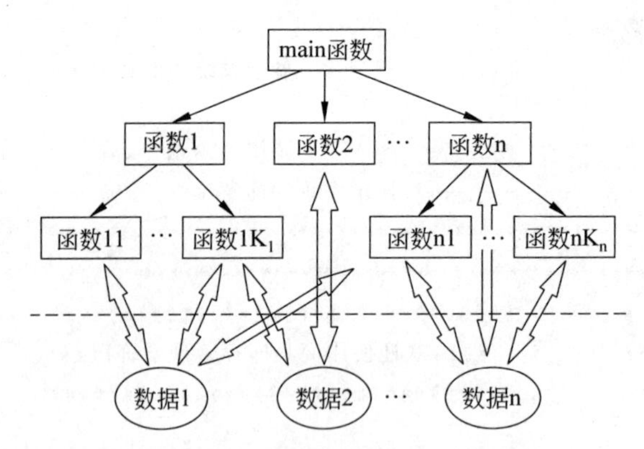

图 1-1　面向过程程序设计的程序模型

机地联系起来。

面向过程程序设计在20世纪60年代末、70年代初从一定程度上缓解了当时的“软件危机”，它在处理较小规模的程序时比较有效。但是，随着人们对大规模软件需求的增长，面向过程的结构化程序设计逐渐显示出它的不足，具体表现如下。

1. 程序设计困难，生产率低下

面向过程的程序设计是围绕功能进行的，用一个函数实现一项功能。所有数据都是公用的，一个函数可以使用任何一组数据，而一组数据又能被多个函数所使用(见图1-1)。程序设计者必须仔细考虑每一个细节，在什么时候需要对什么数据进行操作。当程序规模较大、数据很多、操作种类繁多时，程序设计者往往感到难以应付。就如工厂的厂长直接指挥每一个工人的工作一样，一会儿让某车间的某工人在A机器上用X材料生产轴承，一会儿又让另一车间的某工人在B机器上用Y材料生产滚珠…显然这是非常劳累的，而且往往会遗漏或搞错。所以面向过程程序设计只适用于规模较小的程序。

2. 数据不安全

在面向过程的程序中，所有数据都是公用的，谁也没有办法限制其他程序员不去修改全局数据，也不能限制其他程序员在函数中定义与全局数据同名的局部变量。因为面向过程的程序设计语言并没有提供这样一种数据保护机制。当程序规模较大时，这个问题尤其突出。

3. 程序修改困难

当某个全局数据的数据结构修改时，所有操作该全局数据的函数都要进行修改。特别是当程序的功能因用户需求的变化而改变时，程序修改的难度更大，很有可能会导致程序的重新设计。

4. 代码重用程度低

运用面向过程程序设计方法所设计出来的程序，其基本构成单位为函数，故代码重用的粒度最大也只能到函数级。对于今天的软件开发来说，这样的重用粒度显得非常不够。

针对面向过程程序设计的不足，人们提出了面向对象程序设计方法。

1.2 面向对象程序设计

面向对象程序设计思想的出发点是思考面向过程的程序设计为什么不能有效地解决大规模程序设计的问题。实际上,面向过程的程序设计是从计算机的角度出发去解决问题,换句话说,就是用计算机的观点去观察世界。计算机的观点和人类的思维方式是有很大区别的,从计算机的角度出发,根据对系统的分析,将系统按功能划分为一个一个的模块。在这个过程中,很多现实世界里的整体被分割成了若干个部分,这样就使得问题在从现实世界到计算机世界的转换过程中出现一定的差距。当问题较小或简单时,这种差距可以很容易地通过程序进行弥补。但当问题规模变大时,这种差距就难以弥补了。

面向对象方法的出发点是尽可能地模拟人类的思维方式去描述现实世界中的问题,使软件开发的方法尽可能接近人类认识、解决现实世界中问题的方法,使得问题在从现实世界向计算机世界转换过程中的差距尽可能地小,也就是让描述问题的问题空间和实现解法的解空间在结构上尽可能地一致。面向对象方法已经在当今的软件开发中占据了主流的位置。下面简单介绍面向对象程序设计的思想。

1.2.1 面向对象程序设计的思想

具体地讲,面向对象程序设计的基本思想如下。

(1) 客观世界中的事物都是对象(object),对象之间存在一定的关系。

面向对象方法要求从现实世界客观存在的事物出发来建立软件系统,强调直接以问题域(现实世界)中的事物为中心来思考问题和认识问题,并根据这些事物的本质特征和系统责任,把它们抽象地表示为系统中的对象,作为系统的基本构成单位。这可以使系统直接映射到问题域,保持问题域中的事物及其相互关系的本来面目。

(2) 用对象的属性(attribute)描述事物的静态特征,用对象的操作(operation)描述事物的行为(动态特征)。

(3) 对象的属性和操作结合为一体,形成一个相对独立、不可分割的实体。对象对外屏蔽其内部细节,只留下少量接口,以便与外界联系。

(4) 通过抽象对对象进行分类,把具有相同属性和相同操作的对象归为一类,类是这些对象的抽象描述,每个对象是其所属类的一个实例。

(5) 复杂的对象可以用简单的对象作为其构成部分。

(6) 通过在不同程度上运用抽象的原则,可以得到一般类和特殊类。特殊类继承一般类的属性与操作,从而简化系统的构造过程。

(7) 通过关联表达类之间的静态关系。

(8) 对象之间通过传递消息进行通信,以实现对象之间的动态联系。

为了让大家对面向对象程序设计的编程思想有更深入地理解,下面先对其所涉及的基本概念进行阐述。

1.2.2 面向对象的基本概念

1. 对象

可以从两个角度来理解对象。一个角度是现实世界,另一个角度是人们所建立的软件系统。

现实世界中客观存在的任何一个事物都可以看成一个对象(object)。或者说,现实世界是由千千万万个对象组成的。对象可以是有形的,如汽车、房屋、张三等,也可以是无形的,如社会生活中的一种逻辑结构:学校、军队,甚至一篇文章、一个图形、一项计划等都可视为对象。

对象可大可小。如学校是一个对象,一个班级或一个学生也是一个对象。同样,军队中的一个师、一个团、一个连、一个班等都是对象。

任何一个对象都具有两个要素:属性和行为,属性用于描述客观事物的静态特征,行为用于描述客观事物的动态特征。例如,一个人是一个对象,他有姓名、性别、身高、体重等属性,有走路、讲话、打手势、学习和工作等行为。一台录像机是一个对象,它有生产厂家、牌子、颜色、重量、价格等属性,有录像、放像、快进、倒退、暂停、停止等行为。一般说来,凡是具有属性和行为这两个要素的,都可以作为对象。

在一个系统中的多个对象之间通过一定的渠道相互联系,如图1-2所示。要使某一个对象实现某一个行为,应当向它传递相应的消息。如想让录像机开始放像,必须由人去按录像机的按键,或者用遥控器向录像机发一个信号。对象之间就是这样通过发送和接收消息互相联系的。

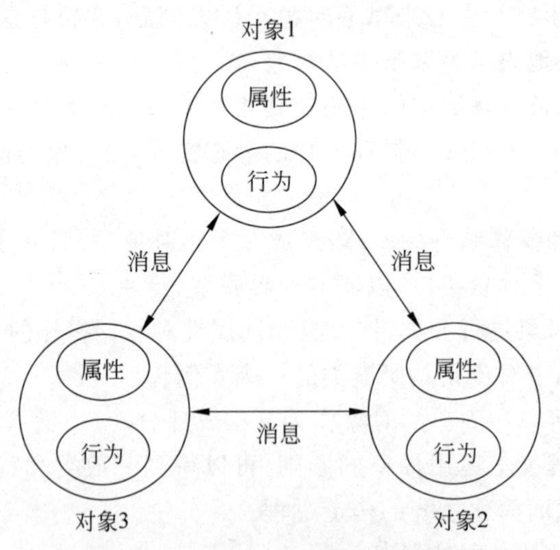

图1-2 现实世界系统的对象模型

在面向对象的软件系统中,对象是用来描述客观事物的一个相对独立体,是构成系统的一个基本单位。一个对象由一组属性和对这组属性进行操纵的一组操作组成。属性是用来描述对象静态特征的一个数据项,操作是用来描述对象行为的一个动作序列。

在开发软件系统时,首先要对现实世界中的对象进行分析和归纳,以此为基础来定义软件系统中的对象。

> **特别提醒：**
>
> 软件系统中的一部分对象是对现实世界中的对象的抽象，但其内容不是全盘照搬，这些对象只包含与所解决的现实问题有关的那些内容；系统中的另一部分对象是为了构建系统而设立的。

2. 类

类是对客观世界中具有相同属性和行为的一组对象的抽象，它为属于该类的全部对象提供了统一的抽象描述，其内容包括属性和操作。例如，人可以作为一个类，它是世界上所有实体人(如张三、李四、王五等)的抽象，而实体人张三、李四、王五等则是人这个类的具体实例。

类和对象的关系可表述为：类是对象的抽象，而对象则是类的实例，或者说是类的具体表现形式。更形象一点说，类和对象的关系如同一个模具和用这个模具铸造出来的铸件之间的关系。

3. 抽象

在寻找类时用到一个概念：抽象。“物以类聚，人以群分”就是分类的意思，分类所依据的原则是抽象。抽象(abstract)就是忽略事物中与当前目标无关的非本质特征，更充分地注意与当前目标有关的本质特征。从而找出事物的共性，并把具有共性的事物划为一类，得到一个抽象的概念。例如，在设计一个学生成绩管理系统的过程中，考察学生这个对象时，就只关心他的班级、学号、成绩等，而忽略他的身高、体重等信息。因此，抽象性是对事物的抽象概括描述，实现了客观世界向计算机世界的转化。将客观事物抽象成对象及类是比较难的过程，也是面向对象方法的第一步。

4. 封装

日常生活中，运用封装原理的例子很多，如录像机、数字电视机、数码相机、手机等等。就拿录像机来说，录像机里有电路板和机械控制部件，但在外面是看不到的，从外面看它只是一个“黑盒子”，在它的表面有几个按键，这就是录像机与外界的接口。人们在使用录像机时不必了解它的内部结构和工作原理，只需知道按哪一个键能执行哪种操作即可。

这样做的好处是大大降低了人们操作对象的复杂程度，使用对象的人完全可以不必知道对象内部的具体细节，只需了解其外部功能即可自如地操作对象。

在面向对象方法中，所谓“封装”是指两方面的含义：一是用对象把属性和操纵这些属性的操作包装起来，形成一个基本单位，各个对象之间相对独立，互不干扰；二是将对象中某些部分对外隐蔽，即隐藏其内部细节，只留下少量接口，以便与外界联系，接收外界的消息。这种对外界隐蔽的做法称为信息隐蔽(information hiding)。信息隐蔽还有利于数据安全，防止无关的人了解和修改数据。

5. 继承

所谓“继承”，是指特殊类自动地拥有或隐含地复制其一般类的全部属性与操作。继承具有“是一种”的含义，在图1-3中，卡车是一种汽车，轿车是一种汽车，二者作为特殊类继承了一般类“汽车”类的全部属性和操作。

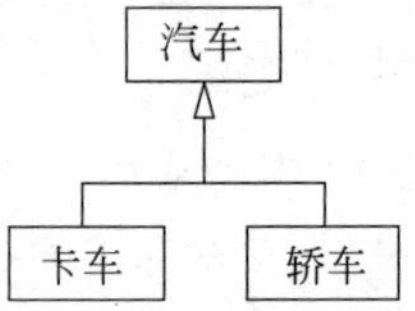

图1-3 继承示例

在类的继承层次结构中，位于上层的类称为一般类（也称为基类或父类），而位于下层的类称为特殊类（也称为派生类或子类）。

通过在不同程度上运用抽象原则，可以得到较一般的类和较特殊的类。在图1-4中，从上向下看是对运输工具的分类，而从下向上看是经过了3个层次的抽象。继承是传递的，轿车具有运输工具的全部内容，体现了大自然中特殊与一般的关系。

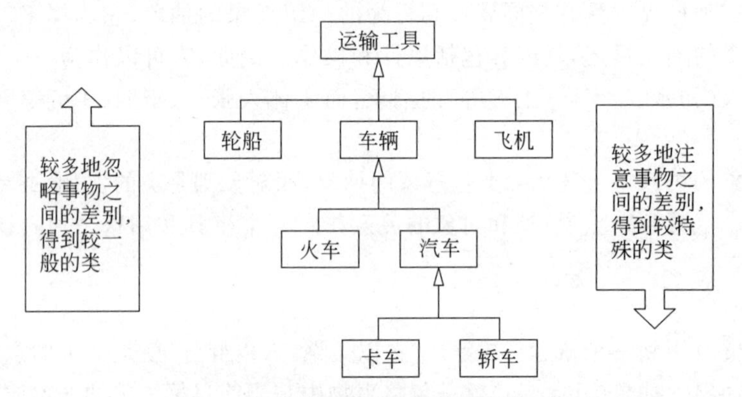

图1-4 继承的层次与抽象原则的运用

有时一个类要同时继承两个或两个以上一般类中的属性和操作，把这种允许一个特殊类具有一个以上一般类的继承模式称为多继承。图1-5给出了一个多继承示例。

在软件开发过程中，继承性实现了软件模块的可重用性、独立性，缩短了开发周期，提高了软件开发的效率，同时使软件易于维护和修改。这是因为要修改或增加某一属性或行为，只需在相应的类中进行改动，而它派生的所有类都自动地、隐含地做了相应的改动。

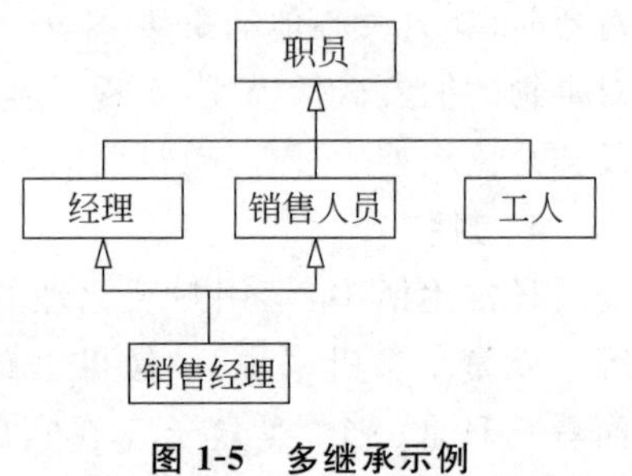

图1-5 多继承示例

6. 多态性

在日常生活和工作中的多态现象不胜枚举。例如，某公司董事长要外出考察，他会把这个消息告诉自己身边的人：他的妻子、秘书、司机。这些人听到这个消息会有不同的反应：他的妻子会为他准备行李，秘书会为他确认考察地、安排住宿，司机会为他准备车辆。又如，在Windows环境下，用鼠标双击一个文件对象（这就是向对象传送一个消息），如果此对象是一个可执行文件，则会执行此文件；如果此对象是一个文本文件，则启动文本编辑器并打开该文件。

在面向对象方法中，所谓多态性（polymorphism）是指由继承而产生的相关而不同的类，其对象对同一消息会做出不同的响应。多态性是面向对象程序设计的一个重要特征，利用多态性可以设计和实现一个易于扩展的系统。

继承性和多态性的结合，可以生成一系列虽类似但独一无二的对象。由于继承性，这些对象共享许多相似的特征；由于多态性，针对相同的消息，不同对象可以有独特的表现方式，实现特性化的设计。

7. 消息与事件

消息是对象之间发出的行为请求。封装使对象成为一个相对独立的实体，而消息机制为它们提供了一个相互间动态联系的途径，使它们的行为能互相配合，构成一个有机的运行系统。

对象通过对外提供的行为在系统中发挥自己的作用，当系统中的其他对象或其他系统成分[①]请求这个对象执行某个行为时，就向这个对象发送一个消息，这个对象就响应这个请求，完成指定的行为。

在C++中，消息其实就是函数调用。

面向对象技术是一种以对象为基础，以事件（由多个消息组成）或消息来驱动对象执行处理的程序设计技术。面向对象程序的控制流程由运行时各种事件的实际发生来触发，而不再由预定顺序来决定，更符合客观世界的实际。

特别提醒：

对于本节所介绍的面向对象的基本概念，有些比较抽象，理解起来可能有一定的难度。建议大家不要被它们吓住和难倒，随着C++学习的深入，会在实际应用中逐步理解并掌握这些概念。

1.2.3　面向对象程序设计的优点

与传统的面向过程程序设计相比，面向对象程序设计的优点如下。

1. 从认识论的角度看，面向对象程序设计改变了软件开发的方式

面向对象程序设计强调从对象出发认识问题域[②]，对象对应着问题域中的事物，其属性和操作分别刻画了事物的静态特征和动态行为，对象类之间的继承、实现、关联和依赖关系如实地表达了问题域中事物实际存在的各种关系。因此，无论是软件系统的构成成分，还是通过这些成分之间的关系而体现的软件系统结构，都可直接地映射到问题域。软件开发人员能够利用人类认识事物所采用的一般思维方式来进行软件开发。

对应图1-2所示的现实世界系统对象模型，运用面向对象方法所设计出来的软件系统分析模型如图1-6所示，该模型是对客观世界的真实模拟，反映了客观世界的本来面目。

在面向过程的结构化程序设计中，人们常使用这样的公式来表述程序：

```
程序=算法+数据结构
```

---

① 在不要求完全对象化的语言中，允许有不属于任何对象的成分，例如，C++程序中的main函数。

② 问题域：被开发软件系统的应用领域，即在现实世界中这个软件系统所涉及的业务范围。

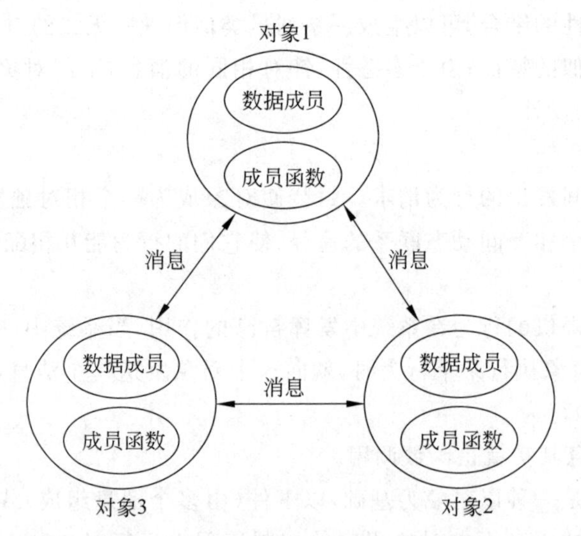

图 1-6 面向对象的软件系统分析模型

而面向对象程序设计则把算法和数据结构封装在对象中。在面向对象程序设计，可以这样来表述程序：

对象=算法+数据结构

程序=(对象+对象+对象+…)+消息　或　程序=对象 s+消息

“对象 s”表示多个对象。面向对象程序设计的关键是设计好每一个对象，以及确定向这些对象发出的消息，使它们完成相应的操作。

2. 面向对象程序中的数据的安全性高

面向对象程序中的数据及对数据的操作被捆绑在一起，被封装在不同的对象中。对象对外隐蔽其内部细节，只留下少量的接口，以便与外界联系。外界只能通过由对象提供的接口来操作对象中的数据，这可以有效保护数据的安全。

3. 面向对象程序设计有助于软件的维护与重用

某类对象数据结构的改变只会引起该类对象操作代码的改变，只要其对外提供的接口不发生变化，程序的其余部分就不需要做任何改动，从而把程序代码的修改和维护局限在一个很小的范围内。这就对用户需求的变化有较强的适应性。

面向对象程序设计中类的继承机制有效解决了代码重用的问题。在设计新类时，可通过继承引用已有类的属性和操作，并可在已有类的基础上增加新的数据结构和操作，延伸和扩充已有类的功能，这种延伸和扩充一点不影响原有类的使用。人们可以像使用集成电路(IC)构造计算机硬件那样，比较方便地重用对象类来构造软件系统。

1.3 面向对象的软件开发

对于规模较小的简单程序，从任务分析到编写程序，再到程序的调试，难度都不大，可以由一个人或一个小组来完成。但是对于规模较大的复杂程序，设计时需要考虑的因素

很多,为了保证按质按期完成软件开发任务,需要规范整个软件开发过程,明确软件开发过程中每个阶段的任务。这就是软件工程学需要研究和解决的问题。

面向对象的软件工程包括以下几个阶段。

1. 面向对象分析(object-oriented analysis, OOA)

面向对象分析就是运用面向对象的概念和方法,对所要开发的系统的问题域和系统责任[①]进行分析和理解,找出描述问题域和系统责任所需要的对象,定义对象的属性、操作以及它们之间的关系,并将具有相同属性和操作的对象用一个类(class)来描述。建立一个真实反映问题域、满足用户需求、独立于实现的系统分析模型(OOA 模型)。

2. 面向对象设计(object-oriented design, OOD)

面向对象设计就是在面向对象分析阶段形成的系统分析模型的基础上,继续运用面向对象方法,主要解决与实现有关的问题,产生一个符合具体实现条件的可实现的系统设计模型(OOD 模型)。与实现有关的因素有:图形用户界面系统、硬件、操作系统、网络、数据库管理系统和编程语言等。

3. 面向对象编程(object-oriented programming, OOP)

根据面向对象设计的结果,用一种支持面向对象程序设计的计算机语言(如 C++)把它写成程序。

4. 面向对象测试(object-oriented test,OOT)

在将程序写好后交给用户使用前,必须对程序进行严格的测试。测试的目的是尽可能多地发现程序中的错误并改正它。面向对象测试是用面向对象的方法进行测试,以类作为测试的基本单元。

5. 面向对象维护(object-oriented soft maintenance,OOSM)

正如对任何产品都需要进行售后服务和维护一样,软件在交付使用后也需要进行维护。如由于软件测试的不彻底性,软件中可能存在未被发现的潜在错误,在使用过程中有可能会暴露,为此需要对软件进行纠错性维护。另外,还有软件开发商想改进软件的功能和性能而对软件进行的完善性维护,或者为了让软件适应新的运行环境而对软件进行的适应性维护等。

在面向对象方法中,最早发展的是面向对象编程(OOP),那时 OOA 和 OOD 还未发展起来,因此程序设计者为了写出面向对象的程序,还必须深入到分析和设计领域(尤其设计领域),那时的 OOP 实际上包括现在的 OOA 和 OOD 两个阶段。对程序设计者要求比较高,许多人感到很难掌握。

目前,对于大型软件的设计开发,是严格按照面向对象软件工程的 5 个阶段进行的,这 5 个阶段的工作不是由一个人从头到尾完成的,而是由不同的人分别完成的。这样,OOP 阶段的任务就比较简单了,程序编写者只需要根据 OOD 设计的结果用面向对象语言编写出程序即可。在一个大型软件的开发中,OOP 只是面向对象开发过程中的一个很小的部分。

如果所设计的是一个处理简单问题的程序,不必严格按照以上 5 个阶段进行,往往由

---

① 系统责任:被开发软件系统应该具备的功能。

程序设计者按照面向对象的方法进行程序设计，包括类的设计和程序的设计。

1.4 图书馆图书借阅管理系统的面向对象分析与设计

了解了面向对象程序设计的基础知识，本节就贯穿全书的综合性项目（图书馆图书借阅管理系统）进行简要的面向对象分析和设计。

1.4.1 面向对象分析

1. 考虑问题域，识别系统中的对象与类

(1) 图书对象与图书类。

在图书馆图书借阅管理系统中，每一本被借阅的图书都是系统中的一个对象。所有图书对象都具有相同的属性：图书条形码、图书名称、图书类型、作者、出版社、出版时间、图书价格、是否在架、图书被借次数，相同的操作：初始化属性值（从键盘）、提供属性值、修改属性值、显示属性值（输出到屏幕）、从图书文件读取属性值、写属性值到图书文件。对所有图书对象的抽象，形成一个图书类。图书类的UML（Unified Modeling Language，统一建模语言）表示如图1-7所示。

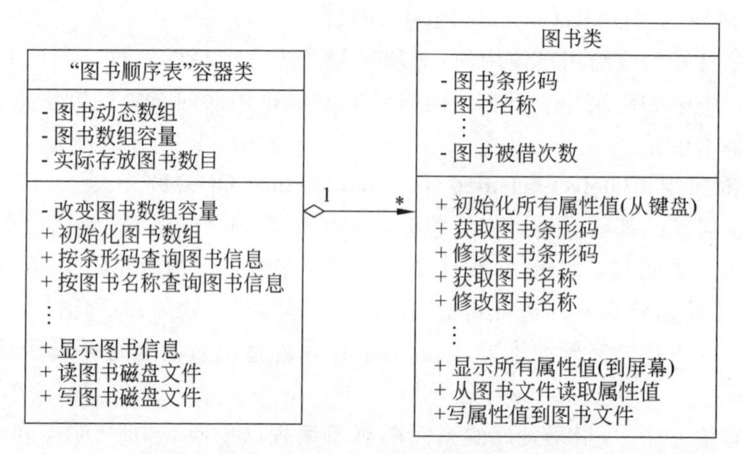

图1-7 图书馆图书借阅管理系统中图书类和"图书顺序表"容器类类图

在图1-7中，属性或操作名前面的符号"-"表示属性或操作的可见性为私有的，属性或操作名前面的符号"+"表示属性的可见性为公用的。另外，在UML中，符号"#"表示属性或操作的可见性为受保护的。可见性为私有的属性或操作，只能被本类中的操作访问，类外不能访问。可见性为公用的属性或操作，既可被本类中的操作访问，也可以被类的作用域内的其他操作访问。可见性为受保护的属性或操作，不能被类外访问，但可以被该类的子类访问。

(2) 学生对象与学生类。

在图书馆图书借阅管理系统中，每一位可以借阅图书的学生都是该系统中的一个对象。所有学生对象都具有相同的属性：登录名、登录密码、学号、姓名、性别、年龄、所属学院、专业、班级、入学时间、毕业时间、借阅时长限制、借阅册数限制、在借册数、联系电话，相同的操作：初始化属性值(从键盘)、提供属性值、修改属性值、显示属性值(输出到屏幕)、从学生文件读取属性值、写属性值到学生文件。对所有学生对象的抽象，形成一个学生类。

(3) 教师对象与教师类。

在图书馆图书借阅管理系统中，每一位可以借阅图书的教师都是该系统中的一个对象。所有教师对象都具有相同的属性：登录名、登录密码、职工号、姓名、性别、年龄、所在学院、从事学科、入职时间、借阅时长限制、借阅册数限制、在借册数、联系电话，相同的操作：初始化属性值(从键盘)、提供属性值、修改属性值、显示属性值(输出到屏幕)、从教师文件读取属性值、写属性值到教师文件。对所有教师对象的抽象，形成一个教师类。

(4) 图书管理员对象与图书管理员类。

在图书馆图书借阅管理系统中，负责借阅图书的每一位图书管理员都是该系统中的一个对象。所有图书管理员对象都具有相同的属性：登录名、登录密码、职工号、姓名、联系电话，相同的操作：初始化属性值(从键盘)、提供属性值、修改属性值、显示属性值(输出到屏幕)、从图书管理员文件读取属性值、写属性值到图书管理员文件。对所有图书管理员对象的抽象，形成一个图书管理员类。

2. 考虑系统责任，识别系统中的对象与类

把系统责任所要求的每一项功能都落实到某个或某些对象上。

(1) 图书顺序表对象与图书顺序表类。

该系统要实现对所有可以被借阅的图书对象信息的输入(从键盘输入)、输出(输出到屏幕)、存储(存储到外存)、读取(从外存读取)、增加、删除、修改、查询、排序、统计等操作。假定图书对象信息在外存中以文件的形式存放，在内存中以顺序表的形式存放。我们把内存中存放图书信息的顺序表看作系统中的一个对象，并形象地称它为“容器”。

图书顺序表对象作为用来存储图书对象信息的容器，其数据结构可以选择动态数组，因此，图书顺序表对象应该具有的属性：以图书对象为元素的动态对象数组、数组容量、实际存放图书数目(即数组实际存放元素个数)。要对图书信息进行管理，实现系统功能，图书顺序表对象需要设计较丰富的操作，可以想到的有：输入图书信息(从键盘)、按图书条形码查询图书信息、按图书名称查询图书信息、添加图书信息、修改图书信息、删除图书信息、统计一本图书的借阅情况、按借阅情况对图书排序、显示全部图书信息(输出到屏幕)、打开文件读入图书信息到图书顺序表、将图书顺序表中的图书信息写入文件等。

对图书顺序表对象的抽象形成一个图书顺序表类。该类与图书类之间的关系为聚合关系，即整体和部分关系，如图 1-7 所示。在图 1-7，“◇”符号表示两个类之间的“聚合”关系，数字“1”和“ * ”表示对于一个图书顺序表对象可以包含多个图书对象。

(2) 学生顺序表对象与学生顺序表类。

该系统要实现对所有可以借阅图书的学生对象信息的输入(从键盘输入)、输出(输出到屏幕)、存储(存储到外存)、读取(从外存读取)、增加、删除、修改、查询、排序等操作。假定学生对象信息在外存中以文件的形式存放，在内存中以顺序表的形式存放。我们把内存中存放学生信息的顺序表看作系统中的一个对象。

学生顺序表对象作为用来存储学生对象信息的容器，其数据结构同样选择动态数组，因此,学生顺序表对象应该具有的属性:以学生对象为元素的动态对象数组、数组容量、实际存放学生信息条数。要对学生信息进行管理,实现系统功能,学生顺序表对象同样需要设计较丰富的操作,可以想到的有:输入学生信息(从键盘)、按学号查询学生信息、添加学生信息、修改学生信息、删除学生信息、按在借图书册数对学生排序、显示全部学生信息(输出到屏幕)、打开文件读入学生信息到学生顺序表、将学生顺序表中的学生信息写入文件等。

对学生顺序表对象的抽象形成一个顺序表类,该类与学生类之间的关系为聚合关系。

(3) 其他顺序表对象与顺序表类。

该系统还要实现对所有可以借阅图书的教师对象信息和图书管理员对象信息的输入(从键盘输入)、输出(输出到屏幕)、存储(存储到外存)、读取(从外存读取)、增加、删除、修改、查询、排序等操作,同样需要一个教师顺序表对象和一个图书管理员顺序表对象来负责系统上述功能操作的实现,它们的属性和操作的定义与学生顺序表对象类似,在此不再赘述。

对教师顺序表对象的抽象形成一个教师顺序表类,对图书管理员顺序表对象的抽象形成一个图书管理员顺序表类。教师顺序表类与教师类之间的关系、图书管理员顺序表类与图书管理员类之间的关系均为聚合关系。

3. 识别关联关系,构造关联类

关联关系是类与类之间的一种结构关系,用于表示一类对象与另一类对象之间有联系。图 1-8 给出了一个关联示例。在图 1-8 中,"图书"类和"学生"类之间存在着"借阅"关联。

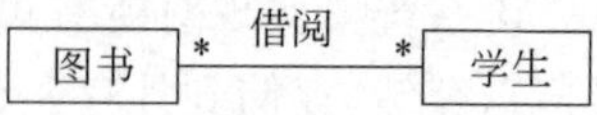

图 1-8 关联示例

关联关系是类与类之间语义级别的联系,这种语义联系也可能存在一些属性信息,如图书馆图书借阅管理系统中的图书类与学生类和教师类之间的借阅关系,就存在借阅日期、归还日期等属性,把这些属性附加到关联两端的那一个类都不合适,此时就需要定义一个关联类——借阅记录类来存储和处理这些信息。学生和教师每借阅一本图书就产生一个借阅记录类对象。

借阅记录类的属性有:读者编号(学生读者为学号,教师读者为职工号)、图书条形码、借出时间、归还时间、是否归还、经办人编号、超期罚款,操作有:初始化属性值(从键盘)、提供属性值、修改属性值、显示属性值(输出到屏幕)、从借阅记录文件读取属性值、写属性值到借阅记录文件。

对于借阅记录类对象在内存中的存储,同样选择顺序表类对象,故在系统中再增加借阅记录顺序表类。借阅记录顺序表类与借阅记录类之间的关系为聚合关系。

4. 提取泛化关系,构造父类或者子类

泛化关系表示类与类之间的继承关系,接口与接口之间的继承关系,或类对接口的实现关系。泛化关系的提取主要来自问题域中的对象类。一般从以下两个方面来提取泛化关系。

(1) 是否有类似的结构和行为的类,从而可以抽取出通用的结构(属性)和行为(操作)构成父类。

(2) 单个对象类是否存在一些不同类别的结构和行为,从而可以将这些不同类别的结构和行为抽取出来构成不同的子类。

在图书借阅管理系统中，学生、教师、图书管理员作为该系统的用户，在使用系统时，都需要登录，故可抽取这3个类中的登录名、登录密码及相应的操作构成父类——用户类。

1.4.2 面向对象设计

根据面向对象分析的结果，主要解决与实现有关的问题。

首先，把分析阶段所抽象出来的类，按实现条件进行补充和调整。

学生和教师在借阅图书时，借阅管理系统需要记录其所借图书的借出时间、归还时间。借出时间可以通过提取计算机系统时间的方式获取，归还时间则根据借出时间和他们各自的借阅时长限制算出。假如选择C++作为图书借阅管理系统的编程语言，由于C++没有提供日期数据类型，所以每本图书的借出时间和归还时间都要看作一个日期对象处理，所有日期对象具有相同的属性：年、月、日，相同的操作：设置日期、显示日期、获取年份、获取月份、获取日期、日期递增指定天数、日期递减指定天数、两个日期比较大小、求两个日期相差天数、日期转换成字符串。对所有日期对象的抽象，形成一个日期类。

对于系统人机界面的设计，由于不借助于可视化编程环境（Visual C++）的支持，需要设计一个系统登录界面类、一个学生用户界面类、一个教师用户界面类、一个图书管理员用户界面类、一个系统管理员用户界面类。

系统为学生、教师、图书管理员和系统管理员4类用户提供的服务均以菜单的形式给出，4类用户菜单各不相同，故需要设计4个菜单类：学生用户菜单类、教师用户菜单类、图书管理员用户菜单类、系统管理员用户菜单类。它们与对应用户界面类是组合关系，用户界面对象是用户菜单对象的容器。组合关系是一种强聚合关系，描述的也是类与类之间的整体和部分的关系，但是组合关系中的部分和整体具有统一的生命周期。一旦整体对象不存在，部分对象也将不存在。而聚合关系中成员对象可以脱离整体对象独立存在。

继承是多态的基础。为了方便将来系统功能的扩展，再将这4个用户菜单类进行更高一级抽象，抽象出一个抽象菜单类，这样可以在类间应用多态机制。

系统管理员负责系统基础数据的维护，系统中学生、教师、图书管理员这3类系统用户信息、图书信息和图书借阅记录的维护都由其负责。在学生信息中有入学时间、毕业时间项，入学时间从键盘输入，毕业时间则根据入学时间和学制年限算出，此计算需要使用日期对象，故系统管理员用户菜单类与日期类之间存在依赖关系。依赖关系表示类与类之间的一种使用与被使用的关系，这种使用关系是具有偶然性的、临时性的、非常弱的，但是被依赖类的变化会影响到依赖类。表现在代码层面，为依赖的类的某个方法以被依赖的类作为其参数，或者是依赖类的某个方法创建了被依赖类的对象或对被依赖类的静态方法的调用。

图书管理员在使用系统为学生或教师办理图书借出、归还手续时，也用到日期对象，所以图书管理员用户菜单类与日期类之间同样存在依赖关系。

学生、教师、图书管理员使用图书借阅管理系统时必须通过系统登录界面对象输入自己的登录名和密码，验证成功才可以使用该系统。验证的过程是一个搜索学生顺序表、教师顺序表、图书管理员顺序表的过程，故系统登录界面类与学生顺序表类、教师顺序表类、图书管理员顺序表类之间也存在依赖关系。

学生登录成功后，可以通过学生用户界面对象中的学生用户菜单对象进行图书信息查询、当前借阅情况查询、个人信息查询、修改登录密码等操作，为此需要在学生用户菜单类中增加图书顺序表类对象、借阅记录顺序表类对象、学生顺序表类对象的定义，故学生用户菜单类与图书顺序表类、借阅记录顺序表类、学生顺序表类之间存在着聚合关系。与之类似，教师用户菜单类与图书顺序表类、借阅记录顺序表类、教师顺序表类之间，以及图书管理员用户菜单类与图书管理员顺序表类、学生顺序表类、教师顺序表类、图书顺序表类、借阅记录顺序表类之间，同样存在着聚合关系。聚合关系表现在代码层，为部分类对象以类属性的形式出现在整体类的定义中。组合关系表现在代码层，和聚合关系是一致的，只能从语义级别来区分。

知识点拨：

在面向对象程序设计中，类与类之间的关系有4种：关联关系、依赖关系、泛化关系、类与接口（或抽象类）之间的实现关系。关联关系是类与类之间的结构关系。依赖关系是类与类之间的使用与被使用的关系。泛化关系是类与类之间的继承关系。这几种关系都是语义级别的。

聚合关系是一种特殊的关联关系，描述的是类与类之间的整体和部分的关系，部分类的对象的生命周期可以超越整体类对象。如公司和员工的关系、电脑和鼠标的关系皆为聚合关系。组合关系是一种强聚合关系，部分类的对象的生命周期不能超越整体类对象，或者说不能脱离整体类对象而存在。如人和大脑的关系是组合关系。区别聚合和组合需要在相应的软件环境或实际场景看两个类对象之间整体和部分关系的强弱。

本章小结

面向对象技术源于程序设计，现在已经发展成为软件开发领域的一种方法论。它使计算机解决问题的方式更加类似于人类的思维方式，更能直接描述客观世界，通过增加软件的可重用性、可扩充性和程序自动生成功能来提高编程效率，降低软件维护复杂度，可利用不断扩充的框架产品MFC来快速构建程序。

面向对象技术是一种以对象为基础，以事件或消息驱动对象执行相应的消息处理函数的程序设计技术。它与面向过程的方法最大的不同在于，它是以数据为中心而不是功能为中心，将数据及相应操作封装在一起抽象成一种新的数据类型——类。另外，面向对象程序的控制流程由运行时各种事件的实际发生来触发，而不再由事件的预定顺序来决定。事件驱动程序执行围绕消息的产生与处理，靠消息循环机制来实现。

类是具有相同属性和行为的对象的集合。类是对象的抽象，对象是类的实例，对象与类的关系如同特殊与一般的关系，如同变量与变量类型的关系。消息是向对象发出的服务请求，事件由多条消息构成。

面向对象技术具有抽象性、封装性、继承性和多态性等基本特征。抽象性是指忽略事物中与当前目标无关的非本质特征的特征；封装性是指把对象的属性和行为封装在一起，并尽可能隐蔽对象的内部细节的特征；继承性是指特殊类的对象拥有其一般类的属性和行为的类与类之间层次关系的特征；多态性是指用相同方式调用具有不同功能的同名函数的特征。

在面向对象技术原则指导下，坚持理论联系实际，本章最后对贯穿全书的综合性项目——图书馆图书借阅管理系统进行了面向对象的分析与设计，考虑系统问题域和系统责任，找出系统中的对象，抽象出对应的类，并给出类与类之间的关系。

习 题

一、简答题

1. 简述面向过程程序设计和面向对象程序设计的编程思想。

2. 面向对象程序设计有哪些优点？

二、编程题

1. 综合运用所学C语言知识编程实现一个简单的商品库存管理系统。该系统至少具有如下功能。

(1) 商品入库：能够录入商品编号、名称、数量、价格、生产日期、供应商等信息，并支持连续输入多个商品信息。

(2)商品出库：根据用户输入要进行出库的商品编号，如果存在该商品，则可以输入要出库的商品数量，实现出库操作。

(3) 删除商品：根据用户输入要进行删除的商品编号，如果找到该商品，则将该编号所对应的商品各项信息删除。

(4) 修改商品：根据用户输入的商品编号找到该商品，如果存在该商品，则可以修改商品的各项信息。

(5) 查询商品信息：可以显示所有商品的信息，也可以输入商品编号查询某一个商品的信息，以及输入供应商名称查询该供应商所供应的所有商品信息，输入库存量警戒值查询库存量在警戒值以下的所有商品信息。

(6) 商品排序：对库存商品按库存数量进行降序排序。

(7) 商品统计：按供应商分组统计每个供应商的供货情况。

2. 仿照1.4节中的示例，对航空售票系统进行面向对象的分析与设计。航空售票系统共分为两大模块：后台管理员模块和前台票务员模块。后台管理员模块功能为航班信息调整，包括增加新航班、删除航班、修改航班信息；前台票务员模块功能为乘客信息管理、订票管理、航班信息查询。航班信息包括航班号、起始站、终点站、起飞时间、降落时间、票价、总机票数、剩余机票数、备注信息。乘客信息包括姓名、身份证号、住址、联系电话。

第2章

面向过程程序设计概述

将面向对象与面向过程进行比较，可以体会到面向对象程序设计的许多优点，它尤其适用于功能庞大而复杂的软件开发。但面向对象只是一种程序设计思想，要想把该程序设计思想应用到实际的程序设计中，必然脱离不开一门支持面向对象思想的程序设计语言。目前支持面向对象思想的程序设计语言有很多，常见的有C++、Java、C#等等。C++由C语言发展而来，保留了C语言原有的所有优点，同时支持类和对象、继承、多态等面向对象机制、泛型编程。如果有C语言的基础，那么学习C++语言将会比较轻松。

本章介绍C++在面向过程程序设计方面对C语言的扩充。

2.1 从C语言到C++

有了面向对象的程序设计思想，就需要有相应的程序设计语言去支持。C语言使用广泛，但是不支持面向对象的程序设计思想，如果在C语言的基础上对其进行扩充，使其支持面向对象的程序设计思想，这样的话既可以保留C语言的优点，又可以使用面向对象的观点去开发程序，是一个非常好的选择。

20世纪80年代C++由AT&T Bell(贝尔)实验室的Bjarne Stroustrup博士及其同事开发成功，它保留了C语言原有的所有优点，增加了面向对象的机制。由于C++对C语言的改进主要体现在增加了适用于面向对象程序设计的“类”(class)，因此最初的C++被Bjarne Stroustrup称为“带类的C”。后来为了强调它是C语言的增强版，用了C语言中的自加运算符“++”，改称为C++，即C++ 1.0。

1989年诞生了C++ 2.0，它在C++ 1.0的基础上增加了类的多继承机制。1991年C++ 3.0版本发布，C++ 3.0的版本是在C++ 2.0的基础上增加了模板。C++ 4.0版本则增加了异常处理、名字空间、运行时类型识别(RTTI)等功能。1997年ANSI C++标准正式发布，该标准是以C++ 4.0版本为基础制定的，并于1998年11月被国际标准化组织(ISO)批准为国际标准，即ISO/IEC 14882:1998，也称为C++ 98。2003年4月，ISO发布C++标准第2版(ISO/IEC 14882:2003，也称为C++ 03)，这个新版本是一次技术性修订，对第1版进行了整理，修订错误、减少多义性等，但没有改变语言特性。2011年8月，ISO发布C++标准第3版(ISO/IEC 14882:2011，也称为C++ 11)，该标准是自1998年以来对C++语言的第一次大修订，对C++语言进行了改进和扩充，新的特性也扩展了语言在灵活性和效率上的传统长处。2014年8月，ISO发布C++标准第4版(ISO/IEC 14882:

2014，也称为C++ 14）。与C++ 11相比，C++ 14的改进“有意做得比较小”，完成了制定C++ 11标准的剩余工作，目的是使C++成为一门更清晰、更简单和更快速的语言。新的语言特性留到未来的C++ 17标准中。2017年12月，ISO发布C++ 17标准，正式名称为ISO/IEC 14882：2017。但是目前的众多C++编译器对C++新标准的支持程度各不相同。本教材以目前大多数编译器都支持的C++ 03标准为主进行讲解，并顺便提及C++ 11/14标准的部分内容。

C++是在C语言的基础上通过对C语言的扩充得到的，是C语言的超集，与C语言兼容。用C语言写的程序基本上可以不加修改地用于C++。C++是一种既可以用来进行面向过程的结构化程序设计，又可以用来进行面向对象的程序设计的功能强大的混合型语言。C++对C语言的扩充主要表现在两个方面，一是在面向过程方面对C语言的功能进行了增强，二是增加了面向对象的机制。关于C++对C语言的扩充的详细介绍，可以在本章2.3节中看到。

从面向过程到面向对象是针对软件规模增大的情况而做出的软件设计思想上的进步，从C到C++则是为了适应软件设计思想在语言上相应的进步。在这里，不要把面向过程和面向对象对立起来，不要认为有了面向对象就不需要面向过程了。面向对象适合大型软件的设计与开发，而对于小型的程序面向过程比面向对象开发更快一些。另外，在对象里各个函数的开发仍然是按照面向过程的思想进行的。因此，面向过程和面向对象不是相互矛盾的，而是各有长处，相互补充的。我们既要学好面向对象程序设计，同时也不能忘记面向过程的程序设计。

2.2 简单C++程序

为了对C++程序有个整体的感性的认识，先看几个简单的C++程序的例子。

【例2-1】 在屏幕上输出一行字符“Welcome to C++！”。

```
#include <iostream>                        //包含头文件命令
using namespace std;                       //使用名字空间 std
int main()
{    cout << "Welcome to C++!" << endl;    //输出字符串到屏幕
     return 0;                             //main 函数返回 0 至操作系统
}
```

程序执行后在屏幕上会输出如下一行信息：

```
Welcome to C++!
```

这是一个最简单的标准C++程序。标准C++程序和C语言程序在语法格式上差不多，程序也是由语句组成的，每一条语句以“;”结束，函数体或程序段以“{”开始，以“}”结束，并且这两者必须成对出现等。但标准C++程序和C程序还有以下一些不同之处。

（1）C++程序中main函数前面加了一个类型声明符int，表示main函数的返回值为整型。标准 C++ 规定 main 函数必须声明为 int 型①,即此 main 函数带回一个整型的函数值。main 函数体中的最后一个语句"return 0;"的作用是向操作系统返回 0。如果程序不能正常执行,则会自动向操作系统返回一个非零值,一般为"−1"。

(2) 在 C++ 程序中,可以使用 C 语言中的"/ * …… * /"形式的注释行,还可以使用//开头的注释行。以//开头的注释可以不单独占一行,它可以出现在一行语句的后面。编译器将//以后到本行尾的所有字符都作为注释。注意:它是单行注释,不能跨行。C++ 的程序设计人员多愿意使用这种注释形式,它比较灵活方便。

在一个可供实际应用的程序中,为了提高程序的可读性,常常在程序中加许多注释行,在有的程序中,注释行可能占程序篇幅的三分之一。

(3) 在 C++ 程序中,一般用 cout 进行输出。cout 实际上是 C++ 系统定义的对象名,称为输出流对象。"<<"是"流插入运算符",与 cout 配合使用,其作用是将运算符"<<"右侧双撇号内的字符串" Welcome to C++ !"插入到输出流 cout 中,C++ 系统将输出流 cout 的内容输出到系统指定的设备(一般为显示器)中。除了可以用 cout 进行输出外,在 C++ 中还可以用系统库函数 printf 进行输出。

(4) 使用 cout 需要用到头文件 iostream. h,因为 cout 对象的定义就包含在此头文件中。程序中要使用 cout 输出信息,就必须包含头文件 iostream. h。程序中的第 1 行"#include <iostream>"实现了这一要求。注意:"#include <iostream>"不是以";"结束的,因为它不是语句,而是编译预处理命令。这些细节问题在编程的过程中一定要注意,即使是一个符号的错漏,编出的程序也不能通过。

在 C 语言中所有的头文件都带后缀. h(如 stdio. h),而按标准 C++ 要求,由系统提供的头文件不带后缀. h,用户自己编制的头文件可以有后缀. h。

endl 是格式控制符,其作用是在屏幕上输出一个换行符并且刷新流。第一次接触这些东西可能不太懂,不要紧,在后面还会多次遇到并且经常使用,慢慢地就会掌握并且习惯这种输出方式。注意:endl 格式控制符中的最后一个字母是小写字母 l,而不是数字 1。

(5) 程序的第 2 行 "using namespace std;"的意思是使用名字空间 std,C++ 标准库中的类和函数是在名字空间 std 中声明的,因此程序中如果需要使用 C++ 标准库中的内容(此时需要用 # include 命令行),就可以使用"using namespace std;"语句,表示要用到名字空间 std 中的内容。名字空间的概念可暂不深究,只需知道:如果程序有输入或输出时,必须使用"# include <iostream>"命令以提供必要的信息,同时可以使用"using namespace std;"语句使程序能够使用这些信息,否则程序编译时将出错。本书后面的程序都是这样开头的。请先接受这个事实,在写 C++ 程序时也如法炮制,在程序的开头包含这两行。在本章 2.3.7 节将对名字空间作详细介绍。

① 标准 C++ 规定 main 函数必须声明为 int 型。有的操作系统(如 UNIX、Linux)要求执行一个程序后必须向操作系统返回一个数值。因此,C++ 是这样处理的:如果程序正常执行,则向操作系统返回数值 0,否则返回数值−1。但目前使用的一些 C++ 编译器并未完全执行标准 C++ 这一规定,如果 main 函数首行写成"void main()"也能通过。本书的所有例题都按标准 C++ 规定写成"int main()",希望大家也养成这个习惯,以免在严格遵循标准 C++ 的编译系统中通不过,只要记住:在 main 前面加 int,同时在 main 函数体的最后加一句"return 0;"即可。

【例 2-2】 通过函数求两个整数 a 和 b 中的大者。

```
#include <iostream>                                       //包含头文件命令
using namespace std;                                      //使用名字空间 std
int myMax(int x, int y) {  return x >y ? x : y; }         //求两个整数中的大者函数 myMax
int main()
{  int a, b;                                              //定义两个整型变量 a 和 b
   cout <<"Please enter two integers: " <<endl;           //输出提示信息到屏幕
   cin >>a >>b;                                           //等待用户从键盘输入数据
   cout <<"The bigger is " <<myMax(a, b) <<endl;          //输出结果信息至屏幕
   return 0;                                              //main 函数返回 0 至操作系统
}
```

这个程序运行时会首先在屏幕上输出如下信息：

```
Please enter two integers:
```

此时，程序暂停执行，等待从键盘输入数据，若从键盘输入：

5 9↙(↙表示回车，后面相同)

程序继续执行，在屏幕上输出如下信息：

```
The bigger is 9
```

本程序的功能是求两个整数中的较大者，它包括自定义函数 myMax 和主函数 main，myMax 函数接收两个整型的参数，在函数内部对其进行求大者运算，最后将两个整型参数的大者作为返回值返回给调用者 main 函数。C++ 中同样要求函数是先定义后使用，为了满足上述要求，main 函数通常出现在程序的最后。

程序中的 cin 也是系统定义的对象名，称为输入流对象。“>>”是“流提取运算符”，与 cin 配合使用，其作用是从键盘输入的流中读入合适的数据送给后面相应的变量。输入数据时，多个数据之间用空白字符分隔，可以从键盘按空格键、Tab 键或回车键，不可以使用逗号或其他符号分隔。程序执行到此处会从输入流中读入数据，如果输入流中没有数据，程序会暂停以等待数据，这时屏幕没有任何的提示，仅仅是闪烁的光标以等待输入。因此，为了将来在调试或使用程序时不至于忘记此刻程序需要什么数据，较好的做法是在 cin 语句的前面加上 cout 语句，先输出一行提示信息。

在本程序中，cout 对象的后面用“<<”运算符连接了多个表达式，程序执行到此句会从左向右依次计算并输出各表达式的值。可以看到，这种方法比用系统库函数 printf 进行输出要方便灵活一些。

在例 2-2 中，程序的第 3 行定义了 myMax 函数，在第 8 行的 cout 语句中调用了 myMax 函数，满足先定义后调用的要求。如果不想这样，也可以把 main 函数放在前面，在调用 myMax 函数之前先声明一下，这样就可以把 myMax 函数放在后面任意的位置定义了。如下面程序所示：

```
#include <iostream>                                       //包含头文件命令
```

```
using namespace std;                                 //使用名字空间 std
int main()
{   int a, b;                                        //定义两个整型变量 a 和 b
    int myMax(int x, int y);                         //求两个整数中的大者函数 myMax
                                                       的原型声明
    cout <<"Please enter two integers: " <<endl;    //输出提示信息到屏幕
    cin >>a >>b;                                     //等待用户从键盘输入数据
    cout <<"The bigger is " <<myMax(a, b) <<endl;   //输出结果信息至屏幕
    return 0;                                        //main 函数返回 0 至操作系统
}
int myMax(int x, int y) {   return x >y ? x : y;  }  //求两个整数中的大者函数 myMax
```

在修改后的 main 函数中，第 2 行是 myMax 函数原型声明，其作用是通知 C++ 编译系统，myMax 是一个函数，它需要两个整型的形式参数，函数的返回值也是整型的。这样程序在编译到 main 函数的第 5 行时，编译系统就可以对 myMax 函数调用的合法性进行检查，如果调用和函数声明存在不符，编译器就会报错。

函数原型声明的一般形式：

```
函数类型 函数名(参数列表);
```

参数列表中一般包括参数类型和参数名，也可以只包括参数类型而不包括参数名，因为在编译时，C++ 编译系统只检查实参与形参的个数和类型是否匹配，而不检查参数名。上述程序中对 myMax 函数作原型声明的语句也可以写为：

```
int myMax (int, int );
```

前面的两个例子虽然是用 C++ 写的，但可以看出它们和 C 语言是比较接近的。下面再举一个包含类和对象的简单例子。由于包含了类和对象，这些概念是 C 语言中所没有的，虽然例子比较简单，但由于我们是第一次接触面向对象的 C++ 程序，可能会有很多地方不明白，不要紧，这里只需有一个关于面向对象 C++ 程序的大体印象即可。通过后面的学习，自然就会理解这样的程序了。

【例 2-3】 声明一个关于人的类 Person，人的信息包括姓名、性别、年龄，人可以输入自己的信息，也可以显示自己的信息。

```
#include <iostream>                                  //包含头文件命令
using namespace std;                                 //使用名字空间 std
class Person                                         //声明 Person 类
{public:                                             //以下为类的公用成员函数
    void setInfo()                                   //公用成员函数 setInfo
    {  cout <<"Please enter name, sex, age:\n";      //输出提示信息
       cin >>name >>sex >>age;                       //输入数据至私有数据成员
    }
    void show()                                      //公用成员函数 show
    {  cout <<"name: " <<name <<"  ";                //输出私有成员 name 的值
       cout <<"sex: " <<sex <<"  ";                  //输出私有成员 sex 的值
```

```
        cout << "age: " << age << endl;     //输出私有成员 age 的值
    }
private:                                    //以下为类的私有数据成员
    char name[20];                          //私有数据成员 name
    char sex;                               //私有数据成员 sex,男性记为 M,女性记为 F
    int age;                                //私有数据成员 age
};                                          //类声明结束,此处必须有分号
int main()                                  //main 函数
{   Person person1, person2;                //定义 Person 类的两个对象 person1,person2
    person1.setInfo();                      //对象 person1 信息输入
    person2.setInfo();                      //对象 person2 信息输入
    person1.show();                         //对象 person1 信息输出
    person2.show();                         //对象 person2 信息输出
    return 0;                               //main 函数返回 0 至操作系统
}
```

这是含有类和对象的最简单的 C++ 程序。程序第 3～18 行声明一个被称为“类”的一种数据类型。class 是声明“类”类型时必须使用的关键字,后面跟着类名,这里是 Person。类名后用一对花括号{ }括起来的是类体。注意,类的声明必须以“;”结束,这是初学者特别容易漏掉的。在 C++ 的类中可以包含两种成员:数据成员(如 name、sex、age)和成员函数(如 setInfo 函数、show 函数),成员函数是用来对数据成员进行操作的。

类可以体现数据的封装性和信息隐蔽。在上面的程序中,在声明 Person 类时,把类中的数据成员(name、sex、age)全部声明为私有的(private),把类中的成员函数(setInfo、show)全部声明为公用的(public)。这样做可以有将类对象的数据隐藏起来,使得外界只能通过类对象的公用成员函数访问类对象的私有数据,很好地实现了信息隐藏。这就是面向对象中著名的封装性的特点。当然,这只是一般的做法,根据情况也可以把一部分数据成员和成员函数声明为公用的,把一部分数据成员和成员函数声明为私有的。

凡是被声明为公用的数据成员和成员函数,既可以被本类中的成员函数访问,也可以被类外访问。被声明为私有的数据成员和成员函数,只能被本类中的成员函数访问,而不能被类外访问(以后介绍的“友元”成员除外)。

程序中的第 19～26 行是 main 函数。第 20 行是一个定义语句,它的作用是将 person1 和 person2 定义为 Person 类型的变量。具有“类”类型特征的变量称为“对象”(object)。与其他变量一样,对象是占用实际存储空间的,而类型并不占用实际存储空间,它只是给出一种“模型”,供用户定义实际的对象。

第 21 行通过成员运算符“.”来访问 person1 对象的公用成员函数 setInfo,该成员函数在类 Person 中已经定义,程序执行到此句就会转到 setInfo 函数中去执行,输出提示信息后等待用户输入数据,用户从键盘输入的数据将保存在 person1 的相应的 name、sex、age 成员中。第 22 行是通过成员运算符“.”来访问 person2 对象的公用成员函数 setInfo。

同理,第 23 行和第 24 行分别表示访问 person1 和 person2 对象的公用成员函数

show,该成员函数在类 Person 里面也已经定义,程序执行到这两句时都会转到 show 函数中去执行,分别输出 person1 和 person2 的 name、sex、age 的值。

该程序执行时会首先在屏幕上输出如下信息:

```
Please enter name, sex, age:
```

此时程序等待输入数据,若此时从键盘输入如下数据:

```
Zhang M 20↙          (输入一个人的姓名、性别和年龄)
```

回车后屏幕显示如下:

```
Please enter name, sex, age
```

此时程序再次等待输入数据,若此时从键盘输入如下数据:

```
Wang F 19↙          (输入另一个人的姓名、性别和年龄)
```

回车后屏幕显示如下:

```
name: Zhang  sex: M  age: 20
name: Wang  sex: F  age: 19
```

在 C++ 中,类是一种用户自定义数据类型,在理解时可以将它与 int、float 等系统预定义类型进行类比。对象是由已声明的类定义的变量。与一般的变量一样,对象是占用存储空间的,而类是不占用实际存储空间的,类只是给出数据类型的说明,或者是创建对象的“模子”,有了这个“模子”,就可以很方便地创建一个又一个结构相同、内容各异的对象。在本例中 person1 和 person2 就是 Person 类的两个对象,它们的结构是完全相同的,只不过它们的数据成员的值不一样,这样它们就代表了现实世界里的两个人。

对上面的说明能不能理解呢?如果有不理解的地方不要紧,在下一章将看到关于类和对象的详细讨论。这里只要对类和对象有一个大体的了解就可以了。

友情提示:

以上几个程序是按标准 C++ 规定的语法书写的。但是,目前存在着不同的 C++ 编译器,它们所执行的 C++ 标准有所差异。如果所用的编译器对上述程序无法通过编译,可以考虑换新版本的编译器再编译,或者修改一下源程序,使它符合所用编译器的 C++ 标准。

2.3 C++ 对 C 语言的扩充

C++ 是在 C 语言的基础上通过对 C 语言进行扩充得到的。C++ 既可以用来进行面向过程的结构化程序设计,又可以进行面向对象的程序设计。如果对 C 语言比较熟悉,那么肯定想知道 C++ 到底在哪些方面对 C 语言进行了扩充。

2.3.1　C++ 的输入输出

一种程序设计语言在输入输出方面应该满足两条基本要求：一是完备性，即能够输入输出本语言中任意类型的数据；二是简单、方便、安全的要求。C 语言主要是使用 stdio. h 中定义的输入输出库函数来完成输入输出工作，如最常见的库函数 scanf 和 printf。用这些库函数完成面向对象的输入输出工作存在比较严重的缺点。C 语言的输入输出不是类型安全的，在输出时不会对数据类型进行合法性检查，虽然这样使得 C 语言在输入输出时的自由度比较大，但是出错的机率大大增加。

例如语句：

```
printf("%d", x);
```

其中无论变量 x 为整型、浮点型还是数组类型，该语句都可以正常执行，但当 x 是浮点型时会输出错误的值，若 x 是数组时输出数组的地址或者数据溢出而输出负值等。而在使用库函数 scanf 时，若漏掉变量名前面的"&"运算符也可能能够执行，但是会出现严重的后果。

在面向对象中引入了类和对象的概念，类是用户自定义的数据类型，对象是该数据类型的变量，用库函数 printf 就不能把类的对象作为一个整体进行输出。

另外，用库函数进行带有复杂格式的输入输出操作时，需要写出复杂的烦琐的格式说明，而且这种格式说明比较死板。

基于以上情况，C++ 除保留 C 语言的输入输出系统之外，还利用继承的机制创建出一套自己的方便、一致、安全、可扩充的输入输出系统，这套输入输出系统就是 C++ 的输入输出(I/O)流类库。

所谓"流"，就是数据从源到目的端的流动。这是 C++ 对输入输出抽象后的核心思想。有了"流"的思想，对所有的输入输出就都是一样的了。在输入时，字节流从输入设备流向内存，输入设备可以是键盘、磁盘、光盘等，使用时创建输入设备的输入流对象，然后通过>>运算符将数据从输入流对象读入内存的变量或其他数据结构中。例如，前面所看到的"cin >>a >>b;"语句，其中 cin 就是标准输入流对象，代表键盘输入，该语句的作用就是从键盘接收数据进行类型检查后送给变量 a 和 b。在输出时，字节流从内存流向输出设备，输出设备可以是显示器、磁盘或其他输出设备。同样，使用时创建输出设备的输出流对象，然后通过<<运算符将数据从内存输出到输出流对象，完成输出操作。如前面所看到的"cout <<"Welcome to C++ !" <<endl;"语句，其中 cout 就是标准输出流对象，代表显示器输出，该语句的作用就是把 cout 对象后面的表达式的值从左向右依次送到显示器显示。

C++ 通过 I/O 流类库实现了丰富的输入输出操作，并且 C++ 的输入输出是面向对象的、类型安全的、方便扩展的。因此 C++ 的输入输出要明显优于 C 语言的输入输出，但同时也为之付出一定的代价，C++ 的输入输出系统要比 C 语言的输入输出系统复杂得多。在这里，可以先记住在 C++ 中输入使用 cin 语句，输出使用 cout 语句，其他的在后面第 9 章还会进行详细的介绍，到那时我们已经熟悉了类和对象，肯定会对 C++ 的输入输出系统有更深刻的认识。

2.3.2 C++ 对 C 语言数据类型的扩展

程序设计语言所能处理的数据类型是程序开发人员所必须关心的，因为语言所能处理的数据类型决定了程序设计的算法，是程序设计的一个基础问题。C 语言能够处理丰富的数据类型，C++ 语言扩展了 C 语言的数据类型，使可处理的数据类型更加丰富。

C++ 可以使用的数据类型如图 2-1 所示。C++ 标准只规定了除布尔型之外的各种基本数据类型的大小（即该类型数据所占的比特数）的最小值，同时允许编译器赋予这些类型更大的大小。某一类型所占的比特数不同，它所能表示的数据范围也不一样。

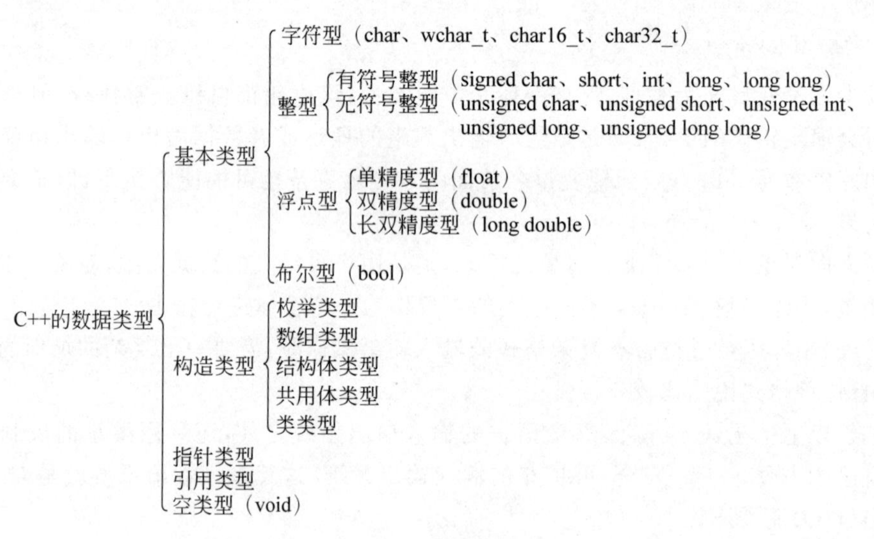

图 2-1 C++ 的数据类型

C++ 提供了几种字符类型，其中多数支持国际化。基本的字符类型是 char，一个 char 的空间应确保可以存放机器基本字符集中任意字符对应的数字值。其他字符类型属于扩展字符集，wchar_t 类型用于确保可以存放机器最大扩展字符集中的任意一个字符，C++ 11 新增的类型 char16_t（支持 16 位的字符表示）和 char32_t（支持 32 位的字符表示）则为 Unicode 字符集服务。

布尔类型（bool），即逻辑型，取值为真（true）和假（false）。

除了字符和布尔类型之外，其他整型用于表示（可能）不同尺寸的整数。C++ 语言规定一个 int 至少与一个 short 一样大，一个 long 至少与一个 int 一样大，一个 long long 至少与一个 long 一样大。其中，数据类型 long long 和 unsigned long long 是 C++ 11 中新定义的，以支持 64 位（或更宽）的整型。

浮点型可表示单精度、双精度和扩展精度值。

在构造类型中增强了结构体类型、枚举类型，增加了类类型，类类型是实现面向对象思想的主要数据类型。此外还增加了引用类型。

2.3.3　常变量

在程序设计中有时会遇到这样的情况，有些数据在程序运行的过程中，其值不能发生改变。传统的解决方案是使用常量，常量又分成两种：一种是直接常量或者字面常量，如12、1.2、'a'等；另一种是符号常量，也就是利用一个标识符代表一个常量。C语言中定义符号常量用#define编译预处理命令来完成，如：

```
#define PI 3.14159
```

实际上，这是在程序预编译时进行字符置换，将程序中所有的标识符PI替换成3.14159。在预处理之后，程序中不再有PI这个标识符。使用符号常量比直接常量要好一些，主要表现在符号常量更直观，符号可以表示一定的意义，在后期维护过程中如果需要改变常量的值，在#define命令中修改就可以了。即使在程序中多处用到PI的话也只需要修改这一处。

但是使用符号常量需要注意一些问题：一是符号常量不是变量，在程序运行时是不分配内存单元的，只是在编译预处理阶段进行替换，将标识符替换成它所代表的量；二是符号常量没有类型，在编译时不进行类型检查，这一点对程序来说是存在隐患的；三是要注意替换后的表达式和预想的表达式是否一致。看下面几句代码：

```
int x{1}, y{2};                    // C++11 标准新引入的列表初始化①
#define PI 3. 14159
#define R x+y
cout <<PI * R * R <<endl;
```

输出语句输出的并不是3.14159 * (x+y) * (x+y)，而是3.14159 * x+y * x+y。程序因此而出错。

为了使常量也能像变量那样进行类型检查，进一步降低程序出错的概率，C++提供了用const定义常变量的方法，如：

```
const float PI{3.14159};
```

【例2-4】 利用常变量计算圆的面积。

```
#include <iostream>
using namespace std;
int main()
{     const float PI{3. 14159};            //定义常变量 PI
```

---

① 这里顺便强调一下C++提供的变量初始化的几种形式。例如，想定义整型变量x并初始化为1，以下的4条语句都可以实现：(1) int x = 1;　(2) int x = {1};　(3) int x(1);　(4) int x{1}。

其中，花括号形式的列表初始化是C++11标准新引入的，并得到全面应用。当用于内置类型的变量时，这种初始化形式有一个重要特点：如果初始值存在丢失信息的风险，编译器将报错。

```
long double ld =3.1415926536;
int a{ld}, b ={ld};  //错误：转换未执行，因为存在丢失信息的风险
int c(ld), d =ld;    //正确：转换执行，且确实丢失了部分值
```

```
    float radius{0};
    cout <<"Please enter radius: ";
    cin >>radius;
    cout <<"The area of circle is: " <<PI * radius * radius <<endl;
    return 0;
}
```

在例2-4中可以看到，PI定义的前面有一个关键字const，这样就表示PI是一个常变量，定义PI时必须对PI进行初始化，之后PI的值就不能再改变了，任何修改PI或者给PI赋值的语句都是非法的，程序不能通过编译。

由于定义常变量的关键字为const，故常变量也被称为const变量。可以在程序的任何位置定义常变量。需要注意的是，常变量在定义时必须进行初始化，可以用值对其初始化，也可以使用表达式。使用表达式时，系统会先计算出表达式的值，然后再将值赋给常变量。

```
const int i;                //错误:未对i初始化
const int j{10};            //正确:编译时初始化,j也称为编译期常变量
const int k{ get_size() };//正确:运行时初始化,k也称为运行期常变量,get_size()为自定
                              义函数
const char c{"hello"};     //错误:invalid conversion from 'const char*' to 'char'
```

在以编译时初始化的方式定义一个常变量时，编译器将在编译过程中把用到该变量的地方都替换成对应的值，不会分配任何存储空间用于存储用常量表达式初始化的常变量。使用它可以使程序的运行速度加快，占用内存更少。当以运行时初始化的方式定义一个常变量时，编译器会在静态存储区给常变量分配内存单元。

默认情况下，常变量被设定为仅在文件内有效。那么，当一个程序包含多个文件时，又该如何实现常变量的文件共享呢？即只在一个文件中定义常变量，而在其他多个文件中使用它？

对于编译期常变量，可以把定义语句放在一个头文件里，其他需要使用该常变量的文件包含该头文件即可。

```
//file_1.h 声明 bufSize 常变量
const int bufSize{256};
```

对于运行期常变量，则需要把定义语句放在一个源文件里，同时需要添加extern关键字，然后再把对该变量的extern声明写在一个头文件里，其他需要使用该常变量的文件包含该头文件即可。

```
//file_1.cpp 定义并初始化一个可以被其他文件访问的 bufSize 常变量
extern const int bufSize{ fcn() };
//file_1.h 声明 bufSize 常变量
extern const int bufSize;//与 file_1.cpp 定义的 bufSize 是同一个
```

有些时候为了简便起见，也将常变量称为常量，这也是可以理解的，只要我们清楚地

知道常变量的定义方法、使用的目的和用途以及它与直接常量和符号常量的区别就可以了。

关于关键字 const 的位置，一般见到的 const 的位置在最前面，但把 const 放在类型名后面也是合法的，如：

```
float const PI{3.14159};
```

const 与 constexpr：关键字 constexpr 于 C++ 11 中引入并于 C++ 14 中得到改善。它表示常量表达式（指值不会改变并且在编译过程就能得到计算结果的表达式）。与 const 相同，它可应用于变量，任何代码试图修改该值，均将引发编译器错误。与 const 不同，constexpr 也可应用于函数和类构造函数（分别在 2.3.6 节和 3.12 节介绍）。

用 constexpr 定义变量的方法如下：

```
constexpr float x{ 42. 0};        //42. 0 是常量表达式
constexpr float y{108};           //108 是常量表达式
constexpr int size {size()};      /* 只有当 size 是一个 constexpr 函数时，才是一条正确
                                     的声明语句 */
constexpr int i;                  //错误，未对 i 初始化
int j{0};
constexpr int k{j +1};            //错误，j 不是一个常量表达式
```

const 侧重于值不变，constexpr 侧重于编译期就确定值。const 并不限定是编译期常量还是运行期常量，const 变量的初始化可以延迟到运行时，而 constexpr 必须是编译期常量（在编译阶段得到结果）。基于此，为限制计算编译时常量的复杂性及其编译时间的潜在影响，对声明 constexpr 时用到的类型必须有所限制。因为这些类型一般比较简单，值也显而易见、容易得到，就把它们称为“字面值类型”（literal type）。算术类型、引用和指针都属于字面值类型。某些类也是字面值类型，它们可能含有 constexpr 函数成员。

可以简单地认为，所有 constexpr 对象都是 const 的，但不是所有的 const 对象都是 constexpr 的。如果你想要编译器保证变量编译期有值，即上下文请求了一个编译期间的常量，这种上下文包括数组大小的表示、整型模板参数（包括 std::array 对象的长度）、case 标签、枚举的值、对齐说明等等，那么能用的工具是 constexpr，而不是 const。与编译器常量一样，编译时编译器会找到所有用到 constexpr 变量的地方，然后用它的值代替。

2.3.4 指针

指针是 C 和 C++ 的一个重要概念，如果使用得当可以使程序高效、简洁、紧凑。同时，指针又是一个非常复杂的概念，使用起来非常灵活，如果对指针掌握不牢固，编程时会出现意想不到的错误。

严格地讲，指针是内存单元的地址。而 C/C++ 程序中的指针是指针变量的简称，是指用来存放指针（地址）的变量。关于指针的概念、定义、使用及注意的问题在许多 C 语言的书中已经作过详细地讨论，不再赘述，这里重点讨论 C++ 中使用指针需要注意的地方。

1. 空指针

在C++中,指针类型有一个特殊值,称之为“空指针”。它与同类型的其他所有指针值都不相同。取地址操作符&不可能得到空指针。动态内存分配函数malloc或new运算符的成功使用也不会返回空指针;如果失败,则返回空指针,这是空指针的典型用法,表示“未分配”或者“尚未指向任何地方”的指针。new是C++新增的用来动态申请分配内存的运算符,如果动态申请内存单元成功,则返回申请到的内存单元的首地址,如果失败则返回空指针。关于new运算符稍后会详细讨论。

空指针在概念上不同于未初始化的指针。空指针可以确保不指向任何对象或函数;而未初始化的指针,是指定义指针变量时没有初始化指针变量,在对指针变量赋值以前可能指向任何地方,因此有人又将未初始化的指针称为“野指针”。引入空指针的目的就是为了防止使用指针出错,因为C++系统规定空指针是不能使用的,如果程序中出现使用空指针的语句则编译器会报错,编译不能通过。而对于未初始化指针的处理,不同的C++编译器,同一编译器的不同版本,处理方式都一样。有的编译器:编译报错,错误提示为使用了未初始化的指针变量;有的编译器:通过编译,运行时也不报错,但程序运行可能存在安全隐患。为了避免上述错误的发生,在C++中一般习惯的做法是定义指针变量时立即将其初始化为空指针,在使用指针之前再给指针变量赋值,使指针有了具体指向之后再使用指针。

如何在定义指针变量时将其初始化为空指针呢?C系统规定,在指针上下文中的常数0会在编译时转换为空指针。也就是说,在初始化、赋值或比较的时候,如果一边是指针类型的值或表达式,编译器可以确定另一边的常数0为空指针。

【例2-5】 指针和0

```
#include <iostream>
using namespace std;
int main()
{   int x =100;                          //定义整型变量x并初始化为100
    int *p =0;                           //定义空指针p
    //*p =50;                            //此语句编译出错,不能使用空指针
    p =&x;                               //使指针p指向变量x
    if ( p !=0 )                         //判断指针p是否为空指针
        cout <<"*p ="<< *p <<endl;       //输出变量x的值
    int *q;                              //定义野指针q
    //*q =50;                            //不同的C++编译器,处理结果不同,也被注释掉了
    q =&x;                               //使指针q都指向变量x
    if ( q !=0 )                         //判断指针q是否为空指针
        cout <<"*q ="<< *q <<endl;       //输出变量x的值
    return 0;
}
```

程序执行后在屏幕上输出:

```
*p= 100
*q= 100
```

在这个程序中,指针 p 被定义为空指针,这是因为 main 函数第 2 行的语句用 0 去初始化指针 p。第 3 行语句被注释掉了,是因为这条语句是有错误的,给指针 p 所指单元赋值操作不能完成,因为现在指针 p 还是一个空指针,不能使用空指针。第 4 行语句给指针 p 赋值为变量 x 的地址,指针 p 有了明确的指向,才可以正常使用。第 7 行语句定义了一个整型指针 q,但是由于没有给 q 赋值,所以 q 的指向是不确定的,此处 q 是野指针。第 8 行给指针 q 所指向的单元赋值,对此语句,不同的 C++ 编译器,处理结果不同,也被注释掉了。

在 C 系统中,0 带有常数及空指针的双重身份。通常,0 更容易被理解为值为 0 的整型常量,用它表示空指针不太容易理解,所以程序员也会选择使用宏 NULL 来表示空指针。在传统的 C 头文件(stddef.h)里可以找到如下代码:

```
#undef  NULL                    /* in case <stdio.h>has defined it. */
#ifndef  __cplusplus
#define  NULL ((void *)0)
#else                           /* C++ */
#define  NULL 0
#endif
```

在 C 语言环境下,由于不存在函数重载[①]等问题,直接将 NULL 定义为一个 void * 的指针就可以完美的解决一切问题。但是,在 C++ 环境中情况就变得复杂起来,由于 C++ 并不采用 C 的规则,不允许将 void * 隐式转换为其他类型的指针。为了使代码 char* c = NULL; 能通过编译,NULL 只能定义为 0。但是,这样的决定使得函数重载无法区分代码的语义:

```
void foo(char *);
void foo(int);
```

C++ 建议 NULL 应当定义为 0,所以 foo(NULL)将会调用 foo(int),这并不是程序员想要的行为,也违反了代码的直观性。0 的歧义在此处造成困扰。为此,C++ 11 引入新的关键字来代表空指针常数:nullptr,将空指针和整数 0 的概念拆开。nullptr 的类型为 nullptr_t,能隐式转换为任何指针类型(包括成员函数指针和成员变量指针)和 bool 布尔类型(主要是为了兼容普通指针可以作为条件判断语句的写法),也能和它们进行相等或不等的比较。但 nullptr 不能隐式转换为整数,也不能和整数做比较。

如果编译器是支持 nullptr 的话,那么在书写代码想使用 NULL 的时候,将 NULL 替换为 nullptr 能获得更加健壮的代码。

为了向下兼容,0 仍可代表空指针常数。

---

① C++ 允许在同一个作用域中使用同一函数名定义多个函数,这些函数的参数个数或参数类型不同,函数的返回值类型可以相同也可以不同,这些同名的函数用来实现同一类的操作,这就是函数重载。

特别提醒:

空指针到底指向内存的什么位置?是地址为0的内存单元还是内存中的一个特殊区域或是其他什么地方,在C++的标准中并没有明确规定。其实并没有必要去关心这个问题,编译器将这个问题屏蔽了,我们只需知道什么是空指针,如何使用空指针就可以了。“野指针”不是空指针,野指针的成因主要有以下3种:

(1) 指针变量没有被初始化。程序运行可能存在安全隐患,所以指针变量在创建的同时应当被初始化,要么将指针设置为nullptr,要么让它指向合法的内存。

(2) 指针p被free或者delete之后,没有置为nullptr,指针依然指向原来的位置,但此位置或者因为是无效内存导致指针访问失败,或者已被内存管理分配给其他变量导致非法访问。

(3) 指针操作超越了变量的作用范围。由于C/C++中指针有++操作,因而在执行该操作的时候,稍有不慎,就容易使指针访问越界,访问了一个不该访问的内存,有导致程序崩溃的危险。另一种情况发生在将调用函数中的局部变量的地址传出去引起的。局部变量的作用范围虽然已经结束,内存已经被释放,然而地址值仍是可用的,导致和第(2)相类似情况的发生。

程序中要彻底杜绝使用野指针。

2. 指针与const

由于指针本身的特殊性,特殊在指针本身是个变量,而指针所指向的单元也是一个变量,所以const既可以修饰指针变量本身,此时的const称为顶层const,也可以修饰指针所指向的变量,此时的const称为底层const。对于一般的变量来说,其实没有顶层const和底层const的区别,而只有对于指针这类复合类型的基本变量,才有这样的区别。

看下面的程序。

【例 2-6】 指向const变量的指针。

```
#include <iostream>
using namespace std;
int main()
{   const int *p =nullptr;          //定义指向 const 变量的指针 p
    const int a =10 ;               //定义常变量 a
    p =&a;                          //指针 p 指向 a
    cout <<"*p =" << *p <<endl;  //输出指针 p 所指向单元的内容
    int b =100;                     //定义普通变量 b
    p =&b;                          //指针 p 指向 b
    cout <<"*p =" << *p <<endl;  //输出指针 p 所指向单元的内容
    //*p =200;                      //错误,不能通过指针 p 修改 p 所指向单元内容
    b =200;                         //由于变量 b 是普通变量,可以通过变量名 b 修改 b 的内容
    cout <<"*p =" << *p <<endl;  //输出指针 p 所指向单元的内容
    return 0;
}
```

程序运行结果如下：

```
*p =10
*p =100
*p =200
```

在例2-6的程序中，main函数的第1行定义了一个指向const变量的指针p，const是修饰的指针p所指向的变量，而不是指针p本身，这也就意味着，不能通过指针去修改指针所指向的单元的内容，但是可以修改指针本身，即可以改变指向const变量的指针的指向。程序的第2行定义了一个常变量a并初始化为10，第3行将常变量a的地址赋值给指针p，即让指针p指向常变量a。第4行输出指针p所指向单元的内容，结果为"*p = 10"。第5行定义了一个普通的整型变量b并初始化为100，第6行将变量b的地址赋值给指针p，即改变指针p的指向为指向b，这个操作是没有任何问题的。这说明，指向const变量的指针本身的值可以被修改。第7行输出指针p所指向单元的内容，结果为"*p = 100"。

请注意：

(1) 如果一个变量已被声明为常变量，只能用指向const变量的指针指向它，而不能用一般的(指向非const型变量的)指针去指向它。

(2) 指向常变量的指针除了可以指向常变量外，还可以指向普通变量。此时，可以通过指针访问该变量，但不能通过指针改变该变量的值。

例2-6程序中main函数的第8行被注释掉了，因为这一行有错误，指针p被定义为指向const变量的指针，不能够通过指针p来修改它所指向单元的内容，编译不通过。这里需要特别提醒的是：指向const变量的指针p指向普通变量b后，并不意味着把b声明为常变量，而只是在通过指针p访问b时，b具有常变量的特征，其值不能改变，在其他情况下，b仍然是一个普通的变量，其值是可以改变的。第9行通过变量名b修改b的内容，由于变量b是普通变量，这个操作当然可以完成。第10行输出指针p所指向单元的内容，结果为"*p = 200"。

通过例2-6可以体会到什么是指向const变量的指针了。另外，就像用const定义常变量一样，定义指向const变量的指针时const的位置也有两个，一个是如例2-6程序中所示那样，另一个则如下所示：

```
int const *p =nullptr;
```

这两种形式所表达的含义是完全一样的。

指向const变量的指针最常用于函数的形参，目的是在保护形参指针所指向的实参变量，使它在函数执行过程中不被修改。在函数调用时其对应实参既可以是const变量的地址或指向const变量的指针，也可以是非const变量的地址或指向非const变量的指针。

【例2-7】 const指针。

```
#include <iostream>
using namespace std;
```

```
int main()
{  int a =10;                         //定义普通变量 a
   int b =100;                        //定义普通变量 b
   int * const p =&a;                 //定义 const 指针 p 并初始化指向 a
   cout <<"*p =" << *p <<endl;        //输出指针 p 所指向单元的内容
   //p =&b;                           //错误,不能改变 const 指针 p 的指向
   *p =100;                           //通过指针修改 p 所指向单元的内容
   cout <<"*p =" << *p <<endl;        //输出指针 p 所指向单元的内容
   return 0;
}
```

程序运行结果如下：

```
*p =10
*p =100
```

从例 2-7 的程序中可以看到，定义 const 指针时 const 位置的变化，const 放在了指针变量名字的前面，直接修饰指针变量，表示指针变量的值不能改变，其实应该称 p 为常指针变量，简称常指针或 const 指针。既然是 const 指针，那么在定义 const 指针的同时必须要初始化。main 函数的第 3 行定义了 const 指针 p 并初始化指向变量 a。显然，指针变量 p 的值不能改变，就意味着 p 的指向不能改变，所以例 2-7 程序中第 5 行(被注释掉的行)是错误的。虽然指针 p 不能被修改，但是指针 p 所指向的单元并没有 const 修饰，所以还是可以通过指针 p 来修改它所指向单元的内容的。因此，程序的第 6 行是没有错误的。

【例 2-8】 指向 const 变量的 const 指针。

```
#include <iostream>
using namespace std;
int main()
{  int a =10, b =100;
   const int * const p =&a;           //定义指向 const 变量的 const 指针 p
   cout <<"*p =" << *p <<endl;        //输出指针 p 所指向单元的内容
   //p =&b;                           //错误,不能改变指针 p 的指向
   //*p =100;                         //错误,不能改变指针 p 所指向单元的内容
   return 0;
}
```

程序运行结果如下：

```
*p =10
```

在例 2-8 程序中指针 p 综合了指向 const 变量的指针和 const 指针的特点，称为指向 const 变量的 const 指针。显然，该指针变量自身不能改变，同时指针所指向单元的内容也不能改变。这种指向 const 变量的 const 指针的定义格式就是在指针的 * 运算符的前面和指针名的前面各有一个 const 关键字进行修饰。例 2-8 程序中 main 函数的第 3 行就

定义了指向 const 变量的 const 指针 p，并且初始化使得 p 指向变量 a，在定义了指针 p 后，既不可以修改 p 本身，也不能通过指针 p 修改其所指向的内存单元的内容，所以 main 函数的第 5、6 行都是错误的。

知识点拨：

指针和 const 的关系比较复杂，初学时可能觉得比较混乱。const 有两个位置，可形成如下 3 种指针：

(1) 只在 * 之前有 const 的指针，称为指向 const 变量的指针。

(2) 只在 * 之后有 const 的指针，称为 const 指针。

(3) * 前后都有 const 的指针，称为指向 const 变量的 const 指针。其实，只要把握住 const 在不同位置修饰的对象不同，指针和 const 还是可以掌握的。

3. 指针与 constexpr

在定义一个指针时，可以加 constexpr 关键字修饰，这样的指针也称为 constexpr 指针。需要注意的是，constexpr 仅仅对指针有效，与指针所指的对象无关。看下面两条语句：

```
const int * p =nullptr;          // p 是一个指向常变量的指针,并初始化为空指针
constexpr int * q =nullptr;      // q 是一个指向变量的常指针,并初始化为空指针
```

p 和 q 的类型相差甚远，p 是一个指向常变量的指针，而 q 是一个指向变量的常指针。

尽管指针能定义成 constexpr，但它的初始值却受到严格限制：一个 constexpr 指针的初始值只能是 nullptr 或者 0，或者是存储于某个固定地址中的对象的地址，或者 constexpr 函数的返回值的地址。由于 constexpr 指针是编译期常量，其指向由其定义时的初始值确定后不允许再改变，把其初始值设置为 nullptr 或者 0，只是从语法层面上允许这样做，在实际编程中没有意义。在函数体内定义的变量一般来说并非存放在固定地址中，因此 constexpr 指针不能指向这样的变量。相反地，定义于所有函数体之外的变量其地址固定不变，能用来初始化 constexpr 指针。C++ 允许函数定义一类有效范围超出函数本身的变量，如局部静态变量，这类变量和定义在函数体之外的变量一样也有固定地址，因此，constexpr 指针也能指向这样的变量。

【例 2-9】 constexpr 指针的定义与使用。

```
#include <iostream>
using namespace std;
int i =10;                       //定义全局整型变量 i
constexpr int j =20;             //定义常量表达式变量 j
int main()
{   //定义指向变量的 constexpr 指针 p,并使其指向全局整型变量 i
    constexpr int * p =&i;
    //定义指向常变量的 constexpr 指针 q,并使其指向常量表达式变量 j
    constexpr const int * q =&j;
```

```
    cout<<"i ="<< * p<<endl;    //通过 constexpr 指针 p 输出变量 i 的值
    cout<<"j ="<< * q<<endl;    //通过 constexpr 指针 q 输出常量表达式变量 j 的值
    static char x = 'A';        //定义局部静态变量 x
    //定义指向变量的 constexpr 指针 px,并使其指向局部静态变量 x
    constexpr char * px = &x;
    cout<<"x ="<< * px<<endl;   //通过 constexpr 指针 px 输出局部静态变量 x 的值
    return 0;
}
```

程序运行结果如下：

```
i =10
j =20
x =A
```

与 const 指针一样，constexpr 指针既可以指向常变量或者常量表达式变量，也可以指向非常变量，例 2-9 中的 constexpr 指针 q 也可以指向变量 i。

4. void 指针

void 这个关键字我们并不陌生，在 C 语言的程序里经常可以看到一些没有返回值的函数，这种函数的前面都有一个 void 作为返回值类型。

void 除了作函数的返回值类型之外，还可以作为函数的参数类型。如：

```
int func(void)                  //函数的参数为 void
{   …
    return 0;
}
```

这时表示 func 函数不接受任何参数。如果在调用 func 函数时不慎错误地加上了实参，在编译时系统会检查出错误而编译不通过。如“func(2);”就会编译不通过。那么“int func(void)”和“int func()”有什么不同呢？其实，在 C++ 环境下这两个函数声明是一样的，都表示函数不接受任何参数，如果调用时加了实参系统都会报错，而且错误提示都是一样的。但是，在 C 语言的环境下，系统调用函数时却不对参数进行检查，也就是说，在 C 语言的环境下，函数声明为“int func();”的形式，而调用时为“func(2);”的形式，系统照样能够编译通过。所以，为了使得程序更加安全、易读，建议在编写一个不需要参数的函数时，在参数表的位置上写上“void”。

除了这两种情况下使用 void 以外，void 是不能够直接修饰变量的，即“void x;”是错误的。因为定义变量是需要系统分配内存单元的，不同类型的变量所需要的字节数是不同的，可是给空类型的变量分配几个字节的内存单元呢？所以，无法定义 void 类型的变量。

那么 void 能不能定义指针呢？在 C++ 系统里是可以的，如果一个指针被定义为 void 类型，可以称之为“无类型指针”，或者就称之为 void 指针。无类型指针不是说这个指针不能指向任何类型的变量或单元，相反，无类型指针可以指向任意类型的数据。

指针其实就是保存地址的整型变量，普通的指针可以修改自己的值来改变指针的指

向,当然也可以指针之间相互赋值,但是有一个前提,那就是指针的类型必须相同。如:

```
int *a=nullptr, *b=nullptr;
float *c=nullptr;
int x;
a=&x;
b=a;     //正确
c=a;     //错误
```

由于a和b都是整型指针,所以"b = a;"是正确的,该语句使得指针b也指向变量x。而"c = a;"是错误的,是因为a是整型指针,而c是浮点型指针。类型不同的指针是无法赋值的。如果在上面这个小例子中再定义一个指针d,指针d的类型为无类型指针,则:

```
void *d=nullptr;
d=a;     //正确
d=c;     //正确
```

因为d是void指针,它可以指向任意类型的数据,所以任意类型的指针都可以给d赋值。虽然void指针可以指向任意类型的数据,但是在使用void指针时必须对其进行强制类型转换,将void指针转换成它所指向单元的实际类型,然后才可以使用。另外,将void指针赋值给其他指针时也需要将void指针强制类型转换为所需要类型的指针。

【例2-10】 void指针的定义与使用。

```
#include <iostream>
using namespace std;
int main()
{  int x=100;
   void *p=&x;                            //定义void指针p,并使之指向x
   int *q=nullptr;                        //定义整型指针q
   //cout<<"*p="<<*p<<endl;               //错误,非法使用指针p
   cout<<"*p="<<*(int *)p<<endl;          //正确,输出指针p指向单元的内容
   //q=p;                                 //错误,非法,void指针值赋给整型指针q
   q=(int *)p;                            //正确,合法,void指针值赋给整型指针q
   cout<<"*q="<<*q<<endl;                 //输出指针q指向单元的内容
   return 0;
}
```

程序运行结果如下:

```
*p=100
*q=100
```

在例2-10的程序中定义了void指针p和整型指针q,由于p是无类型指针,可以将任意类型的变量的地址赋给它,所以将整型变量x的地址赋给p是正确的。但是在使用void指针p时一定要将void指针强制类型转换为它指向的变量类型,所以main函数的第4行是错误的,而第5行是正确的。main函数的第6行是错误的,是因为将void指针

赋值给普通指针时一定要进行强制类型转换，因此 main 函数的第 7 行是正确的。

我们已经知道指针就是内存单元的地址，指针变量就是存放指针（地址）的变量。不同数据类型在内存中所占内存单元的数量是不一样的，但是不同数据类型的地址却是一样的，都使用该数据在内存单元中的首地址。这样系统就可以使用 void 指针来存放这个首地址，这和数据类型是没有关系的。但是，当要使用这个数据时，通过指针来访问内存单元，系统不仅需要知道内存单元的首地址，而且还要知道这个数据在内存中占用了几个单元，只有这样才能正确的读出数据。所以在使用 void 指针时必须对指针进行强制类型转换，目的就是为了告诉系统去访问几个内存单元。

void 指针还可以作为函数的参数和返回值，声明的方法和普通的指针是完全一样的，只不过在使用时需要进行强制类型转换。那么这个 void 指针有什么作用呢？除了给它赋值比较方便以外，好像就没有什么优点了，而且使用时还必须进行类型转换，太麻烦了。其实，void 指针的作用是很大的，主要体现在如下方面：因为 void 指针可以指向任意类型的数据，所以使用 void 指针时把 void 指针所指向的数据给抽象化了，这样可以增加程序的通用性。比如 C 语言中的一个库函数 memcpy，该函数的功能是进行内存复制，该函数的定义如下：

```
void * memcpy(void * dest, const void * src, size_t len)
{
    void * ret =dest;
    while (len-->0) {
       * (char * )dest = * (char * )src;
        dest = (char * )dest +1;
        src = (char * )src +1;
    }
    return(ret);
}
```

在该函数中，第一个参数 dest 是要复制的目的地址，第二个参数 src 是要复制的源地址，第三个参数 len 是要复制的数据的长度。可以清楚地看到，第一个参数和第二个参数的数据类型都是 void * 类型，这样任何类型的指针都可以传入 memcpy 中，这也真实地体现了内存复制函数的意义，因为它操作的对象仅仅是一片内存，而不论这片内存是什么类型。如果 memcpy 的参数类型不是 void *，而是 char * 或其他具体类型的指针，那么这个函数就只能用于该种类型的数据的复制，这将大大限制该函数的应用范围。使用该函数如下：

```
int intarray1[100], intarray2[100];
memcpy(intarray1, intarray2, 100 * sizeof(int));   //将 intarray2 复制给 intarray1
```

可见，void 指针使用起来也十分简单。其实，void 体现了一种“抽象”的思想，而抽象正是面向对象的一个重要特点。在学习了面向对象的思想之后再去回顾 void，可能就会有新的理解。

5. new 和 delete

new 和 delete 运算符是 C++ 管理内存的方式，在 C 语言里实现近似功能的函数是 malloc 和 free。下面首先回顾一下 C 语言的内存管理方式。

要想使用 malloc 和 free 函数，首先需要包含头文件 stdlib. h 或 alloc. h。malloc 函数原型如下：

```
void * malloc(int size);
```

该函数的功能是向系统申请分配指定 size 个字节的内存空间，返回类型是 void * 类型。

free 函数原型如下：

```
void free(void * block);
```

该函数的功能是把 block 所指向的内存空间释放。之所以把形参中的指针定义为 void *，是因为 free 必须可以释放任意类型的指针，而任意类型的指针都可以转换为 void * 。

C 语言的内存管理是通过函数来进行的，这种方式有其优点，也有不足，主要有：

(1) 函数的返回值是 void * 类型，在将这个地址给指针进行赋值时，必须进行强制类型转换，以保证赋值的正常进行；

(2) 分配内存单元时根据参数 size 的值来分配，如果 size 是错误的，系统仍然分配单元，无法检查出错误；

(3) 函数只能分配内存单元，而无法初始化，分配到的内存单元里面是随机信息。

C++ 提供了简便而功能较强的运算符 new 和 delete 来取代 malloc 和 free 函数(为了与 C 兼容，仍保留这两个函数)。

new 是 C++ 新增的用来动态申请内存的运算符，它的作用是申请到一段指定数据类型大小的内存。使用它的语法格式是：

```
指针变量 =new 数据类型;
```

这样的语句执行后，new 将计算指定数据类型需要的内存空间大小，按照语法规则，初始化所分配的内存并且返回正确的指针类型。

【例 2-11】 使用 new 分配整型内存单元。

```
#include <iostream>
using namespace std;
int main()
{   int * p =nullptr;                        //定义整型指针 p
    //用 new 申请可以存放一个整型数据的内存单元，将申请到的内存首地址存入指针变量 p
    p =new int;
    cout << " * p =" << * p <<endl;            //输出指针 p 指向单元的内容
    return 0;
}
```

程序运行结果如下：

```
* p =-842150451
```

这个结果在实验时可能不一样，因为这是一个随机数。程序首先定义整型空指针 p，然后通过 new 申请可以存放一个整型数据的内存空间，将申请到的内存首地址给整型指针 p 保存，最后由 cout 输出指针 p 指向单元的内容，即刚才申请到的内存单元里的内容。由于没有什么初始化，所以输出的结果是随机数。

从例 2-11 可以看到，使用 new 进行内存申请更加方便，而且 new 返回所申请数据类型的指针，在将内存首地址赋给指针 p 时不需要进行强制类型转换。

注意，定义变量所得到的内存单元是在编译阶段分配的，在程序运行之前就已经确定了，当程序结束后这些变量会自动地被释放；而通过 new 运算符申请的内存单元是当程序运行到包含有 new 的语句时才分配的，可以称之为动态内存分配，这种内存永远不可能归还系统，除非程序退出。因此，必须人为的去释放通过 new 得到的内存单元。

与 new 相对应的释放内存空间的运算符是 delete。使用 delete 的语法格式如下：

```
delete 指针变量;
```

delete 将释放指针所指向的内存单元。

【例 2-12】 使用 new 和 delete 动态管理内存单元。

```
#include <iostream>
using namespace std;
int main()
{   int *p=nullptr;                          //定义整型指针 p
    p=new int;                               //用 new 申请可以存放一个整型数据的内存单元
    cout<<"*p="<<*p<<endl;                   //输出指针 p 指向单元的内容
    delete p;                                //delete 释放指针 p 指向的内存单元
    p=nullptr;                               //置 p 为空指针
    return 0;
}
```

main 函数的第 4 行就是用 delete 运算符动态释放由第 2 行的 new 运算符动态申请的内存单元。注意，一定要记住 new 和 delete 运算符是成对出现的，如果漏掉了一个会造成内存泄漏，同时别忘了把 p 指针置空，避免 p 成为野指针。

new 也可以在申请内存空间的同时对该内存单元进行初始化，语法如下：

```
指针变量=new 数据类型(初值);          //传统的圆括号形式的初始化
指针变量=new 数据类型{初值};          //C++11 标准引入的列表初始化
```

这样，例 2-12 中 main 函数的第 2 行可以改为：

```
p=new int(100);                      //或者 p=new int{100};
```

则程序的输出为：

```
*p=100
```

使用下列语句可以动态分配 const 变量。

```
const int *p=new const int{1024};        //分配并初始化一个 const 变量
```

由于分配的变量是 const 变量，new 返回的指针是一个指向 const 变量的指针。

以上看到的是 new 和 delete 用于分配和释放单个变量的空间。如果需要分配多个连续变量的存储空间时怎么办呢？如现在需要申请一个数组空间，这时可以使用 new[] 和 delete[]。

new[]的语法如下：

```
指针变量 =new 数据类型[元素个数];
```

例如：

```
int *p =new int[20];
```

这个语句可以实现在内存中分配可以存放 20 个整数的连续空间。

同样，用 new[]分配出空间，当不再需要时，必须及时用 delete[]来释放，否则会造成内存泄漏。

delete[] 的语法如下：

```
delete [] 指针变量;
```

例如：

```
//分配可以存放 1000 个 int 型数据的连续内存空间
int *p =new int[1000];
//然后使用这些空间
…
//最后不需要了，及时释放，并置 p 指针为空指针
delete [ ] p;
p =nullptr;
```

知识点拨：

我们已经学习了三种动态内存管理的方式，它们分别是兼容 C 语言的 malloc/free 方式、单个变量的 new/delete 方式、多个变量的 new[]/delete[]方式。上述三组必须配对出现，即由 malloc 申请的内存单元必须由 free 去释放，而不能由 delete 或 delete[]去释放，其他亦然。

虽然现代计算机通常都配备大容量内存，但是自由空间被耗尽的情况还是有可能发生。一旦一个程序用光了它所有可用的内存，new 申请内存就会失败。默认情况下，如果 new 申请不到所要求的内存空间，它会抛出一个类型为 bad_alloc 的异常。我们可以改变使用 new 的方式来阻止它抛出异常。

```
int *p =new (nothrow) int;  //如果分配失败，new 返回空指针
```

动态内存的正确释放被证明是编程中及其容易出错的地方。因为确保在正确的时间释放内存是极其困难的。有时我们会忘记释放内存，这样就导致内存泄漏；有时在尚有指针引用内存的情况我们释放了它，这样就导致引用非法内存的指针。为了更加方便、安全

的管理动态内存，C++ 11 标准库新推出了三种智能指针。鉴于智能指针的实现是 C++ 类模板，把它结合第 3 章 3.8 节对象的动态创建与释放再介绍，我们对智能指针的理解与使用会相对更容易一些，因为那时我们已经有了类和对象的最基本知识。

2.3.5 引用

引用是 C++ 语言的新特性，是 C++ 常用的一个重要内容之一，正确、灵活地使用引用，可以使程序简洁、高效。

简单地说，引用就是某一变量的别名，对引用的操作与对该变量直接操作完全一样。引用的声明方式：

```
类型标识符 & 引用名 =目标变量名;
```

这里又出现了 & 运算符。在赋值运算符左侧的 & 称为引用声明符。前面在指针部分遇到过 & 运算符，比如："int x = 100; int *p = &x;"，其中的 & 是取地址运算符。可以看到 & 运算符在不同的上下文环境具有不同的含义，这称为运算符功能重载。

【例 2-13】 使用引用访问变量。

```
#include <iostream>
using namespace std;
int main()
{   int x =100;                    //定义整型变量 x
    int &rx =x;                    //声明变量 x 的引用 rx
    cout <<"rx =" <<rx <<endl;     //输出引用 rx 的内容
    rx =200;                       //给引用 rx 赋值
    cout <<"x =" <<x <<endl;       //输出变量 x 的内容
    return 0;
}
```

程序运行结果如下：

```
rx =100
x =200
```

main 函数的第 2 行声明了变量 x 的引用 rx，在第 3 行输出 rx 的内容，结果是"rx = 100"，其实就是变量 x 的内容。第 4 行对引用 rx 赋值 200，在程序的第 5 行输出变量 x 的值，结果"x = 200"。可以看到引用 rx 和变量 x 访问的是同一个内存单元。

> **特别提醒：**
>
> 声明引用时，引用前面的类型标识符是指目标变量的类型，且必须同时对其进行初始化，即声明它代表哪一个变量。引用声明完毕后，相当于目标变量有两个名称，即该目标变量原名称和引用名，且不能再把该引用名作为其他变量名的别名。声明一个引用，不是新定义了一个变量，它只表示该引用名是目标变量名的一个别名，因此引用本身不占存储单元，系统也不给引用分配存储单元。

引用的声明应该说还是比较简单的，下面看看引用的使用。

【例 2-14】 编写一个函数，交换两个整型变量的值。

程序 1：

```
#include <iostream>
using namespace std;
void change(int x, int y)          //定义 change 函数用来交换两个变量的值
{   int tmp;
    tmp = x;   x = y;   y = tmp;
}
int main()
{   int x = 10, y = 20;
    cout << "交换前:x = " << x << ", y = " << y << endl;
    change(x, y);                  //调用 change 函数进行交换
    cout << "交换后:x = " << x << ", y = " << y << endl;
    return 0;
}
```

程序运行结果如下：

```
交换前:x = 10, y = 20
交换后:x = 10, y = 20
```

程序 2：

```
#include <iostream>
using namespace std;
void change(int * x, int * y)      //定义 change 函数用来交换两个变量的值
{   int tmp;
    tmp = * x;   * x = * y;   * y = tmp;
}
int main()
{   int x = 10, y = 20;
    cout << "交换前:x = " << x << ", y = " << y << endl;
    change(&x, &y);                //调用 change 函数进行交换
    cout << "交换后:x = " << x << ", y = " << y << endl;
    return 0;
}
```

程序运行结果如下：

```
交换前:x = 10, y = 20
交换后:x = 20, y = 10
```

程序 3：

```
#include <iostream>
using namespace std;
```

```
void change(int &x, int &y)      //定义 change 函数用来交换两个变量的值
{   int tmp;
    tmp =x;  x =y;  y =tmp;
}
int main()
{   int x =10, y =20;
    cout <<"交换前:x =" <<x <<", y =" <<y <<endl;
    change(x, y);                  //调用 change 函数进行交换
    cout <<"交换后:x =" <<x <<", y =" <<y <<endl;
    return 0;
}
```

程序运行结果如下：

```
交换前:x =10, y =20
交换后:x =20, y =10
```

通过程序运行的结果，可以很清楚地看到，程序1没有实现预期的目的，程序2和程序3成功地实现了交换两个变量的值。

在程序1中，当change函数被调用时，系统首先创建两个临时变量x和y，这两个临时变量虽然和main函数里的变量名相同，但是它们却和main函数里的x和y完全没有关系，它们是在内存的另外的区域申请的，属于change函数的局部变量。当change函数被调用进行参数传递时，是将main函数中x的值传递给change函数中的临时变量x，将main函数中y的值传递给change函数中的临时变量y，在change函数中交换的是change的临时变量x和y的值，和main函数中的x和y没有关系，因此，这种参数传递(称为值传递)无法实现交换两个变量的值的目的。

程序2将形参的数据类型从整型变量变为整型指针，这种参数传递方式称之为指针传递或地址传递。在这种参数传递的方式中，形参x和y是两个整型指针，函数调用时实参是main函数中变量x和y的地址，因此，在change函数中操作*x和*y实际上就是在操作main函数中的变量x和y。这种方式可以实现交换main函数中x和y这两个变量的值的目的。但是从change函数的书写形式上看，指针传递相对于值传递要麻烦很多。

程序3将形参的数据类型从整型变量变为整型引用，这种参数传递方式称为引用传递。在这种参数传递的方式中，形参x和y是两个整型引用，change函数被调用时通过参数传递将change的x和y初始化为main函数的变量x和y的别名，访问change的x和y与访问main函数的x和y效果是完全一样的。这种方式也可以实现交换main函数中x和y这两个变量的值的目的。而且相对于指针传递，引用传递不仅书写简单、易于理解，而且可以提高程序的执行效率，在许多情况下能代替指针的操作。C++之所以提供引用机制，主要是利用它作为函数参数，以扩充函数传递数据的功能。

对于引用的进一步说明如下。

(1) 不能建立void类型的引用。

任何实际存在的变量都是属于非void类型的，void的含义是无类型或空类型，void

只是在语法上相当于一个类型而已，故不能建立 void 类型的引用。

(2) 不能建立数组的引用。

“引用”只能是变量或对象的引用。数组是具有某种类型的数据的集合，其名字表示该数组的起始地址而不是一个变量。所以不能建立数组的引用。

```
char c[6] = "hello ";
char &rc = c;              //错误
```

(3) 可以将变量的引用的地址赋给一个指针，此时指针指向的是原来的变量，如：

```
int a = 3;                 //定义整型变量 a
int &b = a;                //声明 b 是整型变量 a 的引用
int * p = &b;              //指针变量 p 指向变量 a 的引用 b,相当于指向 a,合法
```

(4) 可以建立指针变量的引用。

```
int a = 3;                 //定义整型变量 a
int * p = &a;              //定义指针变量 p,并使 p 指向 a
int *  &rp = p;            //rp 是一个指向整型变量的指针变量 p 的引用
```

由于引用不是一种独立的数据类型，不能建立指向引用的指针变量，语句“int & *p = &a;”是错误的。

(5) 常引用。

可以用 const 对引用加以限制，常引用声明方式：

```
const 类型标识符 & 引用名 = 目标变量名;
```

用这种方式声明的引用，不能通过引用对目标变量的值进行修改，从而使引用的目标成为 const，达到了引用的安全性。

```
int a = 3 ;
const int &ra = a;
ra = 1;                    //错误,不能通过引用对目标变量的值进行修改
a = 1;                     //正确
```

由于引用 ra 是变量 a 的常引用，所以通过常引用 ra 修改变量 a 的语句是非法的。而变量 a 是一个普通变量，所以通过变量名修改变量 a 的值是合法的。

常引用作为函数形参时是有用的，看下面的 show 函数：

```
void show(const string &s)
{   s = "Welcome";         //错误,不能修改常引用形参的值
    cout << s << endl;     //正确,只能访问常引用形参的值
}
```

利用常引用作为函数形参，既能提高程序的执行效率，又能保护传递给函数的数据不在函数中被改变，达到保护实参的目的。

再看看下面的程序段：

```
string strFunc();                    //返回值为 string 类型的函数 strFunc
void show(string &s);                //形参为 string 类型的引用
```

下面的表达式将是非法的：

```
show(strFunc());
show("hello world");
```

原因在于 strFunc()和"hello world"串都会产生一个临时变量，而在 C++ 中，这些临时变量都是 const 类型的。因此上面的表达式都是试图将一个 const 类型的变量转换为非 const 类型，这是非法的。

如果将 show 函数的原型改为如下形式：

```
void show(const string &s);
```

则刚才那两个对 show 函数调用的表达式就都是正确的了。

特别提醒：

引用型形参应该在能被定义为 const 的情况下，尽量定义为 const。这样函数调用时的实参既可以是 const 型，也可以是非 const 型。

(6) 可以用常量或表达式对引用进行初始化，注意此时必须用 const 作声明。如：

```
int a =3;
const int &b =a +3;                  //正确
```

此时编译系统将"const int &b = a + 3;"转换为：

```
int temp =a +3;                      //先将表达式的值存放到临时变量 temp 中
const int &b =temp;                  //声明 b 是 temp 的别名
```

临时变量是内部实现的，用户无法访问临时变量。

用这种方式不仅可以用表达式对引用进行初始化，还可以用不同类型的变量对之初始化。

```
double d =3.14159;                   //d 是 double 类型变量
const int &a =d;                     //用 d 初始化 a
```

编译系统将"const int &a = d;"转换为：

```
int temp =d;                         //先将 double 类型变量转换为 int 型，存放在 temp 中
const int &a =temp;                  //声明 a 是 temp 的别名，temp 和 a 是同类型的
```

注意：此时如果输出引用 a 的值，将是 3 而不是 3.14159。因为从根本上说，只能对变量建立引用。

如果在上面声明引用时不用 const，则会发生错误。为什么呢？

如果允许这样的话，若修改了引用 a，如"a = 6.28;"，则临时变量 temp 的值也变为 6.28，即修改了临时变量 temp 的值，但不能修改变量 d 的值，这往往不是用户所希望的，

即存在二义性。与其允许修改引用的值而不能实现用户的目的，还不如不允许修改引用的值。这就是C++规定对这类引用必须加const的原因。

(7) constexpr引用。

在声明一个引用时，可以加constexpr关键字修饰，这样的引用我们也称它为constexpr引用。需要注意的是，尽管引用能声明成constexpr，但它的初始值受到严格限制：它只能是存储于某个固定地址中的对象的引用，而不能像const引用那样，用常量或表达式对其初始化。函数体内定义的变量一般来说并非存放在固定地址中，因此constexpr引用不能是这样的变量的引用。相反的，定义于所有函数体之外的对象其地址固定不变，能用来初始化constexpr引用。同样，允许函数定义一类有效范围超出函数本身的变量(即局部静态变量)，这类变量和定义在函数体之外的变量一样也有固定地址。因此，constexpr引用能绑定到这样的变量上。

(8) 引用作为函数的返回值。

函数的返回值为引用表示该函数的返回值是一个内存变量的别名。可以将函数调用作为一个变量来使用，可以为其赋值。

【例2-15】 引用作为函数的返回值。

```
#include <iostream>
using namespace std;
int &myMax(int &x, int &y)        //此函数的返回值为对参数 x 和 y 中大者变量的引用
{    return (x >y) ? x : y;    }
int main()
{   int a =2, b =3;
    cout <<"a =" <<a <<", b =" <<b <<endl;
    myMax(a, b) =4;
    //由于函数的返回值为引用,所以可以为函数赋值,
    //为函数赋的值实际赋给了两个参数中的大者,所以 a 的值为 2,b 的值为 4
    cout <<"a =" <<a <<", b =" <<b <<endl;
    return 0;
}
```

程序运行结果如下：

```
a =2, b =3
a =2, b =4
```

定义返回引用的函数时，注意不要返回对该函数内的自动变量的引用。否则，因为自动变量的生存期仅局限于函数内部，当函数返回时，自动变量就消失了，函数就会返回一个无效的引用。函数返回的引用是对某一个函数参数的引用，而且这个参数本身也是引用类型，如例2-14中的x,y，因为这样才能保证函数返回的引用有意义。

指针与引用的区别：

(1) 从内存分配上看：指针变量需要分配内存区域，而引用不需要分配内存区域。

(2) 指针可以有多级，但是引用只能是一级(int **p;合法 而 int &&a 是不合

法的)。

(3) 指针的值可以为nullptr,但是引用的值不能为nullptr,并且引用在定义的时候必须初始化。

(4) 指针的值在初始化后可以改变,即指向其他的存储单元,而引用在进行初始化后就不能再改变了。

(5) 指针和引用的自增(++)运算意义不一样。

引用以简略的方式取代了某些条件下指针的作用,尤其适合函数的参数传递。但有些时候,引用还是不能替代指针,这样的情况主要包括以下几种。

(1) 如果一个指针所指向的对象,需要用分支结构加以确定,或者在中途需要改变它所指向的对象,那么在它初始化之后需要为它赋值,而引用只能在初始化时指定被引用的对象,所以不能胜任。

(2) 有时一个指针的值可能是空指针,例如当把指针作为函数的参数类型或返回类型时,有时会用空指针表达特定的含义,而没有空引用之说,这时引用不能胜任。

(3) 由于没有函数引用,所以函数指针无法被引用替代。

(4) 用new动态创建的对象或数组,需要用指针来存储它的地址。

(5) 以数组形式传递大批量数据时,需要用指针类型参数(注意:参数中出现T s[]与T * s是等价的)。

2.3.6 函数

在前面已经遇到不少函数的例子,在C语言中也离不开函数的概念,所以我们对函数并不陌生。面向过程的C++程序也是以函数作为程序的基础,一个程序包含一个或多个函数,在一个程序中只能有一个main函数,无论main函数在什么位置,程序都从main函数开始执行,在程序执行过程中,main函数调用其他子函数,其他子函数之间也可以相互调用。程序的最小单位是语句,程序的最基本单位是函数。

在多数情况下函数是有参函数,即主调函数和被调函数之间通过参数有数据传递。在定义函数时函数名后面的括号中的变量名为形参,如果形参有多个,则将它们依次放在括号中,用逗号分隔,称为形参表。在主调函数调用被调函数时,主调函数名后面的括号中的变量或表达式形式的参数称为实际参数,简称实参。

按函数在语句中的地位分类,可以有以下3种函数调用方式:

(1) 函数语句,即把函数调用单独作为一个语句,并不要求函数带回一个值,或者不关心函数带回的值,只是需要函数完成的操作。比如C语言中的输出库函数"printf("hello");"的调用形式。

(2) 函数表达式,即函数出现在一个表达式中,这时需要函数的返回值参加表达式的运算,如"float s = 2 * sin(2.78);"。

(3) 函数参数,即函数调用作为一个函数的实参,这时需要函数的返回值作为函数调用的实参,如"int m = myMax(3, myMax(4, 5));"。

需要注意的是,C语言中没有类和对象的概念,函数是直接在程序中定义的。面向过程的C++程序设计具有C语言的函数风格,而在面向对象的C++程序设计中,main函数之外绝大部分的函数被封装到了类中，调用函数时一般是通过类的对象来调用类里的函数的。

有了这些基础知识以后，再来具体讨论 C++ 函数的一些具体问题。

1. 函数原型声明

所谓函数原型声明是指在函数尚未定义的情况下，先将函数的形式告诉编译系统，以便编译能够正常进行。

函数原型声明的语法形式有两种：

```
(1)返回值类型 函数名(参数类型 1, 参数类型 2, …);
(2)返回值类型 函数名(参数类型 1 参数名 1, 参数类型 2 参数名 2, …);
```

其中第(1)种形式是基本形式，第(2)种形式是为了便于阅读，在参数类型的后面加上了参数名，虽然在这里加上了参数名，但是编译系统并不检查参数名，因此这里的参数名并不一定要和后面函数定义中的参数名完全一样。

【例 2-16】 利用函数求两个整数的和。

程序 1：

```
#include <iostream>
using namespace std;
int main()
{   int x =3, y =5;
    int result;
    result =sum(x, y);                        //调用 sum 函数
    cout <<"sum is " <<result <<endl;
    return 0;
}
int sum(int a, int b) {   return a +b;   }     //定义 sum 函数
```

程序编译出错，结果如下：

```
error C2065:'sum':undeclared identifier
```

错误提示的意思就是，main 函数的第 3 行中的 sum 是一个未声明的标识符。程序编译时总是从上向下进行编译，显然，在上面的例子中，编译器会首先编译到调用函数 sum 的语句，而这时在程序的前面并没有任何关于 sum 的信息，所以编译器就会给出如上的错误提示。在 C++ 中，如果函数调用的位置在函数定义之前，则要求在函数调用之前必须对所调用的函数作函数原型声明，这不是建议性的，而是强制性的。这样做的目的是使编译系统对函数调用的合法性进行严格的检查，尽量保证程序的正确性。修改后的程序如下：

程序 2：

```
#include <iostream>
using namespace std;
int main()
```

```
{   int x =3, y =5;
    int result;
    int sum(int a, int b);                        // sum函数原型声明
    result =sum(x, y);                            //调用 sum 函数
    cout <<"sum is " <<result <<endl;
    return 0;
}
int sum(int a, int b) {   return a +b;  }        //定义 sum 函数
```

程序运行结果如下：

```
sum is 8
```

在程序 2 中，虽然 sum 函数定义放在调用之后，但是在调用之前有“int sum(int a, int b);”函数原型声明。编译器在遇到函数原型声明时，就会知道 sum 函数的基本信息，包括函数的名字，函数需要什么类型的参数，需要几个参数，函数返回什么类型的值等。这样，在编译到函数调用时就可以根据这些信息对函数调用的合法性进行检查。另外，如下的两种函数原型声明在本例中也可以运行通过，可以自己上机试一试。

```
int sum(int, int);
int sum(int x, int y);
```

特别提醒：

函数原型声明和函数定义是不同的。函数原型声明不是一个独立的完整的函数单位，它仅仅是一条语句，因此在函数原型声明后面一定要加上分号。

对函数进行原型声明的语句，可以放在程序中对该函数进行调用的语句之前的任何一个位置。

为什么在这里特别提出函数原型声明的相关知识？这是因为在书写C++程序时，我们一般要把 main 函数写在其他自定义函数的定义位置的前面。因为 main 函数是程序使用者最关心的。请大家以后也要慢慢养成这样的程序书写习惯。

2. 函数默认参数

有时可能会有这样的情况，在多次调用一个函数将实参传递给形参时，其中可能有一个或几个参数，它们传递进来的实参值多次都是相同的。

针对上述情况 C++ 提供了一种机制，就是在定义或声明函数时，给形参一个默认值，如果在调用时没有给该形参提供实参值，则使用默认值作为该形参的值；如果调用时给该形参传递了实参值，则使用实参的值作为该形参的值。

【例 2-17】 求两个或三个正整数中的最大数，使用带有默认参数的函数实现。

```
#include <iostream>
using namespace std;
int main()
{   int myMax(int, int, int =0);                 //带有默认实参的 myMax 函数原型声明
```

```
    int a =5, b =8, c =10;
    cout <<"max of (a, b) is: " <<myMax(a, b) <<endl;        //调用 myMax 函数
    cout <<"max of (a, b, c) is: " <<myMax(a, b, c) <<endl; //调用 myMax 函数
    return 0;
}
int myMax(int a, int b, int c =0)                          //定义带有默认参数的 myMax 函数
{  if ( a <b )  a =b;
   if ( a <c )  a =c;
   return a;
}
```

程序运行结果如下：

```
max of (a, b) is: 8
max of (a, b, c) is: 10
```

在 main 函数的第 3 行使用两个实参调用函数 myMax，系统就默认第 3 个参数的值使用默认值，程序执行时该函数调用相当于 myMax(5, 8, 0)，所以返回的结果当然是 8。第 4 行使用 3 个实参调用函数 myMax，其第 3 个参数的值就用第 3 个实参来代替，执行时函数调用为 myMax(5, 8, 10)，返回值当然是 10。

另外 main 函数的第 1 行中对 myMax 函数的原型声明，可以使用以下 3 种声明方式：

```
int myMax(int a, int b, int c =0);
int myMax(int x, int y, int z =0);
int myMax(int, int, int =0);
```

注意：

(1) 如果函数定义在函数调用之前，则应在函数定义中给出默认值。如果函数定义在函数调用之后，则应在函数调用之前的函数原型声明中给出默认值，此时，在函数定义中给不给默认值，不同的 C++ 编译系统有不同的处理规则。

如果在函数原型里已经给出了默认值，而在函数定义中又给出了函数的默认值，有些编译系统会报错，给出“重复指定默认值”的错误提示。但有的编译系统不报错，甚至还允许声明和定义中给出的默认值不同，此时编译系统以先遇到的为准。为了避免混淆，最好只在函数原型声明时指定默认值。

(2) 如果函数有多个形参，可以给每个形参指定一个默认值，也可以只给一部分形参指定默认值，另一部分形参不指定默认值。注意：实参与形参的结合方式是从左向右的，第 1 个实参和第 1 个形参结合，第 2 个实参和第 2 个形参结合……因此，带有默认值的参数必须放在形参表的右端，否则出错，如“int myMax(int, int = 0, int);”的原型声明就是错误的。

(3) 函数参数的默认值可以是数值，也可以是表达式(表达式中可以使用全局变量，也可以使用函数，但不可以是局部变量)，只要该表达式能转换成形参所需的类型。

(4) 当一个函数既是重载函数(稍后介绍)，又是带有默认参数的函数时，要注意不要

出现二义性的问题。如果出现了二义性，系统将无法执行。如在上例中再定义一个具有两个参数的 myMax 函数“int myMax(int, int);”，这时如果有函数调用：“myMax(a, b);”，此时由于这两个函数都符合调用时实参的形式，产生了二义性，导致系统也不知道到底应该调用哪一个函数，此时系统会给出如下的错误提示：

```
error C2668:'myMax':ambiguous call to overloaded function
```

意思就是模糊调用重载函数 myMax。

知识点拨：

调用带有默认参数的函数时，实参的个数可以与形参的个数不同，对于实参未给出的，可以从形参的默认值中获得，利用这一特性，可以使函数的使用更加灵活。

3. 函数与引用

关于函数与引用的使用，在前面的引用部分已有讨论，总结一下，函数与引用联合使用主要有两种方式：一是函数的参数是引用；二是函数的返回值是引用。

在函数调用进行参数传递时，传递的方式有三种：值传递、地址传递和引用传递，而实际上值传递和地址传递都是值传递，因为在函数的形参是指针变量时（称为地址传递），传递给形参的是实参的地址，所以说地址传递的实质也是值传递。在地址传递中，自定义函数通过形参（指针变量）访问主调函数中的变量，并可以在自定义函数中修改主调函数中的变量的值，这样做不但在概念上绕了一个圈子，而且使用不方便，容易出错误。而在C++ 中把引用作为函数的参数就弥补了这一不足。这也是 C++ 中引入引用的主要目的。

在前面的例 2-14 中要求在函数中交换两个整型变量的值，可以看到通过引用传递可以实现，而且使用起来更方便、高效。下面再看一个关于函数与引用的例子。

【例 2-18】 编写函数删除整型数组第 i 个位置上的元素，删除成功返回 true，同时返回要删除的元素值，否则返回 false。

```
#include <iostream>
using namespace std;
/* erase 函数原型声明，该函数删除整型数组第 i 个位置上的元素，操作成功与否通过函数值返
   回，删除成功返回 true，否则返回 false，被删除的元素值通过引用形参 elem 返回 */
bool erase( int arr[ ], int arr_size, int i, int &elem );
int main()
{   int a[8] ={ 1, 2, 3, 4, 5, 6, 7, 8 };      //定义整型数组 a，并初始化
    int element;                               //定义整型变量 element，存放被删除的元素值
    bool result =erase(a, 8, 6, element);      //调用删除操作函数
    if ( result )                              //删除成功
    {   cout <<"删除成功！" <<endl;
        cout <<"被删除的元素值为：" <<element <<endl;
    }
    else                                       //删除失败
    {   cout <<"删除失败！" <<endl;
```

```
    }
    return 0;
}
bool erase( int arr[ ], int arr_size, int i, int &elem )  //erase删除操作函数的定义
{
    if ( arr && i >=0 && i <arr_size)              //数组存在,且删除位置合法
    {
        elem =arr[i];                              //被删除的元素值存入引用形参
        for (int j =i; j <arr_size-1; ++j)         //i后面的元素依次前移
            arr[j] =arr[j+1];
        return true;                               //删除成功,返回true
    }
    else
    {
        cout<<"数组不存在或者删除位置非法!"<<endl;
        return false;                              //删除失败,返回false
    }
}
```

程序运行结果如下:

```
删除成功!
被删除的元素值为:7
```

一个函数只能返回一个值,然而有时函数需要同时返回多个值,引用形参为我们一次返回多个值提供了有效地途径。例2-18中,实现删除数组第i个元素操作的函数erase不仅要返回操作结果:成功还是失败,并且操作成功时要返回被删除的元素值。我们的处理方式是操作结果通过函数值返回,被删除的元素值通过引用形参返回。

使用引用作为函数的形参可以部分代替指针的操作,降低了程序的复杂度,节省了内存空间,提高了程序的执行效率,同时也提高了程序的可读性。当使用引用作为函数的形参时,引用变量不是一个单独的变量,不需要在内存中分配存储单元,实参向形参传递的是变量的名字,而不是变量的地址。

4. 函数与const

在一个函数声明中,const可以修饰函数的返回值,可以修饰函数的参数;对于面向对象中的成员函数,还可以修饰整个函数。下面分情况讨论const在函数中的应用。

(1) const修饰函数的参数。

如在"void func(const int * a);"或"void func(const int &a);"语句所示的情况中,在调用函数时,用相应的变量初始化const型形参,则在函数体中,按照const所修饰的部分进行常量化,如形参为"const int * a",则不能通过指针形参对传递进来的指针所指向的内容进行改变,保护了原指针所指向的内容;如形参为"const int &a",则不能通过引用形参对它所引用的原变量的值进行改变,保护了原变量的值。不仅如此,在函数调用时,const修饰的函数参数所对应的实参既可以是const型,也可以是非const型。一般的做

法是，函数形参在能声明为const型的情况下，应尽量声明为const型。

（2）const修饰函数的返回值。

如“const T func();”或“const T *func();”语句所示的情况，其中T表示某种数据类型，可以是预定义的，也可以是自定义的。这样声明了返回值后，const按照“修饰原则”进行修饰，起到相应的保护作用。这种应用一般用于二目操作符重载函数并产生新对象的时候，在学习了类和对象及运算符重载之后将有更深刻的理解。

例如：

```
const Fraction operator* (const Fraction &left, const Fraction &right)
{   return Fraction(left.numerator() * right.numerator(), left.denominator() *
right.denominator());   }
```

返回值用const修饰可以防止这样的操作发生：

```
Fraction a,b;
Fraction c;
(a * b) =c;
```

（3）const修饰整个函数。

这种情况发生在类的成员函数的情况下，由于我们还没有对类和对象概念进行详细地讨论，因此这里只先介绍一下const修饰整个函数的语法及它的作用，详细情况等学到了const对象的时候再详细讨论。

const修饰整个函数时，const的位置放在函数参数表的后面，形如：

```
void func() const;
```

如果在const成员函数的函数体内，不慎修改了数据成员，或者调用了其他非const成员函数，编译器将报错，这大大提高了程序的健壮性。任何不会修改数据成员的函数都应该声明为const类型。

注意：如果一个对象被声明为const对象，则只能访问该对象的const修饰的成员函数。

5. 函数重载

一般情况下，一个函数对应一个功能。但有时会发现有些函数功能是非常类似的，只是它们所处理的数据的类型不同。比如求两个整数的和与求两个浮点数的和。按照原来的程序设计，一般要写出两个不同名的函数：

```
int addInt(int a, int b){   return a +b;   }
float addFloat(float a, float b) {   return a +b;   }
```

但是，上面两个函数的函数体是一样的。如果在一个程序中这类情况较多，则程序中的功能类似而名字不同的函数会很多，这样很不方便。能不能将两个或多个函数名统一成一个函数名呢？C++允许在同一个作用域中使用同一函数名定义多个函数，这些函数的参数个数或参数类型不同，这些同名的函数用来实现同一类的操作，这就是函数重载。即对一个函数名重新赋予它新的操作，使一个函数名可以多用。其实运算符里已经多次出现过重载，如>>、<<、+、-、*等运算符，它们在不同的上下文环境里表示不同的运算。

【例 2-19】 使用 add 作为函数名定义两个整数的加法函数和两个浮点数的加法函数。

```
#include <iostream>
using namespace std;
int main()
{   int x =3, y =5, intSum;
    int add(int x, int y);              //实现整数加法的 add 函数的原型声明
    intSum =add(x, y);                  //实参为整数变量，调用整型形参的 add 函数
    cout <<"intSum =" <<intSum <<endl;
    float m =3.1, n =4.2, floatSum;
    float add(float, float);            //实现浮点数加法的 add 函数的原型声明
    floatSum =add(m, n);                //实参为浮点型变量，调用浮点型形参的 add 函数
    cout <<"floatSum =" <<floatSum <<endl;
    return 0;
}
int add(int a, int b)                   //定义实现整数加法的 add 函数
{   cout <<"Call integer add function. " <<endl;
    return a +b;
}
float add(float a, float b)             //定义实现浮点数加法的 add 函数
{  cout <<"Call float add function. " <<endl;
   return a +b;
}
```

程序运行结果如下：

```
Call integer add function.
intSum =8
Call float add function.
floatSum =7.3
```

在程序中，两个加法函数的名字都是 add，但第 1 个 add 函数用来处理两个整型数据的加法，第 2 个 add 函数用来处理两个浮点型数据的加法。在函数调用时，编译系统会根据实参的数据类型自动选择合适的 add 函数的版本。例 2-19 是重载函数参数的数据类型不同。下面再来看一个重载函数参数的个数不同的例子。

【例 2-20】 使用 add 作为函数名定义 2 个整数的加法函数和 3 个整数的加法函数。

```
#include <iostream>
using namespace std;
int main()
{  int add(int, int);                   //带有 2 个参数的 add 函数原型声明
   int add(int, int, int);              //带有 3 个参数的 add 函数原型声明
   int x =4, y =5;
```

```
    int a =1, b =2, c =3;
    int sum1, sum2;
    sum1 =add(x, y);                       //调用 2 个参数的 add 函数
    sum2 =add(a, b, c);                    //调用 3 个参数的 add 函数
    cout <<"sum1 =" <<sum1 <<endl <<"sum2 =" <<sum2 <<endl;
    return 0;
}
int add(int a, int b) {  return a +b;   }             //定义带有 2 个参数的 add 函数
int add(int a, int b, int c) {  return a +b +c;  } //定义带有 3 个参数的 add 函数
```

程序运行结果如下:

```
sum1 =9
sum2 =6
```

在例 2-20 中,调用函数时参数的个数不同,编译器会根据参数的个数去寻找与之匹配的函数并调用它。

定义重载函数的注意事项:

① 函数重载需要函数参数的类型或个数必须至少有其中之一不同,函数返回值类型可以相同也可以不同。但是,不允许参数的个数和类型都相同而只有返回值类型不同。

② 有些形参列表看起来不一样,但是实际上是相同的。顶层 const 不影响传入函数的对象,一个拥有顶层 const 的形参无法和另一个没有顶层 const 的形参区分开来。例如:

```
bool find(int);
bool find(const int);         //重复声明了 bool find(int)

bool find(int *);
bool find(int* const);        //重复声明了 bool find(int *)
```

③ 如果形参是某种类型的指针或引用,则通过区分其指向或引用的是常量对象还是非常量对象可以实现函数重载。例如:

```
//对于接受引用或者指针的函数来说,对象是常量还是非常量对应的形参不同
//下面这 4 个 find 是独立的重载函数
bool find(int &);             //函数作用于 int 引用
bool find(cons int &);        //新函数,作用于常量 int 引用

bool find(int *);             //新函数,作用于指向 int 的指针
bool find(const int*);        //新函数,作用于指向常量的指针
```

在上面的 4 个 find 重载函数中,编译器可以通过实参是否是常量来推断应该调用哪个函数。因为 const 不能转换成其他类型,所以只能把 const 对象(或者指向 const 的指针)传递给 const 形参。相反的,因为非常量可以转换成 const,所以上面的 4 个函数都可以作用非常量对象或者指向非常量对象的指针。不过,当我们传递非常量对象时,编译器

会优先选用非常量版本的函数。

在调用重载函数时，编译器会根据传入的实参的类型或者数量的不同来确定调用的是哪个重载函数。一般的调用重载函数会有3种可能：

① 编译器找到一个与实参最佳匹配的函数，并调用该函数的代码。

② 找不到任何一个函数与调用的实参匹配，此时编译器发出"无匹配"错误。

③ 有多个函数可以匹配，但是每一个都不是明显的最佳选择。此时编译器发出"二义性调用"错误。

因此在调用重载函数时，要明确的区别调用的重载函数形参列表的不同。要么形参列表的数量不同，要么类型差异较大。

特别提醒：

重载函数存在的意义在于减轻程序员记函数名称和给函数取名的负担。从语法上来说，可以让两个或多个完全不相干的函数使用相同的函数名，进行重载，但是这样做使得程序的可读性下降，不建议这样做。使用同名函数进行重载时，重载函数在功能上应该相近或属于同一类函数。

6. 内置函数与 constexpr 函数

(1) 内置函数。

调用函数时系统需要一定的时间和空间的开销（保护现场、恢复现场、参数传递等）。当函数体很小而又需要频繁调用时，运行效率与代码重用的矛盾变得很突出。这时函数的运行时间相对比较少，而函数调用所需的栈操作等却要花费比较多的时间。

C++ 解决这个问题的方法就是内置函数（inline function），也称为内联函数或内嵌函数。系统在编译时将所调用函数的代码直接嵌入到主调函数中，这样在程序执行时就不会发生函数调用，而是顺序执行了。

指定内置函数的方法很简单，只需要在函数首行最左端加上一个关键字 inline 即可。

【例 2-21】 使用内置函数实现求一个数的平方数。

```
#include <iostream>
using namespace std;
inline double square(double x);                        //内置函数 square 的原型声明
int main()
{   double a =square(5);                               //调用函数 square
    double b =square(2.0+8.0);                         //调用函数 square
    cout <<"a =" <<a <<", b =" <<b <<endl;
    double c =20.0;
    cout <<"c =" <<c ;
    cout <<", c squared =" <<square(c++) <<endl;       //调用函数 square
    cout <<"Now c =" <<c <<endl;                       //输出 c 变量的当前值
    return 0;
}
```

```
inline double square(double x) {  return x * x;  } //定义内置函数 square
```

程序运行结果如下：

```
a =25, b =100
c =20, c squared =400
Now c =21
```

例 2-21 中将 square 函数声明为了内置函数，当编译器遇到函数调用“square (5)”时，就用 square 的函数体代码代替“square (5)”，同时进行实参数据类型到形参数据类型之间的隐式自动转换，并用实参的值替换形参。这样编译后的程序的目标代码在“double a = square(5) ;”处就变成了“double a = 5 * 5;”。这样，当程序执行时，执行到此处就不存在函数调用了，提高了程序的执行效率。

当编译器遇到函数调用“square (2.0+8.0)”时，先计算表达式的值，然后将计算结果作为实参，编译后的程序的目标代码在“double b = square(2.0+8.0);”处就变成了“double b = 10.0 * 10.0;”。

当编译器遇到函数调用“square (c) ”时，将 c++ 表达式的值，即 c 的值传递给 square，以计算平方值，然后将 c 进行自加操作。

内置函数和普通函数一样，编译器会对内置函数的参数类型做安全检查或自动类型转换，并进行实参和对应形参之间的值传递，而宏则不会。如果定义如下计算平方的宏：

```
#define square(x) x * x;
```

那么，

```
square(5) 被替换为 5 * 5
square(2.0+8.0) 被替换为 2.0+8.0 * 2.0+8.0
square(c++) 被替换为 c++ * c++;
```

只有第一个能正常工作。如果通过使用括号来进行改进：

```
#define square(x) ((x) * (x));
```

前两个能正常工作，第三个问题仍然存在。

综上所述，如果程序中使用宏执行了类似函数的功能，应考虑将它们转换成 C++ 内置函数。

使用内置函数时需要注意以下几个问题：

① 在声明内置函数时，关键字 inline 必须与函数定义体放在一起才能使函数成为内联，仅将 inline 放在函数声明前面不起任何作用。

② 因为内置函数在编译时将函数的代码直接嵌入到调用处，以代码膨胀(复制)为代价，所以，在提高程序执行效率的同时也会增加目标程序的长度。可以看出，这种策略是一种“以空间换时间”的策略。

③ 对函数进行内置声明，只是程序员对编译系统的一个建议而非命令，并不一定只要声明为内置函数，C++ 编译系统就一定会按内置函数去处理，编译系统会根据实际情

况决定是否这样做。C++ 规定以下几种函数不能作为内置函数：递归函数，函数体内包含循环、switch、goto 语句之类的复杂结构的函数，包含静态数据、数组的函数，具有较多程序代码的大函数（系统不会将一个 75 行的函数在调用点展开）。

总之，内置函数的机制适用于被调函数规模较小（最好只有 1～5 行）而又被频繁调用的情况，是一种以空间换时间的策略。

（2）constexpr 函数。

constexpr 函数是指能用于常量表达式的函数。定义 constexpr 函数的方法与其他函数类似。

```
constexpr int new_sz(){ return 42; }
constexpr int foo =new_sz();
```

上面的 new_sz 函数是一个无参数的 constexpr 函数，因为编译器能在程序编译时验证 new_sz 函数返回的是常量表达式，所以可以用 new_sz 函数初始化 constexpr 类型的变量 foo。执行该初始化任务时，编译器把对 constexpr 函数的调用替换成其结果值。为了能在编译过程中随时展开，constexpr 函数被隐式地指定为内置函数。

下面的 scale 函数是一个带参数的 constexpr 函数。

```
constexpr unsigned int scale(unsigned int cnt){ return new_sz() * cnt;}
```

当 scale 的实参是常量表达式，它的返回值也是常量表达式，反之则不然。

```
int arr[scale(2)];                  //正确:scale(2)是常量表达式
int i =2;                           //i 不是常量表达式
int arr2[scale(i)];                 //错误:scale(i)不是常量表达式
```

constexpr 函数的使用规则：

① constexpr 函数可以用在需求编译期间常量的上下文。在这种上下文中，如果传递参数的值在编译期间已知，那么函数的结果会在编译期间计算。如果任何一个参数的值在编译期间未知，代码将不能通过编译。

② 如果用一个或者多个在编译期间未知的值作为参数调用 constexpr 函数，函数的行为和普通的函数一样，在运行期间计算结果。这意味着不需要用两个函数来表示相同的操作，一个为编译期常量服务，一个为所有的值服务。constexpr 函数把这些事都做了。

假设我们需要一个数据结构来保存某个实验的结果，这个实验可在不同的条件下进行。例如，在实验过程中，灯的亮度等级有高、低、关三种状态，风扇的速度以及温度也是这样，等等。如果与实验有关的环境条件有 n 个，每个环境变量又有 3 种状态，那么结果的组合数量就有 3^n 种情况。因此对于实验结果的所有的组合进行保存，就需要一个起码有 3^n 个空间的数据结构。假设每个结果是 int 值，然后 n 在编译期间已知（或者可计算），那么选择 std::array 这种数据结构将会合情合理。但是需要一个方法来在编译期计算 3^n。C++ 标准库提供 std::pow，这个函数是需要的数学计算函数，但这里会有两个问题。第一，std::pow 在浮点类型下工作，但是我们需要一个整型的结果。第二，std::pow 不是 constexpr（也就是，用编译期的值调用它时，它不能返回一个编译期的结果），所以不能用 std::pow 来明确 std::array 的大小。

幸运的是,可以自己写 pow 函数。稍后会展示它是怎么做的,先看看它是怎样声明和使用的:

```
//pow 是一个 constexpr 函数,永远不会抛出异常
constexpr int pow(int base, int exp) noexcept;
//条件的数量,auto 类型说明符实现让编译器去分析表达式所属的类型
constexpr auto numConds =5;
std::array<int, pow(3, numConds)>results;     // results 有 3^n 个元素
```

在 pow 声明中,pow 前面的 constexpr 不是说 pow 返回一个 const 值,它意味着如果 base 和 exp 是编译期常量,pow 的返回结果能被视为编译期常量。如果 base 和(或)exp 不是编译期常量,pow 的结果将在运行期计算。这意味着 pow 不只能在编译阶段计算 std::array 的大小,它也可以在运行期的时候这么调用:

```
auto base =readFromDB("base");                    //运行期得到 base 的值
auto exp =readFromDB("exponent");                 //运行期得到 exp 的值
auto baseToExp =pow(base, exp);                   //在运行期调用 pow
```

因为当用编译期的值调用 constexpr 函数时,必须能返回一个编译期的结果,所以有些限制被强加在 constexpr 函数的实现上。C++ 11 和 C++ 14 有不同的限制。

在 C++ 11 中,constexpr 函数只能包含一条简单的语句:一个 return 语句。也可以包含其他语句,只要这些语句在运行时不执行任何操作就行,如空语句、类型别名以及 using 声明。

实际上,限制没听起来这么大,因为两个技巧可以用来扩张 constexpr 函数的表达式,并且这将超过你的想象。第一,条件表达式运算符"?:"能用来替换 if-else 语句,第二,递归能用来替换循环。因此 pow 可以这样实现:

```
constexpr int pow(int base, int exp) noexcept
{    return (exp ==0 ? 1 : base * pow(base, exp -1));   }
```

这确实可以工作,但是很难想象,除了写函数的人,还有谁会觉得这个函数写得很优雅。在 C++ 14 中,constexpr 函数的限制大幅度变小了,所以这让下面的实现成为了可能:

```
constexpr int pow(int base, int exp) noexcept  //C++14
{   auto result =1;
    for(int i -0; i <exp; ++i)  result *=base;
    return result;
}
```

constexpr 函数的参数和返回值必须是字面值类型(本质上来说就是,这个类型的值能在编译期决定)。除了算术类型、指针、引用外,某些类也是字面值类型。和其他类不同,字面值类型的类可能含有 constexpr 成员函数(3.12 节介绍)。

内置函数和 constexpr 函数通常定义在头文件中。

2.3.7　名字空间

在前面的程序中，在 # include 预处理命令之后，紧跟着是一个"using namespace std;"语句，其中的 std 就是名字空间。下面就来详细介绍一下为什么要用名字空间，什么是名字空间，如何使用名字空间。

1. 为什么需要名字空间

简单地说，引入名字空间的概念就是为了解决程序中名字冲突的问题。即在程序运行过程中遇到相同名字的变量，系统能不能正确地区分它们。

在 C 语言中，规定了程序、函数、复合语句三个级别的作用域，用来解决变量同名的问题。在 C++ 中又增加了作用域运算符，在不同的类中可以定义相同的变量名，系统可以正确的辨认。

在小型的系统中，只要程序员稍加注意，利用以上的规则可以避免同名变量冲突的问题。但是，一个大型的系统往往不是一个程序员能够开发完成的，需要团队合作完成，系统被分成若干部分由多人去做，不同的人完成不同的部分，最后组合成一个完整的程序。假如，不同的人定义了不同的类，放在不同的头文件中，在主文件中需要用到该类时只需用#include 命令将该头文件包含进来即可。此时，由于不同的头文件是由不同的人设计的，就可能出现不同的头文件中使用了相同的名字来定义类或函数，这样名字冲突的问题就出现了。

此外，在程序中经常还需要引入一些系统库，如果在这些库中包含有与程序的全局标识符同名的标识符，或者不同的库中有相同的标识符，则在编译时就会出现名字冲突。有人将这种情况称之为全局名字空间污染。

为了避免这类问题，人们提出了许多方法：比如将标识符写得长一些；取一些特殊的标识符；由编译系统提供的内部全局标识符都用下画线开头；定义标识符时以开发商的名字开头等等。但是这些方法的效果并不理想，仍然出现名字冲突的现象，而且使得写程序时更麻烦，降低了程序的可读性等。

C 语言和早期的 C++ 都没有提供有效的机制解决该问题，所以希望在 ANSI C++ 中能够解决这个问题，提供一套机制，可以使库的设计者命名的全局标识符能够和程序设计者命名的全局标识符及其他库的全局标识符区别开来。这就是这里所提到的名字空间。

2. 什么是名字空间

所谓名字空间就是一个由程序设计者命名的内存区域。程序设计者可以根据需要指定一些有名字的空间域，把一些全局标识符分别放在各个名字空间中，从而与其他全局标识符分隔开。

名字空间的作用类似于操作系统中的目录和文件的关系。如果文件很多时，不便管理，于是系统设立了若干子目录，把文件分别放到不同的子目录下面，不同的子目录中的文件可以同名。访问文件时应指明文件所在的目录。名字空间建立了一些相互分隔的作用域，把全局标识符分隔开，避免产生名字冲突。

3. 如何使用名字空间

使用名字空间时可以根据需要设置名字空间，每个名字空间代表一个不同的域，不同的名字空间不能同名。不同的名字空间把不同的标识符给分隔开，使它们之间互相看不到。原来使用的全局变量可以理解为全局名字空间，它是特殊的独立于任何名字空间的，不需要声明，由系统隐式声明，在每个程序中都有。

使用名字空间时，语法如下：

```
namespace 名字空间名
{
    定义成员
}
```

其中成员的类型包括：常量、变量、函数、结构体、类、模板等，还可以是名字空间，也就是说在一个名字空间内又定义另一个名字空间，实现嵌套的名字空间。

例如：

```
namespace ns1
{
    const int RATE =0.08;
    double money;
    double tax()
    {   return money * RATE;   }
    namespace ns2
    {
        int count;
    }
}
```

如果要访问名字空间 ns1 中的成员，可以采用名字空间"::"成员名的方法，如 ns1::RATE、ns1::money、ns1::tax()、ns1::ns2::count 等。

可以看到，在访问名字空间的成员时通过名字空间名和作用域运算符对名字空间成员进行限定，可以区分不同名字空间中的同名标识符。但是如果名字空间的名字比较长，或在名字空间嵌套的情况下，为访问一个成员可能需要写很长的一串名字，尤其在一段程序中多次访问该名字空间中的成员时就会不太方便，为此 C++ 提供了一些简化机制。

(1) 使用名字空间的别名。

可以为名字空间起一个别名来代替较长的名字空间名。如：

```
namespace information
{  ...  }
```

可以用一个较短的缩写作为别名来代替它。如：

```
namespace info =information;
```

通过这样一条语句使得别名 info 与原名 information 等价，在原来可以使用 information 的位置都可以无条件的换成 info。

(2) 使用"using 名字空间的成员名;"。

可以在程序中使用"using 名字空间中的成员名;"来简化名字空间的成员访问,using 后面必须是由名字空间限定的成员。如:

```
using ns1::tax;
```

后面访问 tax()时就相当于 ns1::tax(),这样可以避免在每一次访问名字空间的成员时都用名字空间限定,简化名字空间的使用。但是要注意不能在同一作用域中用 using 声明的不同名字空间的成员名字相同,如果这样就会编译出错。

(3) 使用"using namespace 名字空间名;"。

第二种方式"using 名字空间的成员名;",一次只能声明一个名字空间的成员,如果在一段程序中经常访问一个名字空间中的多个成员,就要多次使用"using 名字空间的成员名;",同样带来不便。C++ 提供了 using namespace 语句,一次就能声明一个名字空间中的全部成员。一般的格式为:

```
using namespace 名字空间名;
```

如:

```
using namespace ns1;
```

这样在 using namespace 声明的作用域中,名字空间 ns1 中的成员就好像在全局域声明一样,可以直接使用而不必加名字空间名限定。

注意:如果同时使用 using namespace 引入多个名字空间,要保证在这些引入的名字空间中不能有同名的成员,否则同样会引起同名冲突。

4. 无名的名字空间

前面介绍的名字空间都有名字,C++ 还允许没有名字的名字空间,称为无名的名字空间。

如在某文件 A 中声明了以下的无名名字空间:

```
namespace
{
    void func()
    {   cout <<"func in noname namespace!" <<endl;   }
}
```

由于没有名字空间名,在别的文件中无法访问,它只能在本文件的作用域内有效。在文件 A 中使用无名名字空间的成员,不必用名字空间名去限定。这就相当于将无名名字空间的成员的作用域限制在本文件内。该功能类似于 C 语言中 static 成员,其作用也是将该成员的作用域限于本文件。

5. 标准名字空间 std

C++ 系统将标准 C++ 库中的所有标识符都放在名为 std 的名字空间中定义,即系统预定义的头文件中的函数、类、对象和类模板都是在名字空间 std 中定义的。所以,可以看到前面的程序的第 2 行都有一条"using namespace std;"语句。这样在名字空间 std 中定义和声明的所有标识符在本文件中都可以看作是全局量来使用。注意，一旦使用了名字空间 std，就必须保证在程序中不再定义与名字空间 std 中已经出现的标识符同名的量。例如在程序中不能再定义名为 cin 或 cout 的对象。由于名字空间 std 中定义的标识符很多，有时程序员也记不清哪些标识符在名字空间 std 中定义过，为减少出错，有的程序员喜欢用"using 名字空间的成员名；"的声明代替"using namespace 名字空间名；"的声明。

2.3.8 字符串变量

在 C 语言中处理字符串的方法是用字符数组存储，在字符数组的基础上进行字符串运算。但是这种方法并不是很方便，因为为了存储字符串必须要定义字符数组，定义字符数组就要计算字符串的长度来确定字符数组的长度，如果无法确定字符串的长度，一般的做法是定义一个较长的字符数组，以尽量避免字符串太长存储不下而造成的内存溢出，但这样做又经常会浪费内存空间，而且不能确保内存不会溢出。因此，使用字符数组存储字符串并不是最理想最安全的方法。

在 C++ 中除了保留了 C 语言的方法来处理字符串外，还提供了一种更方便、更安全的方法，那就是在 C++ 中提供了一种新的数据类型——字符串类型，用它定义的变量称为字符串变量。字符串变量可以代表一个字符串，而不必去关心字符串的内存分配问题。

实际上字符串类型并不是 C++ 的基本数据类型，它是 C++ 标准库中声明的一个字符串类，每个字符串变量其实是一个字符串类的对象，由于还没有详细介绍类和对象的概念，在这里主要是介绍字符串变量的使用，即字符串变量的定义、赋值、输入输出及运算等。

1. 字符串变量的定义

使用字符串变量和使用普通变量一样，也是先定义后使用，定义时前面是字符串类型名，后面是字符串变量名，如：

```
string str1;                 //定义字符串变量 str1,初值为空串
string str2 (str1);          //定义字符串变量 str2,str2 是 str1 的副本
string str2 =str1;           //等价于 str2 (str1),str2 是 str1 的副本
string str3("Hello C++"); //定义字符串变量 str3,初值为字符串字面值 Hello C++
string str3 ="Hello C++"; //等价于 str3("Hello C++"),初值为字符串字面值 Hello C++
string str4(10, 's');        //定义字符串变量 str4,初值为由 10 个字符 s 组成的字符串
```

可以看出这和定义 int、float、char 型普通变量是一样的。唯一有区别的一点是，由于 string 不是基本数据类型，所以在使用时需要在文件的开头包含 C++ 标准库中的 string. h 头文件，即在文件的开头加上"#include <string>"。

2. 字符串变量的赋值

使用字符串变量时，可以直接使用赋值运算符给字符串变量赋值，如刚才定义的 str1 和 str2 两个字符串变量，下列操作都是正确的：

```
str1 ="Hello!";              //使用字符串常量给字符串变量赋值
str1 =str2;                  //使用字符串变量 str2 给字符串变量 str1 赋值
```

这种操作在 C++ 中是正确的，并且在赋值的过程中不必关心赋值的两个字符串的长度是否一致，字符串变量的长度随字符串的长度改变而改变，这一点即保证了系统安全，又给使用者带来了极大的方便。

另外，在字符数组中为掌握字符串的结束，将字符'\0'作为字符串结束标志，放在字符串的后面，所以字符数组的长度要比字符串本身的长度至少大一个字节。在字符串变量中，字符串变量只存储字符串本身的字符，而不包括结束符'\0'。这是和 C 语言的字符数组方式的一个不同。

除了字符串变量的整体赋值操作之外，字符串变量还可以像字符数组那样用数组的方式对字符串变量中的某个字符进行操作，如：

```
string str1 ="These";
str1[2] ='o';
```

第 1 行定义了字符串变量 str1，并初始化为“These”，第 2 行将字符串变量中序号为 2 的字符修改为'o'，执行后字符串变量的值变为“Those”。

3. 字符串变量的输入输出

字符串变量可以像普通变量那样使用输入输出流进行输入输出，如：

```
string str1, str2;
cin >>str1 >>str2;
cout <<str1 <<"  " <<str2 <<endl;
```

在执行读取操作时，会自动忽略开头的空白（即空格符、换行符、制表符等）并从第一个真正的字符开始读取，直到遇到下一处空白为止。多个输入或者多个输出可以连写在一起。

下面的程序段可以读入数量未知的字符串。

```
string word;
//反复读取，直至到达文件末尾（键盘输入字符串时，按 Ctrl+Z 组合键结束输入）
while(cin >>word)
    cout <<word <<endl;            //逐个输出读取的字符串，每个单词后面跟一个换行
```

有时希望能在最终得到的字符串中保留输入时的空白符，这时可以使用 getline。

```
string line;
while( getline(cin, line) )       //读取一整行，直至到达文件末尾
    cout <<line <<endl;
```

4. 字符串运算

在 C 语言中进行字符串的运算需要用到字符串库函数，如 strcat、strcmp、strcpy 等，而在 C++ 中进行字符串运算可以直接使用简单的运算符。

字符串赋值用赋值号（=），如：

```
str1 =str2;
```

字符串连接用加号（+），如：

```
string str1 ="Hello ";
string str2 ="C++";
string str3 =str1 +str2;
```

执行后 str3 的值为：

```
Hello C++
```

字符串的比较可以直接使用关系运算符，即使用==、>、<、!=、>=、<=等关系运算符来进行字符串的比较。

【例 2-22】 编程实现十进制数与十六进制数间的相互转换。

```
#include <iostream>
using namespace std;
#include <string>
unsigned long HextoDec( string hex )                //十六进制数转十进制数
{   int dec =0;                                     //存放一位十六进制所对应的十进制数
    unsigned long result =0;                        //存放转换后的十进制数
    //针对十六进制数的每一位(从高位到低位),逐位 * 16,并累加
    for( decltype( hex. size() ) i =0; i <hex. size(); ++i )
    {   if(hex[i] >='0'&&hex[i] <='9')              //数字字符的转换
            dec =hex[i] -48;
        else if(hex[i] >='A' && hex[i] <='F')       //字母字符的转换
            dec =hex[i] -55;
    result =result * 16 +dec;
    }
    return result;
}
void DectoHex(int dec, string &hex)                 //十进制数转十六进制数
{   //存放十六进制中 16 个基本符号的字符串
    const string hexdigits ="0123456789ABCDEFG";
    while(dec)              //针对要转换的十进制数,依次除 16 取余,直到商为 0 为止
    {   hex =hexdigits[dec %16] +hex;
        dec /=16;
    }
}
int main()
{   unsigned long Dec;              //定义用于存放十进制数的变量 Dec
    string Hex ="";                 //定义用于存放十六进制数的字符串变量 Hex
    cout <<"请输入要转换的十进制数:";
    cin >>Dec;
    DectoHex(Dec, Hex);
    cout <<"转换后的十六进制数:";
    cout <<Hex <<endl;
```

```
    cout <<"请输入要转换的十六进制数:";
    cin >>Hex;
    Dec =HextoDec(Hex);
    cout <<"转换后的十进制数:";
    cout <<Dec <<endl;
    return 0;
}
```

程序运行结果如下：

```
请输入要转换的十进制数:126
转换后的十六进制数:7E
请输入要转换的十六进制数:7E
转换后的十进制数:126
```

在C++ 11标准中，允许编译器通过auto或者decltype来推断变量的类型。auto：用它就能让编译器替用户去分析表达式所属的类型。不过，auto定义的变量必须有初始值。decltype：它的作用是选择并返回操作数的数据类型，并且在这过程中，编译器分析表达式并得到它的类型，却不实际计算表达式的值。

特别提醒：

如果想对字符串str中的每个字符做点什么操作，可以像字符数组那样用数组的方式进行操作，下标范围[0,str.size()-1]，也可以使用C++ 11标准提供的范围for语句，书写更简洁。

```
string str("Hello world!");
cout <<str <<endl;
//转换成大写形式
for(auto &c : str)          //对 str 中的每个字符(注意:c 是引用)
cout <<char(toupper(c));  //c 是一个引用,因此赋值语句将改变 str 中字符的值
```

5. 字符串数组

使用string类型还可以定义字符串数组，如：

```
string strArray[5] ={"Hello", "this", "is", "C++", "program"};
```

定义了一个字符串数组strArray并初始化，此时数组的状况如图2-2所示。

strArray[0]	H	e	l	l	o		
strArray[1]	t	h	i	s			
strArray[2]	i	s					
strArray[3]	C	+	+				
strArray[4]	p	r	o	g	r	a	m

图2-2 字符串数组strArray的内存状况

可以看出：

(1) 字符串数组中包含若干个元素，每个元素相当于一个字符串变量。

(2) 字符串数组并不要求每个字符串元素具有相同的长度，即使对同一个元素而言，它的长度也是可以变化的，当向某一个元素重新赋值时，其长度就可能发生变化。

(3) 字符串数组的每一个元素中存放一个字符串，而不是一个字符，这是字符串数组与字符数组的区别。如果用字符数组存放字符串，一个元素只能存放一个字符，用一个一维字符数组存放一个字符串。

(4) 每一个字符串元素中只包含字符串本身的字符而不包括'\0'。

大家可能会有这样的疑问：数组中的每一个元素都应该是同类型且长度相同，而现在字符串数组中每一个元素的长度并不相同，那么，在定义字符串数组时怎样给数组分配存储空间呢？实际上，编译系统为每一个字符串数组元素分配固定的字节数(Visual C++ 6.0 为 4 个字节)，在这个存储单元中，并不是直接存放字符串本身，而是存放字符串的地址。在上面的例子中，就是把字符串"Hello"的地址存放在 strArray[0]，把字符串"this" 的地址存放在 strArray[1]，把字符串"is"的地址存放在 strArray[2]…。在字符串数组元素中存放的是字符串的地址(也称为字符串指针)。

大家可以上机试一下，输出 sizeof(string)和 sizeof(strArray)的大小，观察它们的值。可以看到前者的值是 4，后者的值为 20(因为 strArray 数组中有 5 个 string 类型的元素)。

【例 2-23】 使用字符串数组实现简易的英汉词典的功能。

```
#include <string>
#include <iostream>
using namespace std;
int main()
{   //定义二维字符串数组 dict 作为英汉词典的数据结构
    string dict[100][2] = {{"address", "地址"}, {"button", "按钮"}, {"code", "代
          码"}, {"design", "设计"}, {"execute", "执行"}, {"file", "文件"}, {"go",
          "走"}, {"help", "帮助"}, {"integer", "整数"}, {"join", "加入"},
          {"keyboard", "键盘"}, {"label", "标签"}, {"make", "制造"}, {"name", "姓
          名"}, {"operate", "操作"}, {"plus", "加"},{"zoo", "动物园"}};
    string word;
    int i;
    char next;
    while (1)
    {   cout << "请输入英文单词：";
        cin >> word;                        //输入字符串至字符串变量 word
        for ( i = 0; i < 100; i++)
        {   if ( word == dict[i][0] )  //使用==运算符进行两个字符串变量的比较
            {   cout << dict[i][0] << " : " << dict[i][1] << endl;
                break;
            }
        }
        if ( i == 100 )  {  cout <<  "单词未找到!" << endl;   }
```

```
        cout <<"继续查找? (Y/N) " <<endl;
        cin >>next;
        while( next !='Y' && next !='N' )
        {   cout<<"只能输入(Y/N)!\n请重新输入:";
            cin >>next;
        }
        if ( next =='N' )  break;
    }
    return 0;
}
```

程序运行结果如下：

```
请输入英文单词: zoo↙
zoo:动物园
继续查找? (Y/N)
Y↙
请输入英文单词: hello↙
单词未找到!
继续查找? (Y/N)
Y↙
请输入英文单词: operate↙
operate:操作
继续查找? (Y/N)
N↙
```

在例 2-23 中首先使用二维字符串数组作为英汉词典的数据结构，使用它存储单词和相对应的中文，程序运行后进入 while 循环，每次循环先提示输入英文单词，然后等待用户从键盘输入，输入后暂存到字符串变量 word 中，然后进入内层循环，从二维数组的第 0 行元素的第 0 个字符串开始进行比较，如果比较结果相同，则输出该行的两个元素，即输出单词和中文意思，并提前退出内层循环。如果把所有行都比较一遍仍未发现相同的，则正常退出内层循环，此时输出单词未找到。退出内层循环后提示“继续查找？(Y/N)”，输入“Y”将继续下一个外层循环，输入“N”则结束外层循环，程序结束。在这个例子中可以看到二维字符串数组的定义和初始化，字符串变量的定义、输入和输出、字符串的比较等与字符串相关的定义和操作。

通过例 2-23 可以看出用 string 定义字符串变量简化了字符串的操作，今后在遇到字符串的相关问题时可以首先考虑使用字符串变量。

关于 string 的内容先介绍到这里，更多内容参见 11.2.6 节。

2.3.9　复数变量

复数运算在数学领域非常重要，C++ 语言提供的基本数据类型中并没有复数类型，但在 C++ 标准库中提供了一个 complex 类模板(复数类模板)，利用该类模板可以在程序中轻松处理复数。关于类模板将在第 8 章 8.2 节介绍，在这里不必深究，只要按下面的书写形式定义复数变量就可以了。

复数的一般表示如下：

```
5 +6i
```

这里5代表实数部分，而6i表示虚数部分。这两部分合起来表示一个复数。

1. 复数变量的定义

复数变量的定义一般可以使用以下形式：

```
complex<double>complex1(0, 5);       //实数部分为0的复数:0+5i
complex<float>real_num(2);           //虚数部分为0的复数:2+0i
complex<long double>zero;            //实部和虚部均为0的复数:0+0i
complex<double>complex2(complex1);//用另一个复数变量来初始化一个新的复数变量
```

这里，复数变量有float、double或long double三种表示。也可以声明复数数组、复数指针或引用。

```
complex<double>arr[2] ={ complex<double>(2, 3), complex<double>(2, -3) };
                                     //声明复数数组
complex<double> * ptr =&arr[0];      //声明复数指针
complex<double>&ref =arr[0];         //声明复数引用
```

要使用complex类模板，必须在程序的开头加上“#include <complex>”，并在std命名空间内引用。

2. 复数运算

C++标准库完备地实现了关于复数的几乎所有运算，包括四则运算（+、-、*、/）、符号运算（+、-）、逻辑运算（==、!=）、赋值运算（+=、-=、*=、/=）、三角函数运算（sin、cos、tan）、双曲函数运算（sinh、cosh、tanh）、指数运算（exp、pow）、对数运算（log、log10）等。通过对这些基本数据类型都有的操作定义，可以把complex类当做基本的数据类型来使用。看下面的例子。

【例2-24】 复数运算。

```
#include <complex>
#include <iostream>
using namespace std;
int main()
{  complex<double>a(10, 20);
   complex<double>b(30, 40);
   complex<double>c =a +b;                       //两个复数相加
   cout <<a <<" +" <<b <<" ="<<c <<endl;

   complex<double>complex_obj =a +3. 14159;  //一个复数和一个实数相加
   cout <<a <<" +" <<3. 14159 <<" ="<<complex_obj <<endl;

   double dval =3. 14159;
```

```
    complex_obj =dval;                    //用一个实数对复数赋值
    cout <<"complex_obj =" <<complex_obj <<endl;

    cout <<complex_obj;
    complex_obj +=a;                      //复数复合赋值(加赋值),右操作数为复数
    cout <<" +=" <<a <<" : " <<complex_obj <<endl;

    cout <<complex_obj;
    complex_obj *=2;                      //复数复合赋值(乘赋值),右操作数为实数
    cout <<" *=2 : " <<complex_obj <<endl;

    complex<double>d;
    cout <<"Please enter a complex:";
    cin >>d;                              //复数输入
    cout <<"d =" <<d <<endl;              //复数输出

    cout <<d;
    d +=1;                                //复数递增操作,把复数的实部加 1
    cout <<" +=1 : " <<d <<endl;

    return 0;
}
```

程序运行结果如下：

```
(10,20) + (30,40) = (40,60)
(10,20) +3. 14159 = (13. 1416,20)
complex_obj = (3. 14159,0)
(3. 14159,0) += (10,20) : (13. 1416,20)
(13. 1416,20) *=2 : (26. 2832,40)
Please enter a complex: (1,2) ↙
d = (1,2)
(1,2) +=1 : (2,2)
```

例 2-24 演示了两个复数相加、一个复数和一个实数相加、复数赋值、复数的输入输出、复数递增运算。

(1) 算术运算。

两个复数可以进行加、减、乘、除等算术运算，而且复数类型和内置算术数据类型也可以进行混合运算。

(2) 复数初始化。

对于复数的初始化，既可以用复数类型数据也可以用内置算术数据类型数据，如：

```
complex<double>complex_obj1(2, 3);          //复数初始化,使用内置算术数据类型数据
complex<double>complex_obj2(complex_obj1); //复数初始化,使用复数类型数据
```

（3）复数赋值。

对于复数的赋值，同样既可以用复数类型数据也可以用内置算术数据类型数据，如：

```
complex_obj3 =complex_obj1;      //复数赋值,使用复数类型数据
complex_obj3 =5 ;                //复数赋值,使用内置算术数据类型数据
```

但是，相反的情形并不被支持，也就是说，内置算术数据类型不能直接被一个复数初始化或赋值。下面代码将导致编译错误：

```
double dval =complex_obj3;     //错误,从复数到算术数据类型之间并没有隐式转换支持
```

如果真想这样做，必须显式地指明要用复数的哪部分来赋值。complex类支持一对操作，可用来读取实部或者虚部，读取实部用成员函数real，读取虚部用成员函数imag：

```
double re =complex_obj3. real();
double im =complex_obj3. imag();
```

或者用等价的非成员函数：

```
double re =real(complex_obj3);
double im =imag(complex_obj3);
```

complex类支持4种复合赋值操作符：加赋值(+=)、减赋值(-=)、乘赋值(*=)以及除赋值(/=)。

（4）复数的输入输出。

复数的输入输出和基本数据类型数据的输入输出一样，使用cin、cout对象完成。如：

```
cin >>a >>b >>c;                 //复数输入,这里a、b、c为复数变量
```

下列任何一种数值表示格式都可以被读作复数：

```
3. 14159           //复数的有效输入格式,3. 14159==>complex(3. 14159)
(3. 14159)         //复数的有效输入格式,(3. 14159)==>complex(3. 14159)
(3. 14,-1. 0)      //复数的有效输入格式,(3. 14,-1. 0) ==>complex(3. 14,-1. 0)
```

复数的输出格式是一个由逗号分隔的序列对，它们由括号括起，第1个值是实部，第2个值是虚部，如例2-23的程序运行结果所示。

complex类支持的其他复数运算包括sqrt、abs、sin、cos、tan、exp、pow、log、log10等。

特别提醒：对于复数运算来说还有一类很重要的反三角函数、反双曲函数，C++标准库并未实现，可以从网上下载Boost库，在Boost库的boost\math\complex目录下可以找到实现。Boost库是为C++语言标准库提供扩展的一些C++程序库的总称，由Boost社区组织开发、维护，可以与C++标准库完美共同工作，并且为其提供扩展功能。

2.4　C++ 程序的编写和实现

C++ 程序的实现与 C 语言程序实现的过程是一样的，程序从编写到最终调试运行、输出结果要经历以下步骤。

1. 用 C++ 语言编写程序

用 C++ 语言编写的程序称为“源程序”，源程序文件的扩展名是“. cpp”。C++ 源程序文件是纯文本的文件，可以使用任何的文本编辑器进行编辑。但是为了提高编写程序的效率和降低出错的机率，还是建议使用较好的源程序编辑软件或集成开发环境。

2. 对源程序进行编译

C++ 源程序是符合 C++ 语言的语法的，用符号代表了操作和运算，程序员可以很直观地理解程序要实现什么功能。可是计算机只能识别二进制的机器指令，而不能识别 C++ 语言的符号和指令，这样就必须使用 C++ 编译器将 C++ 源程序“翻译”成二进制的形式，和 C 语言中一样，这样的二进制形式的程序称为“目标程序”，这个过程称为编译。

编译是以源程序文件为单位进行的，如果一个大型的系统有多个源程序文件，则编译后生成多个目标程序。目标程序的扩展名是“. obj”。编译过程主要是对源程序进行词法检查和语法检查，词法检查主要是检查源程序中单词的拼写是否有错，语法检查主要是根据源程序的上下文检查程序的语法是否有错。编译结束后如果有错误编译就不成功，并给出出错信息。出错信息有两种，一种是警告，另一种是错误。警告是不影响程序运行的轻微错误或违反某些惯例的用法，系统在编译时给指出警告的代码位置，同时生成目标文件。错误则导致不能生成目标程序，必须改正错误后再重新编译。

3. 对目标程序进行连接

编译通过后，得到一个或多个目标程序，此时再用系统提供的连接程序(linker)将程序的所有目标程序和系统用到的库文件及系统的其他信息连接起来，最终形成可执行的二进制文件，其后缀是“. exe”，在 Windows 下是可以直接执行的。

4. 运行调试程序

生成可执行文件后就可以执行它，得到运行结果。这时需要对结果的正确性进行分析、验证，来保证程序的正确性。虽然程序经过了词法检查和语法检查，但是并不能检查出程序的逻辑错误，即程序的语义错误。通过运行程序输入一些数据检查输出结果是否正确。如果输出结果与预期不同，则需要调试程序，调试的手段有设置断点、单步执行、观察内存单元的值等手段。发现错误并修改源程序后，重新对源程序进行编译、连接与执行的过程。

可以使用不同的 C++ 编译系统，在不同的环境下编译和运行一个 C++ 程序，如 GCC、Visual C++、C++ Builder 和 Dev-C++ 等等。这些集成开发环境都将程序的编译、连接和执行集成到了一起，使用起来非常方便。建议大家不要只会使用一种 C++ 编译系统，只能在一种环境下工作，而应当能在不同的 C++ 环境下运行自己的程序，并且了解不同的 C++ 编译系统的特点和使用方法，在需要时能将自己的程序方便地移植到不同的平台上。

本章小结

C++是在C语言的基础上通过对C语言的扩充得到的，是一种既支持面向过程程序设计，又支持面向对象程序设计的混合型程序设计语言。

C++在面向过程程序设计方面对C语言做了很多改进：

(1) 提供了一套新的、类型安全的、扩充性好的输入输出系统。

(2) 扩展了C语言的数据类型，使可处理的数据类型更加丰富。

(3) 增加了一些新的运算符，如作用域运算符“::”、动态申请内存运算符new、释放内存运算符delete，使得C++应用起来更加方便。

(4) 对变量说明更加灵活了。可以根据需要随时对变量进行说明。C语言只允许在函数体或分程序内，先是对变量的说明语句，再是执行语句，两者不可交叉使用。C++打破了这一限制，在满足先定义后使用的原则下，可以对变量随用随定义。

(5) 引入“常变量”，常变量有自己的数据类型，克服了#define实现的宏定义的缺陷。

(6) 引入“引用”，使用引用作函数参数带来了很大方便。

(7) 改进了类型系统，增加了安全性。C语言中类型转换很不严格，C++规定类型转换多采用强制转换。又规定函数在调用在前定义在后的情况下，必须在函数调用语句前对函数进行原型声明。对默认类型做了限制。增加了编译系统检查类型的能力。

(8) 允许设置函数默认参数，允许函数重载，这些措施提高了编程的灵活性，减少冗余性。又引进了内置函数的概念，提高了程序的效率。

(9) C++11标准引入关键字constexpr，并在C++14中得到改善。它表示常量表达式。constexpr可应用于变量、函数、类构造函数和成员函数。

(10) C++标准库中的string类为程序处理字符串提供了更方便、更安全的方法，不必担心内存是否足够、字符串长度等等，而且作为一个泛型类出现，它集成的操作函数足以完成我们大多数情况下(甚至是100%)的需要。我们可以用=进行赋值操作，==进行比较，+进行字符串连接。

(11) 复数运算在数学领域非常重要，而且C++标准库也完备的实现了关于复数的几乎所有运算。

习题

一、简答题

1. 直接常量与const变量和constexpr变量有什么区别？使用const变量和constexpr变量有哪些好处？

2. 读下面的程序，分析程序能不能执行，如有错误将错误行注释后再执行，结果是什么，为什么？

```
#include <iostream>
```

```
using namespace std;
int main()
{   int x =100;
    void * p =&x;
    cout <<"*p =" << *p <<endl;
    cout <<"*p =" << *(char *)p <<endl;
    cout <<"*p =" << *(int *)p <<endl;
    cout <<"*p =" << *(float *)p <<endl;
    cout <<"*p =" << *(double *)p <<endl;
    return 0;
}
```

3. 什么是名字空间？名字空间的作用是什么？如何使用名字空间？

4. 简述C++程序的编写与实现过程。

二、编程题

1. 编写程序，分别使用库函数 scanf、输入流对象 cin 完成从键盘读入一个字符送给变量 c，使用库函数 printf、输出流对象 cout 完成将变量 c 输出到屏幕上。要求写出：

(1) 变量 c 的类型为 char 型时的程序。

(2) 变量 c 的类型为 int 型时的程序。

(3) 输出 c 的 ASCII 值的程序。

2. 编写程序输出自己所用C++编译系统中各数据类型所占用的字节数。

3. 编写程序，用自定义函数实现删除单链表中第 i 个位置上的元素，删除成功返回 true，同时返回要删除的元素值，否则返回 false。要求：

(1) 操作结果(成功与否)通过函数值返回。

(2) 被删除的元素值通过指针形参或引用形参返回。

4. 编写程序，实现一组数的升序排序，分别考虑整数、单精度浮点数、字符型数据、字符串数据。要求用重载函数实现。

5. 编写程序，实现如下功能：从键盘接收一个字符串，然后将字符串中的字符按照从小到大的顺序输出。

6. 编写程序，用自定义函数实现如下功能：通过函数的参数传递一个字符串，统计字符串中字母的个数、数字的个数和其他符号的个数。

第3章 类与对象

抽象和封装是面向对象程序设计的两个重要特征，类是对象的抽象，对象是类的实例（或具体化）。在面向对象中，封装就是把描述对象属性的数据和加工处理这些数据的操作放在同一对象中，并使得对数据的访问处理只能通过对象本身来进行，程序的其他部分不能直接访问和处理对象的私有数据。封装相对于C语言中的局部变量、结构体等更好地实现了信息隐藏，在程序设计时应充分、合理地运用面向对象的封装机制。

通过本章的学习，可以编写出基于对象的C++程序。基于对象的C++程序以类和对象为基础，程序的操作是围绕对象进行的。在此基础上利用继承机制和多态性，就成为面向对象的程序设计（有时不区分基于对象的程序设计和面向对象的程序设计，而把两者合称为面向对象的程序设计）。

3.1 类的声明和对象的定义

在基于对象的C++程序中是一个一个的对象在运行，而对象是由类实例化而得到的，在实际开发过程中是针对类进行编程的，因此首先要正确地理解类和对象的概念以及类和对象的关系。

3.1.1 类和对象的概念及其关系

在1.2.2节中已经较详细地讨论了面向对象的基本概念，此处不再赘述。下面回顾一下对象和类的概念及其关系。

1. 对象

对象就是封装了数据及在这些数据之上的操作的封装体，这个封装体有一个名字标识它，而且可以向外界提供一组操作（或服务）。

2. 类

类是对具有相同属性和操作的一组对象的抽象描述。

3. 类和对象的关系

类代表了一组对象的共性和特征，类是对象的抽象，即类忽略对象中具体的属性值而只保留属性。而对象是对类的实例化，即将类中的属性赋以具体的属性值得到一个具体的对象。类和对象的关系就像图纸和房屋的关系，类就像图纸，而对象就好比按照图纸建造的房屋。

特别提醒：

在介绍类和对象时一般都是从对象开始，先引入对象的概念然后再讨论类的概念。而在程序设计中，需要程序员先设计好类，然后在程序中再定义这些类的对象。

总之，类是抽象的，在C++中它是一种自定义的数据类型，而对象是具体的，在C++中它是"类"类型的变量，定义后系统是要为对象分配内存空间的。在进行基于对象和面向对象的程序设计时一定要搞清楚类和对象的概念及它们之间的关系。

3.1.2 类的声明

在C++中，类是一种用户自定义的数据类型，下面先来看声明类的一般形式：

```
class 类名
{public:
    公用成员
      ⋮
protected:
    受保护成员
      ⋮
private:
    私有成员
      ⋮
};
```

在声明类的一般形式中，class是声明类的关键字，后面跟着类名。花括号里是类的成员的声明，包括数据成员和成员函数。花括号后面要有分号，这个细节一定要注意。成员的可访问性分为3类：公用的(public)、受保护的(protected)和私有的(private)。其中关键字public、protected和private称为成员访问限定符，后面加上冒号。由访问限定符限定它后面的成员的访问属性，直到出现下一个访问限定符或者类声明结束为止。访问属性为公用的成员既可以被本类的成员函数访问，也可以在类的作用域内被其他函数访问。访问属性为受保护的成员可以被本类及其派生类的成员函数访问，但不能被类外访问。访问属性为私有的成员只能被本类的成员函数访问而不能被类外访问(类的友元例外)。

在声明类时，这3种访问属性的成员的声明次序是任意的，并且在一个类的声明中这3种访问属性不一定全部都出现，可能只出现两种或一种。某个成员访问限定符在一个类的声明中也可以出现多次。无论出现几次，成员的访问属性都是从一个成员访问限定符出现开始，到出现另一个成员访问限定符或类声明结束为止。如果在类声明的开始处没有写出成员访问限定符，则默认的成员访问属性是私有的。注意，为了使程序更清晰、更易读，应该养成这样的习惯：即每一种成员访问限定符在类的声明中只出现一次。

关于3种成员访问限定符出现的顺序问题，从语法上说无论谁在前谁在后效果都是完全一样的。但是传统的编程习惯是先出现私有成员，后出现公用成员。现在又提出新的顺序是先写公用成员，后写私有成员，这样做的好处是可以突出能被外界访问的公用成员。这只是习惯问题，也不必强求。

【例 3-1】 声明一个学生类，要求包括学生的学号、姓名、性别、年龄等信息，并且能够从键盘输入学生信息，能够显示学生信息到屏幕。

```
class Student              //声明学生类 Student
{public:                   //以下部分为学生类 Student 的公用成员函数
    void setInfo()
    {    cout << "Please enter student's No, name, sex, age: ";
         cin >> stuNo >> stuName >> stuSex >> stuAge;
    }
    void show()
    {    cout << "No. : " << stuNo << endl;
         cout << "Name: " << stuName << endl;
         cout << "Sex: " << stuSex << endl;
         cout << "Age: " << stuAge << endl;
    }
private:                   //以下部分为学生类 Student 的私有数据成员
    string stuNo;          //学号
    string stuName;        //姓名
    string stuSex = "男";  //性别
    int stuAge = 0;        //年龄
};                         //类声明结束，此处必须有分号
```

例 3-1 中的学生类的学号、姓名、性别、年龄信息都声明为了私有的，这些信息在类外不能够直接访问，这样就可以保证数据的安全性。setInfo 函数和 show 函数都是公用成员函数，这样在类外可以通过学生类对象调用 setInfo 函数从键盘输入学生信息，调用 show 函数显示学生信息到屏幕。

C++ 11 标准规定：声明一个类时，可以为类的数据成员提供一个类内初始值。创建对象时，类内初始值将用于初始化数据成员。对类内初始值的限制：或者放在花括号里，或者放在等号右边，记住不能使用圆括号。

3.1.3 对象的定义

声明完类之后，就可以使用类来定义对象了，这个过程称为实例化。下面的语句：

```
Student zhang, wang;
```

定义了两个 Student 类对象 zhang 和 wang。zhang 和 wang 具有相同的属性和操作。

除了这种定义对象的形式之外，C++ 还兼容 C 语言的定义形式：

```
class Student zhang, wang;
```

这种形式与第一种形式是完全等效的。但显然第一种形式更加简便，所以将来遇到或使用最多的就是第一种形式。

除了这种先声明类,然后根据类名再定义对象的方式之外,还有在声明类的同时定义对象和定义无类名的类对象的形式。

1. 在声明类的同时定义对象

【例 3-2】 在声明例 3-1 的学生类的同时定义两个对象 zhang 和 wang。

```
class Student              //声明学生类 Student
{public:                   //以下部分为学生类 Student 的公用成员函数
    void setInfo()
    {   cout <<"Please enter student's No, Name, Sex, Age: ";
        cin >>stuNo >>stuName >>stuSex >>stuAge;
    }
    void show()
    {   cout <<"No. : " <<stuNo <<endl;
        cout <<"Name: " <<stuName <<endl;
        cout <<"Sex: " <<stuSex <<endl;
        cout <<"Age: " <<stuAge <<endl;
    }
private:                   //以下部分为学生类 Student 的私有数据成员
    string stuNo;          //学号
    string stuName;        //姓名
    string stuSex ="男"; //性别
    int stuAge =0;         //年龄
}zhang, wang;
```

其实这种形式的定义在 C 语言的结构体定义中也出现过,在实际的应用过程中并不太常用,只需要了解这种定义对象的形式即可。

2. 不出现类名,直接定义对象

【例 3-3】 直接定义无类名的类对象。

```
class
{public:
    void setInfo()
    {   cout <<"Please enter student's No, Name, Sex, Age: ";
        cin >>stuNo >>stuName >>stuSex >>stuAge;
    }
    void show()
    {   cout <<"No. : " <<stuNo <<endl;
        cout <<"Name: " <<stuName <<endl;
        cout <<"Sex: " <<stuSex <<endl;
        cout <<"Age: " <<stuAge <<endl;
    }
private:
    string stuNo;          //学号
    string stuName;        //姓名
```

```
    string stuSex ="男"; //性别
    int stuAge =0;        //年龄
}zhang, wang;
```

这与例3-2的区别就是去掉了类名，这样 zhang 和 wang 两个对象是同一个类的对象，但是不知道它们所属类的名字。这种方式也不常用，只需知道有这种定义对象的形式就可以了。

特别提醒：

声明类时系统并不分配内存单元，而定义对象时系统会给每个对象分配内存单元，以存储对象的成员信息。

3.2 类的成员函数

类中有两类成员，一类是数据成员，用来描述对象的静态属性；另一类则是成员函数，用来描述对象的动态行为。下面讨论类的成员函数的相关问题。

3.2.1 成员函数的性质

类的成员函数是引入类和对象之后出现的新的函数，以前讲述的函数是不属于任何类的，可以称之为普通函数(或一般函数)。成员函数的定义和用法与普通函数的定义与用法基本一样，定义形式也是：

```
返回值类型 函数名(参数表)
{
    函数体
}
```

它与普通函数的区别在于：成员函数是属于某个类的，是类的一个成员。可以指定成员函数为公用的、受保护的或私有的。在类外调用成员函数时要注意它的访问属性，公用的成员函数才可以被类外任意的调用，私有成员函数在类外是看不到的。成员函数可以访问本类的任何成员，不管它的访问属性是公用的、私有的，还是受保护的，可以访问本类的数据成员，也可以调用本类的其他成员函数。

对于类的成员函数，一般的做法是将需要被类外调用的成员函数声明为公用的，不需要被类外调用的成员函数声明为私有的。有的成员函数并不是为外界调用而设计的，而是为本类中的其他成员函数所调用的，就应该把它们指定为私有的。

类中的公用的成员函数是类的很重要的部分，这些成员函数称为是类的对外接口。如果一个类的数据成员都是私有的，而类中又没有公用的成员函数，这种类是没有办法和外界进行交流的，这种类也是没有意义的。如果类的数据成员都是公用的，则类就失去了信息隐藏的功能，退变成类似结构体的功能，体现不出面向对象的思想。例3-1的 Student 类的 show 函数就是一个公用成员函数，是类的对外接口。

3.2.2 在类外定义成员函数

例 3-1 中的 Student 类的 show 函数是在类体中定义的。但在实际的应用中，一般在类的声明中只给出成员函数的原型声明，而成员函数的定义则在类外进行。

C++ 要求成员函数在类外定义时，在函数名的前面要加上类名和作用域运算符进行限定。

【例 3-4】 将例 3-1 中的 Student 类的成员函数改为在类外定义的形式。

```
class Student               //声明学生类 Student
{public:                    //以下部分为学生类 Student 的公用成员函数
    void setInfo();
    void show();
private:                    //以下部分为学生类 Student 的私有数据成员
    string stuNo;           //学号
    string stuName;         //姓名
    string stuSex ="男";    //性别
    int stuAge =0;          //年龄
};                          //类声明结束
void Student::setInfo()  //在类的声明之外定义学生类 Student 的 setInfo 成员函数
{    cout <<"Please enter student's No, Name, Sex, Age: ";
     cin >>stuNo >>stuName >>stuSex >>stuAge;
}
void Student::show()     //在类的声明之外定义学生类 Student 的 show 成员函数
{   cout <<"No. : " <<stuNo <<endl;
    cout <<"Name: " <<stuName <<endl;
    cout <<"Sex : " <<stuSex <<endl;
    cout <<"Age: " <<stuAge <<endl;
}
```

如果成员函数放在类内进行定义，这时是不需要在函数名前加上类名进行限定的，因为在类内的成员函数属于哪个类是很显然，不会出现歧义。

注意：

(1) 成员函数在类内定义或是在类外定义，对程序执行的效果基本一样。只是对于较长的成员函数放在类外更有利于程序的阅读。

(2) 在类外定义成员函数时，必须首先在类内写出成员函数的原型声明，然后再在类外定义，这就要求类的声明必须在成员函数定义之前。

(3) 如果在类外有函数定义，但是在函数名前没有类名和作用域运算符进行限定，则该函数被认为是普通函数。

(4) 如果成员函数的函数体很短，如只有两三行，也可以将其定义在类内。

(5) 在类内声明成员函数，在类外定义成员函数，是软件工程中要求的良好的编程风格，因为这样做不仅可以减少类体的长度，而且有利于把类的接口和类的实现细节分离。

3.2.3 inline 成员函数

要理解什么是 inline 成员函数，先看看什么是 inline 函数。inline 函数又称为内置函数或内联函数，该方法的思想是在编译时将被调用函数的代码直接嵌入到调用函数处。

由于 inline 函数的机制是在编译时将被调用函数的代码嵌入到主调用函数的调用语句处，所以程序员在读程序时仍可以感觉到函数带来的模块性、可读性及代码重用等函数的优点，而在编译之后，在目标程序中就不再存在被调用函数了，被调用函数的代码已经被插入到了调用语句处，提高了程序的执行效率。可以看到，inline 函数的机制兼顾了函数和效率两个方面的优点。

同理，inline 成员函数就是将类中的成员函数声明为内置的。在类中有不少成员函数的函数体都很小，只有几行代码，这时函数调用的时间开销是非常明显的。为了降低函数调用的时间开销，C++ 采用内置成员函数的机制，即在函数调用时并不是真正的函数调用，而是将函数的代码嵌入到程序中的函数调用处。

当类中的成员函数是在类内定义时，C++ 系统会默认该成员函数是 inline 成员函数，此时不必在函数定义前面加上 inline 关键字，如果写上 inline 也是可以的。如前面的例 3-1 中的 show 函数的定义就在 Student 类的内部，虽然 show 函数前面没有 inline 关键字，系统也会使用 inline 成员函数的机制去处理。

如果成员函数定义在类的外部，类内只有成员函数的声明，则在成员函数声明或成员函数定义前必须要有 inline 关键字。成员函数声明和成员函数定义这两处只要有一处声明为 inline 即可，都写上 inline 关键字也可以。但是这时要注意，如果在类外定义 inline 成员函数，则必须将类的声明和 inline 成员函数的定义写在同一个文件里，否则编译时无法进行 inline 成员函数代码的嵌入。这样的话就使得类的接口与类的实现无法分离，不利于信息隐藏。

友情提示：

inline 成员函数同样要求成员函数体要简单且调用频繁，如果成员函数体中含有循环或复杂的嵌套的选择结构等，则不要声明为 inline 成员函数。

3.2.4 成员函数的存储方式

在实例化类得到对象时，系统要给对象分配存储空间，数据和函数都是需要存储空间的。一个类的不同对象其数据成员的值是不一样的，因此必须为每一个对象的数据成员分配存储空间，但是同一个类的不同对象的函数的代码却是相同的，这时再对每一个对象的函数代码分配内存空间，则会造成存储空间的浪费，是没有必要的。所以 C++ 为类的对象分配内存空间时只为对象的数据成员分配内存空间，而将对象的成员函数放在另外一个公共的区域，无论这个类声明多少个对象，这些对象的成员函数在内存中只保存一份。

可以通过如下程序验证上述观点。

【例 3-5】 类的对象占用内存空间情况实验。

```
#include <iostream>
using namespace std;
class Test
{public:
    void show(){  cout <<"char in test is: " <<c <<endl;  }
private:
    char c;
};
int main()
{  Test test;
   cout <<"The size of test is " <<sizeof(test) <<endl;
   return 0;
}
```

程序运行结果如下：

```
The size of test is 1
```

程序中的 sizeof 是长度运算符，用来获得数据类型或变量的长度。可以看到程序运行后的输出结果是 1，这个长度刚好是 Test 类中字符型数据成员 c 所需空间的大小，这也就验证了对象所占空间大小取决于对象的数据成员，与成员函数无关。

既然同一个类的不同对象所用的成员函数是公共的，也就是执行的代码是相同的，为什么执行的结果会不同呢？

【例 3-6】 相同类的不同对象执行相同成员函数输出不同结果。

```
#include <iostream>
using namespace std;
class Test
{public:
    void set(char ch) {  c =ch;  }
    void show(){  cout <<"char in Test is: " <<c <<endl;  }
private:
    char c;
};
int main()
{  Test test1, test2;
   test1. set('a');
   test2. set('b');
   test1. show();
   test2. show();
   return 0;
}
```

程序运行结果如下：

```
char in Test is: a
char in Test is: b
```

从程序中可以看到，对象 tcst1 和 test2 都执行了 show 成员函数，两个对象执行的代码都是“cout <<"char in Test is: " <<c <<endl;”，为什么输出结果却是不同的呢？其实，两个对象执行的代码中访问的数据成员是不一样的，不同对象成员函数中访问的数据成员都是对象自己的，那么又怎么实现不同对象的相同的代码访问不同的对象的数据成员呢？C++ 利用隐藏的 this 指针，this 指针隐藏的指向调用该成员函数的对象的地址，而代码中的访问数据成员的变量名前面实际上是有 this 指针的，只不过没有显式的写出来，即代码行“cout <<"char in Test is: " <<c <<endl;”实际上等价于“cout <<"char in Test is: " <<this ->c <<endl;”。当用 test1 对象调用 show 函数时，this 指针就指向 test1 对象；当用 test2 对象调用 show 函数时，this 指针就指向 test2 对象。关于 this 指针在后面还会有详细的讨论。

3.3 对象成员的访问

如何在类外对对象中的公用成员进行访问？方法主要有 3 种：

(1) 通过对象名和成员运算符来访问对象的成员。

(2) 通过指向对象的指针来访问对象的成员。

(3) 通过对象的引用来访问对象的成员。

3.3.1 通过对象名和成员运算符来访问对象的成员

通过对象名和成员运算符访问对象中的成员的一般形式为：

```
对象名.成员名
```

其中的“.”是成员运算符，作用是对成员进行限定，指明成员是属于哪个对象的成员。因此，在使用对象的成员时一定要写清楚成员所属的对象，如果只写成员名，系统则会误认为是一个普通的变量或函数。例如，例 3-6 中 main 函数里的“test1.show();”语句就是访问 test1 对象的公用成员函数 show。

特别提醒：

通过对象名和成员运算符访问对象中的成员可以是公用的数据成员，也可以是公用的成员函数，无论是数据成员还是成员函数，要求其访问属性必须是公用的。

3.3.2 通过指向对象的指针来访问对象的成员

要通过指向对象的指针访问对象中的成员，可以使用 C++ 的“->”运算符方便直观地进行。“->”称为指向运算符，该运算符可以通过指向对象的指针访问对象的成员。

【例 3-7】 通过指向对象的指针访问对象中的成员。

```
#include <iostream>
using namespace std;
class Test
{public:
    void set(char ch) {  c =ch;  }
    void show(){  cout <<"char in Test is: " <<c <<endl;   }
private:
    char c;
};
int main()
{  Test test1;
   test1.set('a');
   Test *pTest =&test1;
   test1.show();
   pTest ->show();
   return 0;
}
```

程序运行结果如下：

```
char in Test is: a
char in Test is: a
```

从例 3-7 中可以看到“test1.show();”的效果和“pTest ->show()”的效果完全一样，pTest ->show()表示调用 pTest 指针当前所指向的对象(本例中是 test1 对象)中的成员函数 show。另外，除这种形式外，(*pTest).show()是另外一种通过指针访问其所指向对象成员的形式，因为(*pTest)就是指针所指向的对象，在本例中，(*pTest)就是 test1 对象，(*pTest).show()就等价于 test1.show()。总之，在 pTest 指向 test1 对象的情况下，pTest ->show()、(*pTest).show()和 test1.show()等 3 种书写形式是等价的。

3.3.3　通过对象的引用来访问对象的成员

对象的引用和普通变量的引用在本质上是一样的，对象的引用就是给对象起了一个别名，使用引用名和使用对象名访问的都是同一个对象。因此，通过引用访问对象的成员的方法与通过对象名来访问对象的成员是完全相同的。

【例 3-8】 通过对象的引用访问对象的成员。

```
#include <iostream>
using namespace std;
class Test
{public:
    void set(char ch) {  c =ch;  }
    void show() {  cout <<"char in Test is: " <<c <<endl;   }
private:
    char c;
```

```
};
int main()
{  Test test1;
   test1.set('a');
   Test &refTest =test1;
   test1.show();
   refTest.show();
   return 0;
}
```

程序运行结果如下：

```
char in Test is: a
char in Test is: a
```

3.4 构造函数与析构函数

3.4.1 构造函数

1. 构造函数的任务

构造函数是类的一个特殊成员函数，构造函数的任务是初始化类对象的数据成员。无论何时只要类的对象被创建，就会执行构造函数。看下面的例子：

【例 3-9】 构造函数举例。

```
#include<iostream>
using namespace std;
#include<string>
class SalesData               //声明图书交易记录类 SalesData
{public:
    SalesData()               //定义 SalesData 类的构造函数，构造函数名与类名相同
    {                         //利用构造函数对数据成员赋初值
       bookNo ="null";  unitsSold =0;  revenue =0.0;
       cout <<"SalesData's constructor is executed!" <<endl;
    }
    void show()               //输出图书基本销售记录：书号、销售册数、总销售金额、销售均价
    {  cout <<"bookNo =" <<bookNo <<endl;
       cout <<"unitsSold =" <<unitsSold <<endl;
       cout <<"revenue =" <<revenue <<endl;
       if( unitsSold !=0 )   cout <<"avgPrice =" <<avgPrice() <<endl;
    }
    double avgPrice(){  return revenue / unitsSold;  }     //计算图书销售均价
private:
    string bookNo;           //书号
    int unitsSold ;          //销售出的册数
```

```
    double revenue;        //总销售金额
};
int main()
{   SalesData book1;       //创建 book1 对象
    cout << "The information of book1 is: " <<endl;
    book1. show();
    SalesData book2;       //创建 book2 对象
    cout << "The information of book2 is: " <<endl;
    book2. show();
    return 0;
}
```

程序运行结果如下：

```
SalesData's constructor is executed!
The information of book1 is:
bookNo =null
unitsSold =0
revenue =0
SalesData's constructor is executed!
The information of book2 is:
bookNo =null
unitsSold =0
revenue =0
```

由于在 main 函数中创建了 SalesData 类的两个对象 book1、book2，因此类 SalesData 的构造函数被调用了 2 次。

构造函数不仅具有成员函数的特性，而且还具有它自身的特点。对构造函数总结如下。

(1) 构造函数名与类名相同，与其他函数不一样的是，构造函数没有返回类型，在定义构造函数时在函数名前什么也不能加(加 void 也不可以)；除此之外类似于其他的函数，构造函数也有一个(可能为空的)参数列表和一个(可能为空的)函数体。

(2) 构造函数可以被重载，一个类可以包含多个构造函数，不同的构造函数之间在形参数量或形参类型上有所不同。稍后介绍。

(3) 构造函数不需要用户调用，它是由系统在创建对象时自动调用的。鉴于此，构造函数要声明为 public 访问属性的。

(4) 构造函数不能声明为 const 的。当我们创建一个 const 对象(3.7.1 节介绍)时，直到构造函数完成初始化过程，对象才能真正取得其"常量"属性。因此，构造函数在 const 对象的构造过程中可以向其写值。

(5) 构造函数的作用是在创建对象时对对象的数据成员进行初始化，一般在构造函数的函数体里写对其数据成员初始化的语句，但是也可以在其中加上和初始化无关的其他语句。这虽然在语法上没有错误，但是在实际编程中不提倡这样做。例 3-9 中的构造函数的函数体中的输出语句只是为了演示构造函数的执行时机，除此之外，没有其他任何用途。

（6）C++ 系统在创建对象时必须执行一个构造函数。你可能会有这样的疑问：前面的例 3-5～例 3-8 中的 Test 类并没有定义任何构造函数，可使用了 Test 类对象的程序仍然可以正常的编译和运行？这是因为，如果用户自己没有定义构造函数，编译器会隐式地提供一个构造函数，称之为合成的默认构造函数，该构造函数的形参表和函数体皆为空，它按如下规则初始化类的数据成员：

① 如果存在类内的初始值，用它来初始化成员，这是 C++ 11 标准中新增的类内初始化。

② 否则，默认初始化该成员，其初始化规则与普通变量的默认初始化规则[①]相同。

合成的默认构造函数只适合非常简单的类，对于大多数普通的类来说，必须定义它自己的默认构造函数（该构造函数或者形参表为空，如例 3-9 中的构造函数，或者形参不为空但全部参数都有默认实参），原因有三：

第一个原因也是最容易理解的一个原因就是编译器只有在发现类不包含任何构造函数的情况下才会替我们生成一个默认的构造函数。一旦我们定义了一些其他的构造函数，那么除非我们再定义一个默认的构造函数，否则该类将没有默认构造函数。

第二个原因是对于某些类来说，合成的默认构造函数可能执行错误的操作。对于含有内置类型或复合类型成员的类，或者在类的内部初始化这些成员，或者定义一个自己的默认构造函数。否则，用户在创建类的对象时就可能得到未定义的值。

第三个原因是有的编译器不能为某些类合成默认的构造函数。例如，如果类中包含一个其他类类型的成员且这个成员的类型没有默认构造函数，那么编译器将无法初始化该成员。对于这样的类来说，我们必须自定义默认构造函数，否则该类将没有默认的构造函数可用。

2. 定义自己的构造函数

对于例 3-9 中的 SalesData 类，自定义不同的构造函数，给类实例化对象时提供不同的初始化方法。

【例 3-10】 构造函数重载。

```
#include<iostream>
using namespace std;
#include<string>
class SalesData                                    //声明图书交易记录类 SalesData
{public:
    SalesData() =default;                          //无参的默认构造函数
```

---

① 如果定义变量时没有指定初值，则变量被默认初始化，此时变量被赋予一个“默认值”。默认值到底是什么由变量的类型决定，同时定义变量的位置也会对此有影响。如果是内置类型的变量未被显示初始化，它的值由定义的位置决定。定义于任何函数体之外的全局变量均被初始化为 0，而定义于函数体（块）内部的局部变量的值随机。定义在块内部的局部变量有一个例外，即如果是 static 型变量，即使不显式地给予初始值，也会被默认初始化为零。

未初始化变量的默认值不一定符合我们程序的实际需求，使用未初始化变量的值是一种错误的编程行为并且很难调试。尽管大多数编译器都能对一部分使用未初始化变量的行为提出警告，但严格来说，编译器并未被要求检查此类错误。

```
    SalesData(const string &No): bookNo(No){}  //带1个 const string & 参数的构造函数
    SalesData(istream &input);                 //带1个 istream & 参数的构造函数
    //带3个参数(书号、销售册数、销售价格)的构造函数
    SalesData(const string &No, int n, double price): bookNo(No), unitsSold(n),
            revenue(n * price){ }
    void show()             //输出图书基本销售记录:书号、销售册数、总销售金额、销售均价
    {     cout <<"bookNo =" <<bookNo <<endl;
          cout <<"unitsSold =" <<unitsSold <<endl;
          cout <<"revenue =" <<revenue <<endl;
          if( unitsSold !=0 )   cout <<"avgPrice =" <<avgPrice() <<endl;
    }
    double avgPrice(){  return revenue / unitsSold;  }     //计算图书销售均价
    string isbn() {  return bookNo;  };         //声明获取书号函数,并返回书号
    //一个 combine 成员函数,用于将一个 SalesData 对象加到另一个对象上
    SalesData& combine(const SalesData &);
private:
    string bookNo ="null";                     //书号
    int unitsSold =0;                          //销售出的册数
    double revenue =0.0;                       //总销售金额
};
int main()
{   SalesData book1;
    book1.show(); cout <<endl;
    SalesData book2("1002");
    book2.show(); cout <<endl;
    SalesData book3("1003",2,35.0) ;
    book3.show(); cout <<endl;
    cout<<"请输入同一本图书的销售记录:书号、销售册数、销售单价" <<endl;
    SalesData book4(cin), book5(cin);
    if ( book4.isbn() ==book5.isbn() )
    {   SalesData total =book4.combine(book5);
        cout <<"此本图书的销售记录:书号、销售册数、总销售金额 销售均价" <<endl;
        total.show(); cout <<endl;
    }
    else
    {   cout <<"您输入的两本书编号不同,";
        cout <<"它们的销售记录:书号、销售册数、总销售金额、销售均价分别为:" <<endl;
        book4.show(); cout <<endl;
        book5.show(); cout <<endl;
    }
    return 0;
}
SalesData::SalesData(istream &input)           //构造函数的类外定义
{  double price;
```

```
    input >>bookNo >>unitsSold >>price;
    revenue =unitsSold * price;
}
SalesData& SalesData::combine(const SalesData &rhs) // combine成员函数的类外定义
{   //把 rhs 对象的数据成员 unitsSold 的值累加到当前对象的数据成员 unitsSold
    unitsSold +=rhs. unitsSold;
    //把 rhs 对象的数据成员 revenue 的值累加到当前对象的数据成员 revenue
    revenue +=rhs. revenue;
    return * this;                              //返回当前对象的引用
}
```

例 3-10 的 SalesData 类提供有如下 4 个不同的构造函数：

(1) SalesData() = default。

该构造函数是一个无参的默认构造函数。定义这个构造函数的目的仅仅是因为我们既需要其他形式的构造函数，也需要默认的构造函数。我们希望这个构造函数的作用完全等同于系统提供的合成默认构造函数。

在 C++ 11 标准中，如果我们需要合成默认构造函数的行为，那么可以通过在参数列表后面写上=default 来要求编译器生成构造函数。

(2) SalesData(const string &No)：bookNo(No){ }。

该构造函数为带一个 const string & 形参的构造函数，形参 No 表示书号。该构造函数使用初始化列表[①]对数据成员 bookNo 初始化，初始值为形参 No 的值。对于数据成员 unitsSold 和 revenue 则没有显式初始化。当一个数据成员被构造函数初始化列表忽略时，它将以与合成默认构造函数相同的方式隐式初始化。在此例中，这样的成员使用类内初始值初始化。该构造函数的唯一目的就是为数据成员 bookNo 赋初值，一旦没有其他任务需要执行，函数体也就为空了。

(3) SalesData(istream &input)。

该构造函数也为带一个 istream & 形参的构造函数，形参 input 表示输入流对象，与上面带一个 const string & 形参的构造函数的形参类型不同。向该构造函数传入 cin 对象，可以实现从键盘输入新创建对象的数据成员 bookNo 和 unitsSold 的初始值，并根据从键盘输入的销售单价 price 计算数据成员 revenue 的值(unitsSold * price)。

(4) SalesData(const string &No, int n, double price)：bookNo(No), unitsSold(n), revenue(n * price){ }。

该构造函数为带 3 个参数的构造函数，第 1 个形参 No 表示书号，第 2 个形参 n 表示图书销量册数，第 3 个形参 price 表示图书销售价格，它同样采用构造函数的初始化列表对数据成员初始化，使用形参 No 的值初始化数据成员 bookNo，使用形参 n 的值初始化数据成员 unitsSold，使用形参 n 和 price 的乘积初始化数据成员 revenue。该构造函数的

---

① 构造函数的初始化列表为函数参数表后面的冒号及冒号和花括号之间的代码，它负责为新创建对象的一个或多个数据成员赋初值。它是成员名字的一个列表，每个名字后面紧跟括号括起来的(或者在花括号内的)成员初始值。不同成员的初始化通过逗号分隔开来。

函数体也为空。

带参数的构造函数声明的一般格式为：

```
构造函数名(参数表);
```

这里的参数表和普通函数的参数表是一样的，由参数类型和形参名组成，多个形参之间通过“,”分隔。

实参是在定义对象时给出的，一般格式如下：

```
类名 对象名(实参表);
```

这里的实参表的参数的类型和个数要和形参表中的对应起来。

在例3-10程序中，创建了5个SalesData类的对象book1、book2、book3、book4、book5。创建book1对象时未提供实参，系统会自动调用无参的默认构造函数初始化book1数据成员的值(bookNo的值为null，unitsSold的值为0，revenue的值为0.0)；创建book2对象时给出了一个字符串实参，系统会自动调用带有一个字符串形参的构造函数初始化book2数据成员的值(bookNo的值为1002，unitsSold的值为0，revenue的值为0.0)；创建book3对象时给出了3个实参，系统会自动调用带有3个形参的构造函数初始化book3数据成员的值(bookNo的值为1003，unitsSold的值为2，revenue的值为70(2*35.0))；创建book4和book5对象时给出了一个输入流对象cin实参，系统会自动调用带有一个istream&形参的构造函数，完成从键盘输入这两个对象的数据成员bookNo和unitsSold的初始值，并根据从键盘输入的销售单价price计算这两个对象的数据成员revenue的值(unitsSold*price)。如果两次输入的书号相同，程序实现同一本图书两次交易记录的累加(销售册数累加、总销售金额累加)。

带参数的构造函数形式可以很方便地实现创建对象时，对不同对象进行不同的初始化。

注意：

(1) 前面曾提到：如果在类的声明中没有书写构造函数，系统会自动生成一个无参的、函数体为空的合成默认构造函数。一旦书写了一个构造函数，系统就不会再生成合成默认构造函数，但是，C++11标准通过引入=default，可以要求编译器为用户生成合成默认构造函数。对于例3-10中的SalesData类默认构造函数的处理：由于在类内提供有数据成员的类内初始值，使用=default要求编译器为我们生成合成默认构造函数是合适的。如果在类内未提供数据成员的类内初始值，就需要用户自己写一个无参的默认构造函数。编译器自动生成的合成默认构造函数，自定义的无参或者有参但全部参数都有默认值的构造函数，皆称为默认构造函数。请记住一个类只能有一个默认构造函数，否则构造函数重载会出现二义性。

(2) 在程序中定义对象时一定要注意类中有几个构造函数，它们要求的参数分别是什么样的，如果创建对象时给出的参数表和所有的构造函数的参数表都不匹配，则系统无法创建对象。在设计类时，应尽可能考虑将来创建对象的各种情况，写出多个构造函数。虽然构造函数有多个，但是在创建一个对象时，系统只调用其中的一个。

(3) 使用参数实例化对象时的格式是“类名 对象名(实参表);”，而使用默认构造函数实例化对象时的格式是“类名 对象名;”,这时若在对象名后加括号则是错误的。如例 3-10 中对 book1 对象的定义时,如果写成“Box book1();”,则是错误的。

3. 构造函数的初始化列表

构造函数的执行分为两个阶段：

(1) 初始化阶段(初始化)。

初始化阶段具体指的是用构造函数初始化列表方式来初始化类中的数据成员。没有在构造函数的初始值列表中显式地初始化的成员,则该成员将在构造函数体之前执行默认初始化。

(2) 普通计算阶段(赋值)。

执行构造函数的函数体,函数体内一般是对类的数据成员进行赋值的操作。

这两个阶段按照顺序依次执行。

如果把例 3-10 中的构造函数：

```
SalesData(const string &No, int n, double price) : bookNo(No), unitsSold(n),
revenue(n * price){ }
```

改为如下的书写形式：

```
SalesData(const string &No, int n, double price)
{  bookNo =No;  unitsSold =n;  revenue =n * price;  }
```

这两个构造函数执行完成后的效果是一样的,数据成员的值相同。区别是上面的代码初始化了它的数据成员,而下面这个版本是对数据成员执行了赋值操作。这一区别到底会有什么深层次的影响完全依赖于数据成员的类型。

对于内置类型,如 int 型、float 型等,使用初始化列表和在构造函数体内赋值差别不是很大,但是对于类类型来说,最好使用初始化列表。因为使用初始化列表少了一次调用默认构造函数的过程,这对于数据密集型的类来说,是非常高效的。所以,一个好的原则是,能使用初始化列表的时候尽量使用初始化列表。

- **初始化列表有时必不可少**

除了性能问题之外,有些时候初始化列表是不可或缺的,以下几种情况时必须使用初始化列表：

(1) 常数据成员,因为常量只能初始化不能赋值,所以必须放在初始化列表里面。

(2) 引用类型成员,引用必须在定义的时候初始化,并且不能重新赋值,所以也要写在初始化列表里面。

(3) 没有默认构造函数的类类型成员,因为使用初始化列表可以不必调用默认构造函数来初始化,而是直接调用复制构造函数初始化(复制构造函数的内容在 3.9.1 节介绍)。

- **成员初始化的顺序**

初始化列表中成员初始化按照变量定义的先后顺序来初始化,与初始化列表中成员顺序无关。

如果成员初始化依赖其他成员的值,那么要注意初始化顺序。为了避免这个问题,一般按照定义的顺序来初始化成员。

4. 委托构造函数

委托构造函数是C++ 11中对C++的构造函数的一项改进，其目的是为了简化构造函数的书写，减少冗余代码。一个委托构造函数可以使用它所属类的其他构造函数执行它自己的初始化过程，或者说它把它自己的一些(或全部)职责委托给了其他构造函数。

下面使用委托构造函数重写例3-10中的SalesData类的构造函数。

```
class SalesData          //声明图书交易记录类 SalesData
{public:
    //受委托的构造函数，也称为目标构造函数
    SalesData(const string &No, int n, double price): bookNo(No), unitsSold(n),
            revenue(n * price){ }
    //其余构造函数全部委托给另一个构造函数
    SalesData(): SalesData("null", 0, 0){ }
    SalesData(const string &No): SalesData(No, 0, 0){ }
    SalesData(istream &input) : SalesData()
    {  double price;
       input >>bookNo >>unitsSold >>price;
       revenue =  unitsSold * price;
    }
    …(此处省略的代码同例 3-10)
private:
    string bookNo;        //书号
    int unitsSold;        //销售出的册数
    double revenue;       //总销售金额
};
```

在这个SalesData类中，除了第一个构造函数外，其他的构造函数都委托了它们的工作，第一个构造函数接受3个实参，使用这些实参初始化数据成员，然后结束工作(函数体为空，所以没有执行动作)。自定义默认构造函数委托接受3个实参的构造函数完成初始化工作，它也无须执行其他任务，故函数体为空。接受一个字符串实参的构造函数同样委托给了使用三参数的构造函数版本，它同样无须执行其他任务，函数体也为空。

接受istream&的构造函数也是委托构造函数，它委托给了默认构造函数，默认构造函数又接着委托给三参数的构造函数。当这些受委托的构造函数执行完后，接着执行istream&构造函数体内的内容。

注意：

(1) 委托构造函数的初始化列表中有且仅有一个对目标构造函数的调用。即，如果委托构造函数的初始化列表中有一个对目标构造函数的调用，则该初始化列表中就不能再有其他东西(即不允许再有其他基类或数据成员的初始化)。

(2) 目标构造函数还可以再委托给另一个构造函数，但不要形成委托环。如，构造函数C1委托给另一个构造函数C2，而C2又委托给C1，这样的代码通常会导致编译错误。

(3) 委托构造函数的函数体中的语句在目标构造函数完全执行后才被执行。

（4）对象的生命期从任意一个构造函数执行完毕开始（对于委托构造的情况，就是最终的目标构造函数执行完毕时），这意味着从委托构造函数体中抛出异常将导致析构函数的自动执行。

3.4.2 析构函数

析构函数是与构造函数相对应的另一个特殊成员函数，其作用与构造函数正好相反。构造函数初始化对象的非 static 数据成员，而析构函数释放对象使用的额外内存资源，并析构对象的非 static 数据成员。

析构函数的函数名是固定的，由波浪线～后跟类名构成。析构函数没有返回值，也不接受参数。由于析构函数不接受参数，因此析构函数无法重载。一个类可以有多个构造函数，但有且仅有一个析构函数。当一个类未定义自己的析构函数时，编译器会为它自动生成一个合成的析构函数。合成析构函数的函数体为空。

1. 析构函数完成什么工作

如同构造函数有一个初始化部分和一个函数体，析构函数也有一个函数体和一个析构部分。在一个构造函数中，成员的初始化是在函数体执行之前完成的，且按照它们在类中出现的顺序进行初始化。在一个析构函数中，首先执行函数体，然后析构成员。成员按初始化顺序的逆序析构。

在析构函数的函数体内，可以书写在对象最后一次使用之后类设计者希望执行的任何收尾工作。通常，析构函数的函数体完成释放对象在生存期分配的所有资源。因为，析构函数的任务不是销毁对象，销毁对象是由系统来进行的，而是在系统销毁对象之前进行一些清理工作，把对象所占用的额外内存空间归还给系统。

析构部分是隐式的。成员析构时发生什么完全依赖于成员的类型。析构类类型的成员系统会自动执行成员对象自己的析构函数。内置类型没有析构函数，因此析构内置类型成员什么也不需要做。注意：隐式析构一个内置指针类型的成员不会 delete 它所指向的对象。

认识到析构函数体自身并不直接析构成员是非常重要的。成员是在析构函数体之后隐含的析构阶段中被析构的。在整个对象被析构过程中，析构函数体是作为成员析构步骤之外的另一部分进行的。

2. 什么时候会调用析构函数

无论何时一个对象被销毁，都会自动调用其析构函数。

（1）对象在离开其作用域时被销毁。

（2）当一个对象被销毁时，其成员被销毁。

（3）容器（无论是标准库容器还是数组）被销毁时，其元素被销毁。

（4）对于动态分配的对象，当对指向它的指针应用 delete 运算符时被销毁。

（5）对于临时对象，当创建它的完整表达式结束时被销毁。

注意：当指向一个对象的引用或指针离开作用域时，析构函数不会执行。

【例 3-11】 简化版的 SalesData 类。

```
#include<iostream>
```

```
using namespace std;
#include<string>
class SalesData          //声明图书交易记录类 SalesData
{public:
    //受委托的构造函数,也称为目标构造函数
    SalesData(const string &No, int n, double price): bookNo(No), unitsSold(n),
            revenue(n * price){ }
    //其余构造函数全部委托给另一个构造函数
    SalesData(): SalesData("null", 0, 0){ }
    SalesData(const string &No): SalesData(No, 0, 0){ }
    SalesData(istream &input) : SalesData()
    {   double price;
        input >>bookNo >>unitsSold >>price;
        revenue =unitsSold * price;
    }
    ~SalesData(){
        //对象被销毁前输出图书基本销售记录:书号、销售册数、总销售金额、销售均价
        cout <<"bookNo =" <<bookNo;
        cout <<", unitsSold =" <<unitsSold;
        cout <<", revenue =" <<revenue;
        if( unitsSold !=0 )
            cout <<", avgPrice =" <<avgPrice();
        cout<<endl;     //换行
    }
    double avgPrice(){   return revenue / unitsSold;   }      //计算图书销售均价
private:
    string bookNo;                                             //书号
    int unitsSold;                                             //销售出的册数
    double revenue;                                            //总销售额
};
int main()
{   SalesData book1("1001", 2,35.0);
    SalesData book2("1002", 5,32.6) ;
    return 0;
}
```

程序运行结果如下:

```
bookNo =1002, unitsSold =5, revenue =163, avgPrice =32. 6
bookNo =1001, unitsSold =2, revenue =70, avgPrice =35
```

限于篇幅,例 3-11 中对 SalesData 类的功能进行了简化,只提供了构造函数、析构函数和计算图书销售均价的函数,并且析构函数的函数体很简单,只是简单输出被销毁对象的相关信息。在 main 函数里创建了两个对象 book1 和 book2,当 main 函数执行完毕时,系统会自动销毁这两个对象,在销毁它们之前系统自动调用这两个对象的析构函数,程序

运行结果的最后两行即为两次调用析构函数的结果。从运行结果看，book2 对象的析构函数首先被执行，book1 对象的析构函数后被执行，由此可以断定系统首先销毁的是 book2 对象，后销毁的是 book1 对象。两个对象 book1 和 book2 都有一个 string 成员，它动态分配内存来保存 bookNo 成员中的字符。这块内存的释放由 SalesData 类的析构函数的析构部分隐式完成。

当一个类包含有指针数据成员时，一般是在该类的构造函数中动态申请内存空间，并把内存空间的首地址赋给该指针，在该类的析构函数中释放内存空间，否则就发生了内存泄漏。所有包含有指针数据成员的类的构造和析构函数都需要自定义。

还有，如果一个类需要自定义析构函数，几乎可以肯定它也需要自定义复制构造函数和复制赋值运算符(3.9 节介绍)。

3.4.3 构造函数和析构函数的调用次序

构造函数和析构函数在面向对象的程序设计中是相当重要的，搞清楚相关的概念及调用的时间及顺序是非常必要的。那么 C++ 调用构造函数和析构函数的次序是什么样的呢？先来看一个例子。

【例 3-12】 验证构造函数和析构函数的调用次序。

```
#include<iostream>
using namespace std;
#include<string>
class SalesData          //声明图书交易记录类 SalesData
{public:
    //受委托的构造函数，也称为目标构造函数
    SalesData(const string &No, int n, double price): bookNo(No), unitsSold(n),
                revenue(n * price){
        common();
        cout << " is constructed!" <<endl;
    }
    //其余构造函数全部委托给另一个构造函数
    SalesData(): SalesData("null", 0, 0){ }
    SalesData(const string &No): SalesData(No, 0, 0){ }
    SalesData(istream &input) : SalesData()
    {   double price;
        input >>bookNo >>unitsSold >>price;
        revenue =unitsSold * price;
        common(); cout <<endl;
    }
    ~SalesData(){
        //对象被销毁前输出图书销售记录：书号、销售册数、总销售金额、销售均价
        common();
        cout << " is destructed!" <<endl;
    }
```

```
    void common()   //输出图书基本销售记录：书号、销售册数、总销售金额、销售均价
    {   cout << "SalesData(" << bookNo << ", " << unitsSold << ", " << revenue;
        if( unitsSold != 0 )   cout << ", " << avgPrice();
        cout << ")";
    }
    double avgPrice(){   return revenue / unitsSold;   }        //计算图书销售均价
private:
    string bookNo;                                              //书号
    int unitsSold;                                              //销售出的册数
    double revenue;                                             //总销售额
};
int main()
{   SalesData book1("1001", 2, 35.0);
    SalesData book2("1002") ;
    return 0;
}
```

程序运行结果如下：

```
SalesData(1001, 2, 70, 35) is constructed!
SalesData(1002, 0, 0) is constructed!
SalesData(1002, 0, 0) is destructed!
SalesData(1001, 2, 70, 35) is destructed!
```

构造函数和析构函数的执行都是由系统自动完成的，当创建对象时系统自动调用构造函数，当销毁对象时系统自动调用析构函数。程序的 main 函数中首先创建了书号、销售册数、销售价格为 1001、2、35.0 的图书交易记录对象 book1，创建 book1 对象时系统自动调用带有 3 个形参的构造函数，输出“SalesData(1001, 2, 70, 35) is constructed!”信息。然后又创建了对象 book2，由于只提供了一个书号实参，所以系统会调用带一个 const string & 形参的构造函数，输出“SalesData(1002, 0, 0) is constructed!”信息。main 函数运行完毕时，系统会自动销毁前面声明的对象，这时系统会调用对象的析构函数。从运行结果可以看出析构函数的调用顺序，与调用构造函数的顺序刚好相反，后创建的 book2 对象的析构函数先被执行，先创建的 book1 对象的析构函数后被执行。所以，在同一作用域范围内，构造函数和析构函数的调用顺序可以简单地记为：先构造的后析构，后构造的先析构，和栈处理数据的过程一样。

上述调用构造函数和析构函数的顺序适用于同一作用域范围内的对象，总的原则是当创建对象时调用构造函数，当销毁对象时调用析构函数。创建对象是当程序执行到了非静态对象的定义语句或第一次执行到静态对象的定义语句。销毁对象则是对象到了生命周期的最后时系统销毁对象，或者通过 delete 运算符销毁 new 运算符动态创建的对象。所以最终确定何时调用构造函数和析构函数要综合考虑对象的作用域、存储类别等因素，系统对对象这些因素的处理和普通变量是一样的。

下面对何时调用构造函数和析构函数的问题进行小结。

(1) 在全局范围中定义的对象(即在所有函数之外定义的对象)，它的构造函数在文件中的所有函数(包括 main 函数)执行之前调用。但如果一个程序中有多个文件，而不同的文件中都定义了全局对象，则这些对象的构造函数的执行顺序是不确定的。当 main 函数执行完毕或调用 exit 函数时(此时程序终止)，调用析构函数。

(2) 如果定义的是局部自动对象(如在函数中定义对象)，则在创建对象时调用其构造函数。如果函数被多次调用，则在每次创建对象时都要调用构造函数。在函数调用结束，销毁对象时先调用析构函数。

(3) 如果在函数中定义静态(static)局部对象，则只在程序第一次调用此函数创建对象时调用构造函数一次，在调用结束时对象并不销毁，因此也不调用析构函数，只在 main 函数结束或调用 exit 函数结束程序时，才调用析构函数。

构造函数和析构函数是类的两个特殊的且非常重要的成员函数。在设计一个类时，应尽可能考虑将来创建对象的各种情况，写出多个构造函数，而对于类的析构函数，如果该类不包含指向动态分配的内存的指针数据成员，则可以不写析构函数；如果该类包含指向动态分配的内存的指针数据成员，则必须写析构函数。在析构函数的函数体中写出释放指针所指向内存空间的语句，否则会造成内存泄漏。看下面的自定义字符串类 String。关于析构函数的其他注意事项，在本书第 5 章 5.4.2 节将会继续介绍。

```
class String                          //自定义字符串类
{public:
    String();                         //默认构造函数
    String(unsigned int);             //带一个无符号整型形参的构造函数,传递字符串的长度
    String(char);                     //带一个字符型形参的构造函数,传递一个字符
    String(const char * src);         //带一个字符指针型形参的构造函数,传递一个字符串
    ~String();                        //析构函数
    char* toString(){  return str;  }            //到普通字符串的转换
    unsigned int length(){  return len;  }       //求字符串的长度
private:
    char * str;                 //字符指针 str,将来指向动态申请到的存储字符串的内存空间
    unsigned int len;                 //字符串的长度
};
String::String()
{   len =0;
   str =new char[len+1];              //指针 str 指向动态申请到的内存空间
   assert(str !=nullptr);             //如果括号内表达式的值为假,则终止程序执行
   str[0] ='\0';
}
String:: String(unsigned int size)//带一个无符号整型形参的构造函数的类外定义
{  assert(size >=0);
   len =size;
   str =new char[len +1];
   assert(str !=nullptr);             //如果括号内表达式的值为假,则终止程序执行
   for (unsigned int i =0; i <len; i++)  str[i] ='\0';
```

```
}
String::String(char c)          //带一个字符型形参的构造函数的类外定义
{   len =1;
    str =new char[len+1];
    assert(str !=nullptr);
    str[0] =c;
    str[1] ='\0';
}
String:: String(const char * src)//带一个字符型指针的构造函数的类外定义
{   len =strlen(src);
    str =new char[len +1];
    assert(str !=nullptr);
    strcpy(str, src);
}
String:: ~ String()              //析构函数的类外定义
{   if( str !=nullptr )          //指针 str 非空时,动态释放它所指向的内存空间
    {   delete[ ] str;   str =nullptr;   len=0;   }
}
```

在使用对象时系统会自动的调用构造函数和析构函数,可能在一般的情况下我们不会注意到系统对它们的调用,但是如果在构造函数和析构函数中要实现比较重要的操作,这时就需要特别注意它们的调用时间和调用顺序,因为搞不清楚调用时间和调用顺序会无法确定程序运行的结果。

3.5 对象数组

对象数组和普通的数组没有本质的区别,只不过普通数组的元素是简单变量,而对象数组的元素是对象而已。

对象数组在实际中主要用于系统需要一个类的多个对象的情况。比如图书馆图书借阅管理系统中定义了学生类,则由学生类创建的一个对象只能代表学校里的一个学生。学校的学生很多,如果给每一个对象都起名字,则需要起很多的名字,程序实现起来非常的麻烦。此时可以定义学生对象数组,数组中的每一个元素都是学生对象。假设已经声明了学生类 Student,现在要定义一个包含 100 个学生的数组,格式如下:

```
Student students[100];
```

从格式上可以看出,定义对象数组和定义普通数组是相似的,只是这里的类型名是自定义类类型的名字。

在建立对象数组时,系统会根据对象数组声明时初始化的情况,自动调用与每一个对象元素初始值相匹配的构造函数。

【例 3-13】 创建含有 3 个长方体对象的对象数组,并显示长方体对象构造函数的调用情况。

```
#include <iostream>
using namespace std;
class Box
{public:
    Box()                           //无参数的构造函数
    {   length =1;  width =1;  height =1;
        cout << "Box(" << length << ", " << width << ", " << height << ")";
        cout << " is constructed!" << endl;
    }
    Box(float L, float W, float H)//带有 3 个形参的构造函数
    {   length =L;  width =W;   height =H;
        cout << "Box(" << length << ", " << width << ", " << height << ")";
        cout << " is constructed!" << endl;
    }
    float volume(){   return length * width * height;   }
    ~Box()
    {  cout << "Box(" << length << ", " << width << ", " << height << ")";
       cout << " is destructed!" << endl;
    }
private:
    float length, width, height;
};
int main()
{  Box boxs[3];                      //创建含有 3 个元素的对象数组 boxs
   return 0;
}
```

程序运行结果如下：

```
Box(1, 1, 1) is constructed!
Box(1, 1, 1) is constructed!
Box(1, 1, 1) is constructed!
Box(1, 1, 1) is destructed!
Box(1, 1, 1) is destructed!
Box(1, 1, 1) is destructed!
```

从程序运行的结果分析，main 函数建立了长度为 3 的对象数组，因此系统调用了 3 次 Box 类的构造函数，创建对象数组的 3 个元素。由于在创建对象数组时没有给出初始值，则系统调用 Box 类的默认构造函数初始化数组中的对象元素。所以程序运行的结果为首先输出 3 行“Box(1, 1, 1) is constructed!”信息。程序执行完创建对象数组的语句后接着就执行“return 0;”结束，此时系统会自动销毁对象数组，同时销毁对象数组的每个对象元素，在销毁对象之前会调用对象的析构函数。所以系统会输出 3 行“Box(1, 1, 1) is destructed!”信息。

定义对象数组时还可以对数组元素进行初始化。如果数组中的对象的构造函数只需

要一个参数，则在定义数组的后面加上等号，然后再加上花括号括起来的实参表。假如Box类有只有一个浮点型形参的构造函数，这时可以使用如下形式的数组初始化形式：

```
Box boxs[3] ={10, 20, 30};
```

花括号里的3个实参分别传给数组的3个对象元素的构造函数作为实参，初始化3个不同的对象数组元素。

如果对象的构造函数有多个形参，则在初始化的花括号里要分别写明构造函数，并指定实参。

【例3-14】 定义对象数组并初始化，观察对象数组建立的情况。

```
#include <iostream>
using namespace std;
class Box
{public:
    Box()                              //无参数的构造函数
    {   length =1;  width =1;  height =1;
        cout <<"Box(" <<length <<", " <<width <<", " <<height <<")";
        cout <<" is constructed!" <<endl;
    }
    Box(float L, float W, float H)//带有3个形参的构造函数
    {   length =L;  width =W;  height =H;
        cout <<"Box(" <<length <<", " <<width <<", " <<height <<")";
        cout <<" is constructed!" <<endl;
    }
    float volume(){   return length * width * height;   }
    ~Box()
    {   cout <<"Box(" <<length <<", " <<width <<", " <<height <<")";
        cout <<" is destructed!" <<endl;
    }
private:
    float length, width, height;
};
int main()
{   //创建含有3个元素的对象数组并初始化
    Box boxs[ ] ={  Box(1, 3, 5), Box(2, 4, 6), Box(3, 6, 9)  };
    // pbegin① 指向 boxs 数组的首元素，pend 指向 boxs 数组尾元素的下一位置
    Box * pbegin =begin(boxs), * pend =end(boxs);
    while(pbegin!=pend)           //遍历对象数组 boxs，计算并输出每个 Box 类对象的体积
    {     cout <<"volume =" <<pbegin->volume() <<endl;
          ++pbegin;
```

---

① 标准库函数 begin 和 end：为了让指针、数组的使用更简单、更安全，C++ 11 标准引入了两个名为 begin 和 end 的函数。正确的使用形式是将数组作为它们的参数。这两个函数定义在 iterator.h 头文件中。

```
    }
    return 0;
}
```

程序运行结果如下：

```
Box(1, 3, 5) is constructed!
Box(2, 4, 6) is constructed!
Box(3, 6, 9) is constructed!
volume =15
volume =48
volume =162
Box(3, 6, 9) is destructed!
Box(2, 4, 6) is destructed!
Box(1, 3, 5) is destructed!
```

从程序运行的结果可以很明显地看出，利用这种形式成功地建立了包含有3个对象元素的数组，并调用带有3个形参的构造函数实现对对象元素的初始化。调用构造函数和析构函数的顺序也与本章3.4.3节中讨论的顺序一致。本例中的3个对象元素都是调用的具有3个参数的构造函数，下面将定义数组并初始化的形式再修改如下：

```
int main()
{  //创建含有3个元素的对象数组并初始化
   //其中第1和第3个元素使用带有3个形参的构造函数进行初始化
   //第2个元素使用默认构造函数进行初始化
   Box boxs[3] ={  Box(1, 3, 5), Box(), Box(3, 6, 9)  };
   return 0;
}
```

类的定义保持不变，则程序运行结果如下：

```
Box(1, 3, 5) is constructed!
Box(1, 1, 1) is constructed!
Box(3, 6, 9) is constructed!
Box(3, 6, 9) is destructed!
Box(1, 1, 1) is destructed!
Box(1, 3, 5) is destructed!
```

从运行结果可以看到，这种形式的初始化也是可以的。

3.6 对象指针

在本节中主要讨论和对象有关的指针的一些概念，这些概念以指针的概念为基础，同时又加入了对象的特点，因此要从指针和类与对象两方面同时去理解，这样更容易掌握。

3.6.1 指向对象的指针

指向对象的指针的概念比较容易理解，与前面讨论的普通的指针类似，只不过这里的指针指向的是内存中对象所占用空间。对象在内存中的首地址称为对象的指针，用来保存对象指针的指针变量称为指向对象的指针变量，简称指向对象的指针。

定义指向对象的指针的一般形式是：

```
类名 *指针名;
```

有了指向对象的指针之后，访问对象的方式又增加了一种。访问对象主要就是访问对象的公用成员，原来的方式是通过“对象名.公用成员名”形式进行的，现在则有了新的形式。

对于例3-14程序中声明的Box类，看下面的语句。

```
Box *p =nullptr;        //定义一个指向 Box 类对象的指针 p,并初始化为空指针
Box box;                //定义一个 Box 类对象 box
p =&box;                //将对象 box 的地址赋给指针 p,即让指针 p 指向对象 box
//通过指针 p 和"->"运算符访问对象 box 的公用成员函数 volume
cout <<p ->volume() <<endl;
//通过指针 p 和"*"运算符访问对象 box 的公用成员函数 volume
cout << (*p). volume() <<endl;
```

> **特别提醒：**
>
> 记住一点，通过指向对象的指针访问其公用成员是使用“->”运算符，通过对象名访问其公用成员是使用“.”运算符。

3.6.2 指向对象成员的指针

对象在内存中有首地址，可以使用指针保存和访问；对象中的成员也有地址，也可以使用指针保存和访问。对象的成员分为两大类，一类是数据成员，另一类是成员函数，无论是哪一类成员，通过指针只能访问公用的成员。

1. 指向对象数据成员的指针

指向对象数据成员的指针和前面讨论的普通的指针是完全相同的，其声明格式如下：

```
数据类型名 *指针名;
```

而使指针指向对象的公用数据成员使用如下语句：

```
指针=&对象名.数据成员名;
```

设类A有公用整型数据成员data，并已经定义了一个整型指针p和A类对象a，则

```
p =&a. data;            //使整型指针 p 指向对象 a 的数据成员 data
cout << *p <<endl;      //输出指针 p 指向单元的内容,即输出 a. data 的值
```

2. 指向对象成员函数的指针

指向对象成员函数的指针和指向普通函数的指针是有区别的，区别在于：

(1) 定义指向对象成员函数的指针时需要在指针名前面加上成员函数所属的类名及

域运算符“::”。

(2) 指向对象成员函数的指针不但要匹配将要指向函数的参数类型、个数和返回值类型，还要匹配将要指向函数所属的类。

指向普通函数的指针变量定义如下：

```
返回值类型 (*指针名)(参数表);
```

而指向成员函数的指针变量定义如下：

```
返回值类型 (类名::*指针名)(参数表);
```

使用指向成员函数的指针指向一个类的公用成员函数时，格式如下：

```
指针名 =&类名::成员函数名;
```

使用指向成员函数的指针调用对象的成员函数时，格式如下：

```
(对象名.*指针名)(实参表);
```

【例 3-15】 使用指向对象成员函数的指针调用对象的成员函数，类 Box 的定义见例 3-14，本例中只给出 main 函数。

```
int main()
{  Box box(2, 2, 2);      //创建 Box 的对象 box
   float (Box::*p)(); //定义指向 Box 类的成员函数 volume 的指针 p
   p =&Box::volume;     //给指针 p 赋值,使其指向 Box 类的成员函数 volume
   cout << "The volume of box is " << (box.*p)() <<endl;     //调用指针 p 指向的函数
   return 0;
}
```

程序运行结果如下：

```
Box(2, 2, 2) is constructed!
The volume of box is 8
Box(2, 2, 2) is destructed!
```

从程序的运行结果看出：上述的指针形式已经成功地调用了对象的成员函数。

注意：

(1) 在给指向对象成员函数的指针进行赋值时要把类的函数名赋值给指针，而不是对象的函数名，即在程序中若有语句：

```
p =&box::volume;
```

则是错误的，因为虽然从逻辑上成员函数是属于对象的，但是在物理上成员函数是独立于对象独立存在的。

(2) 调用指向对象成员函数的指针指向的成员函数时，要通过“(对象名.*指针名)(实参表)”的形式，而不是“(类名.*指针名)(实参表)”的形式。

(3) 定义指向对象成员函数的指针时可以同时进行初始化操作，形式为：

```
返回值类型 (类名::*指针名)(形参表) = &类名::成员函数名;
```

在本例中指针p定义并初始化的形式如下：

```
float (Box::*p)() =&Box::volume;
```

3.6.3 this 指针

前面曾经讨论过，C++为类的对象分配内存空间时只为对象的数据成员分配内存空间，而将对象的成员函数放在另外一个公共的区域，同一个类的多个对象共享它们的成员函数。那么，同一个类的多个对象的成员函数在访问对象的数据成员时，怎么确保访问的是正确的对象的数据成员呢？例如前面声明的长方体类Box，定义了两个对象box1和box2，对于调用"box1.volume()"，应该访问box1中的height，width和length计算长方体box1的体积，对于调用"box2.volume()"，应该访问box2中的height、width和length计算长方体box2的体积。现在box1和box2其实调用的都是同一段代码，系统是怎么区分应该访问box1的数据成员还是box2的数据成员呢？

其实在每一个成员函数中都包含了一个特殊指针，这个指针的名字是固定的，称为this指针。this指针是指向本类对象的指针，它的指向是被调用成员函数所在的对象，即调用哪个对象的该成员函数，this指针就指向哪个对象。在成员函数内部访问数据成员的前面隐藏着this指针。如前面提到的Box类中的volume函数，其中的height * width * length实际上等价于(this ->height) * (this ->width) * (this ->length)。如果是调用box1对象的volume函数，则this指针就指向对象box1，所以(this ->height) * (this ->width) * (this ->length)就相当于(box1.height) * (box1.width) * (box1.length)，这样求出的就是box1的体积。

下面进一步讨论this指针是怎么样指向调用成员函数的对象的。this指针是由系统通过参数隐式传递给成员函数的。如成员函数volume的定义如下：

```
float Box::volume()
{  return length * width * height;  }
```

C++系统把它处理为：

```
float Box::volume(Box * this)
{  return this ->length * this ->width * this ->height;  }
```

即在成员函数的形参表中增加一个this指针，而在调用时隐藏增加一个实参，即用如下形式进行调用：

```
box1.volume(&box1);
```

这样就把调用成员函数的对象的地址传给了this指针。

需要注意的是，以上的说明只是为了帮助理解this指针的作用和它的工作原理，这些操作都是由系统自动完成的，在使用的时候不需要在数据成员前面加上this指针，更不必在调用的时候写出调用成员函数的对象的地址作为实参。

大部分情况下是不需要显式使用 this 指针的，但是有的时候就必须要显式使用 this 指针。比如原来 Box 类的构造函数如下：

```
Box::Box(float L, float W, float H)
{  length =L;  width =W;  height =H;  }
```

这个构造函数有个缺点，就是形参的名字不够直观，使用者在初始化对象时给出数据不能够很清楚地搞明白第 1 个实参代表什么，第 2 个实参代表什么。如果将形参的名字改为数据成员的名字就可以较好地表明该形参代表什么数据。如下：

```
Box::Box(float length, float width, float height)
{  length =length;
   width =width;
   height =height;
}
```

这时又出现了新问题，上面形式的构造函数里，系统又分不清哪个 length 是数据成员，哪个 length 是形参，因为它们的名字是完全一样的。为了解决这个问题，就可以通过显式使用 this 指针，将构造函数改为如下形式：

```
Box::Box(float length, float width, float height)
{  this ->length =length;
   this ->width =width;
   this ->height =height;
}
```

这样系统就可以很清楚地知道赋值号(=)左边的是数据成员，而赋值号右边的是形参。

3.7 对象与 const

在程序设计的过程中，需要考虑的一个非常重要的因素就是数据的安全性，因为如果数据被意外的修改，那么无论程序有多么正确，设计有多么巧妙，最终都得不到正确的结果，一切都是白费。既要在程序中让数据在一定范围内共享，又要保证数据的安全，这时就可以使用 const，把对象或对象相关成员定义成 const 型。

3.7.1 常对象

常对象中的数据成员为常变量且必须要有初值。声明常对象的一般形式为：

```
const 类名 对象名[(实参表)];
```

或者也可以写成：

```
类名 const 对象名[(实参表)];
```

以上两种形式是完全等价的，也就是说 const 在最左边和在对象名前面是一样的。

其中的“[ ]”表示实参表可以省略，如果省略的话则调用默认构造函数初始化对象。

对于例 3-14 程序中声明的 Box 类，下面的语句声明 box 为常对象。

```
const Box box(3, 2, 1);        //定义常对象box,在定义的同时初始化对象
```

这样，在所有的场合中，对象 box1 中的所有数据成员的值都不能被修改。凡希望保证数据成员不被改变的对象，就可以声明为常对象。

如果一个对象被声明为常对象，则不能调用该对象的非 const 型的成员函数(除了由系统自动调用的隐式的构造函数和析构函数)。对于上面声明的常对象 box，调用其 volume 函数是错误的。

```
cout << "The volume of box is " << box. volume() << endl;     //错误
```

大家可能会有这样的疑问：volume 函数并没有修改数据成员的值，为什么也不能调用呢？因为不能仅依靠编程者的细心来保证程序不出错，编译系统充分考虑到可能出现的情况，对不安全的因素予以拦截。现在，编译系统只检查函数的声明，只要发现调用了常对象的成员函数，而且该函数未被声明为 const，就会报错，使程序编译无法完成。

那么如何将一个成员函数声明成 const 型成员函数呢？其实很简单，只需要在成员函数声明的后面加上 const 即可。如下所示将 Box 类的 volume 成员函数声明成 const 型成员函数：

```
float volume() const;
```

这样 Box 类的 volume 成员函数就成为 const 型成员函数，又称为只读成员函数。const 型成员函数只能访问而不能修改类对象的任何数据成员的值，常对象可以放心调用。const 型成员函数在本章 3.7.2 节就会详细介绍。

特别提醒：

有时在编程时有要求，一定要修改常对象中的某个数据成员的值，ANSI C++ 考虑到实际编程时的需要，对此作了特殊的处理，将该数据成员声明为 mutable，如：

```
mutable int count;
```

把 count 声明为可变的数据成员，这样就可以用声明为 const 的成员函数来修改它的值。

3.7.2 常对象成员

常对象成员是指对象的成员被声明为 const 型，对象的成员分为数据成员和成员函数，所以常对象成员也分为常数据成员和常成员函数。

1. 常数据成员

常数据成员的声明和作用与普通的常变量类似，也是使用 const 来声明，也是在程序运行过程中数据成员的值不能修改。常变量在声明的同时必须初始化，常数据成员在声

明的同时也必须初始化，只是要注意，常数据成员在初始化时必须使用构造函数的初始化列表。假如将前面 Box 类中的数据成员 length 声明成常数据成员，则对 length 的初始化必须使用构造函数的初始化列表进行。构造函数需要修改如下：

```
Box::Box(float L, float W, float H): length(L)
{   width =W;    height =H;  }
```

2. 常成员函数

常成员函数就是将类中的成员函数声明为 const 型，这样的成员函数不能修改类对象的数据成员的值，如果在常成员函数中出现了修改数据成员的语句，编译系统在编译时会报错。如果将一个对象声明为常对象，则为保证常对象的数据成员不被修改，通过常对象名只能访问该对象的常成员函数。

声明常成员函数的一般形式：

```
返回值类型 成员函数名(形参表) const;                  //常成员函数的类内声明
返回值类型  所属类名:: 成员函数名(形参表) const        //常成员函数的类外定义
```

注意：关键字 const 是函数的一部分，在函数声明和定义部分都必须包含，但在调用时则不必加 const。

关于数据成员与成员函数之间的是否可以访问的关系见表 3-1。

表 3-1　不同类型的成员函数与数据成员之间的访问关系

数据成员分类 \ 成员函数分类	const 型成员函数	非 const 型成员函数
const 型数据成员	可以访问，但不可修改值	可以访问，但不可修改值
非 const 型数据成员	可以访问，但不可修改值	可以访问，也可以修改值
常对象的数据成员	可以访问，但不可修改值	不可以访问，不可以修改值

关于常对象成员最后提出几点注意：

(1) 在一个类中可以根据需要将部分数据成员声明为 const 型数据成员，另一部分数据成员声明为非 const 型数据成员。const 型成员函数和非 const 型成员函数都可以访问这些数据成员，const 型成员函数不能修改任何的数据成员，非 const 型成员函数可以访问但不能修改 const 型数据成员，但可以修改非 const 型数据成员。

(2) 如果一个类的所有数据成员都不允许修改，可以将这个类中的所有数据成员都声明成 const 型数据成员，或者定义对象时声明为 const 对象，两者都可以保证对象的数据成员的安全。

(3) 常对象中的数据成员都是 const 型数据成员，但是常对象中的成员函数不一定都是 const 型成员函数，只有在成员函数的声明和定义部分有 const 关键字的才是 const 型成员函数。

(4) 如果已定义了一个常对象，通过该对象名只能调用其 const 型成员函数。如果一个成员函数没有修改数据成员，但是没有声明为 const 型成员函数，也不能通过常对象名调用。因此，如果在使用一个类的对象时可能会声明 const 对象，则在定义类时应该将那些不会修改数据成员的成员函数声明为 const 型,否则如果该类中没有公用的 const 型成员函数,则声明了该类的 const 对象之后将无法调用任何一个成员函数。

(5) 在类的定义中,const 型成员函数不能调用非 const 型成员函数。

3.7.3 指向对象的常指针

指向对象的常指针是指将指向对象的指针变量声明为 const 型,这样指针在定义并同时初始化后,在程序执行的过程中不能再发生改变,即这个指针不能再指向其他的对象。定义指向对象的常指针的一般形式:

```
类名 * const 指针名 =& 类的对象;
Box box(2, 2, 2);
Box * const pbox =&box;
```

上面两行语句定义了 Box 类对象 box,以及指向对象 box 的常指针 pbox,在给 pbox 赋初值后,pbox 的值不能再修改,即指针 pbox 不能再指向其他对象。

一般情况下指向对象的 const 指针用作函数的形参,这样函数体中就不允许有改变该指针指向的代码存在,可以防止误操作,增加系统的安全性。

3.7.4 指向常对象的指针

指向常对象的指针和指向常变量的指针的概念和用法非常接近。定义指向常对象的指针的一般形式:

```
const 类名 *指针名;
```

说明:

(1) 如果一个对象已被声明为常对象,只能用指向常对象的指针指向它,而不能用一般的(指向非 const 型对象的)指针去指向它。看下面的程序:

```
#include <iostream>
using namespace std;
class Clock                                  //声明时钟类 Clock
{public:
    Clock(int h, int m, int s)               //带有 3 个形参的构造函数
    {  hour =h; minute =m; second =s;   }
    void display()                           //公用成员函数 display 显示时间
    {  cout <<hour <<":" <<minute <<":" <<second <<endl;   }
    int hour, minute, second;                //公用数据成员
};
int main()
{  const Clock clock1(1, 1, 1);              //定义 Clock 类对象 clock1,它是常对象
   const Clock * p1 =&clock1;                //正确,clock1 是常对象,p1 是指向常对象的指针
   //Clock * p2 =&clock1;                    //错误,clock1 是常对象,而 p2 是普通指针
   ……
   return 0;
```

```
}
```

(2) 如果定义了一个指向常对象的指针，并使它指向一个非 const 型的对象，则其指向的对象是不能通过指针来改变的。例如：

```
Clock clock2(2, 2, 2);
const Clock * p2 =&clock2;          //正确
cout <<p2 ->hour <<endl;            //正确,通过 p2 可以访问 clock2 对象的数据成员的值
p2 ->hour =2;                       //错误,不能通过 p2 修改 clock2 对象的数据成员的值
p2 ->display();                     //错误,display 是非 const 型成员函数
```

虽然 clock2 对象是非 const 型的对象，但是指向常对象的指针 p2 还是可以指向它，只不过通过 p2 是无法修改 clock2 对象的数据成员的值的，而且通过 p2 指针也无法调用 clock2 对象的非 const 成员函数。

如果希望在任何情况下 clock2 对象的值都不能改变，则应把它定义为 const 型对象。

(3) 如果定义了一个指向常对象的指针，虽然不能通过它改变它所指向的对象的值，但是指针变量本身的值是可以改变的。

```
Clock clock3(3, 3, 3);
Clock clock4(4, 4, 4);
const Clock * p3 =&clock3;          //定义指向常对象的指针变量 p3,并指向对象 clock3
p3 =&clock4;                        //正确, p3 改为指向对象 clock4
```

(4) 指向常对象的指针最常用于函数的形参，目的是在保护形参指针所指向的对象，使它在函数执行过程中不被修改。看下面的程序：

```
#include <iostream>
using namespace std;
class Clock                             //声明时钟类 Clock
{public:
   Clock(int h, int m, int s)           //带有参数的构造函数
   {  hour =h; minute =m; second =s;  }
   void display()                       //公用成员函数显示时间
   {  cout <<hour <<":" <<minute <<":" <<second <<endl;   }
   int hour, minute, second;            //公用数据成员
};
int main()
{  void func(const Clock * p);          //函数 func 的形参为指向常对象的指针
   Clock clock(10, 10, 10);             //定义 Clock 类对象 clock,它不是常对象
   func(&clock);                        //实参为对象 clock 的地址
   return 0;
}
void func(const Clock * p)
{  p->hour =12;                         //错误
   cout <<p ->hour <<endl;              //正确
}
```

请记住这样一条规则：当希望在调用函数时对象的值不被修改，就应当把形参定义为指向常对象的指针，同时用对象的地址作实参(对象可以是 const 或非 const 型)。如果要求该对象不仅在调用函数过程中不被改变，而且要求它在程序执行过程中都不改变，则应把它定义为 const 型。

3.7.5 对象的常引用

对象的引用就是对象的别名，对象的引用名和对象名其实都是内存的同一个空间的名字。可以通过引用使用对象，就像通过对象名使用对象一样。引用的一个特点是定义引用时就要给引用初始化，在程序运行过程中，引用不可能再成为另外对象的别名。对象的常引用表示一个对象的别名，通过常引用只能调用对象的 const 型成员函数。在这方面对象的常引用和指向常对象的指针作用是一样的。

声明对象的常引用的一般形式：

```
const 类名 & 引用名 =对象名;
```

如：

```
Clock clock(12, 12, 12);
const Clock &refclock =clock;
//若 display 函数是 const 型成员函数，则合法；
//若 display 函数是非 const 型成员函数，则调用是非法的。
refclock. display();
```

常引用的应用和指向常对象的指针相似，也是主要用在函数的形参中，保证函数调用时实参对象的安全性。

3.8 对象的动态创建和销毁

用前面介绍的方法定义的对象都由 C++ 系统负责对象的创建与销毁，但有时希望能在程序运行的过程中由自己控制对象的创建与销毁，在需要用到对象时才创建对象，在不需要使用该对象时就撤销它，释放它所占的内存空间以供别的数据使用。这样可提高内存空间的利用率。

3.8.1 直接管理内存

在第 2 章 2.3.4 节中已经学习过 new 和 delete 运算符的用法，这两个运算符就是实现对内存的动态申请与释放的。如果要动态地创建和销毁对象也是使用这两个运算符。

对于例 3-14 程序中声明的长方体类 Box，可以使用如下语句动态地创建一个 Box 类的对象：

```
new Box;
```

当该语句被执行时，系统会从内存堆中分配一块内存空间，存放 Box 类的对象，调用构造函数初始化对象。如果内存分配成功，new 运算符会返回分配的内存的首地址；如果分配内存失败，则会返回一个 nullptr。但是通过 new 运算符动态创建的对象没有名字，所以，在使用 new 运算符创建动态对象时都要声明一个指针变量来保存对象的首地址，如：

```
Box *p =new Box;              //动态创建一个 Box 类的对象，并用指针 p 保存对象首地址
```

另外，还可以在使用 new 运算符创建对象时给出实参，调用带有参数的构造函数初始化对象，如：

```
//动态创建 Box 类的对象，同时初始化，用指针 p 保存对象首地址
Box *p =new Box(2, 2, 2);
```

动态创建对象之后，就可以通过指针访问对象的公用成员了，如：

```
p ->volume();
```

前面提到，使用 new 运算符创建动态对象时，如果创建成功，则返回创建对象的首地址，如果创建失败，则返回 nullptr 指针值。所以为了保险起见，在使用对象指针之前一般先判断指针的值是否为 nullptr。如下所示：

```
Box *p =new Box(2, 2, 2);
if ( p !=nullptr )                    //在使用指针之前先判断指针是否为 nullptr
{  p ->volume();  }
```

当不再需要使用动态创建的对象时，可以使用 delete 运算符销毁该对象。delete 运算符的使用格式是：

```
delete 指针名;
```

例如，对于指针 p 所指向的对象，销毁该对象的语句为：

```
delete p;
```

这样就可以销毁 p 所指向的对象，将对象占用的内存归还给堆。需要注意的是，通过 new 运算符动态创建的对象只能通过 delete 运算符动态销毁，这些对象并不会随着程序的结束而自动被销毁。如果在程序中只用 new 申请了内存，而没有用 delete 释放内存，则系统的堆内存会被逐渐消耗，直到没有空闲内存。另外，指针一旦指向了动态创建的对象，在销毁对象之前不要随意的修改指针变量的值，一方面，如果在没有保存指针变量的值的情况下就修改它，则无法知道动态创建对象的首地址，这样就无法销毁该对象；另一方面，指针指向一个新的对象，使用 delete 销毁对象时可能会删错对象。

3.8.2 动态内存与智能指针

先看一个简单的例子，Box 类的代码参见例 3-14。

```
void func( Box &box) {
    Box* pBox =new Box(box);   //动态创建 Box 类对象，用参数 box 初始化该对象
    …
```

```
    //有异常情况出现时，抛出异常，程序转到异常处理代码处去执行，第10章介绍此内容
    //再次不必深究，知道此语句的作用即可，不影响对程序其他语句的理解
    if (weirdThing()) throw exception();
    float volume =pBox->volume();
    cout <<"volume =" <<volume <<endl;
    delete pBox;                    //销毁 pBox 指针所指向的对象
    return;
}
```

当出现异常时(weirdThing()返回 true)，delete 将不被执行，因此将导致内存泄露。

如何避免这种问题？有人会说，直接在 throw exception();之前加上 delete pBox;不就行了。是的，本应如此，问题是很多人都会忘记在适当的地方加上 delete 语句(也许连上述代码中最后的那句 delete 语句也会有很多人忘记)。这时用户会想：当 func 这样的函数终止(不管是正常终止，还是由于出现了异常而终止)，本地变量都将自动从栈内存中删除——因此指针 pBox 占据的内存将被释放。如果 pBox 指向的内存也被自动释放，那该有多好啊。我们知道析构函数有这个功能。如果 pBox 有一个析构函数，该析构函数将使用 delete 来释放内存。但问题在于 pBox 只是一个常规指针，不是有析构函数的类对象指针。如果它是对象，则可以在对象过期时，让它的析构函数释放指向的内存。这正是 auto_ptr、shared_ptr、unique_ptr 和 weak_ptr 这几个智能指针背后的设计思想。auto_ptr 是 C++98 提供的解决方案，C++11 已将其摒弃，并提供了 shared_ptr、unique_ptr 和 weak_ptr。

shared_ptr 是一个模板类，定义在<memory.h>头文件里。shared_ptr 对象会在其作用域结束时，自动销毁，如果该 shared_ptr 是指向某动态对象 a 的最后一个 shared_ptr，那么 a 所在的内存会被释放。

unique_ptr 也是一个模板类，同样定义在<memory.h>头文件里。与 shared_ptr 不同的是，unique_ptr 是自己“拥有”一个指向的对象，也就是说不允许有两个或者以上的 unique_ptr 指向同一个对象。在一个 unique_ptr 对象的作用域结束时，unique_ptr 指向的对象的内存被释放。为了保证 unique_ptr 对对象的独有性，赋值、复制操作是不允许的。但有一个例外，可以在函数中 return 一个 unique_ptr。

weak_ptr 同样也是一个模板类，定义在<memory.h>头文件中。它是为了辅助 shared_ptr 而引入的一种智能指针，它是一种弱引用，指向 shared_ptr 所管理的对象，但不增加 shared_ptr 的引用计数。它存在的意义就是协助 shared_ptr 更好的完成工作，可以把它比做成一个秘书或助理。

下面是使用 shared_ptr 修改 func 函数的结果：

```
#include <memory>
void func( Box &box) {
    //动态创建 Box 类对象，用参数 box 初始化该对象，智能指针 pBox 存放该对象的内存首
      地址
    //pBox 所指向的内存不需要手动释放，在 pBox 生命周期结束时会自动释放
    shared_ptr<Box>  pBox( new Box(box));
```

```
    ...
    if (weirdThing()) throw exception();
    float volume =pBox->volume();
    cout << "volume =" << volume << endl;
    return;
}
```

shared_ptr 和 unique_ptr 都支持的操作见表 3-2。

表 3-2 shared_ptr 和 unique_ptr 都支持的操作

shared_ptr<T> sp	空智能指针，可以指向类型为 T 的对象
unique_ptr<T> up	
p	将 p 作为一个判断条件，若 p 指向一个对象，则为 true
*p	解引用 p，获得它指向的对象
p->mem	等价于(*p).mem
p.get()	返回 p 中保存的指针
swap(p, q)	交换 p 和 q 中的指针
p.swap(q)	

shared_ptr 独有的操作见表 3-3。

表 3-3 shared_ptr 独有的操作

make_shared<T>(args)	返回一个 shared_ptr，指向一个动态分配的类型为 T 的对象。使用 args 初始化此对象
shared_ptr<T>p(q)	p 是 shared_ptr q 的副本，此操作会递增 q 中的计数器，q 中的指针必须能转换为 T *
p = q	p 和 q 都是 shared_ptr，所保存的指针必须能相互转换，此操作会递减 p 的引用计数，递增 q 的引用计数，若 p 的引用计数变为 0，则将其管理的原内存释放
p.unique()	若 p.use_count()为 1，返回 true，否则返回 false
p.use_count()	返回与 p 共享对象的智能指针数量，可能很慢，主要用于调试

1. shared_ptr

在创建一个 shared_ptr 指针时，必须指出指针指向的对象的类型：

```
shared_ptr<string>p1;  //指向 string 类型的空指针，默认初始化的智能指针是一个空指针
shared_ptr<int>p2;                        //指向 int 类型的空指针
shared_ptr<int>p3 (new int(10));  //指向一个值为 10 的 int 类型的指针
```

用户不能将一个内置指针隐式转换为一个智能指针，必须使用直接初始化形式来初始化一个智能指针。因为接受指针参数的智能指针构造函数是 explicit。下面的这条语句是错误的：

```
shared_ptr<int>p4 =new int(1);      //错误:不能将一个内置指针直接赋值给一个智能指针
```

make_shared 函数：最安全的分配和使用动态内存的方法是调用一个名为 make_shared 的标准库函数。此函数在动态内存中分配一个对象并初始化它，返回指向此对象的 shared_ptr。它也定义在<memory.h>中。当要使用 make_shared 时，必须指定想要创建的对象的类型。

```
shared_ptr<int>p5 =make_shared<int>(1);   // p5 为指向一个值为 1 的 int 类型的
                                              shared_ptr
// p6 为指向一个值为"9999999999"的 string 类型的 shared_ptr
shared_ptr<string>p6 =make_shared<string>(10, '9');
// p7 指向一个值初始化的 int,即,值为 0
shared_ptr<int>p7 =make_shared<int>();
```

make_shared 用其参数来构造给定类型的对象。例如，调用 make_shared<string>时传递的参数必须与 string 的某个构造函数的参数匹配，调用 make_shared<int>时传递的参数必须能初始化一个 int，依此类推。如果不传递任何参数，对象就会进行值初始化。

shared_ptr 的复制和赋值：当进行复制或赋值操作时，每个 shared_ptr 都会记录有多少个其他 shared_ptr 指向相同的对象：

```
auto p =make_shared<int>(1);        // p 指向的对象只有 p 一个引用者
auto q(p);                          // p 和 q 指向相同对象,此对象有两个引用者
```

每个 shared_ptr 都有一个关联的计数器，通常称其为引用计数，无论何时复制一个 shared_ptr，计数器都会递增。例如，当用一个 shared_ptr 初始化另一个 shared_ptr，或将它作为参数传递给一个函数，以及作为函数的返回值时，它所关联的计数器就会递增。当给 shared_ptr 赋予一个新值，或者是 shared_ptr 被销毁(比如一个 shared_ptr 离开其作用域)时，计数器就会递减。一旦一个 shared_ptr 的计数器变为 0，它就会自动释放所管理的对象。

```
auto r=make_shared_ptr<int>(42);  // r 指向的 int 只有一个引用者
r =q;                             //给 r 赋值,令它指向新对象
                                  //递增 q 指向的对象的引用计数
                                  //递减 r 指向的对象的引用计数
                                  // r 原来指向的对象已经没有引用者,会自动释放
```

shared_ptr 自动销毁所管理的对象：当指向一个对象的最后一个 shared_ptr 被销毁时，shared_ptr 类会自动销毁此对象，它是通过自己的析构函数来完成销毁工作的。shared_ptr 的析构函数会递减它所指向的对象的引用计数，如果引用计数变为 0，shared_ptr 的析构函数就会销毁对象，并释放它所占内存。

shared_ptr 还会自动释放相关联的内存：当动态对象不再被使用时，shared_ptr 类会自动释放对象。例如，有这样一个函数，返回一个 shared_ptr，指向一个 Box 类型的动态分配的对象，对象是通过函数的参数 box 进行初始化的：

```
shared_ptr<Box>factory(Box &box) {
```

```
    // do some thing
    // shared_ptr 负责释放内存
    return make_shared< Box > (box);
}
```

由于 factory 返回一个 shared_ptr,所以可以确保它分配的对象会在恰当的时刻被释放。例如,可以将一个 shared_ptr 保存在局部变量中:

```
void useFactory(Box &box) {
    shared_ptr<Box>p = factory(box);
    //使用 p
    // p 离开了作用域,它指向的内存被自动释放
}
```

p 是 useFactory 的局部变量,在函数结束时它被销毁。在 p 被销毁时,会递减引用计数并检查是否为 0。在此例中,p 是唯一引用 factory 返回的内存的对象,由于 p 将要销毁,p 指向的这个对象也被销毁,所占的内存也被释放。

但如果有其他 shared_ptr 也指向这块内存,它就不会被释放:

```
shared_ptr<Box>useFactory(Box &box) {
    shared_ptr<Box>p = factory(box);
    //使用 p
    return p;                          //会复制 p 的一份实例,p 的引用计数递增
}
```

在此版本中,useFactory 在结束时,p 被销毁,它指向的内存还有其他使用者,shared_ptr 保证只要有任何 shared_ptr 对象引用它,它就不会被释放掉。

shared_ptr 指针使用注意事项:

(1) 不要混合使用普通指针和 shared_ptr 指针:

```
void process(shared_ptr<int>ptr){
    //使用 ptr
}//ptr 离开作用域,被销毁
```

process 的参数是值传递形式的,因此在调用 process 函数时,会复制 shared_ptr,复制一个 shared_ptr 会增加引用计数,假设原来的 shared_ptr 只有自身一个引用者,在调用 process 函数时,其引用计数变为 2,在 process 结束后,ptr 被销毁,引用计数变为 1。因此,当局部变量 ptr 被销毁时,ptr 指向的内存并不会被释放。

调用此函数的正确方法是传递给它一个 shared_ptr:

```
shared_ptr<int>p(new int(10));     //引用计数为 1
process(p);          //复制 p,在函数结束前引用计数为 2,函数执行结束后,引用计数变为 1
int i = * p;                       // i =10
```

前面说到,不能将一个内置指针隐式转换为一个 shared_ptr,因此,我们不能将一个内置指针直接传递给 process 函数,但可以传递给它一个临时的 shared_ptr,这个 shared_ ptr 是使用一个内置指针显式构造的。但是,这样做很可能会导致错误:

```
int* x(new int(1024));
process(x);                          //错误,不能将一个 int* 转换为一个 shared_ptr
process(shared_ptr<int>(x));         //合法的,但 x 所管理的内存会被释放
int j = *x;                          //错误,x 是一个空悬指针
```

(2) 不要使用 get 初始化另一个 shared_ptr 指针或为 shared_ptr 指针赋值。

shared_ptr 智能指针类定义了一个名为 get 的成员函数,该成员函数返回一个内置指针,指向智能指针管理的对象。此函数是为了向不能使用智能指针的代码传递一个内置指针而设计的。使用 get 返回的指针的代码不能 delete 此指针。

虽然编译器不会给出错误信息,但将一个智能指针绑定到 get 返回的指针上时错误的。

```
shared_ptr<int>p(new int(1024)); //引用计数为 1
int* q =p.get();                  //正确,但使用 q 时要注意,不要让它管理的指针被释放
{                                 //新的作用域
    shared_ptr<int>p1(q);         //p1 和 p 这两个独立的 shared_ptr 指向相同的内存
}                                 //作用域结束,p1 被销毁,p1 所管理的对象被释放
int foo = *p;                     //未定义,p 指向的内存已经被释放了
```

get 将指针的访问权限传递给代码,只有在确定代码不会 delete 指针的情况下,才能使用 get。

定义和改变 shared_ptr 的其他方法见表 3-4。

表 3-4　定义和改变 shared_ptr 的其他方法

shared_ptr<T> p(q)	p 管理内置指针 q 所指向的对象,q 必须指向 new 分配的内存,且能转换为 T* 类型
shared_ptr<T> p(u)	p 从 unique_ptr u 那里接管了对象的所有权,将 u 置为空
shared_ptr<T> p(q, d)	p 接管了内置指针 q 所指向的对象的所有权,q 必须能转换为 T* 类型,p 将使用可调用对象 d 来代替 delete
shared_ptr<T> p(p2, d)	p 是 shared_ptr p2 的副本,唯一的区别是 p 将用可调用对象 d 来代替 delete
p.reset()	当智能指针中有值的时候,调用 reset()会使引用计数减 1。如果发现此时 p 的引用计数为 0 时,则 reset 会释放 p 对象
p.reset(q) p.reset(q, d)	若传递了可选参数内置指针 q,会将 p 的引用计数减 1(当然,如果发现引用计数为 0 时,则自动释放 p 所管理的对象),然后令 p 指向 q。若还传递了参数 d,将会调用 d 而不是 delete 来释放 q

下面再来看一个使用 shared_ptr 智能指针的例子。

假如我们在使用一个 C 和 C++ 都使用的网络库,使用这个库的代码可能是这样的:

```
struct destination;                  //表示我们正在连接什么
struct connection;                   //使用连接所需的信息
```

```
connection connect(destination * );            //打开连接
void disconnect(connection);                   //关闭给定的连接
void func (destination &d/ * 其他参数 * /)
{   connection c =connect(&d);                 //获得一个连接,记住使用完要关闭它
    //使用连接
    //如果在 func 退出前忘记调用 disconnect,就无法关闭 c 了
}
```

如果 connection 有一个析构函数，就可以在 func 结束之后关闭 c，但是 connection 并没有析构函数，可以使用 shared_ptr 来管理这些对象。默认情况下，shared_ptr 使用 delete 进行释放内存，为了使用 shared_ptr 来管理 connection，用户需要提供自己的删除器：

```
void end_connection(connection * p) { disconnect( * p); }
```

当创建一个 connection 的 shared_ptr 时，可以传递一个指向删除器函数的参数：

```
void func (destination& d) {
    connection c =connect(&d);
    shared_ptr<connection>p(&c, end_connection);
    //使用连接
    //当 func 退出时(即使是由于异常而退出),connection 会被正确关闭
}
```

p 被销毁时，它不会对自己保存的指针使用 delete，而是调用 end_connection。接下来，end_connection 会调用 disconnect，从而确保连接被关闭。如果 func 正常退出，那么 p 的销毁会作为结束处理的一部分。如果 func 发生了异常，p 同样会被销毁，从而连接被关闭。

为了正确使用智能指针，必须坚持以下基本规范：

(1) 不使用相同的内置指针值初始化(或 reset)多个 shared_ptr，原因在于，会造成二次销毁。

```
int * p8 =new int;
shared_ptr<int>p9(p8);
shared_ptr<int>p10(p8);                        //逻辑错误
```

(2) 不 delete get()返回的指针。

(3) 如果使用 get()返回的指针，记住当最后一个对应的智能指针销毁后，该指针就变为无效了。

(4) 默认情况下，一个用来初始化智能指针的普通指针必须指向动态内存，因为智能指针默认使用 delete 来释放它所关联的对象。也可以把智能指针绑定到其他类型的指针上，但是我们必须提供自己的删除操作来替代 delete。

(5) 避免循环引用。智能指针最大的一个陷阱是循环引用，循环引用会导致内存泄漏。解决方法是改用 weak_ptr。见后面的例 3-16。

2. unique_ptr

一个 unique_ptr“拥有”它所指向的对象，与 shared_ptr 不同，某个时刻只能有一个 unique_ptr 指向一个给定的对象，unique_ptr 被销毁时，其所指向的对象也被销毁了。

定义一个 unique_ptr 指针时，必须将其绑定到一个 new 返回的指针上。类似 shared_ptr，初始化 unique_ptr 必须采用直接初始化形式。

```
unique_ptr<double>p1;                //p1 为指向一个 double 类型的 unique_ptr
unique_ptr<int>p2(new int(10));      //p2 为指向一个值为 10 的 int 类型的 unique_ptr
```

由于一个 unique_ptr 拥有它指向的对象，因此 unique_ptr 不支持普通的复制或赋值操作：

```
unique_ptr<string>p1(new string("good"));
unique_ptr<string>p2(p1);            //错误，不支持复制操作
unique_ptr<string>p3;
p3=p2;                               //错误，不支持赋值操作
```

但可以通过 release 和 reset 方法将指针的所有权从一个(非 const)unique_ptr 转移给另一个 unique_ptr。

```
//p1 放弃所有权，转交给 p2
unique_ptr<string>p2(p1.release());           //release 将 p1 置空
unique_ptr<string>p3(new string("better"));
// p3 放弃所有权，转交给 p2
p2.reset(p3.release());                       //reset 释放了 p3 原来指向的内存
```

注意：release()并不会释放内存只会转交拥有权，reset()可以释放内存。

不能复制 unique_ptr 的规则有一个例外：可以复制或赋值一个将要被销毁的 unique_ptr。最常见的例子就是从函数返回一个 unique_ptr：

```
unique_ptr<int>clone(int p)
{
    return unique_ptr<int>(new int(p));      //正确：从 int * 创建一个 unique_ptr
}
```

还可以返回一个局部对象的副本：

```
unique_ptr<int>clone(int p)
{   unique_ptr<int>ret(new int(p));          //正确
    …
    return ret;
}
```

对于上面两段代码，编译器都知道要返回的对象将要被销毁。在此情况下，编译器执行一种“特殊”的复制。

unique_ptr 中的删除器：类似 shared_ptr，unique_ptr 默认情况下用 delete 释放它指向的对象。与 shared_ptr 一样，可以重载一个 unique_ptr 中默认的删除器。但是，unique_ ptr 管理删除器的方式与 shared_ptr 不同，在构建时必须提供删除器的类型。

```
//p 指向一个类型为 objT 的对象，并使用一个类型为 delT 的对象释放 objT 对象
//它会调用一个名为 fcn 的 delT 类型对象
unique_ptr<objT, delT>p (new objT,fcn);
```

作为一个更具体的例子，重写上面的网络库连接程序，用 unique_ptr 代替 shared_ptr，代码如下：

```
void func (destination &d)
{   connection c=connection(&d);
    unique_ptr<connection, decltype(end_connection) * >p(&c,end_connection);
    //使用连接
    //当 func 退出时(即使是由于异常而退出)，connection 会被正确关闭
}
```

本例中使用了 decltype 来指明函数指针类型，由于 decltype(end_connection)返回一个函数类型，所以必须添加一个 * 来指出正在使用该类型的一个指针。

3. weak_ptr

weak_ptr 是一种不控制所指向对象生存期的智能指针，它指向一个 shared_ptr 管理的对象。将一个 weak_ptr 绑定到 shared_ptr 不会改变 shared_ptr 的引用计数。一旦最后一个指向对象的 shared_ptr 被销毁，对象就会被释放，即使有 weak_ptr 指向对象，对象还是会被释放。

当创建一个 weak_ptr 时，要用一个 shared_ptr 来初始化它：

```
auto p=make_shared_ptr<int>(10);
weak_ptr<int>wp(p);                          //wp 弱共享 p,p 的引用计数未改变
```

由于对象可能不存在，不能使用 weak_ptr 直接访问对象，而必须调用 lock()。此函数检查 weak_ptr 指向的对象是否存在。如果存在，lock 则返回一个指向共享对象的 shared_ptr，同时该对象的引用计数会增加。

```
if(shared_ptr<int>np =wp.lock()){  …  }
```

shared_ptr 智能指针最大的一个陷阱是循环引用，循环引用会导致内存泄露。解决方法是改用 weak_ptr。请看下面的例子。

【例 3-16】 shared_ptr 智能指针循环引用问题。

```
#include <iostream>
#include <memory>
using namespace std;
struct Node
{   int _data;
    shared_ptr<Node>next;
    shared_ptr<Node>prev;
};
```

```
int main(){
    shared_ptr<Node>sp1(new Node);
    shared_ptr<Node>sp2(new Node);
    sp1->next=sp2;
    sp2->prev=sp1;
    return 0;
}
```

上述程序创建了如图 3-1 所示只有两个结点的双链表。两个结点分别称它们为 node1 和 node2。sp1、sp2、next、prev 均为 shared_ptr 类型的智能指针。sp1 与 sp2->prev 都指向 node1,所以 sp1 的引用计数为 2,同理 sp1->next 与 sp2 都指向 node2,所以 sp2 的引用计数也为 2。

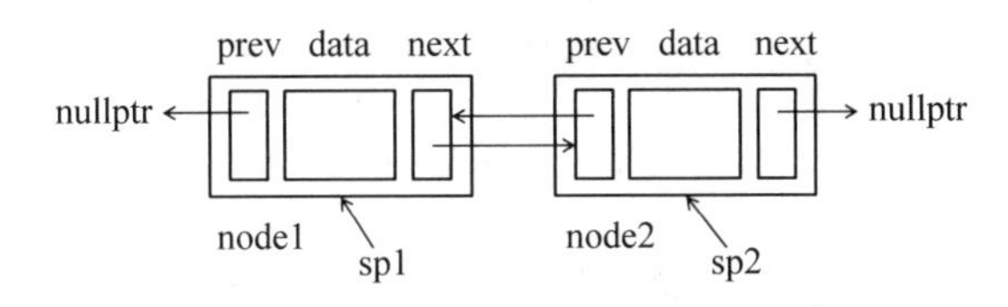

图 3-1　只有两个结点的双链表

当想销毁这个链表或者说销毁一个结点的时候,需要将引用计数置为 1。假如,要 delete sp2 这块空间,需要将 sp2 的引用计数置为 1,就是说需要将 sp1->_next 这个指针销毁掉。把 sp1->_next 销毁,就意味着先要把 sp1 销毁。如果想把 sp1 销毁,就要把 sp1 的引用计数置为 1,所以,我们就要把 sp2->_prev 销毁,要想把 sp2 ->_prev 销毁,就代表先要把 sp2 销毁。这样一来,我们就陷入了一个无限的循环当中。这就是循环引用存在的问题。

解决 shared_ptr 循环引用问题的钥匙为 weak_ptr。对于例 3-16,把 struct Node 中的 next 和(或)prev 的类型由 shared_ptr 修改为 weak_ptr 即可解决该问题。weak_ptr 可以从一个 shared_ptr 或另一个 weak_ptr 对象构造,它的构造和析构不会引起引用记数的增加或减少,但是它能够通过 lock()方法来判断它所管理的资源是否被释放。

值得一提的是,虽然通过弱引用指针 weak_ptr 可以有效的解除循环引用,但这种方式必须在程序员能预见会出现循环引用的情况下才能使用,也可以是说这个仅仅是一种编译期的解决方案,如果程序在运行过程中出现了循环引用,还是会造成内存泄露的。因此,不要认为只要使用了智能指针便能杜绝内存泄露。毕竟,对于 C++ 来说,由于没有垃圾回收机制,内存泄露对每一个程序员来说都是一个非常头痛的问题。

4. 智能指针和动态数组

标准库提供了一个可以管理 new 分配数组的 unique_ptr 版本。为了用一个 unique_ptr 管理动态数组,必须在对象类型后面跟一对方括号。

```
unique_ptr<int[ ]>up(new int[10]);
up.release();                //自动用 delete[ ]销毁其指针
```

当 unique_ptr 指向数组时,不能使用点和箭头运算符,而是用下标来访问数组中的元素：

```
for(size_t i =0; i !=10; ++i)
up[i] =i;                          //为每个元素赋予一个新值
```

指向数组的 unique_ptr 支持的操作见表 3-5。

表 3-5　指向数组的 unique_ptr

unique_ptr <T[ ]>u	u 指向一个动态分配的数组，数组元素类型为 T
unique_ptr<T[ ]>u(p)	u 指向内置指针 p 所指向的动态分配的数组，p 必须能转换为类型 T *
u[i]	返回 u 拥有的数组中位置 i 处的对象，u 必须指向一个数组

与 unique_ptr 不同，shared_ptr 不直接支持管理动态数组，如果希望使用 shared_ptr 管理一个数组必须提供一个自定义的删除器：

```
share_ptr<int[ ]>sp(new int[10], [ ](int *p){delete[ ] p;});
                                   //这里使用了 lambda 表达式，详见 11.5.5 节
sp.reset();                        //使用我们提供的 lambda 释放数组，它使用 delete[ ]
for(size_t i =0; i !=10; ++i)
*(sp.get()+i)=i;   //由于 shared_ptr 不直接支持动态数组，所以我们不能用下标直接访问元素
```

限于篇幅，关于智能指针的内容就简单介绍到这里。在后面的章节中可以再次看到智能指针的应用。

3.9　对象的复制和赋值

3.9.1　对象的复制

对象的复制是指在创建对象时使用已有对象快速复制出完全相同的对象。在 C++ 中对象复制的一般形式为：

```
类名 对象 2(对象 1);
```

或

```
类名 对象 2 =对象 1;
```

其中对象 1 是和对象 2 同类的已经存在的对象。上面语句的作用就是使用已经存在的对象 1“克隆”出新的对象 2。在这种情况下创建对象 2 时系统会调用一个称为“复制构造函数”的特殊的构造函数。复制构造函数的作用就是将对象 1 的各数据成员的值逐个复制到对象 2 中相应的数据成员。复制构造函数只有一个形参，这个形参就是本类对象的常引用。复制构造函数的函数体代码主要是将形参中对象引用的各数据成员值赋给自己的数据成员。为了在调用过程中保护实参对象的数据安全，大部分情况下将形参对象的引用加 const 声明。下面以 Box 类为例，看看复制构造函数的形式：

```
Box::Box(const Box &c)        //Box 类的复制构造函数，形参为本类对象的常引用
```

```
{   length =c.length;  width =c.width;  height =c.height;  }
```

即使在程序中没有定义复制构造函数,也可以执行使用已有对象初始化新建对象的操作,这是因为如果用户自己没有定义复制构造函数,编译器会隐式地提供一个。与合成默认构造函数不同,即使定义了其他构造函数,编译器也会合成一个复制构造函数,它会将实参对象中的非 static 数据成员逐个复制到正在创建的对象中。

每个成员的类型决定了它如何复制:类类型的成员,会使用其复制构造函数来复制;内置类型的成员则直接复制。对于数组,合成复制构造函数会逐元素地复制一个数组类型的成员。如果数组元素是类类型,则使用元素的复制构造函数来进行复制。

那么普通构造函数和复制构造函数有哪些区别呢?

(1) 在形式上普通构造函数一般是形参列表,创建对象时通过实参列表给出初始化对象所需的各个数据成员的值。而复制构造函数的形参则只有一个,即本类对象的引用。

(2) 在调用时系统会根据实参类型来自动地选择调用普通构造函数还是复制构造函数。

(3) 调用的情况不同,普通构造函数是在创建对象时由系统自动调用;而复制构造函数是在使用已有对象复制一个新对象时由系统自动调用。在以下 3 种情况下需要复制对象:①程序中需要新创建一个对象,并用另一个同类的对象对它初始化,如前面介绍的那样;②函数的参数是类对象;③函数的返回值是类对象。

在没有涉及指针类型的数据成员时,合成复制构造函数能够很好地工作。但当一个类有指针类型的数据成员时,合成复制构造函数常会产生指针悬挂问题。

【例 3-17】 合成复制构造函数引起的指针悬挂问题。

```
#include <iostream>
#include <string>
using namespace std;
class Person
{public:
    Person(char * Name, int Age);
    ~Person();
    void setAge(int x){ age =x; }
    void print();
private:
    char * name;
    int age;
};
Person::Person(char * Name, int Age)
{  name =new char[strlen(Name)+1];
   strcpy(name, Name);
   age =Age;
   cout <<"The constructor of Person is called!" <<endl;
}
Person::~Person()
```

```
{  cout <<"The destructor of Person is called!" <<endl;
   delete[ ] name;
   name=nullptr;
}
void Person::print()
{  cout <<"name: " <<name <<"   age: " <<age <<endl;  }
int main()
{  Person p1("张三", 21);
   Person p2 =p1;              //调用合成复制构造函数
   p1. setAge(1);
   p2. setAge(2);
   p1. print();
   p2. print();
   return 0;
}
```

本程序在 VC++ 2017 环境下运行时，结果如图 3-2 所示。该程序在屏幕上产生输出之后又弹出一个错误信息对话框。

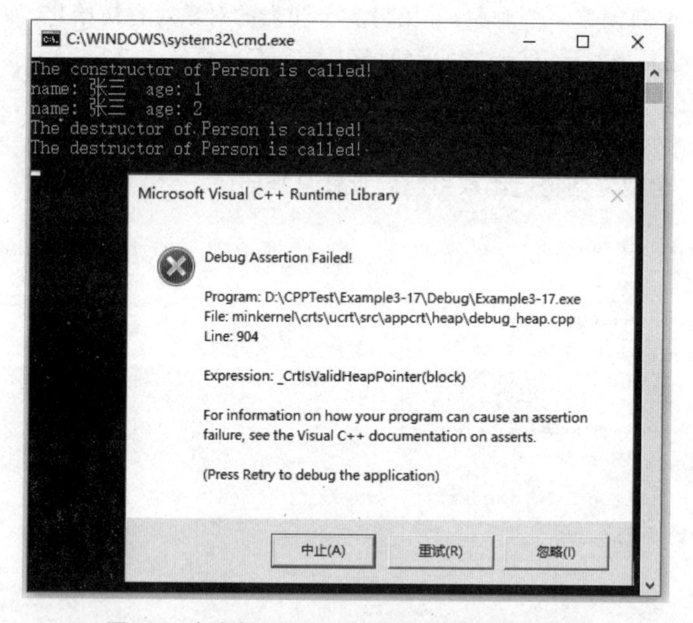

图 3-2　合成复制构造函数引起的指针悬挂问题

从这个输出结果可以看出，程序只调用了一次构造函数，但调用了两次析构函数。构造函数的这次调用发生在定义 p1 对象时，p2 对象的定义语句“Person p2 = p1;”并没有调用普通构造函数，这就是问题的根源。

输出结果的第 2、3 行分别是 p1. print()和 p2. print()函数调用产生的，这个输出表明 p1 和 p2 的 name 成员指向了同一块内存地址。

由于 p2 的定义方式，“Person p2 = p1”是用已存在的 p1 对象创建一个新对象 p2，系统将调用复制构造函数来完成 p2 的初始化。

程序中的 Person 类并没有定义复制构造函数，所以 C++ 系统会自动生成一个合成复制构造函数，将 p1 对象各数据成员的值复制到新建对象 p2 相应的数据成员中。对于非指针类型的数据成员 age 而言，这样的复制并没有什么问题。但在复制指针成员 name 时就出问题了，系统会将 p1. name 的值复制到 p2. name 中，致使 p2 和 p1 的 name 成员指向了同一块内存地址，如图 3-3 所示。

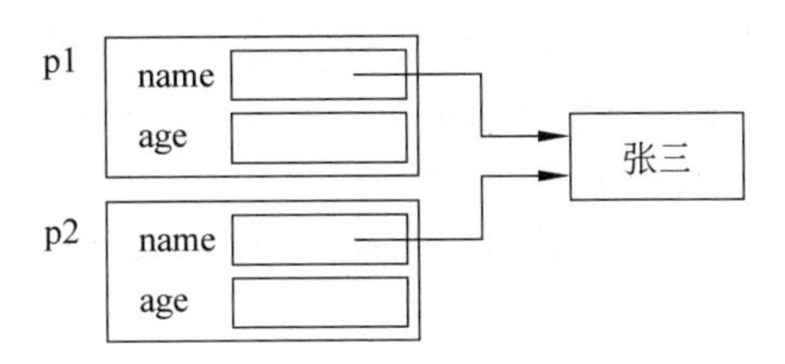

图 3-3　p1 和 p2 对象的指针成员 name 指向了同一块内存地址

当 main 函数结束时，系统首先调用 p2 的析构函数，该函数中的语句“delete name;”将把 p2. name 所指向的内存单元释放掉，但问题是 p1. name 此时仍指向此内存单元，产生指针悬挂问题，如图 3-4 所示。

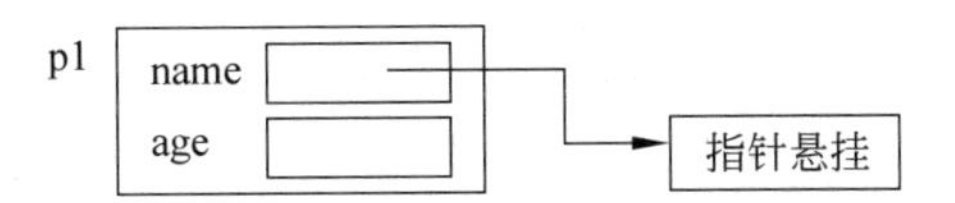

图 3-4　p1 的 name 指针指向了已被 p2 释放掉的内存地址

接下来系统将调用 p1 的析构函数，这次执行语句“delete name;”就出问题了。原因是 p1. name 所指向的内存单元已被 p2 的析构函数释放掉，不能再次被释放。

复制对象时，合成构造函数进行的是浅复制，对指针成员 name，只是对指针的复制，复制后两个指针指向同一个内存空间。那么析构函数执行的时候就会发生错误（同一指针释放了两次）。

在对含有指针成员的对象进行复制时，必须要自己定义复制构造函数，使复制后的对象指针成员有自己的内存空间，即进行深复制。

下面为例 3-17 中的 Person 类添加自定义复制构造函数，如下代码，其中省略部分表示与例 3-17 中的代码相同。

```
class Person{
    …(此处省略的代码同例 3-17)
public:
    Person(const Person &p);            //复制构造函数原型声明
    …(此处省略的代码同例 3-17)
};
Person:: Person(const Person &p)        //复制构造函数的类外定义
{  name =new char[strlen(p. name) +1]; //申请新内存,指针成员 name 指向新申请的内存
   strcpy(name, p. name);              //复制 p. name 的内存内容到新申请的内存空间
   age =p. age;
```

```
        cout <<"Copy constructor of Person is called!" <<endl;
    }
```

由于复制构造函数对类中的static数据成员不进行复制，在对含有static数据成员的类对象进行复制时，也必须自己定义复制构造函数。

3.9.2 对象的赋值

相同类型的变量之间是可以相互赋值的，那么相同类的对象之间可不可以相互赋值呢？答案是肯定的，一个对象的值可以赋给另外一个同类的对象，这种赋值运算也是通过“=”赋值运算符实现的。下面先来看一个例子。

【例3-18】 将一个Box对象的值赋给另外一个Box对象。

```
#include <iostream>
using namespace std;
class Box
{public:
    Box()                               //无参数的构造函数
    {   length =1;  width =1;  height =1;
        cout <<"Box(" <<length <<", " <<width <<", " <<height <<")";
        cout <<" is constructed!" <<endl;
    }
    Box(float L, float W, float H)      //带有3个形参的构造函数
    {   length =L;  width =W;  height =H;
        //在构造函数中增加输出，当创建对象时会输出所创建对象的相关信息
        cout <<"Box(" <<length <<", " <<width <<", " <<height <<")";
        cout <<" is constructed!" <<endl;
    }
    float volume() const {   return length * width * height;  }
    ~Box()
    {   //在析构函数中增加输出，当销毁对象时会输出所销毁对象的相关信息
        cout <<"Box(" <<length <<", " <<width <<", " <<height <<")";
        cout <<" is destructed!" <<endl;
    }
private:
    float length, width, height;
};
int main()
{  Box box1(4, 2, 3);                       //调用带有3个参数的构造函数创建对象
   Box box2;                                //调用无参的默认构造函数创建对象
   cout <<"The original volume of box1 and box2 is:" <<endl;
   cout <<"The volume of box1 is " <<box1.volume() <<endl;
   cout <<"The volume of box2 is " <<box2.volume() <<endl;
   box2 =box1;
   cout <<"After box2 =box1, the volume of box1 and box2 is:" <<endl;
```

```
    cout <<"The volume of box1 is " <<box1. volume() <<endl;
    cout <<"The volume of box2 is " <<box2. volume() <<endl;
    return 0;
}
```

程序运行结果如下：

```
Box(4, 2, 3) is constructed!
Box(1, 1, 1) is constructed!
The original volume of box1 and box2 is:
The volume of box1 is 24
The volume of box2 is 1
After box2 =box1, the volume of box1 and box2 is:
The volume of box1 is 24
The volume of box2 is 24
Box(4 , 2, 3) is destructed!
Box(4, 2, 3) is destructed!
```

从程序运行的结果可以看出赋值运算符的确将 box1 的值赋给了 box2。

对象赋值的一般形式为：

```
对象名 1 =对象名 2;
```

其中对象名 1 和对象名 2 是同一个类的两个对象。对象赋值就是把对象 2 的数据成员的值复制给对象 1 对应的数据成员，这个操作通过对赋值运算符的重载来实现。如果一个类未重载赋值运算符，编译器会为它生成一个合成复制赋值运算符。对于例 3-18 中的 Box 类，系统提供的合成复制赋值运算符代码如下：

```
Box& Box::operator= (const Box &source)
{   length =source. length;
    width =source. width;
    height =s ource. height;
    return * this;
}
```

对于程序中的赋值语句“box2 = box1;”，C++ 系统实际上把它处理成如下的函数调用：

```
box2.operator= (box1);
```

重载运算符，实际上就是写一个函数，函数名由 operator 关键字后接要重载的运算符组成。重载赋值运算符的函数名即为 operator=。函数的参数表示运算符的运算对象。某些运算符，包括赋值运算符，必须定义为成员函数。对于一个重载为成员函数的二元运算符，其左侧运算对象就绑定到隐式的 this 指针，其右侧运算对象作为显式参数传递。为了与内置类型的赋值保持一致，重载赋值运算符的函数通常返回其左侧运算对象的引用。

注意：

(1) 同类对象之间的赋值操作只对其中的数据成员赋值，而不对成员函数赋值，因为不同对象的数据成员占用不同的内存空间，而不同对象的成员函数是共享同一段函数代码的，因此不需要也无法对成员函数进行赋值操作。

(2) 合成复制赋值运算符实现的功能只是相应数据成员之间的简单的赋值，如果类的数据成员中不包含指向动态分配的内存的指针数据成员，则使用合成复制赋值运算符就足够解决类对象之间的赋值问题了，如例 3-18 的 Box 类。但是，如果类的数据成员中有指针，则不能使用合成复制赋值运算符，必须亲自去写重载赋值运算符的函数，否则就会引起指针悬挂问题。

【例 3-19】 合成复制赋值运算符引起的指针悬挂问题。

```
#include <iostream>
using namespace std;
#include <string>
class String                              //自定义字符串类
{public:
    String()                              //默认构造函数
    {   len =0;
        str =new char[len+1];             //指针 str 指向动态申请到的内存空间
        str[0] ='\0';
    }
    String(const char * src)              //带参数的构造函数
    {   len =strlen(src);
        str =new char[len+1];
        if(!str) {   cerr <<"Allocation Error!\n"; exit(1);   }
        strcpy(str, src);
    }
    const char* toString() const {   return str;   }     //到普通字符串的转换
    unsigned int length() const {   return len;   }      //求字符串的长度
    ~String()                                            //析构函数
    {   if( str !=nullptr ) //指针 str 非空时,动态释放它所指向的内存空间
        {  delete[] str;   str =nullptr;  }
    }
private:
    char * str;             //字符指针 str,将来指向动态申请到的存储字符串的内存空间
    unsigned int len;       //存放字符串的长度
};
int main()
{  String str1("Hi!"), str2("Hello!");
   cout <<"str1: " <<str1. toString() <<endl;
   cout <<"str2: " <<str2. toString() <<endl;
   //str1 =str2;
   return 0;
```

```
}
```

程序运行结果如下：

```
str1: Hi!
str2: Hello!
```

如果将 main 函数中注释的语句“str1 = str2;”加上，再执行程序，则 VC++ 2017 出现如图 3-5 所示的错误提示。

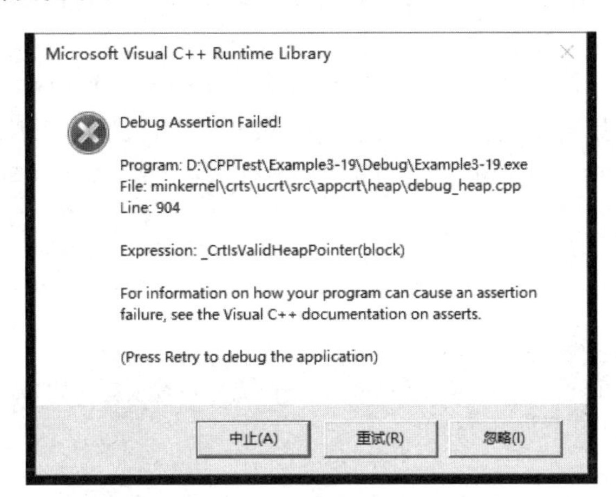

图 3-5　含有指针数据成员的类对象进行赋值时出现的错误提示

出现错误的原因如图 3-6 所示。

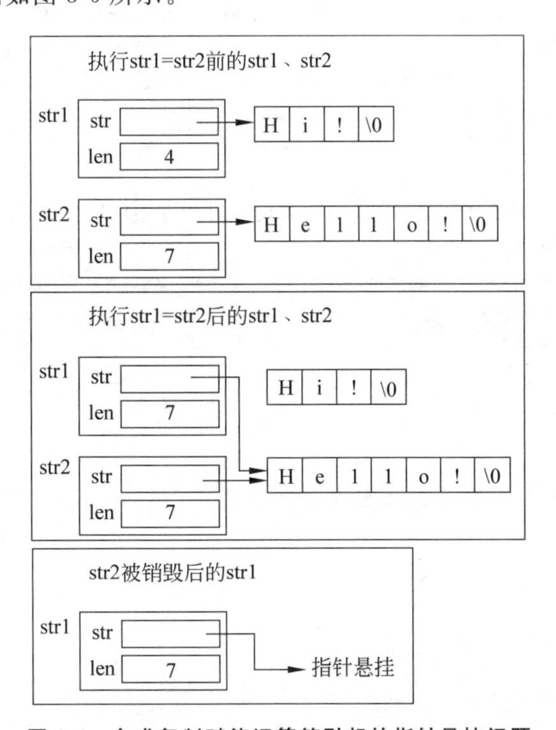

图 3-6　合成复制赋值运算符引起的指针悬挂问题

从图 3-6 可以看出,当执行“str1 = str2;”语句时,系统调用合成复制赋值运算符将 str2.str 的值赋给 str1.str,这样 str1.str 原来指向的单元地址丢失,造成原来 str1.str 指向的单元无法释放;而当程序运行结束时,系统会自动的销毁 str1 和 str2 对象,先销毁 str2 对象,再销毁 str1 对象。在销毁 str2 对象之前,先调用 str2 的析构函数将 str2.str 所指向的内存单元释放;在销毁 str1 对象之前,也要先调用 str1 的析构函数将 str1.str 所指向的内存单元释放,由于 str1.str 和 str2.str 实际指向的是内存中的同一个单元,刚才调用 str2 的析构函数时已经释放过该单元了,现在再释放该内存单元,它已不可用,因此产生指针悬挂,系统出现错误。

在设计类似例 3-19 中用户自定义类 String 这样的含有指向动态分配的内存的指针数据成员的类时,如果需要进行类对象之间的赋值操作,就应该对该类重载赋值运算符,为该类添加一个名字为 operator= 的成员函数,代码如下,其中省略部分表示与例 3-19 中的代码相同。

```
class String                                       //自定义字符串类
{public:
    …(此处省略的代码同例 3-19)
    String &operator=(const String &right);   //重载复制赋值运算符的成员函数
    …(此处省略的代码同例 3-19)
};
String &String::operator=(const String &right)//重载复制赋值运算符的函数的类外定义
{   if ( &right !=this ) {                         //检查是否是自身赋值
        int length =right.length();                //求赋值号右侧字符串对象的长度
        if ( len <length ) {    //赋值号左侧字符串对象的长度小于右侧字符串对象的长度
            delete[ ] str;                         //释放指针成员 str 原内存
            str =new char[length+1];         //申请新内存,指针成员 str 指向新申请内存
            assert(str !=0);
        }
        int i;
        /*逐个复制赋值号右侧字符串对象的 str 内存空间的内容到左侧字符串对象的 str 内
          存空间 */
        for (i =0; right.str[i] !='\0'; i++)   str[i] =right.str[i];
        str[i] ='\0';
        len =length;
    }
    return *this;
}
```

上述重载赋值运算符的函数体实现了把赋值号右侧的字符串对象深度复制一份赋给左侧字符串对象。

关于运算符重载的更对详细内容请看本书第 7 章。

3.9.3 = default 和= delete

1. =default

C++规定,一个自定义类如果未提供任何构造函数,编译器会自动生成一个合成默

认构造函数。一旦定义了一个构造函数,编译器就不会再生成合成默认构造函数。但在实际应用中,一个自定义类当自定义了带参数的构造函数时,最好是再定义不带参数的版本以完成无参的对象初始化。C++ 11 标准通过引入=default,可以显式地要求编译器生成合成默认构造函数。

```
class MyClass
{ public:
    MyClass()=default;
    MyClass() &operator=(const MyClass& );
);
```

= default 既可以和声明一起出现在类的内部,也可以作为定义出现在类的外部。和其他函数一样,如果 = default 在类的内部,则合成默认构造函数是内联的;如果它在类的外部,则合成默认构造函数默认不是内联的。只能对具有合成版本的成员函数使用=default(即,默认构造函数、复制构造函数、复制赋值运算符重载函数、析构函数)。

```
//在类的定义外用 default 来指明缺省函数版本
inline MyClass& MyClass::operator=(const MyClass& )=default;
```

2. =delete

有些时候可能希望限制合成版本的成员函数的生成,典型的是禁止使用复制。在C++ 11 标准发布之前,类是通过将其复制构造函数和复制赋值运算符声明为 private 的同时不定义它们。这样,试图复制对象的用户代码在编译阶段被标记为错误;成员函数或友元函数中的复制操作也将会导致链接时出错。C++ 11 则使用=delete 关键字显式地指示编译器不生成函数的合成版本。标记为=delete 的函数习惯上称为删除函数。

```
class MyClass
{public:
        MyClass() =default;                              //使用合成的默认构造函数
        MyClass(const MyClass&) =delete;                 //阻止复制
        MyClass& operator=(const MyClass&) =delete;      //阻止赋值
        ~MyClass() =default;                             //使用合成析构函数
};
```

与=default 不同,=delete 必须出现在函数第一次声明的时候,这个差异与这些声明的含义在逻辑上是吻合的。一个默认的成员值影响为这个成员而生成的代码,因此=default 直到编译器生成代码时才需要。而另一方面,编译器需要知道一个函数是删除的,以便禁止试图使用它的操作。

与=default 的另一个不同之处是,可以对任何函数指定=delete。虽然删除函数的主要用途是禁止复制控制成员,但当希望引导函数匹配过程时,删除函数有时也是有用的。

析构函数不能是删除的成员。用户不能删除析构函数。如果析构函数被删除,就无法销毁此类型的对象了。对于一个删除了析构函数的类型,编译器将不允许定义该类型的变量或创建该类的临时对象。而且，如果一个类有某个成员的类型删除了析构函数，也不能定义该类的变量或临时对象。因为如果一个成员的析构函数是删除的，则该成员无法被销毁。而如果一个成员无法被销毁，则对象整体也就无法销毁了。

对于删除了析构函数的类型，虽然用户不能定义这种类型的变量或成员，但可以动态分配这种类型的对象。但是不能释放这些对象：

```
class MyClass
{public:
    MyClass() =default;          //使用合成默认构造函数
    ~MyClass() =delete;          //不能销毁 MyClass 类型的对象
};
MyClass obj;                     //错误：MyClass 的析构函数是删除的
MyClass * p =new MyClass();      //无法 delete p
delete p;                        //错误：MyClass 的析构函数是删除的
```

注意：

对某些类来说，编译器将下列合成的成员定义为删除的函数。

- 如果类的某个成员的析构函数是删除的或不可访问的（例如是 private 的），则类的合成析构函数被定义为删除的。
- 如果类的某个成员的复制构造函数是删除的或不可访问的，则类的合成复制构造函数被定义为删除的。如果类的某个成员的析构函数是删除的或不可访问的，则类的合成复制构造函数也被定义为删除的。
- 如果类的某个成员的复制赋值运算符是删除的或不可访问的，或是类有一个 const 成员或是引用成员，则类的合成复制赋值运算符被定义为删除的。
- 如果类的某个成员的析构函数是删除的或不可访问的，或是类有一个引用成员，它没有类内初始化器，或是类有一个 const 成员，它没有类内初始化器且其类型未显式定义默认构造函数，则该类的默认构造函数被定义为删除的。

本质上，这些规则的含义是：如果一个类有数据成员不能默认构造、复制、销毁，则对应的成员函数将被定义为删除的。

一个成员有删除的或不可访问的析构函数的类，会导致该类合成的默认和复制构造函数被定义为删除的，这看起来可能有些奇怪，其原因是，如果没有这条规则，我们可能会创建出无法销毁的对象。

对于具有引用成员或无法默认构造的 const 成员的类，编译器不会为其合成默认构造函数，这应该不奇怪。同样不出人意料的规则是：如果一个类有 const 成员，则它不能使用合成的复制赋值运算符。毕竟，此运算符试图赋值所有成员，而将一个新值赋予一个 const 对象是不可能的。

虽然可以将一个新值赋予一个引用成员，但这样做改变的是引用所指的对象的值，而不是引用本身。如果为这样的类合成复制赋值运算符，则赋值后，左侧运算对象仍然指向与赋值前一样的对象，而不会与右侧运算对象指向相同的对象。由于这种行为看起来并不是用户所期望的，因此对于有引用成员的类，合成复制赋值运算符被定义为删除的。

3.9.4 对象的赋值与复制的比较

对象的赋值和对象的复制既有相同点，又有不同点。相同点主要有：

(1) 对象的赋值和复制大部分情况下都是把一个对象的数据成员依次赋给另外一个同类对象的相应数据成员。

(2) 如果不重载赋值运算符或不提供复制构造函数，系统都可以提供合成版本。

(3) 系统会根据情况自动地调用对象的复制赋值运算符或复制构造函数。

不同点主要有：

(1) 对象的赋值是在两个对象都已经创建的基础上进行的；而对象的复制则在用一个已有对象复制一个新对象时进行的。

(2) 它们两个所对应调用的函数不同，对象的赋值系统调用的是重载赋值运算符的函数；而对象的复制系统调用的是复制构造函数。

3.10 对象移动

C++ 11 标准的一个最主要的特性是可以移动而非复制对象的能力。正如我们在 3.9.1 节所见，很多情况下都会发生对象复制。在其中某些情况下，对象复制后就立即被销毁了。在这些情况下，移动而非复制对象会大幅度提升性能。

3.10.1 右值引用

为了支持移动操作，C++ 11 标准引入了一种新的引用类型——右值引用(rvalue referrence)。

所谓右值引用就是必须绑定到右值的引用，通过 && 声明符获得右值引用。右值引用有一个重要的性质——可以绑定到一个即将销毁的对象。因此，我们可以自由地将一个右值引用的资源“移动”到另一个对象中。

类似任何引用，一个右值引用也不过是某一个对象的另一个名字而已。为了与右值引用相区别，把前面 2.3.5 节中所介绍的引用称为左值引用。对于左值引用，不能将其绑定到需要转换的表达式、字面常量或是返回右值的表达式。右值引用有着完全相反的特性：可以将一个右值引用绑定到这类表达式上，但不能将一个右值引用直接绑定到一个左值上：

```
int i =42;
int &r =i;                  //正确:r 引用 i
int &&rr =i;                //错误:不能将一个右值引用绑定到一个左值上
int &r2 =i * 42             //错误:i * 42 是一个右值
const int &r3 =i * 42       //正确:可以将一个 const 引用绑定到一个右值上
int &&rr2 =i * 42           //正确:将 rr2 绑定到乘法结果上
```

返回左值引用的函数，连同赋值、下标、解引用和前置递增/递减运算符，都是返回左值的表达式的例子。可以将一个左值引用绑定到这类表达式的结果上。

返回非引用类型/右值引用的函数，连同算术、关系、位以及后置递增/递减运算符，都生成右值。不能将一个左值引用绑定到这类表达式上，但可以将一个 const 的左值引用或一个右值引用绑定到这类表达式上。

考察左值和右值表达式的列表，两者相互区别之处很明显：左值持久，右值短暂。左值有持久的状态，而右值要么是字面常量，要么是在表达式求值过程中创建的临时对象。

由于右值引用只能绑定到临时对象，可以得知：

- 所引用的对象将要被销毁。
- 该对象没有其他用户。

这两个特性意味着：可以从绑定到右值引用的对象“窃取”状态，即使用右值引用的代码可以自由地接管所引用的对象的资源。

变量是左值。变量可以看作只有一个运算对象而没有运算符的表达式，虽然我们很少这样看待变量。类似其他任何表达式，变量表达式也有左值右值属性。变量表达式都是左值。带来的结果就是，不能将一个右值引用绑定到一个变量上，即使这个变量是一个右值引用类型的变量。

```
int &&rr1 =42;                //正确：字面常量是右值
int &&rr2 =rr1;               //错误：表达式 rr1 是左值
```

其实，有了右值表示临时对象这一观察结果，变量是左值这一特性并不令人惊讶。毕竟，变量是持久的，直至离开作用域时才被销毁。

虽然不能将一个右值引用直接绑定到一个左值上，但可以显式地将一个左值转换为对应的右值引用类型。我们可以通过调用一个名为 move 的标准库函数来获得绑定到左值上的右值引用，此函数定义在头文件 utility 中。

```
int &&rr3 =std::move(rr1)     //正确
```

move 调用告诉编译器：有一个左值，但希望像一个右值一样处理它。但必须认识到，在调用 move 后，将不能再使用移后源对象 rr1 的值。

3.10.2 移动构造函数和移动赋值运算符

为了让自定义类支持移动操作，需要为其定义移动构造函数和移动赋值运算符。

1. 移动构造函数

类似复制构造函数，移动构造函数的第一个参数是该类类型的一个引用。不同于复制构造函数的是，这个引用参数在移动构造函数中是一个右值引用。与复制构造函数相同，任何额外的参数都必须有默认实参。

除了完成资源移动，移动构造函数还必须确保移后源对象处于这样一个状态——销毁它是无害的。特别是，一旦资源完成移动，源对象必须不再指向被移动的资源(指针设置 nullptr)，因为这些资源的所有权已经归属于新创建的对象。

移动通常不分配资源，所以不会抛出异常，故移动构造函数通常标记为 noexcept。

【例 3-20】 为例 3-19 中的 String 类增加移动构造函数。

```
//为了演示流程,String类的构造函数和析构函数都比较啰嗦,在其中增加了输出语句
/* 预处理命令#define _CRT_SECURE_NO_WARNINGS 的作用:
忽略高版本 VS 中 strcpy、strcat 等函数调用时出现的_CRT_SECURE_NO_WARNINGS 警告 */
#define _CRT_SECURE_NO_WARNINGS
#include <iostream>
using namespace std;
#include <string>
#include <cassert>
class String                                        //自定义字符串类 String
{public:
  String();                                         //默认构造函数
  String(const char * src);                         //带参数的构造函数
  String(const String &src);                        //复制构造函数
  String(String &&src) noexcept;                    //移动构造函数,不应抛出异常
  ~String();                                        //析构函数
  const char* toString() const {   return str;   }  //到普通字符串的转换
  unsigned int length() const {   return len;   }   //求字符串的长度
private:
  char * str;                  //字符指针 str,将来指向动态申请到的存储字符串的内存空间
  unsigned int len;                                 //存放字符串的长度
};
int main() {
  String str1("Hello!");
  cout <<"str1: " <<str1.toString() <<endl;
  String str2=str1;
  cout <<"str2: " <<str2.toString() <<endl;
  String str3=move(str1);
  cout <<"str3: " <<str3.toString() <<endl;
  return 0;
}
String:: String()                              //默认构造函数的类外定义
{   len =0;
    str =new char[len+1];                      //指针 str 指向动态申请到的内存空间
    str[0] ='\0';
    cout <<"In String().content =" <<str <<", length =" <<len <<". " <<endl;
}
String:: String(const char * src)              //带参数的构造函数的类外定义
{   len =strlen(src); str =new char[len+1];
    if (!str ) {   cerr <<"Allocation Error!\n"; exit(1);   }
    strcpy(str, src);
    cout <<"In String(const char * src).content =" <<str <<", length =" <<len <<
          ". " <<endl;
}
String:: String(const String &src)             //复制构造函数的类外定义
```

```
{   str =new char[strlen(src.str) +1];   //申请新内存,指针成员 str 指向新申请的内存
    strcpy(str, src.str);
    len =src.len;
    cout <<"In String(const String &src) . content =" <<str <<", length =" <<len
          <<". " <<endl;
}
//移动构造函数的类外定义,移动操作不应抛出异常
String::String(String &&src) noexcept : str(src.str), len(src.len)
                                        //初始化列表完成接管 src 中的资源
{   src.str =nullptr;   src.len=0;//令 src 进入这样的状态——对其允许析构函数是安全的
    cout <<"In String(String&&). content =" <<str <<", length =" <<len <<". " <<endl;
}
String:: ~String()                      //析构函数
{    if( str !=nullptr )                //指针 str 非空时,动态释放它所指向的内存空间
     {   cout <<"In ~String(). content =" <<str <<", length =" <<len <<". " <<endl;
         delete[] str; str =nullptr;
     }
     else
        cout <<"In ~String(). length ="<<len <<". " <<endl;
}
```

程序运行结果如下：

```
In String(const char * src). content =Hello!, length =7.
str1: Hello!
In String(const String &src) . content =Hello!, length =7.
str2: Hello!
In String(String&&). content =Hello!, length =7.
str3: Hello!
In ~String(). content =Hello!, length =7.
In ~String(). content =Hello!, length =7.
In ~String(). length =0.
```

从运行结果可以看出,创建 str2 对象时,系统调用的是复制构造函数,创建 str3 对象时,系统调用的是移动构造函数。当一个类既有移动构造函数,又有复制构造函数时,编译器会使用普通的函数匹配机制来确定使用哪个构造函数,左值匹配复制构造函数,右值匹配移动构造函数。如果一个类没有移动构造函数,那么右值也会被复制,即使用户试图通过 move 来移动它们。用复制构造函数代替移动构造函数几乎总是安全的。

移动构造函数通常标记为 noexcept,表示移动构造函数不抛出异常。注意,必须在移动构造函数的类内声明和类外定义(如果定义在类外的话)时都指定 noexcept。这样,标准库容器(第 11 章介绍)能对异常发生时,其自身的行为提供保证。关于这一点,可以通过把例 3-20 中的 main 函数代码修改为下面的代码进行验证。下面的 main 函数中使用了 STL 标准库的 vector 容器,它类似数组,基于类模板实现,直到学习完第 11 章才能更好地使用它,但可以提前尝试使用它的一些简单操作,只要记住使用方法即可。这里使用

它是因为它可以帮助用户更好地理解当前所讲内容。为了使用 vector 类模板，在程序开头必须包含 include 命令：#include <vector>。

```
int main() {
  vector<String>v;                    //定义 vector 容器对象 v,存放 String 类对象
  v.push_back(String("good"));        //把字符串 good 存入容器对象 v
  v.push_back(String("better"));      //把字符串 better 存入容器对象 v
  return 0;
}
```

移动构造函数标记了 noexcept，在 VC++ 2017 环境下，程序的运行结果如下。

```
In String(const char * src). content =good, length =4.
In String(String&&). content =good, length =4.
In ~String(). length =0.
In String(const char * src). content =better, length =6.
In String(String&&). content =better, length =6.
In String(String&&). content =good, length =4.        //调用移动构造函数的输出
In ~String(). length =0.
In ~String(). length =0.
In ~String(). content =good, length =4.
In ~String(). content =better, length =6.
```

程序运行结果分析：

第 1 行输出是因为 v.push_back(String("good"))中的实参对象 String("good")，运行接受一个字符串形参的构造函数，创建了一个内容为"good"的 String 对象而输出的。

第 2 行输出是因为 v.push_back(String("good"))中的 push_back 操作导致对象的移动，运行移动构造函数而输出的。

第 3 行输出是因为内容为"good"的 String 对象被移动到 v 容器，原来的内存被销毁，执行一次"析构函数"而输出的。

第 4 行输出是因为 v.push_back(String("better"))中的实参对象 String("better")，运行接受一个字符串形参的构造函数，创建了一个内容为"better"的 String 对象而输出的。

第 5 行输出是因为 v.push_back(String("better"))中的 push_back 操作导致对象的移动，运行移动构造函数而输出的。

第 6 行输出是由于重新分配内存而导致的，每次向 v 容器里面添加 String 对象时，就会导致 v 重新分配内存。由于 v 中的对象定义了移动构造函数且是可用的(因为我们将其声明为了 noexcept)，所以就会调用移动构造函数将 v 中原始的那个对象(内容为"good"的 String 对象)移动到新的内存中。

第 7 行输出是因为 v 中原始的那个对象(内容为"good"的 String 对象)移动到新的内存，原来的内存被销毁，执行一次"析构函数"而输出的。

第 8 行输出是因为内容为"better"的 String 对象被移动到 v 容器，原来的内存被销

毁,执行一次“析构函数”而输出的。

第9、10行输出是因为执行了return 0,内存被释放,v被析构,执行两次“析构函数”而输出的。

将移动构造函数声明和定义处的noexcept都删去,程序运行结果如下:

```
In String(const char * src). content =good, length =4.
In String(String&&). content =good, length =4.
In ~String(). length =0.
In String(const char * src). content =better, length =6.
In String(String&&). content =better, length =6.
In String(const String &src) . content =good, length =4. //调用复制构造函数的输出
In ~String(). content =good, length =4.
In ~String(). length =0.
In ~String(). content =good, length =4.
In ~String(). content =better, length =6.
```

两种情况下运行结果的第7行输出结果不同。这是因为,标准库容器能对异常发生时其自身的行为提供保障。例如,vector容器保证,如果调用push_back时发生异常,vector自身不会发生变化。vector的push_back的过程需要重新分配资源,所以其会把元素从旧空间移动到新内存中,就像v中那样。如果此过程中使用了v中对象的移动构造函数,而移动过程在移动了部分元素后抛出了异常,那么旧空间中的元素已经被改变,而新空间中未构造的元素尚不存在,此时vector将不能保证抛出异常时保持自身不变的要求。但是,如果此过程使用的是复制构造函数,那么即使此过程抛出了异常,旧元素的值仍未发生任何变化,vector可以满足保持自身不变的要求。所以为了避免这种潜在问题,除非vector知道元素的移动构造函数不会抛出异常,否则其在重新分配内存的时候,它将使用复制构造函数而非移动构造函数。由于我们的移动构造函数未标记noexcept,vector容器会认为移动我们的类对象时可能会抛出异常,故选择使用复制构造函数。第6行输出就是v重新分配内存后,移动v中原对象到新内存时调用复制构造函数的结果。原内存中的此对象并没有改变,故原对象内存被销毁,执行“析构函数”时输出了字符串的值good和长度4,即第7行输出。

如果希望vector这类的容器在重新分配内存时对自定义类型使用移动构造函数而非复制构造函数,那么我们必须将自定义类型的移动构造函数(以及移动赋值操作符)标记为noexcept(不会抛出异常)。

2. 移动赋值运算符

适用于构造函数的移动语义也适用于赋值运算符。下面为例3-19中的String类增加移动赋值运算符。

在String类的public部分添加移动赋值运算符的声明语句:

```
String &operator= (String &&right) noexcept; //重载移动赋值运算符的函数的类内声明
```

其类外定义代码如下:

```
String &String:: operator= (String &&right) noexcept   //重载移动赋值运算符的函数
                                                        的类外定义
{    if ( &right !=this ) {                             //检查是否是自赋值
        delete[ ] str;                                  //释放左侧运算对象所使用的内存
        str =right. str;                                //接管右侧运算对象的内存
        len =right. len;
    }
    right. str=nullptr; right. len=0;                   //将右侧运算对象置于可析构状态
    return * this;
}
```

与复制赋值运算符不同的是，移动赋值运算符函数的形参为该类类型的右值引用，相同的是，移动赋值运算符函数的返回值同样是其左侧运算对象的引用，移动赋值运算符函数也不抛出异常，需要标记为 noexcept。

移动赋值运算符函数体完成释放赋值运算符左侧运算对象所使用的资源，并将赋值运算符右侧运算对象的资源所有权转让给左侧运算对象。当用户编写一个移动操作后，必须要确保移后源对象进入一个可安全析构的状态，并且移动操作还必须保证移后源对象仍然是有效的。有效是指可以安全的对其赋新值或者可以安全使用而不依赖其当前值。但是用户不能对移后源对象的值做任何假设，一般在对其重新赋值之前不要使用它。

3. 合成的移动操作

如果一个类定义了自己的复制构造函数、复制赋值运算符和析构函数，那么编译器就不会为该类生成合成的移动操作。如果一个类没有对应的移动操作，则类使用复制操作来代替移动操作。

如果一个类没有定义任何复制操作，且类的每个非 static 成员都可以移动，编译器才会为它合成移动构造函数或移动赋值运算符。

移动操作不像复制操作，永远不会隐式的定义为删除的函数。如果我们显式地要求编译器生成=default 的移动操作，且编译器不能移动所有成员，那么移动操作就会被定义为删除的。

与复制构造函数不同，移动构造函数被定义为删除的函数的条件是：有类成员定义了自己的复制构造函数且未定义移动构造函数，或者是有类成员未定义自己的复制构造函数但是编译器不能为其合成移动构造函数。移动赋值运算符的情况类似。

如果有类成员的移动构造函数或移动赋值运算符被定义为删除的或不可访问的（例如 private），则类的移动构造函数或移动赋值运算符被定义为删除的。

类似复制构造函数，如果类的析构函数被定义为删除的或不可访问的，则类的移动构造函数被定义为删除的。

类似复制赋值运算符，如果有类成员是 const 或是引用，则类的移动赋值运算符被定义为删除的。

特别提醒：

(1) C++11在原有4个特殊成员函数(默认构造函数、复制构造函数、复制赋值运算符、析构函数)的基础上,新增了两个:移动构造函数与移动赋值运算符。合成的移动构造函数与移动赋值运算符与复制版本类似,执行逐成员初始化并复制内置类型。如果成员是类对象,将使用相应类的构造函数和赋值运算符(成员所属类如果定义了移动构造函数与移动赋值运算符,则将调用它们。否则将调用复制构造函数和赋值运算符)。

(2) 如果类中提供了析构函数、复制构造函数或赋值运算符,编译器将不会自动提供移动构造函数和移动赋值运算符。如果类中提供了移动构造函数或移动赋值运算符,编译器将不会自动提供复制构造函数和赋值运算符。鉴于此,一般来说,如果一个类定义了任何一个复制操作,它就应该定义所有5个操作,特别是对于要在类内管理资源的类型。

(3) 类的上述6大特殊成员函数在特定的条件下,编译器都会自动生成合成的版本。C++11标准也同时提供了显式地要求编译器生成它们的合成版本的=default,以及限制生成它们的合成版本的=delete。

3.10.3 右值引用与函数重载

复制/移动构造函数的参数模式是,一个指向const的左值引用,一个指向非const的右值引用。复制/移动赋值运算符的函数参数模式与此相同。普通函数和类的其他成员函数同样可以采用这样函数的参数模式,同时提供复制版本和移动版本,从而提高应用程序的性能。看下面的例子。

【例3-21】 重载采用左值引用和右值引用的函数。

```
#include <iostream>
using namespace std;
class String{
// TODO: Add resources for the class here.
};
void fun(const String &)   //复制版本的 fun 函数
{  cout <<"In fun(const String &). This version cannot modify the parameter. " <<
      endl;
}
void fun(String &&)          //移动版本的 fun 函数
{  cout <<"In fun(String &&). This version can modify the parameter. " <<endl;  }
int main()
{   String str;
    fun(str);
    fun(String());
    return 0;
```

```
}
```

程序运行结果如下：

```
In fun(const String &). This version cannot modify the parameter.
In fun(String &&). This version can modify the parameter.
```

例 3-21 重载了函数 fun，它们的形参表的参数类型不同：一个采用 const 左值引用（复制版本的 fun 函数，从一个对象进行复制的操作不应该改变该对象，故添加 const 限定符），一个采用右值引用（移动版本的 fun 函数，希望从实参"窃取"数据）。main 函数同时使用左值和右值来调用 fun，对 fun 的第一个调用将局部变量（左值）作为其参数传递，第二个调用将临时对象作为其参数传递。从运行结果可以看出：调用 fun 函数时，若提供左值实参，系统匹配的是复制版本的 fun（此版本可以匹配 const 和非 const 的左值，也可以匹配右值）；若提供右值实参，系统匹配的是移动版本的 fun（此版本对于非 const 的右值是精确匹配）。

通过重载采用 const 左值引用和右值引用的函数，可以编写能区分不可更改的对象和可修改的临时对象的代码。

注意： *编译器将已命名的右值引用视为左值，而将未命名的右值引用视为右值。*

以下示例演示了函数 g，该函数被重载以采用左值引用和右值引用。函数 f 采用右值引用作为其参数（已命名的右值引用），并返回右值引用（未命名的右值引用）。在从 f 到 g 的调用中，重载决策选择采用左值引用的 g 版本，因为 f 的主体将其参数视为左值。在从 main 到 g 的调用中，重载决策选择采用右值引用的 g 版本，因为 f 返回右值引用。

```
#include <iostream>
using namespace std;
class String{
   // TODO: Add resources for the class here.
};
void g(const String&){   cout <<"In g(const String&). " <<endl;   }
void g(String&&){   cout <<"In g(String&&). " <<endl;   }
String&& f(String&& str)
{  g(str);
   return move(str);
}
int main()
{  g(f(String()));  }
```

程序运行结果如下：

```
In g(const String&).
In g(String&&).
```

引用限定符 & 或 && 可以出现在类的成员函数的参数列表后面，表示该函数只能用于左值或者右值。这样的函数也称为引用成员函数。看下面的例子。

【例 3-22】 引用成员函数重载。

```
#include<iostream>
using namespace std;
#include<vector>
#include<algorithm>
#include<string>
bool cmp(const string &a, const string &b){  return (a >b ? true : false);  }
class MyVector
{public:
    MyVector(vector<string>vec){  data =vec;  }   //复制构造函数
    MyVector()=default;                         //合成默认构造函数
    void push(const string &);                  //复制版本的 push 操作,往容器中压入一个元素
    void push(string &&);                       //移动版本的 push 操作,往容器中压入一个元素
    MyVector sorted() &&;                       //用于可改变的右值的排序函数
    //用于 const 对象或者一个左值的排序函数,必须加上引用限定符 &
    MyVector sorted() const &;
    //Comp 是函数类型的别名,此类型函数可以用来比较两个字符串的大小
    using Comp=bool(const string &, const string &);
    MyVector sorted(Comp * );                   //正确:与上面的 sorted 函数有不同的参数列表
    MyVector sorted(Comp * ) const;  //正确:两个版本都没有引用限定符
    void print() const;                         //输出 data 容器中的字符串
private:
    vector<string>data;                         //用于存放字符串的容器
};
int main()
{   MyVector foo1({"Hi!","Hello. ","How","are","you?"});//创建存放字符串的容器 foo1
    string str("Very");                         //创建字符串对象 str
    foo1. push(str);                            //#1,把 str 压入容器 foo1
    foo1. push(string("good"));                 //#2,把字符串"good"压入容器 foo1
    foo1. print();                              //#3,输出容器 foo1 中的字符串
    foo1. sorted();                             //#4,对容器 foo1 中的字符串进行升序排序
    foo1. print();                              //#5,输出容器 foo1 中的字符串
    ((foo1. sorted()). sorted()). print();//#6,先调用 MyVector sorted() const & 成员
                                          函数,再调用 MyVector sorted() && 成员函数
    foo1. print();                              //#7,输出容器 foo1 中的字符串
    foo1. sorted(cmp);                          //#8,对容器 foo1 的字符串进行降序排序
    foo1. print();                              //#9,输出排序后的容器 foo1 的字符串
    //创建存放字符串的容器 foo2,该对象为 const 对象
    const MyVector foo2({"I","am","a","colledge","student. "});
    foo2. sorted(cmp);                          //#10,对容器 foo2 中的字符串进行降序排序
    foo2. print();                              //#11,输出容器 foo2 的字符串
    return 0;
}
void MyVector::push(const string &x){
```

```
    cout<<"In MyVector::push(const string &x). "<<endl;
    //调用 vector 容器提供的成员函数 push_back,往容器 data 中压入一个元素
    data.push_back(x);
}
void MyVector::push(string &&x){
    cout<<"In MyVector::push(string &&x). "<<endl;
    data.push_back(x);
}
MyVector MyVector::sorted() &&      //当前对象为右值,因此可以原址排序
{   cout<<"In MyVector::sorted() && . "<<endl;
    //调用 STL 标准库中排序函数 sort 对 data 容器中的元素进行升序排序
    sort(data.begin(), data.end() );
    return *this;
}
//当前是 const 或一个左值,哪种情况都不能对其进行原址排序
MyVector MyVector::sorted() const &
{   cout<<"In MyVector::sorted() const & . "<<endl;
    MyVector ret(*this);                         //复制一个副本
    sort(ret.data.begin(), ret.data.end()); //排序副本
    return ret;                                  //返回副本
}
void MyVector::print() const
{  for(auto vec:data) cout<<vec<<" "; //使用基于范围的 for 语句输出容器 data 中的元素
   cout<<endl;                                   //换行
}
MyVector MyVector::sorted(Comp* comp){           //函数代码同 MyVector sorted() &&
    cout<<"In MyVector::sorted(Comp*). "<<endl;
    sort(data.begin(), data.end(), comp);
    return *this;
}
MyVector MyVector::sorted(Comp* comp) const{   //函数代码同 MyVector sorted() const &
    cout<<"In MyVector::sorted(Comp*) const . "<<endl;
    MyVector ret(*this);
    sort(ret.data.begin(), ret.data.end());
    return ret;
}
```

程序运行结果如下：

```
In MyVector::push(const string &x).
In MyVector::push(string &&x).
Hi!  Hello.   How  are  you?   Very  good
In MyVector::sorted() const & .
Hi!  Hello.   How  are  you?   Very  good
In MyVector::sorted() const & .
```

```
In MyVector::sorted() && .
Hello.  Hi!  How  Very  are  good  you?
Hi!  Hello.  How  are  you?  Very  good
In MyVector::sorted(Comp*).
you?  good  are  Very  How  Hi!  Hello.
In MyVector::sorted(Comp*) const .
I  am  a  colledge  student.
```

程序运行结果分析:

第1行输出是main函数的#1语句foo1.push(str)的执行结果,push函数调用的实参str是左值,故调用复制版本的push函数。

第2行输出是main函数的#2语句foo1.push(string("good"))的执行结果,push函数调用的实参str是右值,故调用移动版本的push函数。

第3行输出是main函数的#3语句foo1.print()执行的结果,输出foo1中data容器里存储的全部字符串。

第4行输出是main函数的#4语句foo1.sorted()执行的结果,foo1是左值,故调用MyVector sorted() const & 函数。该函数只是对foo1副本中data容器里的字符串排序,并没有对foo1中data容器里的字符串排序,所以main函数的#5语句foo1.print();输出foo1中data容器里的字符串,和排序前的输出结果一样(第5行输出)。

第6~8行输出是main函数的#6语句((foo1.sorted()).sorted()).print()执行的结果,foo1是左值,故先调用MyVector sorted() const & 函数,由于该函数的返回值是右值,接下来调用MyVector sorted() && 函数,最后对foo1副本中data容器里的字符串升序排序后的结果通过print函数输出。由于此语句实现的同样是对foo1副本中data容器里的字符串排序,并没有对foo1中data容器里的字符串排序,所以main函数的#7语句foo1.print()输出foo1中data容器里的字符串,和排序前的输出结果一样(第9行输出)。

第10行输出是main函数的#8语句foo1.sorted(cmp)执行的结果,sorted函数调用的实参是排序规则函数cmp;,指定排序规则为降序,实现了对foo1中data容器里的字符串的降序排序。

第11行输出是main函数的#9语句foo1.print()执行的结果,输出foo1中data容器里的字符串,降序排序。

第12行输出是main函数的#10语句foo2.sorted(cmp)执行的结果,foo2是const对象,通过该对象调用的是MyVector sorted(Comp * comp) const函数。该函数只是对foo2副本中data容器里的字符串降序排序,并没有对foo2中data容器里的字符串降序排序,所以main函数的#11语句foo2.print()输出foo2中data容器里的字符串,和排序前的输出结果一样(第13行输出)。

类似const限定符,引用限定符 & 或 && 只能用于非static成员函数,而且必须同时出现在声明和定义中。可以同时用const和引用限定,不过引用限定符要跟在const之后。

当定义 const 成员函数时，可以定义两个版本，唯一的区别是一个版本有 const 限定而另一个没有。引用限定的函数则不一样。如果定义两个或两个以上具有相同名字和相同参数列表的成员函数，就必须对所有的函数都加上引用限定符（如例 3-22 的 sorted()），或者都不加（如例 3-22 的 sorted(Comp *)）。

3.11 向函数传递对象

向函数传递对象与普通变量的参数传递是一样的，同样可以分为值传递、地址传递和引用传递 3 种。

在值传递中，系统会自动地调用复制构造函数按照实参的“样子”以形参的名字为对象名创建局部对象，在函数内部就使用这个与实参对象相同的局部对象。

【例 3-23】 以值传递的方式向函数传递对象。

```
#include <iostream>
#include <string>
using namespace std;
class String                                    //自定义字符串类
{public:
    String()                                    //默认构造函数
    {   len =0;
        str =new char[len+1];                   //指针 str 指向动态申请到的内存空间
        str[0] ='\0';
        //增加输出信息，当构造函数被调用时输出
        cout <<"The constructor of String is called! ";
        cout <<"Initialized with empty string. " <<endl;
    }
    String(const char * src)                    //带参数的构造函数
    {  len =strlen(src);
       str =new char[len+1];
       if(!str)
       {   cerr <<"Allocation Error!\n"; exit(1);   }
      strcpy(str, src);
      //增加输出信息，当构造函数被调用时输出
      cout <<"The constructor of String is called! ";
      cout <<"Initialized with " <<str <<endl;
    }
    String(const String &rs)                    //复制构造函数
    {  len =rs. length();
       str =new char[len+1];
       for(int i =0; i <len; i++)
           str[i] =rs. str[i];
       str[len] ='\0';
       //增加输出信息，当复制构造函数被调用时输出
```

```
        cout << "The copy constructor of String is called!" << endl;
    }
    const char * toString() const { return str;}      //到普通字符串的转换
    unsigned int length() const {   return len;   }
    ~String()                                          //析构函数
    {   if( str != nullptr )       //指针 str 非空时,动态释放它所指向的内存空间
        {  delete[] str;  str = nullptr;  }
    }
private:
    char * str;               //字符指针 str,将来指向动态申请到的存储字符串的内存空间
    unsigned int len;               //存放字符串的长度
};
//全局函数,用来输出 String 类对象的数据成员的值
void showString(const String str)
{   cout << "The string is " << str. toString() << endl;
    cout << "The length of the string is " << str. length() << endl;
}
int main()
{   String str("How are you?");   //创建 String 类对象 str
    showString(str);              //函数调用,以值传递的方式向函数传递 String 类对象 str
    return 0;
}
```

程序运行结果如下:

```
The constructor of String is called! Initialized with How are you?
The copy constructor of String is called!
The string is How are you?
The length of the string is 12
```

通过结果可以看到在以值传递方式进行函数调用时系统调用了复制构造函数,利用实参 str 对象"克隆"了局部对象 str。

地址传递的方式是将实参的地址传递给形参,系统并没有再创建和实参一样的局部对象,在函数中访问的对象就是实参对象。这样需要修改函数的形参与调用时的实参,以及在函数内部访问对象的成员的形式。

【例 3-24】 以地址传递的方式向函数传递对象(String 类的定义不变)。

```
void showString(const String * p)   //全局函数,用来输出 String 类对象的数据成员的值
{   cout << "The string is " << p -> toString() << endl;      //以指针方式访问对象的成员
    cout << "The length of the string is " << p -> length() << endl;
}
int main()
{   String str("How are you?");                              //创建 String 类对象 str
    showString(&str);          //函数调用,以地址传递的方式向函数传递 String 类对象 str
    return 0;
```

```
}
```

程序运行结果如下：

```
The constructor of String is called! Initialized with How are you?
The string is How are you?
The length of the string is 12
```

可以看到，系统只在创建 str 对象时调用构造函数，而在函数调用时没有再调用复制构造函数。

引用传递的方式是将实参的名字传递给形参，使形参成为实参的别名，系统并没有再创建和实参一样的局部对象，在函数中访问的对象就是实参对象。

【例 3-25】 以引用传递的方式向函数传递对象(String 类的定义不变)。

```
void showString(const String& ref)
{  cout <<"The string is " <<ref.toString() <<endl;    //以引用方式访问对象的成员
   cout <<"The length of the string is " <<ref.length() <<endl;
}
int main()
{  String str("How are you?"); //创建 String 类对象 str
   showString(str);             //以引用传递的方式向函数传递对象，形式上与值传递一样
   return 0;
}
```

程序运行结果如下：

```
The constructor of String is called! Initialized with How are you?
The string is How are you?
The length of the string is 12
```

可以看到，系统只在创建 str 对象时调用构造函数，而在函数调用时没有再调用复制构造函数。

3.12 字面值常量类

在第 2 章 2.3.6 节中曾提到 constexpr 函数的参数和返回值必须是字面值类型。除了算术类型、指针、引用外，某些类也是字面值类型。和一般类不同，字面值常量类可能含有 constexpr 函数成员。这样的成员必须符合 constexpr 函数的所有要求，且是隐式 const 的。

如果一个类符合下述要求，则它是字面值常量类：

(1) 数据成员都必须是字面值类型。

(2) 类必须至少含有一个 constexpr 构造函数。

(3) 如果一个数据成员含有类内初始值，则内置类型成员的初始值必须是一条常量表达式；或者如果成员属于某种类类型，则初始值必须使用成员自己的 constexpr 构造

函数。

(4) 类必须使用析构函数的默认定义，该成员负责销毁类的对象。

下面的自定义类 Debug 为一个简单的字面值常量类。

```
class Debug
{public:
    constexpr Debug(bool b =true): hw(b), io(b), other(b) { }
    constexpr Debug(bool h, bool i, bool o): hw(h), io(i), other(o){ }
    constexpr bool any() { return hw || io || other; }
    void set_io(bool b) { io =b; }
    void set_hw(bool b) { hw =b; }
    void set_other(bool b) {hw=b;}
private:
    bool hw;                                    //硬件错误，而非 io 错误
    bool io;                                    //io 错误
    bool other;                                 //其他错误
};
constexpr Debug io_sub(false, true, false); //调试 IO
if( io_sub. any() )                         //等价于 if(true)
    cerr<<"print appropriate error messages"<<endl;
constexpr Debug prod(false);                //无调试
if( prod. any() )                           //等价于 if(false)
    cerr<<"print an error message"<<endl;
```

尽管构造函数不能是 const 的，但是字面值常量类的构造函数可以是 constexpr 函数。事实上，一个字面值常量类必须至少提供一个 constexpr 构造函数。通过前置关键字 constexpr 就可以声明一个 constexpr 构造函数。

constexpr 构造函数可以声明成＝default 的形式（或者删除函数的形式）。否则，constexpr 构造函数就必须既符合构造函数的要求（意味着不能包含返回语句），又符合 constexpr 函数的要求（意味着它能拥有的唯一可执行语句就是返回语句）。综合这两点可知，constexpr 构造函数体一般来说应该是空的。

constexpr 构造函数必须初始化所有数据成员，初始值或者使用 constexpr 构造函数，或者是一条常量表达式。

constexpr 构造函数用于生成 constexpr 对象以及 constexpr 函数的参数或返回类型。

3.13 图书馆图书借阅管理系统中类的声明和对象的定义

通过本章的学习，相信大家已经对类和对象的概念非常熟悉，也掌握了 C++ 中类的声明方法及对象的定义和使用方法。在此基础上来实现图书馆图书借阅管理系统中类的声明及对象的定义工作。

在本书第 1 章 1.4 节已经给出了图书馆图书借阅管理系统中的所有对象，并抽象出

了所有这些对象所属的类。它们是：图书对象与图书类、学生对象和学生类、教师对象和教师类、图书管理员对象与图书管理员类、借阅记录对象和借阅记录类、图书顺序表对象与图书顺序表类、学生顺序表对象与学生顺序表类、教师顺序表对象与教师顺序表类、图书管理员顺序表对象和图书管理员顺序表类、借阅记录顺序表对象和借阅记录顺序表类、日期对象和日期类、系统登录界面对象和系统登录界面类、学生用户界面对象和学生用户界面类、教师用户界面对象和教师用户界面类、图书管理员用户界面对象和图书管理员用户界面类、系统管理员用户界面对象和系统管理员用户界面类、学生用户菜单对象和学生用户菜单类、教师用户菜单对象和教师用户菜单类、图书管理员用户菜单对象和图书管理员用户菜单类、系统管理员用户菜单对象和系统管理员用户菜单类，以及由学生类、教师类、图书管理员类这 3 个系统用户类抽象出的基类——用户类，由学生用户菜单类、教师用户菜单类、图书管理员用户菜单类、系统管理员用户菜单类这 4 个用户菜单类抽象出的抽象基类——菜单类。

在上述 22 个类中，类与类之间的关系如下。

类与类之间存在继承关系的有：用户类与学生类、教师类、图书管理员类之间，系统抽象菜单类与学生用户菜单类、教师用户菜单类、图书管理员用户菜单类、系统管理员用户菜单类之间。

类与类之间存在聚合关系的有：图书顺序表类和图书类之间，学生顺序表类和学生类之间，教师顺序表类和教师类之间，图书管理员顺序表类和图书管理员类之间，借阅记录顺序表类和借阅记录类之间，学生用户菜单类与学生顺序表类、图书顺序表类、借阅记录顺序表类之间，教师用户菜单类与教师顺序表类、图书顺序表类、借阅记录顺序表类之间，图书管理员用户菜单类与图书管理员顺序表类、学生顺序表类、教师顺序表类、图书顺序表类、借阅记录顺序表类之间，系统管理员用户菜单类与学生顺序表类、教师顺序表类、图书管理员顺序表类、图书顺序表类、借阅记录顺序表类之间。

类与类之间存在组合关系的有：学生用户界面类与学生用户菜单类、教师用户界面类与教师用户菜单类、图书管理员用户界面类与图书管理员用户菜单类、系统管理员用户界面类与系统管理员用户菜单类。

类与类之间存在依赖关系的有：图书管理员用户菜单类、系统管理员用户菜单类与日期类之间，系统登录界面类与学生顺序表类、教师顺序表类、图书管理员顺序表类之间。

考虑本教材的章节内容安排，把具有继承关系的 4 个类：用户类、学生类、教师类、图书管理员类，以及与学生类存在聚合关系的学生顺序表类、与教师类存在聚合关系的教师顺序表类、与图书管理员类存在聚合关系的图书管理员顺序表类，还有图书类和图书顺序表类、借阅记录类和借阅记录顺序表类，与学生顺序表类、教师顺序表类、图书管理员顺序表类存在依赖关系的系统登录界面类共 12 个类的声明及对象的定义工作放在第 4 章 4.12 节来完成。系统抽象菜单类与学生用户菜单类、教师用户菜单类、图书管理员用户菜单类、系统管理员用户菜单类之间虽为继承关系，但由于运用了多态机制，故把这 5 个类的声明及对象的定义工作放在第 5 章 5.6 节来完成。另外，用户界面类与对应的用户菜单类是一种关系紧密的组合关系，用户界面是用户菜单的容器，故把学生用户界面类、教师用户界面类、图书管理员用户界面类、系统管理员用户界面类这 4 个类的声明及对象的定义工作也放在第 5 章 5.6 节来完成。本节只对系统中的日期类按照 C++ 规定的声明类的格式进行声明，并在 main 函数中定义日期对象，对该类进行测试。

日期类的声明代码放在名为 Date.h 的头文件中，具体内容如下：

```
//Date.h: interface for the Date class.
#if !defined DATE_H
#define DATE_H
class Date
{public:
    Date();                                          //默认构造函数
    Date(char strDate[]);                            //转换构造函数
    Date(int Y, int M, int D);                       //带有 3 个参数的普通构造函数
    void setDate(int Y, int M, int D);               //设置年、月、日的成员函数
    void show()const;                                //显示日期的成员函数
    int getYear();                                   //单独获取年的成员函数
    void setYear(int Y);                             //单独设置年的成员函数
    int getMonth();                                  //单独获取月的成员函数
    void setMonth(int M);                            //单独设置月的成员函数
    int getDay();                                    //单独获取日的成员函数
    void setDay(int D);                              //单独设置日的成员函数
    char* toString();                                //把日期转换为字符串的函数
    int daysPerMonth(int m=-1) const;                //计算每月多少天
    int daysPerYear(int y=-1) const;                 //计算每年多少天
    int compare(const Date &date) const;             //比较两个日期的大小,相等返回 0
    bool isLeapYear(int y=-1) const;                 //是否闰年
    int subDate(const Date &date) const;             //减去一个日期,返回天数
    Date subDays(int days) const;                    //减少指定的天数
    Date addDays(int days) const;                    //增加指定的天数
private:
    int year, month, day;                            //代表年,月,日的私有数据成员
    void addOneDay();                                //增加 1 天
    void subOneDay();                                //减少 1 天
    int subSmallDate(const Date &dat) const;         //减去一个更小的 Date,返回天数
};
#endif
```

上述 Date 类中各成员函数的类外实现代码放在名为 Date.cpp 的源文件中，具体内容如下：

```
// Date.cpp: implementation of the Date class.
#include "Date.h"
#include <string>
#include <iostream>
using namespace std;
/**********以下为 Date 类的公用成员函数的类外定义**********/
```

```
Date::Date(){  year =2015;  month =1;   day =1;    }
Date::Date(char strDate[ ])    //要求实参日期字符串中年、月、日之间的分隔符为冒号:
{        //从日期字符串中提取年份信息
         char y[5];
         int i =0;
         while ( strDate[i] !='\0' && strDate[i] !=':' )
         {  y[i] =strDate[i];  i++;  }
         y[i] ='\0';
         year =atoi(y);
         //从日期字符串中提取月份信息
         if ( strDate[i] !='\0' ) i++;
         char m[3];
         int j =i, k =0;
         while ( strDate[i] !='\0' && strDate[i] !=':' )
         {  m[i-j] =strDate[i];  i++;  k++;  }
         m[k] ='\0';
         month =atoi(m);
         //从日期字符串中提取日信息
         if ( strDate[i] !='\0' ) i++;
         char d[3];
         j =i, k =0;
         while ( strDate[i] !='\0' && strDate[i] !=':' )
         {  d[i-j] =strDate[i];  i++;  k++;  }
         d[k] ='\0';
         day =atoi(d);
}
Date::Date(int Y, int M, int D): year(Y), month(M), day(D){ }
void Date::setDate(int Y, int M, int D){  year =Y;  month =M;  day =D;  }
void Date::show()const
{   cout <<year <<" 年(";
    if ( isLeapYear() )
        cout <<"闰";
    else cout <<"平";
    cout <<"年) " <<month <<" 月 " <<day <<" 日";
    cout <<endl;
}
int Date::getYear(){  return year;  }
void Date::setYear(int Y){  year =Y;  }
int Date::getMonth(){  return month;  }
void Date::setMonth(int M){  month =M;  }
int Date::getDay(){  return day;  }
void Date::setDay(int D){  day =D;  }
char * Date::toString()
{        char *arr=new char[20];
```

```
        char * IntToString(int);    //将整型数转换成字符串函数的原型声明
        strcpy(arr,IntToString(year));
        strcat(arr,":");
        strcat(arr,IntToString(month));
        strcat(arr,":");
        strcat(arr,IntToString(day));
        return arr;
}
int Date::daysPerMonth(int m) const
{       m = (m <0)? month : m;
        switch(m){
        case 1: return 31;
        case 2: return isLeapYear(year) ? 29 : 28;
        case 3: return 31;
        case 4: return 30;
        case 5: return 31;
        case 6: return 30;
        case 7: return 31;
        case 8: return 31;
        case 9: return 30;
        case 10: return 31;
        case 11: return 30;
        case 12: return 31;
        default: return -1;
        }
}
int Date::daysPerYear(int y) const
{       y = ( y<0 )? year : y;
        if ( isLeapYear(y) ) return 366;
        return 365;
}
int Date::compare(const Date &date) const
{       if ( year >date. year )  return 1;
        else if ( year <date. year )  return -1;
        else {
              if ( month >date. month )   return 1;
              else if ( month <date. month )  return -1;
              else {
                    if ( day >date. day )  return 1;
                    else if ( day <date. day )  return -1;
                    else return 0;
              }
        }
}
```

```
bool Date::isLeapYear(int y) const
{       y = ( y <0 ) ? year : y;
        if (0 ==y%400 || ( 0 ==y%4 && 0 !=y%100 ) )  return true;
        return false;
}
int Date::subDate(const Date &date) const
{       if ( compare(date) >0 )
            return subSmallDate(date);
        else if ( compare(date) <0 )
            return -(date.subSmallDate(*this) );
        else return 0;
}
Date Date::addDays(int days) const
{       Date newDate(year, month, day);
        if ( days >0 )
        {   for ( int i =0; i <days; i++)  newDate.addOneDay();  }
        else if (days <0 )
        {   for ( int i =0; i <(-days); i++)  newDate.subOneDay();  }
        return newDate;
}
Date Date::subDays(int days) const {  return addDays(-days);  }

/**********以下为 Date 类的私有成员函数的类外定义**********/
void Date::addOneDay()
{    if (++day >daysPerMonth() ){  day =1;  month++;  }
     if (month >12) {  month =1;  year++;  }
}
void Date::subOneDay()
{    if (--day <1) {
          if (--month <1) {  month =12;  year--;  }
          day =daysPerMonth();
     }
}
int Date::subSmallDate(const Date &dat) const
{         int days =0;
         Date date(dat);
         while( year >( date.year +1 ) )
         {  days +=date.daysPerYear();  date.year++;  }
         while( month >( date.month +1 ) )
         {  days +=date.daysPerMonth(); date.month++; }
         while( day >(date.day +1 ) )
         {  days++;  date.day++;  }
         while( compare(date) >0 )
         {  days++;  date.addOneDay();  }
```

```
        return days;
}
char* IntToChar(int n)          //将整型数 0~9 转换成字符串
{       switch(n){
        case 0: return "0";
        case 1: return "1";
        case 2: return "2";
        case 3: return "3";
        case 4: return "4";
        case 5: return "5";
        case 6: return "6";
        case 7: return "7";
        case 8: return "8";
        case 9: return "9";
        }
}
char * IntToString(int n)       //将整型数 n 转换成字符串
{       char * ptr=new char[20];
        if(n<10){ strcpy(ptr,IntToChar(n)); return ptr;}
        else
        {   strcpy(ptr,IntToString(n/10));
            strcat(ptr,IntToChar(n%10));
            return ptr;
        }
}
```

为了测试设计的 Date 类，可以书写如下的 main 函数，并存放在名为 main. cpp 的源文件中，具体内容如下：

```
//main. cpp
#include "Date. h"
#include <ctime>
#include <iostream >
using namespace std;
int main()
{  /***********获取计算机系统时间******************/
   time_t nowtime;
   time(&nowtime);                    //获取日历时间
   struct tm local;
   localtime_s(&local,&nowtime);      //获取当前系统时间
   int year=local. tm_year+1900;
   int month=local. tm_mon+1;
   int day=local. tm_mday;
   /****************测试 Date 类**********************/
   Date date1(year,month,day); //定义 Date 类对象 date1,测试带有 3 个形参的构造函数
```

```
    date1.show();                        //测试 show 成员函数
    char *p=date1.toString();            //测试 toString 成员函数
    cout<<p<<endl;
    Date date2(p);                       //定义 Date 类对象 date2,测试转换构造函数
    date2.show();
    cout<<"10 天前:";
    Date date3=date2.subDays(10);        //测试 subDays 成员函数
    date3.show();
    cout<<"10 天后:";
    Date date4=date2.addDays(10);        //测试 addDays 成员函数
    date4.show();
    Date date5;                          //定义 Date 类对象 date5,测试无参构造函数
    cout <<"Date date5 is: ";
    date5.show();
    date5.setDate(2015, 2, 2);           //测试 setDate 成员函数
    cout <<"After modify, Date date5 is: ";
    date5.show();
    cout <<date5.getYear() <<":";        //测试 getYear 成员函数
    cout <<date5.getMonth() <<":";       //测试 getMonth 成员函数
    cout <<date5.getDay() <<endl;        //测试 getDay 成员函数
    Date date6(2014,12,31);
    int days=date5.subDate(date6);       //测试 subDate 成员函数
    cout<<"days=" <<days <<endl;
    return 0;
}
```

本章小结

类是面向对象程序设计的核心概念，是逻辑上相关的函数与数据的封装体，是对所要处理的问题的抽象描述。面向对象程序由类的定义和类的使用(由类定义对象)两部分组成，在主函数 main 中定义各对象并规定它们之间传递消息的规律，程序中的一切操作都是通过向对象发送消息来实现的，对象接到消息后，启动消息处理函数完成相应的操作。

类是对象的抽象，对象是类的实例。没有脱离对象的类，也没有不依赖于类的对象。在 C++ 中，类在具体实现上表现为一种新的自定义数据类型，和基本数据类型的不同之处在于，类这种特殊数据类型同时包含了数据及对数据进行操作的函数；对象是类类型的变量。

对象在定义时进行的数据成员设置，称为对象的初始化。对象初始化的工作由类的构造函数完成。这个函数非常特殊，只要建立对象，构造函数立即被自动调用。如果一个类没有专门定义构造函数，系统就会提供一个默认构造函数。只不过系统提供的这个默认构造函数的函数体为空，一般情况下起不到初始化作用。类的设计者可以根据定义对象时初始化工作的需要，设计多个构造函数。

对象使用结束时,还要进行一些清理工作,该工作由类的析构函数完成。析构函数也是类的一个特殊成员函数。当对象的生命周期结束时,析构函数也会被自动调用。若一个类没有专门定义析构函数,系统也会提供一个默认析构函数。只不过该默认析构函数的函数体同样为空,根本起不到清理作用。如果一个类包含有指针数据成员,就要专门定义该类的析构函数,完成释放该指针所指向的内存空间,并置该指针为空指针的工作。

类的特殊成员函数除了构造函数和析构函数,还有复制构造函数、复制赋值运算符。C++ 11 则在原有这 4 个特殊成员函数的基础上,新增了两个:移动构造函数与移动赋值运算符。如果你提供了析构函数、复制构造函数或复制赋值运算符,编译器将不会自动提供移动构造函数和移动赋值运算符。如果你提供了移动构造函数或移动赋值运算符,编译器将不会自动提供复制构造函数和复制赋值运算符。它们的设计与应用,直接影响编译程序处理对象的方式。一般来说,如果一个类定义了任何一个复制操作,它就应该定义所有 5 个操作,特别是对于要在类内管理资源的类型。

可以通过将复制控制成员(包括复制构造函数、移动构造函数、复制赋值运算符、移动赋值运算符和析构函数)定义为=default 来显式地要求编译器生成合成的版本。若希望限制合成版本的成员函数的生成,可以使用=delete 关键字将函数定义为删除函数。

右值引用是 C++ 11 标准为了支持移动操作而引入的一种新的引用类型。右值引用有一个重要的性质——可以绑定到一个即将销毁的对象,因此,通过右值引用可以自由地将一个右值引用的资源"移动"到另一个对象中。复制/移动构造函数的参数模式:一个指向 const 的左值引用,一个指向非 const 的右值引用。复制/移动赋值运算符的函数参数模式与此相同。普通函数和类的其他成员函数同样可以采用这样函数的参数模式,同时提供复制版本和移动版本,从而提高应用程序的性能。

引用限定符 & 或 && 可以出现在类的非 static 成员函数的参数列表后面,表示该函数只能用于左值或者右值。当定义 const 成员函数时,可以定义两个版本,唯一的区别是一个版本有 const 限定而另一个没有。引用限定的函数则不一样。如果定义两个或两个以上具有相同名字和相同参数列表的成员函数,就必须对所有的函数都加上引用限定符。

动态内存的正确释放被证明是编程中及其容易出错的地方。因为确保在正确的时间释放内存是极其困难的。有时我们会忘记释放内存,这样就导致内存泄漏;有时在尚有指针引用内存的情况我们释放了它,这样就导致引用非法内存的指针。为了更加方便、安全的管理动态内存,C++ 11 标准库新推出了三种智能指针 shared_ptr、unique_ptr 和 weak_ptr。智能指针的行为类似普通指针,重要的区别是它负责自动释放所指向的对象。shared_ptr 是一个标准的共享所有权的智能指针,允许多个指针指向同一个动态创建的对象。假如不希望某个动态对象被多个智能指针共享,则选用 unique_ptr。unique_ptr 保证同时只能有一个智能指针指向某动态对象。weak_ptr 则是为了协助 shared_ptr 更好地完成工作而引入的,它是一种弱引用,指向 shared_ptr 所管理的对象。这 3 种类型都定义在 memory 头文件中。

考虑本章所学内容,本章最后一节只提供贯穿全书的综合性项目——图书馆图书借阅管理系统中的日期类——Date 类的声明,及对该类进行测试的 main 函数。考虑 Date 类的通用性,这里提供的 Date 类的功能是比较丰富的。

习　题

一、简答题

1.什么是对象？什么是类？类和对象的关系是怎样的？

2. 类中的成员有哪几种？它们的访问属性有哪几种？

3. 什么是构造函数？什么是析构函数？它们的调用顺序是怎么样的？

4. 对象的复制操作的过程是怎样的？对象的赋值操作的过程是怎样的？对象的赋值与复制有什么区别？

二、阅读下面的程序，给出程序运行的结果。

```
#include <iostream>
using namespace std;
class Rectangle
{public:
    Rectangle()
    {   length =1;   width =1;
        cout <<"Box(" <<length <<", " <<width <<")";
        cout <<" is constructed!" <<endl;
    }
    Rectangle( float L, float W )
    {   length =L;  width =W;
        cout <<"Box(" <<length <<", " <<width <<")";
        cout <<" is constructed!"<<endl;
    }
    float SurfaceArea(){   return length * width;   }
    ~Rectangle(){
        cout <<"Box(" <<length <<", " <<width <<")";
        cout <<" is destructed!"<<endl;
    }
private:
   float length, width;
};
int main()
{  Rectangle rect[3];
   return 0;
}
```

三、编程题

1. 结合自己熟悉的一个类，写出类的 6 大特殊成员函数的定义，理解它们各自的作用。

2. 声明一个长方体类 Box，该类有长度(length)、宽度(width)、高度(length)3 个数据成员，类中有获取及修改长度、宽度、高度的函数，还有计算长方体表面积和体积的函数。请按上述要求声明该长方体类并在main函数中定义该类的一个对象，调用对象的各函数进行测试。

3. 在编程题第2题类的声明中加上默认的构造函数和带有3个参数的构造函数，然后在main函数中进行测试。

4. 在编程题第3题源程序的main函数中动态创建一个长方体对象并初始化为length = 4，width = 3，height =2，并输出该对象的表面积和体积。

5. 声明一个银行账户类Account，该类有账号(id)、余额(balance)两个数据成员，有获取账号、获取余额、存款和取款的函数，以及必要的构造函数。请按上述要求声明该银行账户类并在main函数中定义该类的多个对象，然后对它们进行存取款和查询余额的操作。

6. 设计一个空调类airCondition，其中包括：

(1) 数据成员：品牌、颜色、功率、开关状态、设定温度。

(2) 构造函数：对品牌、颜色、功率、设定温度赋初值。

(3) 成员函数：切换开关状态、升温、降温。

要求在main函数中创建一个airCondition对象，具体信息为：格力、白色、2匹、25℃。调用其"切换开关状态"函数打开空调，调用其"降温"函数调整温度为20℃，并打印空调状态和目前设定的温度到屏幕。

7. 创建一个对象数组，数组的元素是学生对象，学生的信息包括学号、姓名和成绩，在main函数中将数组中所有成绩大于80分的学生的信息显示出来。

8. 创建一个对象数组，数组的元素是学生对象，学生的信息包括学号、姓名和成绩，在main函数中将数组元素按学生成绩从小到大的顺序进行排序并显示。

第4章 继承与派生

面向对象的程序设计有4个重要特征：抽象、封装、继承和多态性。在第3章中学习了类和对象，了解了面向对象程序设计的两个重要特征——抽象与封装，已经能够设计出基于对象的程序，这是面向对象程序设计的基础。要较好地进行面向对象程序设计，还必须了解面向对象程序设计的另外两个重要特征——继承性和多态性。本章主要介绍有关继承的知识，在第5章中将介绍多态性。

4.1 继承与派生的概念

继承的思想来源于现实世界中实体之间的联系。在现实世界中，许多事物之间并不是孤立的，它们具有共同的特征，也有各自的特点。这使得人们可以使用一种层次性的结构来描述它们之间的相同点和不同点。例如，生物学上对生物种类的分类法——门、纲、目、科、属、种，是最典型的层次结构分类法之一。在这种层次性的结构中，最高层次的类具有最普遍、最一般的含义，而其下层完全具备上一层次的各种特性，同时又添加了属于自己的新特性。比如老虎是猫科动物，也就是说老虎继承了猫科动物的特性，但是老虎又有自己的特性。因此，在这个层次结构中，从猫科动物到老虎，是一个具体化的过程，而从老虎到猫科动物则是一个抽象化的过程。于是将这种具体化的过程运用到面向对象程序设计中就称之为类的继承与派生。

类的继承性使得程序员可以很方便地利用一个或多个已有的类建立一个新的类。这就是常说的“软件重用”(software reusability)的思想。面向对象技术强调软件的可重用性。C++语言提供了类的继承机制，解决了软件重用问题。

在C++中，所谓“继承”就是在一个或多个已存在的类的基础上建立一个新的类。已存在的类称为“基类”“父类”或“一般类”。新建立的类称为“派生类”“子类”或“特殊类”。

一个新类从已有的类那里获得其已有特性，这种现象称为类的继承。通过继承，一个新建子类从已有的父类那里获得父类的特性。从另一角度说，从已有的父类产生一个新的子类，称为类的派生。类的继承是用已有的类来建立专用类的编程技术。派生类继承了基类的所有数据成员和成员函数(不包括基类的构造函数和析构函数)，并可以增加自己的新成员，同时也可以调整继承于基类的数据成员和成员函数。

基类和派生类是相对而言的。一个基类可以派生出多个派生类，每一个派生类又可以作为基类再派生出新的派生类。一代一代地派生下去，就形成了类的继承层次结构，如

图 4-1 所示为继承关系的一个示例。

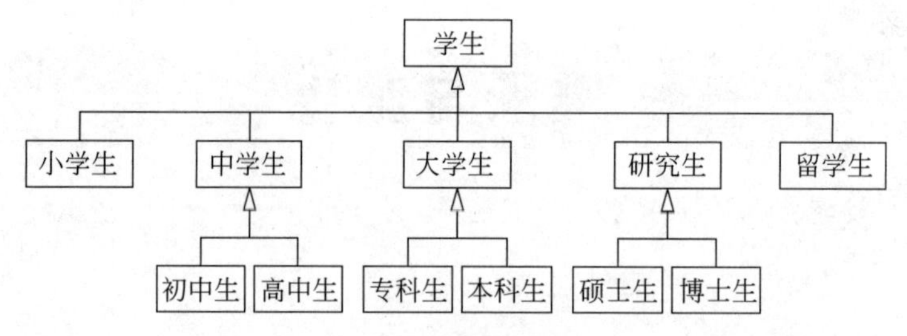

图 4-1 单继承关系

在图 4-1 中，每个派生类只从一个基类派生，这称为单继承（single inheritance），这种继承关系所形成的层次是一个树形结构。

一个派生类不仅可以从一个基类派生，也可以从多个基类派生。一个派生类有两个或多个基类的称为多重继承（multiple inheritance），如图 4-2 所示的派生类“销售经理”的基类有两个：“经理”类和“销售人员”类。

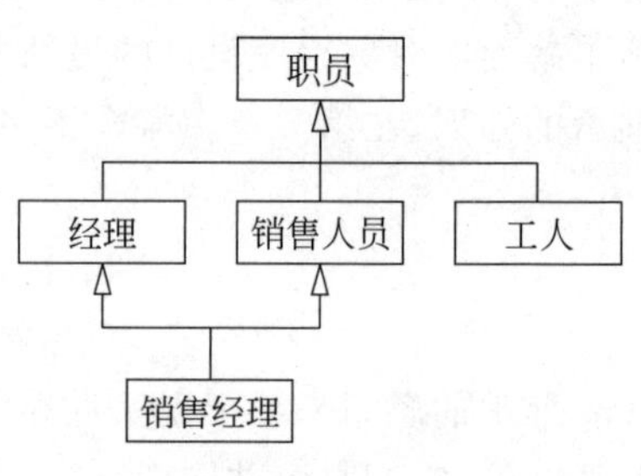

图 4-2 多继承关系

基类和派生类的关系，可以表述为：派生类是基类的具体化，而基类是派生类的抽象。图 4-1 中，小学生、中学生、大学生、研究生、留学生都是学生的具体化，他们是在学生共性基础上加上某些特征形成的派生类。而学生则是对各类学生共性的综合，是对各类具体学生特征的抽象。

在 C++ 中，类的继承与派生机制体现在其语法中是怎样的呢？如何由基类派生出派生类？如下所述。

4.2 派生类的声明

从最简单的单继承开始说起。单继承派生类的声明格式如下：

```
class 派生类名:[继承方式] 基类名
{
    派生类新增加的成员
};
```

其中，继承方式可以是 public（公用的）、private（私有的）、protected（受保护的），分别对应公用继承、私有继承、保护继承。此项是可选的，如果不写此项，则默认为 private（私有的）。举例如下：

```
class Circle                                    //声明基类 Circle——圆类
{public:                                        //Circle 类公用成员函数
    void setRadius(int r){  radius=r;  }        //设置圆半径的值
    int getRadius(){  return radius;  }         //获取圆半径的值
```

```
    void showRadius()                           //显示圆半径的值
    {  cout <<" Base class Circle: radius =" <<radius <<endl;  }
private:                                        //Circle类私有数据成员
    int radius;                                 //圆半径
};
class Cylinder: public Circle          //以public方式声明派生类Cylinder——圆柱体类
{public:                                        //Cylinder类公用成员函数
    void setHeight(int h){  height =h;  }       //设置圆柱体的高度值
    int getHeight(){  return height;  }         //获取圆柱体的高度值
    void showHeight()                           //显示圆柱体的高度值
    {  cout <<"Derived class Cylinder: height =" <<height <<endl;  }
private:                                        //Cylinder类私有数据成员
    int height;                                 //圆柱体高度
};
```

有时候我们会定义这样一种类：不希望其他类继承它，或者不想考虑它是否适合作为一个基类，为了实现这一目的，C++ 11提供了一种防止继承发生的方法，即在类名后跟一个标识符final。

```
class NoDerived final {/*…*/};                  //NoDerived不能作为基类
class Error: NoDerived {/*…*/}                  //错误:NoDerived是final的
class Base{/*   */};
class Last final: Base {/*…*/}                  //Last不能作为基类
class Error2: Last{/*…*/}                       //错误:Last是final的
```

还能把类中某个成员函数指定为final，则派生类中任何尝试重写该函数的操作都将引发编译错误。详见5.5节。

4.3 派生类的构成

派生类中的成员包括从基类继承过来的成员和自己新增加的成员两大部分，从基类继承过来的成员体现了派生类从基类继承而获得的共性，而新增加的成员体现了派生类的个性，体现了派生类与基类的不同，体现了不同派生类的区别。图4-3为4.2节中的基类Circle及其派生类Cylinder的成员示意图。

实际上，并不是把基类的成员和派生类自己新增加的成员简单地加在一起就成为派生类。构造一个派生类一般经历3个步骤：从基类接收成员，调整从基类接收的成员，增加新成员。

1. 从基类接收成员

派生类要接收基类全部的成员(但不包括基类的构造函数、析构函数)，也就是说是没有选择的，不能选择接收其中一部分成员，而舍弃另一部分成员。

这样就可能出现一种情况：有些基类的成员在派生类中是用不到的，但是也必须继承过来。这样就会造成数据的冗余，尤其是在多次派生之后，会在许多派生类对象中存在

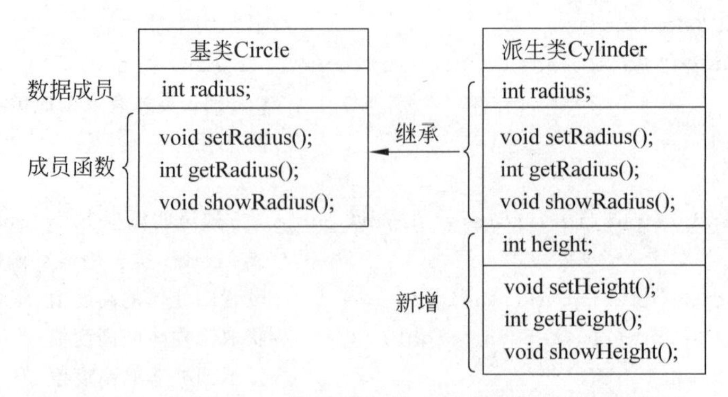

图 4-3 基类 Circle 及其派生类 Cylinder 的成员示意图

大量无用的数据，不仅浪费了大量的空间，而且在对象的创建、赋值、复制和参数的传递中，花费了许多无谓的时间，从而降低了效率。这在目前的 C++ 标准中是无法解决的，要求程序员根据派生类的需要慎重选择基类。不要随意地从已有的类中找一个作为基类去构造派生类，应当考虑怎样能使派生类有更合理的结构。实际开发中，根据派生类的实际要求，可以考虑设计一些专门的基类。

2. 调整从基类接收的成员

虽然派生类对基类成员的继承是没有选择的全部继承，但是程序员可以对这些成员作某些调整。调整包括两个方面：一方面，可以改变基类成员在派生类中的访问属性，这是通过指定继承方式来实现的，如果在声明派生类时指定继承方式为私有的，则基类中的公用成员和保护成员在派生类中的访问属性就成了私有的，在派生类外不能访问；通过在类内使用 using 声明语句，可进一步改变继承方式作用下的基类成员在派生类中的访问属性。另一方面，可以在派生类中声明一个与基类成员同名的成员，则派生类的新成员会屏蔽与其同名的基类成员，使同名的基类成员成为“不可见”的，即基类成员的名字被隐藏。关于基类成员在派生类中的访问属性问题和名字隐藏问题，稍后会作详细介绍。

3. 增加新成员

这部分内容是很重要的，它体现了派生类对基类功能的扩展。程序员要根据实际情况的需要，仔细考虑应该给派生类增加哪些数据成员和成员函数。

特别提醒，在声明派生类时，一般还应当定义派生类的构造函数和析构函数，因为构造函数和析构函数是不能从基类继承的。

4.4 派生类中基类成员的访问属性

派生类中基类成员的访问属性不仅与在声明基类时所声明的访问属性有关，而且与在声明派生类时所指定的对基类的继承方式，以及类内 using 声明语句的使用情况有关，这些因素共同决定基类成员在派生类中的访问属性。

前面已提到，派生类对基类的继承方式有 public、private 和 protected 等 3 种。不同的继承方式决定了基类成员在派生类中的访问属性。

1. 公用继承(public inheritance)

基类的公用成员和保护成员在派生类中保持原有访问属性,其私有成员仍为基类私有。

2. 私有继承(private inheritance)

基类的公用成员和保护成员在派生类中成了私有成员,其私有成员仍为基类私有。

3. 受保护的继承(protected inheritance)

基类的公用成员和保护成员在派生类中成了保护成员,其私有成员仍为基类私有。

保护成员的意思是:不能被外界访问,但可以被派生类的成员访问。

4.4.1 公用继承

在声明一个派生类时将派生类对基类的继承方式指定为 public 的,称为公用继承。用公用继承方式建立的派生类称为公用派生类(public derived class),其基类称为公用基类(public base class)。

采用公用继承方式时,基类的公用成员和保护成员在派生类中仍然保持其公用成员和保护成员的属性,而基类的私有成员在派生类中并没有成为派生类的私有成员,它仍然是基类的私有成员,只有基类的成员函数可以访问它,而不能被派生类的成员函数访问,因此就成为派生类中的不可访问的成员。公用基类的成员在派生类中的访问属性见表 4-1。

表 4-1 公用基类成员在派生类中的访问属性

公用基类的成员	在公用派生类中的访问属性	公用基类的成员	在公用派生类中的访问属性
公用成员	公用	私有成员	不可访问
保护成员	保护		

【例 4-1】 公用继承示例。

```
#include <iostream>
using namespace std;
class Circle                                    //声明基类 Circle——圆类
{public:                                        //Circle 类公用成员函数
    void setRadius(int r){  radius =r;  }       //设置圆半径的值
    int getRadius(){  return radius;  }         //获取圆半径的值
    void showRadius()                           //显示圆半径的值
    {  cout <<"Base class Circle: radius =" <<radius <<endl;  }
private:                                        //Circle 类私有数据成员
    int radius;                                 //圆半径
};
class Cylinder: public Circle   //以 public 方式声明公用派生类 Cylinder——圆柱体类
{public:                                        //Cylinder 类公用成员函数
    void setHeight(int h){  height =h;  }       //设置圆柱体的高度值
    int getHeight(){  return height;  }         //获取圆柱体的高度值
```

```
    void showHeight()                          //显示圆柱体的高度值
    {  cout <<"Derived class Cylinder: height =" <<height <<endl;  }
    void set(int r, int h)
    {   /*下行被注释的语句有错误,在公用派生类 Cylinder 中不可直接访问 radius,只能通
           过基类 Circle 中提供的公用成员函数 setRadius 进行间接访问 */
        //radius =r;
        //下行语句正确,setRadius 从基类 Circle 继承,成为派生类的 public 成员
        setRadius(r);
        height =h;
    }
void show()
    {   /*下行被注释的语句有错误,在公用派生 Cylinder 中不可直接访问 radius,只能通过
           基类 Circle 中提供的对外接口 getRadius 进行间接访问 */
        //cout <<"radius =" <<radius <<endl;
        //下行语句正确,getRadius 从基类 Circle 继承,成为派生类的 public 成员
        cout <<"radius =" <<getRadius() <<endl;
        //showRadius();                        //该语句与上句作用相同
        cout <<"height =" <<height <<endl;
    }
private:                                       //Cylinder 类私有数据成员
    int height;                                //圆柱体高度
};
int main()
{   Cylinder obj;
    //setRadius 从基类 Circle 继承,成为派生类的 public 成员,可以在类外访问
    obj.setRadius(10);
    //showRadius 从基类 Circle 继承,成为派生类的 public 成员,可以在类外访问
    obj.showRadius();
    obj.setHeight(20);
    obj.showHeight();
    obj.set(30, 40);
    obj.show();
    return 0;
}
```

程序运行结果如下：

```
Base class Circle: radius =10
Derived class Cylinder: height =20
radius =30
height =40
```

在例 4-1 中，派生类 Cylinder 公用继承基类 Circle，派生类 Cylinder 的数据成员有两个：radius 和 height，height 是它自己新增加的，访问属性为 private，radius 则继承于 Circle，在 Cylinder 中不可访问，Cylinder 的新增成员函数 show 要想访问 radius，必须通

过 Circle 提供的对外接口 getRadius 进行间接访问。派生类 Cylinder 的成员函数有 8 个：setRadius、getRadius、showRadius、setHeight、getHeight、showHeight、set、show。其中前 3 个继承于 Circle，后 5 个是它自己新增加的，它们在 Cylinder 中的访问属性皆为 public。setRadius、getRadius 和 showRadius 不仅可以被派生类新增的成员函数访问，如 set 函数对 setRadius 的访问，show 函数对 getRadius 和 showRadius 的访问，也可以在派生类外通过派生类对象名访问。如 main 函数中的语句：

```
obj.setRadius(10);
obj.showRadius();
```

4.4.2 私有继承

在声明一个派生类时将派生类对基类的继承方式指定为 private 的，称为私有继承，用私有继承方式建立的派生类称为私有派生类(private derived class)，其基类称为私有基类(private base class)。

私有基类的公用成员和保护成员在派生类中的访问属性相当于派生类中的私有成员，即派生类的成员函数能访问它们，而在派生类外不能访问它们。私有基类的私有成员在派生类中成为不可访问的成员，只有基类的成员函数可以访问它们。一个基类成员在基类中的访问属性和在派生类中的访问属性可能是不同的。私有基类的成员在私有派生类中的访问属性见表 4-2。

表 4-2 私有基类成员在私有派生类中的访问属性

私有基类的成员	在私有派生类中的访问属性	私有基类的成员	在私有派生类中的访问属性
公用成员	私有	私有成员	不可访问
保护成员	私有		

对表 4-2 的规定不必死记，只需理解：既然声明为私有继承，就表示将原来能被外界访问的成员隐藏起来，不让外界访问，因此私有基类的公用成员和保护成员理所当然地成为派生类中的私有成员。按规定私有基类的私有成员只能被基类的成员函数访问，在基类外当然不能访问它们，因此它们在派生类中是不可访问的。

对于不需要再往下继承的类的功能可以用私有继承方式把它隐蔽起来，这样，下一层的派生类无法访问它的任何成员。

可以知道：一个成员在不同的派生层次中的访问属性可能是不同的。它与继承方式有关。

【例 4-2】 将例 4-1 中的公用继承方式改为用私有继承方式(基类 Circle 不变)。

私有派生类如下：

```
class Cylinder: private Circle                //以 private 方式声明私有派生类 Cylinder
{public:                                      //Cylinder 类公用成员函数
   void setHeight(int h){  height =h;  } //设置圆柱体的高度值
   int getHeight(){  return height;  }    //获取圆柱体的高度值
```

```
    void showHeight()                          //显示圆柱体的高度值
    {  cout <<"Derived class Cylinder: height =" <<height <<endl;  }
    void set(int r, int h){  setRadius(r); height =h;  }
    void show()
    {   cout <<"radius =" <<getRadius() <<endl;
        cout <<"height =" <<height <<endl;
    }
private:                                       //Cylinder类私有数据成员
    int height;                                //圆柱体高度
};
```

派生类 Cylinder 私有继承基类 Circle。在这种继承方式下,基类的公用成员 setRadius、getRadius、showRadius 被派生类继承后,在派生类中的访问属性都变成了 private,它们可以被派生类的新增成员函数访问,但不能在派生类外通过派生类对象名访问,必须通过派生类提供的公用成员函数来间接访问,Cylinder 中的 set 和 show 就是起这种作用的成员函数。因此,要写如下的 main 函数:

```
int main()
{  Cylinder obj;
   //obj.setRadius(10);  //错误,setRadius已成为派生类的private成员,不能在类外访问
   //obj.showRadius();   //错误,showRadius已成为派生类的private成员,不能在类外访问
   obj.setHeight(20);  obj.showHeight();
   obj.set(30, 40);    obj.show();
   return 0;
}
```

由于私有派生类限制太多,使用不方便,一般不常用。

4.4.3 保护成员和保护继承

由 protected 声明的成员称为"受保护的成员",简称"保护成员"。从类的用户角度来看,保护成员等价于私有成员。但有一点与私有成员不同,保护成员可以被派生类的成员函数访问。

如果基类声明了私有成员,那么任何派生类都是不能访问它们的,若希望在派生类中能访问它们,应当把它们声明为保护成员。如果在一个类中声明了保护成员,就意味着该类可能要用作基类,在它的派生类中会访问这些成员。

在声明一个派生类时将派生类对基类的继承方式指定为 protected 的,称为保护继承,用保护继承方式建立的派生类称为保护派生类(protected derived class),其基类称为受保护的基类(protected base class),简称保护基类。

保护继承的特点是:保护基类的公用成员和保护成员在派生类中都成了保护成员,其私有成员仍为基类私有。也就是把基类原有的公用成员也保护起来,不让类外任意访问。

将表 4-1 和表 4-2 综合起来,并增加保护继承的内容,总结 3 种继承方式下基类成员

在派生类中的访问属性，见表 4-3。

表 4-3 基类成员在派生类中的访问属性

基类中的成员	在公用派生类中的访问属性	在私有派生类中的访问属性	在保护派生类中的访问属性
公用成员	公用	私有	保护
保护成员	保护	私有	保护
私有成员	不可访问	不可访问	不可访问

保护基类的所有成员在派生类中都被保护起来，类外不能访问，其公用成员和保护成员可以被其派生类的成员函数访问。

从表 4-3 可知：基类的私有成员被派生类继承后变为不可访问的成员，派生类中的一切成员均无法直接访问它们。如果需要在派生类中直接访问基类的某些成员，应当将基类的这些成员声明为 protected，而不要声明为 private。

如果善于利用保护成员，可以在类的层次结构中找到数据共享与成员隐蔽之间的结合点。既可实现某些成员的隐蔽，又可方便地继承，能实现代码重用与扩充。

对以上的介绍，总结如下。

(1) 在派生类中，成员有 4 种不同的访问属性：

① 公用的：派生类内和派生类外都可以访问。

② 受保护的：派生类内可以访问，派生类外不能访问，其下一层的派生类可以访问。

③ 私有的：派生类内可以访问，派生类外不能访问。

④ 不可访问的：派生类内和派生类外都不能访问。

派生类中的成员的访问属性可以用表 4-4 表示。

表 4-4 派生类中的成员的访问属性

派生类中的成员	在派生类中	在派生类外	在下层公用派生类中
派生类中访问属性为公用的成员	可以	可以	可以
派生类中访问属性为受保护的成员	可以	不可以	可以
派生类中访问属性为私有的成员	可以	不可以	不可以
在派生类中不可访问的成员	不可以	不可以	不可以

需要说明的是：

① 这里所列出的成员的访问属性是指在派生类中所获得的访问属性。

② 所谓在派生类外部，是指在建立派生类对象的模块中，在派生类范围之外。

③ 如果本派生类继续派生，则在不同的继承方式下，成员所获得的访问属性是不同的，在表 4.4 中只列出在下一层公用派生类中的情况，如果是私有继承或保护继承，可以从表 4-3 中找到答案。

(2) 类的成员在不同作用域中有不同的访问属性，对这一点要十分清楚。

在学习过派生类之后，再讨论一个类的某成员的访问属性，一定要指明是在哪一个作用域中。如基类 Circle 的成员函数 setRadius，它在基类中的访问属性是公用的，在私有派生类 Cylinder 中的访问属性是私有的。

【例 4-3】 将例 4-1 中的公用继承方式改为用保护继承方式(基类 Circle 不变)。

保护派生类如下：

```
class Cylinder: protected Circle          //以 protected 方式声明保护派生类 Cylinder
{public:                                  //Cylinder 类公用成员函数
    void setHeight(int h){ height =h; }  //设置圆柱体的高度值
    int getHeight(){   return height;   } //获取圆柱体的高度值
    void showHeight()                     //显示圆柱体的高度值
    {   cout <<"Derived class Cylinder: height =" <<height <<endl;   }
    void set(int r, int h){   setRadius(r); height =h;   }
    void show()
    {    cout <<"radius =" <<getRadius() <<endl;
         cout <<"height ="<<height <<endl;
    }
private:                                  //Cylinder 类私有数据成员
   int height;                            //圆柱体高度
};
```

派生类 Cylinder 保护继承基类 Circle。在这种继承方式下，基类的公用成员 setRadius、getRadius、showRadius 被派生类继承后，在派生类中的访问属性都变成了 protected，它们可以被派生类的新增成员函数访问，但不能在派生类外通过派生类对象名访问，必须通过派生类提供的公用成员函数来间接访问。因此，要写如下的 main 函数：

```
int main()
{  Cylinder obj;
   //obj. setRadius(10); //错误，setRadius 已成为派生类的 protected 成员，不能在类外访问
   //obj. showRadius();  //错误，showRadius 已成为派生类的 protected 成员，不能在类外访问
   obj. setHeight(20);   obj. showHeight();
   obj. set(30, 40);     obj. show();
   return 0;
}
```

比较私有继承和保护继承，可以发现，在直接派生类中，以上两种继承方式的作用实际上是相同的：在类外不能访问基类中的任何成员，而在派生类中可以通过成员函数访问基类中的公用成员和保护成员。但是如果继续派生，在新的派生类中，两种继承方式的作用就不同了。例如，如果以公用继承方式派生出一个新派生类，原来私有基类中的成员在新派生类中都成为不可访问的成员，无论在新派生类内或外都不能访问，而原来保护基类中的公用成员和保护成员在新派生类中为保护成员，可以被新派生类的成员函数访问。

在派生类对基类的 3 种继承方式中，公用继承方式使用最多。

有时我们需要改变派生类继承的基类某个成员的可访问性，通过使用 using 声明可以达到这一目的。

```
class Base
{public:
    size_t size() const { return n; }
protected:
    size_t n;
};
class Derived : private Base       //注意:private 继承
{public:
    using Base::size;
protected:
    using Base::n;
};
```

因为 Derived 使用了私有继承,所以继承而来的 size 和 n 都是 Derived 的私有成员。然而,我们使用 using 声明语句改变了这些成员的可访问性。改变之后,size 在 Derived 中成为 public,n 在 Derived 中成为 protected。

通过在类的内部使用 using 声明语句,可以将该类的直接或间接基类中的任何可访问成员(且只能为可访问成员)标记出来。using 声明语句中名字的访问权限由该 using 声明语句之前的访问说明符来决定。也就是说,如果一条 using 声明语句出现在类的 private 部分,则该名字只能被类的成员和友元访问;如果 using 声明语句位于 public 部分,则类的所有用户都能访问它;如果 using 声明语句位于 protected 部分,则该名字对于类的成员、友元和派生类是可访问的。

4.4.4 成员同名问题

每个类定义自己的作用域,在这个作用域内定义类的成员。当存在继承关系时,派生类的作用域嵌套在其基类的作用域内。如果一个名字在派生类的作用域内无法正确解析,则编译器将继续在外层的基类作用域中寻找该名字的定义。恰恰因为类作用域有这种继承嵌套的关系,所以派生类才能像使用自己的成员一样使用基类成员。

和其他作用域一样,派生类也能重用定义在其直接基类或间接基类中的名字,此时定义在内层作用域的名字将隐藏定义在外层作用域的名字。即使派生类成员和基类成员的形参列表不一致,基类成员也仍然会被隐藏掉。请看下面的例子。

【例 4-4】 派生类成员函数与基类成员函数同名。

```
#include <iostream>
using namespace std;
class Circle                          //声明基类 Circle
{public:                              //基类 Circle 的公用成员函数
    void set(int r){   radius =r;   }
    void show(){   cout <<"Base class Circle: radius =" <<radius <<endl;   }
private:                              //基类 Circle 的私有数据成员
   int radius;                        //圆半径
};
```

```
class Cylinder: public Circle    //以 public 方式声明派生类 Cylinder
{public:
    void set(int r, int h)
    {   Circle::set(r);          //#1 访问从基类继承过来的同名成员函数 set()
        height =h;  }
    void show()
    {   Circle::show();          //#2 访问从基类继承过来的同名成员函数 show()
        cout <<"Derived class Cylinder: height =" <<height <<endl;
    }
private:
   int height;                   //圆柱体高度
};
int main()
{  Cylinder obj;
   obj.set(10, 20);              //#3
   obj.show();                   //#4
   //obj.set(10);                //#5 错误，只能是 obj.Circle::set(10);
   obj.Circle::set(30);          //#6 正确
   obj.Circle::show();           //#7
   return 0;
}
```

程序运行结果如下：

```
Base class Circle: radius =10
Derived class Cylinder: height =20
Base class Circle: radius =30
```

从例 4-4 可以看出：

(1) 如果是在派生类中声明了一个与基类成员函数名字相同，参数也相同的成员函数，则基类中的成员函数将被隐藏。如派生类 Cylinder 中 show 成员函数隐藏了其基类 Circle 中的 show 成员函数，在派生类中只能通过基类限定符访问它，如语句行＃2。在派生类外通过"派生类对象名.同名成员函数"访问的是派生类中的同名成员函数，如语句行＃4；如果想在派生类外通过派生类对象名访问其基类中的同名成员函数，也必须通过基类限定符，如语句行＃6、＃7。

(2) 如果是在派生类中声明了一个与基类成员函数名字相同，但参数不同的成员函数，则基类中的成员函数也将被隐藏。如派生类 Cylinder 中 set 成员函数隐藏了其基类 Circle 中的 set 成员函数，在派生类中只能通过作用域运算符来使用被隐藏的基类成员(作用域运算符将覆盖掉原有的查找规则，指示编译器从 Circle 类的作用域开始查找 set)，如语句行＃1。在派生类外通过"派生类对象名.同名成员函数"访问的是派生类中的同名成员函数，如语句行＃3；语句行＃5 是错误的，应该为语句行＃6 的访问形式，同样是通过作用域运算符来使用 Circle 中的 set 成员。

友情提示：

也有人认为派生类Cylinder重载了基类的成员函数set，重定义了基类的成员函数show。笔者不认同这种观点，其理由有二：①重载不会隐藏同名的其他成员函数名。②重载是指相同作用域中的名字相同、参数不同的同名函数，而派生类与基类各定义了一个唯一的作用域，这两个作用域是各自独立的。

4.5 派生类的构造函数

在4.3节中曾提到：基类的构造函数、析构函数派生类是不能继承的。在声明派生类时，一般还应当自己定义派生类的构造函数、析构函数。下面介绍派生类构造函数的定义。

构造函数的作用是在创建对象时对对象的数据成员进行初始化。派生类数据成员包括从基类继承过来的数据成员和自己新增加的数据成员，但是派生类并不能直接初始化从基类继承过来的数据成员，它必须使用基类的构造函数来初始化它们，在派生类构造函数的初始化列表中写出对基类构造函数的调用。下面从最简单的派生类构造函数的定义说起。

所谓简单的派生类是指只有一个基类，而且只有一级派生，在派生类的数据成员中不包含其他类对象的派生类。简单的派生类构造函数的定义请看下面这个例子。

【例4-5】 简单派生类的构造函数。

```
#include<iostream>
using namespace std;
#include<string>
class Person                    //声明基类 Person
{public:
    Person() =default;          //默认构造函数
    //带参构造函数
    Person(string Name, string Sex, int Age ): name(Name), sex(Sex), age(Age)
    {  cout <<" The constructor of base class Person is called. " <<endl;  }
    void show()
    {   cout <<" The person's name: " <<name <<endl;
        cout <<"              sex: " <<sex <<endl;
        cout <<"              age: " <<age <<endl;
    }
    ~Person() =default;         //默认析构函数
protected:                      //基类的保护数据成员
    string name;                //姓名
    string sex;                 //性别
    int age =0;                 //年龄
};
class Student: public Person    //声明基类 Person 的公用派生类 Student——大学生类
```

```
{public:
      Student() =default;        //默认构造函数
      //带参构造函数,在其初始化列表中调用基类的构造函数
      Student(string Name, string Sex, int Age, string Id, string Date, float
          Score):Person(Name, Sex, Age), id(Id), date(Date), score(Score)
      {  cout <<" The constructor of derived class Student is called. " <<endl;  }
      void stuShow()
      {   cout <<"       student's id: " <<id <<endl;
          cout <<"             name: " <<name <<endl;
          cout <<"              sex: " <<sex <<endl;
          cout <<"              age: " <<age <<endl;
          cout <<"  enrollment date: " <<date <<endl;
          cout <<" enrollment score: " <<score <<endl;
      }
protected:
    string id;                      //学号
    string date;                    //入学时间
    float score =0. 0;              //入学成绩
};
int main()
{   Student stu("Mary", "男", 19, "20170101001", "2017. 09. 01", 680);
    stu. stuShow();                 //输出学生信息
    return 0;
}
```

程序运行结果如下：

```
The constructor of base class Person is called.
The constructor of derived class Student is called.
The student's id: 20170101001
          name: Mary
            sex: 男
            age: 19
enrollment date: 2017. 09. 01
enrollment score: 680
```

例 4-5 中派生类 Student 的带参构造函数首行的写法：

```
Student(string Name, string Sex, int Age, string Id, string Date, float Score)
: Person(Name, Sex, Age), id(Id), date(Date), score(Score)
```

冒号前面是派生类 Student 构造函数的主干，它和以前介绍的构造函数形式相同，但是它的总参数列表中包含着调用基类 Person 的构造函数所需的参数和对派生类新增的数据成员初始化所需的参数。通过冒号后面的初始化列表完成将参数传递给基类构造函数和对派生类新增数据成员的初始化工作。

173

例 4-5 中派生类 Student 的构造函数有 6 个参数，前 3 个参数传递给基类的构造函数，后 3 个参数为对派生类新增数据成员初始化所需要的参数。其关系如图 4-4 所示。

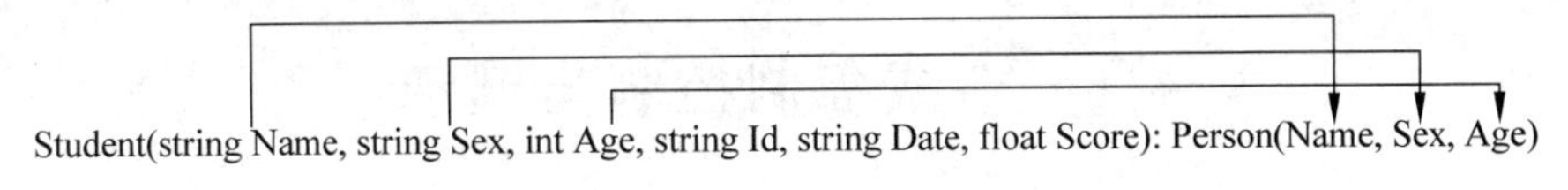
Student(string Name, string Sex, int Age, string Id, string Date, float Score): Person(Name, Sex, Age)

图 4-4　派生类 Student 的构造函数的参数传递关系

从例 4-5 程序的运行结果可以看出派生类构造函数的具体执行过程：先调用基类的构造函数，对派生类对象从基类继承过来的数据成员(name、sex、age)进行初始化。接下来初始化派生类新增的数据成员(id、date、score)。最后执行派生类构造函数的函数体。

在定义派生类构造函数时，还有以下几种情况需要注意。

(1) 多级派生的构造函数。一个类不仅可以派生出一个派生类，派生类还可以继续派生，形成派生的层次结构。在派生的层次结构中，每一层派生类的构造函数只负责调用其上一层(即它的直接基类)的构造函数。若在例 4-5 的基础上由派生类 Student 再派生出派生类 Graduate，则派生类 Graduate 的构造函数的定义如下。

```
//声明 Student 类的公用派生类 Graduate——研究生类
class Graduate: public Student
{public:
    Graduate() =default;          //默认构造函数
    //带参构造函数，在其初始化列表中调用其直接基类的构造函数
     Graduate (string Name, string Sex, int Age, string Id, string Date, float
Score, string Direct, string Teacher): Student(Name, Sex, Age, Id, Date, Score),
direct(Direct), teacher(Teacher)
    {  cout << " The constructor of derived class Graduate is called. " <<endl;  }
    void gradShow()
    {  stuShow();
       cout <<"           direct: " <<direct <<endl;
       cout <<"     teacher name: " <<teacher <<endl;
}
protected:                          //派生类的保护数据成员
    string direct;                  //研究方向
    string teacher;                 //导师姓名
};
```

(2) 当不需要对派生类新增的成员进行任何初始化操作时，此派生类构造函数的作用只是为了将参数传递给基类构造函数。

(3) 如果基类中没有定义构造函数，或定义了没有参数的构造函数，那么在定义派生类构造函数时，在其初始化列表中可以不写对基类构造函数的调用。在调用派生类构造函数时，系统会自动调用基类的默认构造函数。

如果在基类中既定义了无参的构造函数，又定义了有参的构造函数(构造函数的重载)，则在定义派生类构造函数时，在其初始化列表中既可以包含对基类构造函数的调用，

亦可以不包含对基类构造函数的调用。可以根据创建派生类对象的实际需要决定采用哪一种方式。

4.6 合成复制控制与继承

通过4.5节的学习，了解了派生类的自定义构造函数的执行流程，派生类的合成默认构造函数的行为与此类似。4.5节中的3个类Person、Student和Graduate都提供有合成默认构造函数。

合成的Graduate默认构造函数调用Student的默认构造函数，后者又调用Person的默认构造函数。

Person的默认构造函数将name、sex成员默认初始化为空字符串，同时使用类内初始值将age初始化为0。

Person的构造函数完成后，继续执行Student的构造函数，它将id和date成员默认初始化为空字符串，同时使用类内初始值将score初始化为0。

Student的构造函数完成后，继续执行Graduate的构造函数，它将direct和teacher成员默认初始化为空字符串。

类似地，合成的Graduate的复制构造函数调用Student的（合成）复制构造函数，后者又调用Person的复制构造函数。其中，Person复制构造函数复制name、sexs和age成员；Student的复制构造函数复制id、date和score成员；Graduate的复制构造函数复制direct和teacher成员。

值得注意的是，无论基类成员是合成的版本还是自定义的版本都没有太大影响。唯一的要求是相应的成员能访问。

在上面的Person继承体系中，所有类都使用合成的析构函数。其中，派生类隐式使用而基类通过将其析构函数定义成=default显式使用。合成的析构函数的函数体为空，其隐式的析构部分析构类的成员。对于派生类的析构函数来说，它除了析构派生类自己的成员外，还负责析构派生类自己的直接基类（调用其直接基类的析构函数），该直接基类又析构它自己的直接基类（调用其直接基类的析构函数），以此类推直到继承链的顶端。

Person类因为定义了析构函数而不能拥有合成的移动操作，因此，当我们移动Person对象时实际使用的是合成的复制操作。Person类没有移动操作意味着它的派生类也没有。

派生类中删除的复制控制成员和基类的关系：就像其他任何类的情况一样，基类或派生类也能出于同样的原因将其合成的默认构造函数或者任何一个复制控制成员定义成被删除的函数（参见3.9.3节和3.10.2节）。此外，某些定义基类的方式也可能导致有的派生类成员成为被删除的函数。

- 如果基类中的默认构造函数、复制构造函数、复制赋值运算符或析构函数是被删除的函数或者不可访问，则派生类中对应的成员将是被删除的，原因是编译器不能使用基类成员来执行派生类对象基类部分的构造、赋值和析构。
- 如果基类中有一个不可访问或者删除掉的析构函数，则派生类中合成的默认和复制构造函数将是被删除的,因为编译器无法析构派生类对象的基类部分。

- 当使用=default 请求一个移动操作时,如果基类中的对应操作是删除的或不可访问的,那么派生类中该函数将是被删除的,原因是派生类对象的基类部分不可移动。同样,如果基类中的析构函数是删除的或不可访问的,则派生类中的移动构造函数也将是被删除的。

移动操作与继承:大多数基类都会定义一个虚析构函数。因此在默认情况下,基类通常不含有合成的移动操作,而且在它的派生类中也没有合成的移动操作。因为基类缺少移动操作会阻止派生类拥有自己的合成操作,所以当用户确实需要执行移动操作时应该首先在基类中进行定义。同时要记住,一旦类定义了自己的移动操作,那么它必须同时显式地定义复制操作。这是因为如果类定义了一个移动构造函数和/或一个移动赋值运算符,则该类的合成复制构造函数和复制赋值运算符会被定义为删除的。

4.7 定义派生类的复制控制成员

如 4.5 节介绍过的,派生类构造函数在其初始化阶段中不但要初始化派生类自己的成员,还要负责初始化派生类对象的基类部分。因此,派生类的复制和移动构造函数在复制和移动自有成员的同时,也要复制和移动基类部分的成员。类似地,派生类赋值运算符也必须为其基类部分的成员赋值。

4.7.1 定义派生类的复制和移动构造函数

当为派生类定义复制或移动构造函数时,通常要使用对应的基类构造函数初始化派生类对象的基类部分。请看下面的例子。

【例 4-6】 为 4.5 节中 Person 继承体系中的类添加复制和移动构造函数。

在本例中增加如下代码,其中省略部分表示与 4.5 节中的代码相同。

```
…(此处省略的代码参见 4.5 节)
class Person                                                //声明基类 Person
{public:
    …(此处省略的代码参见 4.5 节)
    Person(const Person &p): name(p.name), sex(p.sex), age(p.age){ }
                                                            //复制构造函数
    Person(Person &&p) noexcept: name(p.name), sex(p.sex), age(p.age)
                                                            //移动构造函数
    {  p.name=""; p.sex=""; p.age=0;  }
    …(此处省略的代码参见 4.5 节)
};
class Student: public Person      //声明基类 Person 的公用派生类 Student——大学生类
{public:
    …(此处省略的代码参见 4.5 节)
    //默认情况下,基类的默认构造函数初始化派生类对象的基类部分
    //要想使用基类的复制构造函数,必须在派生类构造函数的初始化列表中
```

```
    //显式地调用基类的复制构造函数
    Student(const Student &stu)                                          //复制构造函数
    :Person(stu), id(stu.id), date(stu.date), score(stu.score){}
    //默认情况下,基类的默认构造函数初始化派生类对象的基类部分
    //要想使用基类的移动构造函数,必须在派生类构造函数的初始化列表中
    //显式地调用基类的移动构造函数
    Student(Student &&stu)                                               //移动构造函数
    :Person(move(stu)), id(stu.id), date(stu.date), score(stu.score)
    {  stu.id =""; stu.date =""; stu.score=0.0;  }
    …(此处省略的代码参见 4.5 节)
};
class Graduate: public Student   //声明 Student 类的公用派生类 Graduate——研究生类
{public:
    …(此处省略的代码参见 4.5 节)
    Graduate(const Graduate &grad)                                       //复制构造函数
    :Student(grad), direct(grad.direct), teacher(grad.teacher){   }
    Graduate(Graduate &&grad)                                            //移动构造函数
    :Student(move(grad)), direct(grad.direct), teacher(grad.teacher)
    {  grad.direct ="";  grad.teacher="";  }
    …(此处省略的代码参见 4.5 节)
};
…(此处省略的代码参见 4.5 节)
int main(){
    Graduate grad1("张三", "男", 19, "20170101001", "2017.09.01", 680, "网络安全",
                "李四");
    Graduate grad2(grad1);
    grad2.gradShow();
    Graduate grad3("王五", "男", 19, "20170101002", "2017.09.01", 660, "数据挖掘",
                "赵六");
    Graduate grad4(move(grad3));
    grad4.gradShow();
    return 0;
}
```

例 4-6 中,派生类复制和移动构造函数的初始化列表中使用的都是对应基类构造函数的调用。如,Student 复制构造函数的初始化列表中的 Person(stu),它将一个 Student 类型的 stu 对象传递给基类构造函数,该对象被绑定到基类构造函数的 Person& 形参上。Person 的复制构造函数负责将 stu 中的基类部分复制给要创建的对象。假如我们不在派生类复制和移动构造函数的初始化列表中提供对应基类构造函数的调用,默认情况下,基类的默认构造函数初始化派生类对象的基类部分,则这个新构建的对象的配置将非常奇怪:它的 Person 成员被赋予了默认值,而 Student 成员的值则是从其他对象复制得来的。

4.7.2 定义派生类的复制和移动赋值运算符

与复制和移动构造函数一样，派生类的赋值运算符也必须显式地为其基类部分赋值。

【例 4-7】 为 4.5 节中 Person 继承体系中的类添加复制和移动赋值运算符。

在本例中增加如下代码，其中省略部分表示与 4.5 节中的代码相同。

```
…(此处省略的代码参见 4.5 节)                                //声明基类 Person
class Person
{public:
    …(此处省略的代码参见 4.5 节)
    Person& operator= (const Person &p){                  //复制赋值运算符
        if ( &p !=this )                                   //检查是否是自赋值
        {  name =p. name; sex =p. sex; age =p. age;  }
        return * this;
    }
    Person& operator= (Person &&p) noexcept {             //移动赋值运算符
        if ( &p !=this ){                                  //检查是否是自赋值
            name =p. name; sex =p. sex; age =p. age;
            p. name=""; p. sex=""; p. age=0;
        }
        return * this;
    }
    …(此处省略的代码参见 4.5 节)
};
class Student: public Person      //声明基类 Person 的公用派生类 Student——大学生类
{public:
    …(此处省略的代码参见 4.5 节)
    // Person::operator= (const Person&);不会被自动调用
    Student& operator= (const Student &stu){              //复制赋值运算符
        Person::operator= (stu);                           //为基类部分赋值
        //为派生类的新增数据成员赋值
        id =stu. id; date =stu. date; score =stu. score;
        return * this;
    }
    Student& operator= (Student &&stu){                   //移动赋值运算符
        Person::operator= (move(stu));                     //为基类部分赋值
        //为派生类的新增数据成员赋值，酌情处理自赋值及释放已有资源等情况
        id =stu. id; date =stu. date; score =stu. score;
        stu. id =""; stu. date =""; stu. score=0. 0;
        return * this;
    }
    …(此处省略的代码参见 4.5 节)
};
```

```
class Graduate: public Student  //声明 Student 类的公用派生类 Graduate——研究生类
{public:
    …(此处省略的代码参见 4.5 节)
    Graduate& operator= (const Graduate &grad) {            //复制赋值运算符
        Student::operator= (grad);                          //为基类部分赋值
        //为派生类的新增数据成员赋值
        direct =grad. direct; teacher =grad. teacher;
        return * this;
    }
    Graduate& operator= (Graduate &&grad) {                 //移动赋值运算符
        Student::operator= (move(grad));                    //为基类部分赋值
        //为派生类的新增数据成员赋值,酌情处理自赋值及释放已有资源等情况
        direct =grad. direct; teacher =grad. teacher;
        grad. direct ="", grad. teacher="";
        return * this;
    }
    …(此处省略的代码参见 4.5 节)
};
…(此处省略的代码参见 4.5 节)
int main(){
    Graduate grad1("张三", "男", 19, "20170101001", "2017. 09. 01", 680, "网络安全",
                "李四");
    Graduate grad2("王五", "男", 19, "20170101002", "2017. 09. 01", 660, "数据挖掘",
                "赵六");
    Graduate grad3;
    grad3=grad1;
    grad3. gradShow();
    grad3=move(grad2);
    grad3. gradShow();
    return 0;
}
```

例 4-7 中的赋值运算符首先显式地调用基类赋值运算符，令其为派生类对象的基类部分赋值。基类的赋值运算符(应该可以)正确地处理自赋值的情况，如果不是自赋值，则基类赋值运算符将释放掉其左侧运算对象的基类部分的旧值(如果需要)，然后将利用 p 为其赋一个新值。随后继续进行为派生类成员赋值的工作。

值得注意的是，无论基类的构造函数或赋值运算符是自定义的版本还是合成的版本，派生类的对应操作都能使用它们。例如，对于调用语句 Person::operator=(stu)将执行 Person 的复制赋值运算符，至于该运算符是由 Person 显式定义的，还是由编译器合成的无关紧要。

4.7.3 定义派生类的析构函数

和构造函数及赋值运算符不同的是，派生类析构函数的函数体只负责释放派生类自

己分配的资源(一般为其指针数据成员所指向的内存空间)。派生类对象的成员是析构函数隐式的析构部分自动被析构的。类似地,派生类对象的基类部分也是析构函数隐式的析构部分自动被析构的。

在定义派生类的析构函数时,不需要显示书写对基类析构函数的调用,这点希望引起注意。系统在执行派生类的析构函数时,会自动调用基类的析构函数。下面举一个简单的例子来说明派生类析构函数的执行过程。

【例 4-8】 派生类的析构函数。

```
#include<iostream>
using namespace std;
#include<string>
class Person                                          //声明基类 Person
{public:
    Person(char * Name, char Sex, int Age )           //基类构造函数
    {  name =new char[strlen(Name)+1];
      strcpy(name, Name); sex =Sex; age =Age;
      cout <<" The constructor of base class Person is called. " <<endl;
    }
    ~Person()                                         //基类析构函数
    {   delete[ ] name;   name =nullptr;
       cout <<" The destructor of base class Person is called. " <<endl;   }
protected:                                            //基类的保护数据成员
    char * name;                                      //姓名
    char sex;                                         //性别,M:男,F:女
    int age;                                          //年龄
};
class Student: public Person      //声明基类 Person 的公用派生类 Student——大学生类
{public:
    Student(char * Name, char Sex, int Age, char * Id, char * Date, float Score)
    : Person(Name, Sex, Age)                          //派生类构造函数
    {   id =new char[strlen(Id)+1]; strcpy(id, Id);
       date =new char[strlen(Date)+1]; strcpy(date, Date);
       score =Score;
       cout <<" The constructor of derived class Student is called. " <<endl;
    }
    ~Student()                                        //派生类析构函数
    {   delete[ ] id; id =nullptr;
       delete[ ] date; date =nullptr;
       cout <<" The destructor of derived class Student is called. " <<endl;
    }
protected:
    char * id;                                        //学号
    char * date;                                      //入学日期
```

```
    float score;                                          //入学成绩
};
int main()
{   Student stu("Mary", 'F', 19, "20120101001", "2012.09.01", 680);
    return 0;
}
```

程序运行结果为：

```
The constructor of base class Person is called.
The constructor of derived class Student is called.
The destructor of derived class Student is called.
The destructor of base class Person is called.
```

从例4-8程序的运行结果可以看出，系统在执行stu的析构函数时，先执行派生类的析构函数的函数体，对派生类新增加的成员所涉及的额外内存空间进行清理。隐式的析构部分调用基类的析构函数，对派生类从基类继承过来的成员所涉及的额外内存空间进行清理。

对象被析构的过程与其被创建的过程正好相反：派生类析构函数首先执行，然后是基类的析构函数，以此类推，沿着继承体系的反方向直达最后。

知识点拨：

包含有指针数据成员的类需要自定义析构函数。

继承体系中的基类需要一个虚析构函数（如果该基类不包含指针数据成员，可使用＝default显示要求编译器生成合成版本），该类的派生类的析构函数（无论是合成版本的析构函数还是自定义版本的析构函数）默认也是虚析构函数。只要基类的析构函数是虚函数，就能确保当delete基类指针时运行正确的析构函数版本（参见5.4.2节）。

如果一个类需要自定义析构函数，几乎可以肯定它也需要自定义复制构造函数和复制赋值运算符。

如果一个类定义了析构函数，即使是通过＝default的形式使用了合成版本，编译器也不会为这个类合成移动操作。如果一个类没有对应的移动操作，则类使用复制操作来代替移动操作。因此，如果一个类需要移动操作，必须自定义移动构造函数和/或移动赋值运算符，并且如果该类是派生类的话，别忘了首先要在基类中提供自定义移动构造函数和/或移动赋值运算符。

4.8 “继承”的构造函数

在C++ 11标准中，派生类能够重用其直接基类定义的构造函数。尽管这些构造函数并非以常规的方式继承而来，但为了方便，不妨姑且称其为“继承”的。

派生类继承其直接基类构造函数的方式是提供一条注明了直接基类名的 using 声明语句。看下面代码中的 Student 类，令其继承基类 Person 的构造函数。

```
class Person                        //声明基类 Person
{public:
    Person() =default;              //默认构造函数
    //带参构造函数
    Person(string Name, string Sex, int Age ): name(Name), sex(Sex), age(Age){ }
protected:                          //基类的保护数据成员
    string name;                    //姓名
    string sex;                     //性别
    int age =0;                     //年龄
};
class Student: public Person       //声明基类 Person 的公用派生类 Student——大学生类
{public:
     using Person::Person;          //继承基类 Person 的构造函数
     //带参构造函数，在其初始化列表中调用基类的构造函数
     Student(string Name, string Sex, int Age, string Id, string Date, float Score)
     :Person(Name, Sex, Age), id(Id), date(Date), score(Score)
     {   cout <<" The constructor of derived class Student is called. " <<endl;   }
protected:
    string id;                      //学号
    string date;                    //入学时间
    float score =0. 0;              //入学成绩
};
```

通常情况下，using 声明语句只是令某个名字在当前作用域内可见。而当作用于构造函数时，using 声明语句将令编译器产生代码。对于基类的每个构造函数，编译器都生成一个与之对应的派生类构造函数。换句话说，对于基类的每个构造函数，编译器都在派生类中生成一个形参列表完全相同的构造函数。

这些编译器生成的构造函数形如：

```
Derived(parms): Base(args){ }
```

其中 Derived 是派生类的名字，Base 是基类的名字，parms 是构造函数的形参列表，args 将派生类构造函数的形参传递给基类的构造函数。在我们的 Student 类中，继承的构造函数等价于：

```
Student(string Name, string Sex, int Age ): name(Name), sex(Sex), age(Age){ }
```

对于 Student 自己的数据成员，则执行默认初始化。

注意：

(1) 一个类只初始化它的直接基类，出于同样的原因，一个类也只继承其直接基类的构造函数。

(2) “继承”的构造函数的特点如下。

与普通成员的using声明不一样，一个构造函数的using声明不会改变该构造函数的访问级别。即，不管声明出现在哪，基类的私有构造函数在派生类中还是一个私有构造函数；受保护的构造函数和公用的构造函数也是同样的规则。

而且，一个using声明语句不能指定explicit或constexpr。如果基类的构造函数是explicit或者constexpr，则继承的构造函数也拥有相同的属性。

当一个基类构造函数含有默认实参时，这些实参并不会被继承。相反，派生类将获得多个继承的构造函数，其中每个构造函数分别省略一个含有默认实参的形参。例如，如果基类有一个接受两个形参的构造函数，其中第二个形参含有默认实参，则派生类将获得两个构造函数：一个构造函数接受两个形参（没有默认参数），另一个构造函数只接受一个形参，它对应于基类中最左侧的没有默认实参的那个形参。

如果基类含有几个构造函数，则除了两个例外情况，大多数时候派生类会继承所有这些构造函数。第一个例外是派生类可以继承一部分构造函数，而为其他构造函数定义自己的版本。如果派生类定义的构造函数与基类的构造函数有相同的参数列表，则该构造函数将不会被继承。定义在派生类中的构造函数将替换继承而来的构造函数。第二个例外是默认、复制和移动构造函数不会被继承。如果派生类没有定义这些构造函数，则编译器将在符合合成条件的情况下为派生类合成它们。继承的构造函数不会被作为用户定义的构造函数来使用，因此，如果一个类只含有继承的构造函数，则它也将拥有一个合成的默认构造函数。

4.9 多重继承

多重继承（multiple inheritance，MI）是指派生类具有两个或两个以上的直接基类（direct class）。

多重继承派生类是一种比较复杂的类构造形式，能够很好地描述现实世界中具有多种特征的对象，例如两栖动物，既有水生生物的特征，又有陆生生物的特征；一个研究生助教既有研究生的特征，又有助教的特征等。C++为了适应这种情况，允许一个派生类同时继承多个基类。

4.9.1 声明多重继承的方法

多重继承可以看作是单继承的扩展，派生类和每个基类之间的关系可以看作是一个单继承。多重继承派生类的声明格式如下：

```
class <派生类名>:[继承方式]<基类名 1>, …, [继承方式]<基类名 n>
{
    <派生类新增加成员>
};
```

其中不同的基类可以选择不同的继承方式。

4.9.2 多重继承派生类的构造函数与析构函数

在多重继承方式下，定义派生类构造函数的一般形式如下：

<派生类名>(<总参数列表>)：<基类名1>(<参数表1>)，…，<基类名n>(<参数表n>)，新增数据成员名(参数1)，…，新增数据成员名(参数n){ }；

其中，<总参数表>必须包含完成所有基类数据成员初始化所需的参数。

多重继承方式下派生类的构造函数与单继承方式下派生类构造函数相似，但同时负责该派生类所有基类构造函数的调用。构造函数调用顺序为：先调用所有基类的构造函数，再执行派生类构造函数的函数体。所有基类构造函数的调用顺序将按照它们在继承方式中的声明次序调用，而不是按派生类构造函数参数初始化列表中的书写次序调用。

继续使用4.5节代码中声明的基类Person、Person的公用派生类Student、Student的公用派生类Graduate，再由基类Person声明一个公用派生类Employee——职工类，然后由Graduate和Employee共同派生出一个派生类GradOnWork——在职研究生类。看下面的示例代码。

【例4-9】 多重继承派生类的构造函数与析构函数。

```
#include<iostream>
using namespace std;
#include<string>
class Person                    //声明基类 Person
{public:
    …(此处省略的代码参见 4.5 节)
    ~Person()                   //基类析构函数
    {  cout <<" The destructor of base class Person is called. " <<endl;  }
      …(此处省略的代码参见 4.5 节)
};
class Student: public Person    //声明基类 Person 的公用派生类 Student——大学生类
{public:
      …(此处省略的代码参见 4.5 节)
      ~Student()                //派生类析构函数
      {  cout <<" The destructor of derived class Student is called. " <<endl; }
      …(此处省略的代码参见 4.5 节)
};
class Graduate: public Student  //声明 Student 类的公用派生类 Graduate——研究生类
{public:
    …(此处省略的代码参见 4.5 节)
    ~Graduate()                 //派生类析构函数
    {  cout <<" The destructor of derived class Graduate is called. " <<endl;  }
    …(此处省略的代码参见 4.5 节)
};
class Employee: public Person   //声明基类 Person 的公用派生类 Employee——职工类
```

```
{public:
    Employee() =default;        //默认构造函数
    Employee(string Name, string Sex, int Age, string Num, string Clerk, string
Depart, string Timer)
    : Person(Name, Sex, Age), num(Num), clerk( Clerk), department(Depart), timer
(Timer)                          //派生类带参构造函数
    {  cout <<" The constructor of derived class Employee is called. "<<endl;  }
    ~Employee()                  //派生类析构函数
    {  cout <<" The destructor of derived class Employee is called. " <<endl;  }
    void EShow()
    {  cout <<"   employee's num: " <<num <<endl;
       cout <<"               clerk: " <<clerk <<endl;
       cout <<"          department: " <<department <<endl;
       cout <<"               timer: " <<timer <<endl;
    }
   void empShow()
   {   show();
       cout <<"    employee's num: " <<num <<endl;
       cout <<"               clerk: " <<clerk <<endl;
       cout <<"          department: " <<department <<endl;
       cout <<"               timer: " <<timer <<endl;
   }
protected:                       //派生类的保护数据成员
   string num;                   //职工编号
   string clerk;                 //职称
   string department;            //部门
   string timer;                 //工作时间
};
//声明 Graduate 和 Employee 的共同派生类 GradOnWork——在职研究生类
class GradOnWork: public Graduate, public Employee
{public:
   GradOnWork () =default;      //默认构造函数
   GradOnWork (string Name, string Sex, int Age, string Id, string Date, float
Score, string Direct, string Teacher, string Num, string Clerk, string Depart,
string Timer): Graduate (Name, Sex, Age, Id, Date, Score, Direct, Teacher),
Employee(Name, Sex, Age, Num, Clerk, Depart, Timer) //派生类带参构造函数
   {  cout <<" The constructor of derived class GradOnWork is called. "<< endl;
  }
   ~GradOnWork()                 //派生类析构函数
   {  cout <<" The destructor of derived class GradOnWork is called. " <<endl; }
   void GWShow()
   {   cout <<" Be the graduate:" <<endl;
       gradShow();
       cout <<" Be the employee:" <<endl;
```

```
        EShow();
    }
};
int main()
{   GradOnWork gw("Mary", "F", 19, "20120101001", "2012. 09. 01", 680, "Computer",
"Johnson", "JG01029", "Senior Engineer", "Research Department", "20 years");
    gw. GWShow();                   //输出在职研究生信息
    return 0;
}
```

程序运行结果为：

```
The constructor of base class Person is called.
The constructor of derived class Student is called.
The constructor of derived class Graduate is called.
The constructor of base class Person is called.
The constructor of derived class Employee is called.
The constructor of derived class GradOnWork is called.
Be the gradute:
    student's id: 20120101001
            name: Mary
             sex: F
             age: 19
enrollment date: 2012. 09. 01
enrollment score: 680
          direct: Computer
    teacher name: Johnson
Be the employee:
employee's num: JG01026
          clerk: Senior Engineer
    department: Research Department
         timer: 20 years
The destructor of derived class GradOnWork is called.
The destructor of derived class Employee is called.
The destructor of base class Person is called.
The destructor of derived class Graduate is called.
The destructor of derived class Student is called.
The destructor of base class Person is called.
```

请注意：由于在基类中把数据成员都声明为 protected，因此派生类的成员函数可以直接访问基类的这些数据成员，如果在基类中把数据成员声明为 private，则派生类的成员函数不能直接访问这些数据成员。

派生类析构函数的执行，多重继承方式也与单继承方式类似。派生类析构函数的执行顺序，首先执行派生类析构函数的函数体，对派生类新增的数据成员所涉及的额外内存空间进行清理；然后调用基类的析构函数，对从基类继承来的成员所涉及的额外内存空间进行清理。所有基类的析构函数将按照它们在继承方式中的声明次序的逆序、从右到左调用(与其构造函数执行顺序正好相反)。例4-9的运行结果证明了这一点。

继承的构造函数与多重继承：在C++ 11标准中，允许派生类从它的一个或多个基类中继承构造函数。但是如果从多个基类中继承了相同的构造函数(即形参列表完全相同)则程序将产生错误。这个时候这个类必须为该构造函数定义自己的版本。

```
class Base1
{public:
      Base1() =default;
      Base1(int);
};
class Base2
{public:
     Base2() =default;
     Base2(int);
};
class Derived: public base1,  public base2
{public:
     using base1::base1;          //从 base1 继承构造函数
     //从 base2 继承构造函数，此时已经报错，试图从两个基类中都继承 Derived::Derived
(int)
     using base2::base2;
     //Derived必须自定义一个接受一个 int 的构造函数
     Derived (int);                //正确，上面的错误也消失
     /* 一旦 Derived定义了它自己的构造函数，则 Derived的默认构造函数的显式定义必须
        出现 */
     Derived() =default;
}
```

多重继承的派生类的拷贝与移动：与只有一个基类的继承一样，多重继承的派生类如果定义自己的复制/移动构造函数和复制/移动赋值运算符，则必须在完整的对象上执行复制、移动、赋值操作。只有当派生类使用的是合成版本的复制，移动或赋值成员时，才会自动对其基类部分执行这些操作，每个基类分别使用自己的对应成员隐式地完成构造，赋值工作。

4.9.3 多重继承引起的二义性问题

在多重继承方式下，派生类继承了多个基类的成员。如果在这多个基类中拥有同名的成员，那么，派生类在继承各个基类的成员之后，当调用该派生类的这些同名成员时，由于成员标识符不唯一，出现二义性，编译器无法确定到底应该选择派生类中的哪一个成员，这种由于多重继承而引起的对派生类的某个成员访问出现不唯一的情况就称为二义性问题。

二义性主要分为以下3种类型。

(1) 两个基类有同名成员。看下面的程序：

```
#include <iostream>
using namespace std;
#include <string>
class Teacher                                         //声明基类 Teacher——教师类
{public:
    Teacher(string name, string title, string tel): name(name), title(title),
tel(tel){ }
    void show()
    {    cout <<"name: " <<name <<endl;
         cout <<"title: " <<title <<endl;
         cout <<"tel: " <<tel <<endl;
    }
protected:
   string name, title, tel;                           //教师的姓名,职称,电话
};
class Leader                                          //声明基类 Leader——行政人员类
{public:
    Leader(string name, string post, string tel): name(name), post(post), tel
(tel){ }
    void show()
    {    cout <<"name: " <<name <<endl;
         cout <<"post: " <<post <<endl;
         cout <<"tel: " <<tel <<endl;
    }
protected:
   string name, post, tel;                            //行政人员的姓名,职务,电话
};
//声明派生类 Teacher_Leader——教师兼行政人员类
class Teacher_Leader: public Teacher, public Leader
{public:
    Teacher_Leader(string name, string title, string post, string tel, float wage)
    : Teacher(name, title, tel), Leader(name, post, tel), wage(wage) { }
    void display()
    {   cout <<"name: " <<Teacher:: name <<endl;  //#1
        cout <<"title: " <<title <<endl;
        cout <<"tel: " <<Teacher:: tel <<endl;     //#2
        //Teacher::show(); //#3, 该句可以替代上面 3 句,输出 Teacher 类对象数据成员的值
        cout <<"post: " <<post <<endl;
        cout <<"wages: " <<wage <<endl;
   }
private:
   float wage;                                        //工资
```

```
};
int main()
{  Teacher_Leader obj("Wang-li", "professor", "department chairman", "(021)
61234567", 7000);
   obj.display();
   obj.show();               //错误,编译系统无法识别要访问的是哪一个基类的show成员
   return 0;
}
```

由于基类Teacher和Leader中都有成员函数show,编译系统无法识别要访问的是哪一个基类的成员,因此程序编译出错。解决此类问题可以用基类名来限定,即写成:

```
obj.Teacher::show();         //访问obj对象中的从基类Teacher继承的show成员
```

如果是在派生类Teacher_Leader的成员函数(如display)中访问基类Teacher的name、tel和show成员,同样要用基类名来限定(参见display函数体中的#1、#2和#3行代码)。

(2) 两个基类和派生类三者都有同名成员,如将上面的Teacher_Leader类改为:

```
class Teacher_Leader: public Teacher, public Leader
{public:
    Teacher_Leader(string name, string title, string post, string tel, float wage)
    : Teacher(name, title, tel), Leader(name, post, tel), wage(wage) { }
    void show()
    {  Teacher::show();
       cout << "post: " << post << endl;
       cout << "wages: " << wage << endl;
    }
private:
   float wage;                 //工资
};
```

此时,如果在main函数中用派生类Teacher_Leader定义一个对象obj,并调用其成员函数show,如下:

```
obj.show();                  //正确,访问派生类的show成员
```

程序能正常编译,也能正常运行。此时它访问的是派生类Teacher_Leader中的成员。原因是:基类的同名成员在派生类中被屏蔽,成为“不可见”的,即基类成员的名字被隐藏。

(3) 如果两个基类是从同一个基类派生的,如例4-9中声明的在职研究生类GradOnWork,它的两个基类Graduate和Employee从同一个基类Person派生。此时,在类Graduate和Employee中虽然没有定义成员函数show,但是它们都从类Person中继承了数据成员name、sex、age和成员函数show,这样在类Graduate和Employee中同时存在着同名的数据成员name、sex、age和成员函数show。类Graduate和Employee中的数据成员name、sex、age分别代表着不同的存储单元,但是存放的是同一个人的姓名、

性别和年龄。GradOnWork 的组成如图 4-5 所示。

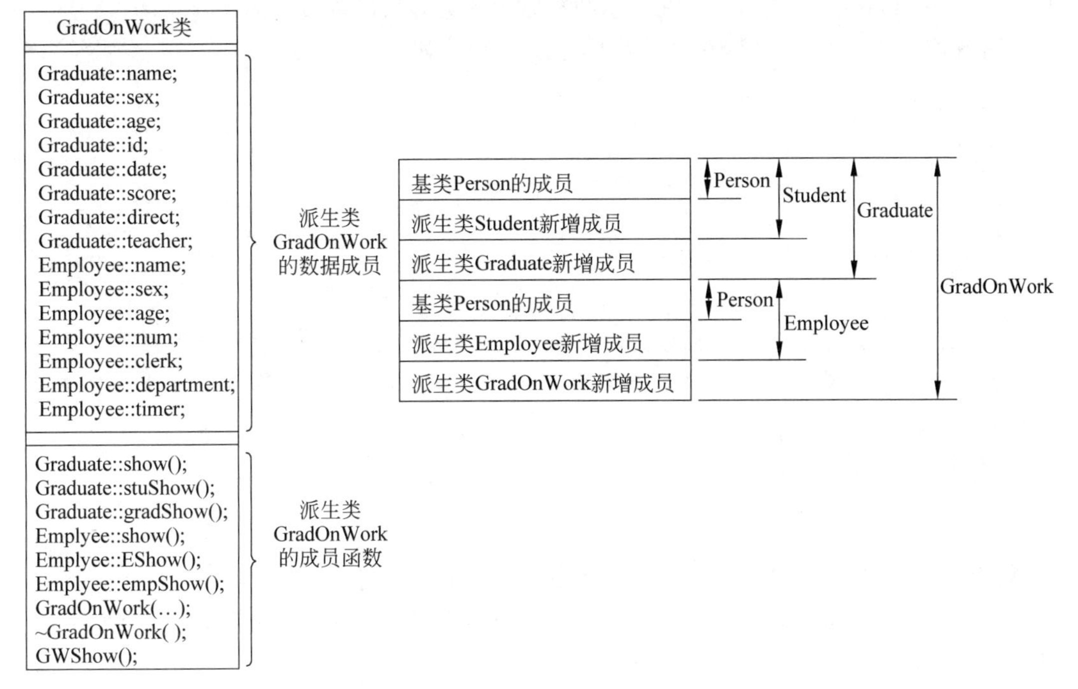

图 4-5 间接派生类 GradOnWork 中的成员

如果在 main 函数中用派生类 GradOnWork 定义一个对象 obj,并调用其成员函数 show,不能直接用 obj. show( ) 或 obj. Person:: show( )。因为这样无法区别是类 Graduate 中从基类 Person 继承下来的成员,还是类 Employee 中从基类 Person 继承下来的成员。同样是通过基类名来加以限定,使用下面 3 个语句中的任何一个都可以。

```
obj.Graduate::show();
obj.Employee::show();
obj.Student::show();
```

在只有一个基类的情况下,派生类的作用域嵌套在直接基类和间接基类的作用域中。查找过程沿着继承体系自底向上进行,直到找到所需的名字。派生类的名字将隐藏基类的同名成员。在多重继承的情况下,相同的查找过程在所有直接基类中同时进行。如果名字在多个基类中都被找到,则对该名字的使用将具有二义性。解决办法是在该名字前加基类名和作用域运算符,指出所调用的版本。

4.9.4 虚基类

1. 虚基类的作用

从 4.9.3 节的介绍可知,如果一个派生类有多个直接基类,而这些直接基类又有一个共同的基类,则在最终的派生类中会保留该间接共同基类成员的多份同名成员。这种情况有时是必要的,但是由于保留间接共同基类的多份成员,不仅占用较多的存储空间,还增加了访问这些成员时的困难,容易出错。为了解决这个问题,C++提供了虚基类(virtual base class)的方法,使得在继承间接共同基类时只保留其一份成员。

现在将例4-9中的类Person声明为虚基类,形式如下:

```
class Person
{…};
class Student: virtual public Person
{…};
class Employee: virtual public Person
{…};
```

注意: 虚基类并不是在声明基类时声明的,而是在声明派生类时的指定继承方式时声明的。因为一个基类可以在派生一个派生类时作为虚基类,而在派生另一个派生类时不作为虚基类。

声明虚基类的一般形式为:

```
class 派生类名: virtual 继承方式 基类名
```

即在声明派生类时,将关键字virtual加在相应的继承方式前面。

在派生类Student和Employee中作了上面的虚基类声明后,派生类GradOnWork中的成员如图4-6所示。

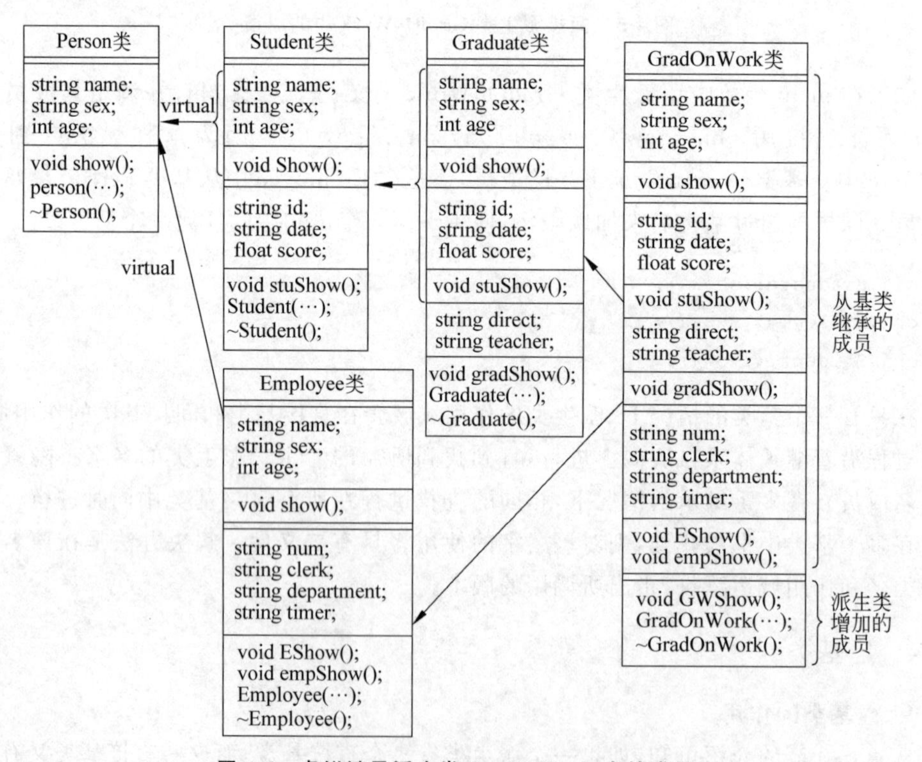

图4-6 虚拟继承派生类GradOnWork中的成员

注意: 虚派生只影响从指定了虚基类的派生类中进一步派生出的类,它不会影响派生类本身。

为了保证虚基类在派生类中只继承一次，应当在该基类的所有直接派生类中都把基类声明为虚基类。否则仍然会出现对基类的多次继承。如图4-7所示的那样，在派生类B和C中将类A声明为虚基类，而在派生类D中没有将类A声明为虚基类，则在派生类E中，虽然从类B和C路径派生的部分只保留一份基类成员，但从类D路径派生的部分还保留一份基类成员。

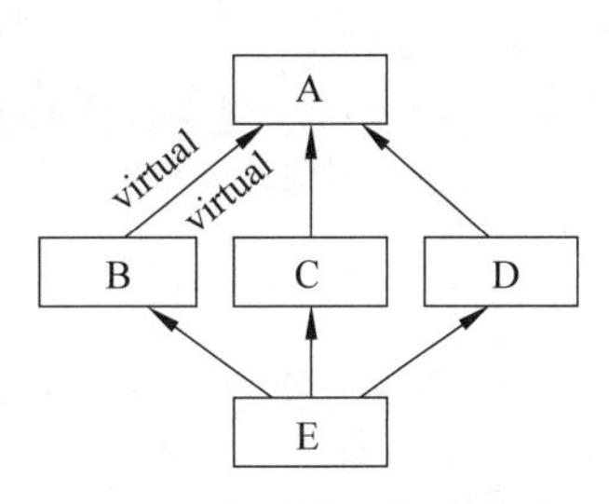

图4-7 多重继承与虚基类

2. 虚基类的初始化

如果在虚基类中定义了带参数的构造函数，而且没有定义默认构造函数，则在其所有派生类(包括直接派生和间接派生的派生类)中，都要通过构造函数的初始化列表对虚基类进行初始化。看下面的例子。

【例4-10】 虚基类的初始化。

本例继续使用例4-9中的代码，对例4-9的代码进行修改，修改部分包括①声明基类Person为虚基类；②修改派生类Graduate和GradOnWork的构造函数，在它们的初始化列表中增加对虚基类Person构造函数的调用。下面只列出了有改动的代码部分，加粗字体是新添加的代码，其余省略代码请参见例4-9。

```
#include<iostream>
using namespace std;
#include<string>
…(基类 Person 声明代码略)
class Student: virtual public Person          //声明基类 Person 为 Student 的虚基类
{  …(类体略)  };
//声明 Student 类的公用派生类 Graduate
class Graduate: public Student
{public:
    Graduate (string Name, string Sex, int Age, string Id, string Date, float
Score, string Direct, string Teacher): Person(Name, Sex, Age), Student(Name, Sex,
Age, Id, Date, Score)                          //派生类的构造函数
    {  …(构造函数的函数体略)  }
    …(其他代码略)
};
class Employee: virtual public Person          //声明基类 Person 为 Employee 的虚基类
{  …(类体略)  };
//声明 Graduate 和 Employee 的共同派生类 GradOnWork
class GradOnWork: public Graduate, public Employee
{public:
    GradOnWork(string Name, string Sex, int Age, string Id, string Date, float
Score, string Direct, string Teacher, string Num, string Clerk, string Depart,
string Timer): Person(Name, Sex, Age), Graduate(Name, Sex, Age, Id, Date, Score,
```

```
Direct, Teacher), Employee(Name, Sex, Age, Num, Clerk, Depart, Timer)
                                                    //派生类构造函数
   { cout <<" The constructor of derived class GradOnWork is called. "<<endl;  }
   …(其他代码略)
};
int main()
{  GradOnWork obj("Mary", "F", 19, "20120101001", "2012.09.01", 680, "Computer",
"Johnson", "JG01029", "Senior Engineer", "Research Department", "20 years");
  obj.show();                                       //只输出在职研究生的姓名、性别和年龄
  return 0;
}
```

大家可能会有这样的疑问：类 GradOnWork 的构造函数通过初始化列表调用了虚基类的构造函数，而类 Student、Graduate 和 Employee 的构造函数也通过初始化列表调用了虚基类的构造函数，这样虚基类的构造函数岂不是被调用了 4 次？大家不必多虑，C++ 编译系统只执行最后的派生类对虚基类的构造函数的调用，而忽略虚基类的其他派生类(如类 Student、Graduate 和 Employee)对虚基类的构造函数的调用，这就保证了虚基类的数据成员不会被多次初始化。

知识点拨：

派生类构造函数调用的次序有如下 3 个原则：

(1) 同一层中对虚基类构造函数的调用优先于对非虚基类构造函数的调用。

(2) 若同一层次中包含多个虚基类，则这些虚基类的构造函数按照它们在继承方式中的声明次序调用。

(3) 若虚基类由非虚基类派生出来，则仍然先调用基类构造函数，再按派生类中构造函数的执行顺序调用。

派生类的析构函数调用的次序与构造函数的正好相反。如果存在虚基类时，在析构函数的调用过程中，同一层对普通基类析构函数的调用总是优先于虚基类的析构函数。

综上所述，使用多重继承时要十分小心，经常会出现二义性问题。许多专业人员认为：不提倡在程序中使用多重继承，只有在比较简单和不易出现二义性的情况或实在必要时才使用多重继承，能用单一继承解决的问题就不要使用多重继承。也是由于这个原因，有些面向对象的程序设计语言(如 Java、Smalltalk)并不支持多重继承。

4.10 基类与派生类对象的关系

通过前面的学习可以发现：在 3 种继承方式中，只有公用继承能够较好的保留基类的特征，它保留了除构造函数、析构函数以外的基类所有成员，基类的公用和保护成员的访问权限在派生类中都按原样保留了下来，在派生类外可以通过派生类对象名调用基类

的公用成员函数来间接访问基类的私有成员。因此，公用派生类具有基类的全部功能，所有基类能够实现的功能，公用派生类都能实现。而非公用派生类(私有或保护派生类)不能实现基类的全部功能。因此，基类对象与公用派生类对象之间有赋值兼容关系。具体表现在以下 3 个方面。

(1) 公用派生类对象可以向基类对象赋值。

由于公用派生类具有基类所有成员，所以把公用派生类的对象赋给基类对象是合理的。如：

```
Person person("Mary","F", 19,);   //定义基类 Person 的对象 person
//定义基类 Person 的公用派生类 Student 的对象 student
Student student("Mary", "F", 19, "20120101001", "2012. 09. 01", 680);
person =student;                //用公用派生类对象 student 对其基类对象 person 赋值
```

其中 Person、Student 是例 4-5 声明的类。这样的赋值是允许的，在赋值时舍弃派生类新增的成员，如图 4-8 所示。实际上，所谓赋值只是对数据成员赋值，对成员函数不存在赋值问题。

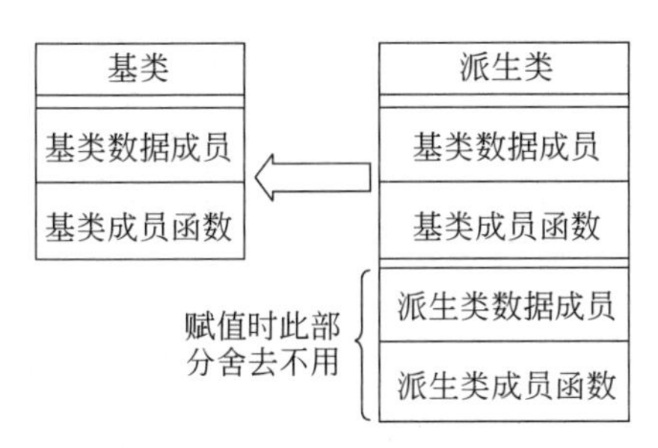

图 4-8　派生类对象向基类对象赋值

由图 4-8 也可以看出，如果将语句 person = student 修改为：

```
student =person;    //用基类对象 person 对其公用派生类对象 student 赋值
```

是不正确的，因为基类对象中不包含派生类的新增成员，无法对派生类的新增成员赋值。同理，同一基类的不同派生类的对象之间也不能进行赋值。

(2) 公用派生类对象可以代替基类对象向基类对象的引用进行赋值或初始化。

```
Person person("Mary","F", 19,);
Student student("Mary","F", 19, "20120101001", "2012. 09. 01", 680);
//定义基类 Person 的对象的引用 personref，并用 person 对其初始化
Person &personref =person;
```

这时，引用 personjref 是 person 的别名，personref 与 person 共享同一存储单元。也可以用对象 student 对引用 personref 进行初始化，将上面的语句 Person &personref = person 修改为：

```
Person &personref =student;
```

或者保留语句 Person &personref = person，再对 personref 重新赋值：

```
personref =student; //用派生类对象 student 对 person 的引用 personref 赋值
```

需要说明的是，此时 personref 并不是 student 的别名，也不与 student 共享同一段存储单元。它只是 student 中基类部分的别名，personref 与 student 中基类部分共享同一段存储单元，personref 与 student 具有相同的起始地址，如图 4-9 所示。此时，通过 personref 只能访问 student 从基类继承过来的成员，而不能访问 student 新增的成员，如语句 personref. show()是正确的，而语句 personref. stuShow()是错误的。

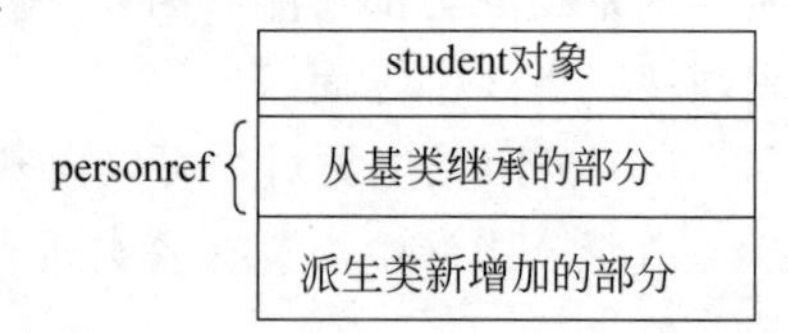

图 4-9　派生类对象向基类对象的引用赋值

同样，公用派生类对象地址可以代替基类对象地址向指向基类对象的指针进行赋值或初始化，即指向基类对象的指针也可以指向公用派生类对象。但是通过指向基类对象的指针只能访问公用派生类对象中的基类成员，而不能访问公用派生类对象新增加的成员。

(3) 如果函数的参数是基类对象或基类对象的引用，相应的实参可以使用公用派生类对象。如有一函数 show 如下：

```
void show(Person &ref){   cout <<ref. show() <<endl;   }
```

则在调用函数 show 时可以用基类 Person 的公用派生类对象作为实参，即：

```
//定义基类 Person 的公用派生类 Student 的对象 student
Student student("Mary", "F", 19, "20120101001", "2012. 09. 01", 680);
show(student);
```

同样，如果函数的参数是指向基类对象的指针，相应的实参可以使用公用派生类对象的地址。如果把上面的 show 函数修改为：

```
void show(Person * p){   cout <<p ->show() <<endl;   }
```

则在调用函数 show 时可以用 student 的地址作为实参，即：

```
show(&student);
```

特别提醒：在 show 函数的函数体中只能通过基类对象的引用或指向基类对象的指针访问派生类对象从基类继承过来的成员，而不能访问派生类对象新增加的成员。

【例 4-11】 基类对象的指针指向公用派生类对象的应用。

```
#include <iostream>
using namespace std;
class Point                          //声明基类
{public:
   Point(double a =0, double b =0) {  x =a; y =b;  }
   void show()
   { cout <<"The coordinates of the point: (" <<x <<", "<<y <<")" <<endl; }
protected:
```

```
    double x, y;                    //点的坐标值
};
class Circle: public Point          //声明公用派生类 Circle
{public:
    Circle(double a =0, double b =0, double c =1): Point(a, b){  r =c;  }
    void show()
    {   cout <<" The center coordinates of the Circle: ";
        cout <<"(" <<x <<", " <<y <<")" <<endl;
        cout <<"radius: " <<r <<endl;
    }
private:
    double r;                       //圆半径,基类中 x, y 为圆心坐标点的坐标值
};
int main()
{   Point point(0, 0);
    Circle circle(1, 1, 2);
    Point  * p =&point;
    p ->show();
    p =&circle;
    p ->show();
    return 0;
}
```

程序运行结果如下:

```
The coordinates of the point: (0, 0)
The coordinates of the point: (1, 1)
```

在例 4-11 的 main 函数中,定义了一个指向 Point 类对象的指针变量 p,并使其指向 point 对象,然后通过 p 调用 show 函数,其形式等同于 point. show()。而当 p 指向 circle 时,再通过 p 调用 show 函数,其实调用的是 circle 从基类继承过来的 show 函数,而不是派生类中新增的 show 函数,这是因为指针 p 指向的是 circle 从基类继承过来的部分。

通过例 4-11 可以看到:用指向基类对象的指针指向公用派生类对象是合法的、安全的,不会出现编译上的错误。但在应用上却不能完全满足我们的要求,我们有时希望通过使用基类指针能够调用基类和派生类对象的成员。在第 5 章就要解决这个问题,其办法是使用虚函数。

4.11 聚合与组合

前面学习的继承描述的是类与类之间的一般与特殊的关系,是“is-a”关系。如果 A 是 B 的一种,则允许 A 继承 B 的功能和属性。如研究生是学生的一种,那么研究生类可从学生类派生;汽车是交通工具的一种,小汽车是汽车的一种,那么汽车类可从交通工具类派生,小汽车类可以从汽车类派生。

而这里所说的聚合与组合描述的是类与类之间的整体与部分的关系。聚合关系中成员对象可以脱离整体对象独立存在，而组合关系中的部分和整体具有统一的生命周期。一旦整体对象不存在，部分对象也将不存在。组合关系也被称为是一种强聚合关系。

聚合关系是“has-a”关系，组合关系是“contains-a”关系。例如，计算机和CPU的关系、公司和员工的关系是一种聚合关系，而人和大脑的关系、窗口和其中的按钮的关系是一种组合关系。表现在代码层，这两种关系是一致的，为部分类对象（也称为子对象）以类属性的形式出现在整体类的定义中。区分它们只能从语义级别来区分。

类的继承、类的聚合和组合都是软件重用的重要方式。看下面3个类的简单声明：

```
class Student                          //学生类
{public:
      Student(string num, string name, char sex, int age): num(num), name(name),
sex(sex), age(age){ }
      …
private:
      string num;
      string name;
      char sex;
      int age;
};
class Date                             //生日类
{public:
      Date(int y, int m, int d) {  year =y; month =m; day =d;  }
      …
private:
    int year, month, day;
};
class Graduate: public Student         //研究生类
{public:
      Graduate(string num, string name, char sex, int age, int y, int m, int d,
string direct): Student(num, name, sex, age), birthday(y, m, d), direct(direct)
{ }
      …
private:
      Date birthday;                   //生日，Date类的对象作为数据成员
      string direct;                   //研究方向
};
```

Graduate类通过继承，从Student类得到了num、name、sex、age等数据成员，通过聚合，从Date类得到了year、month、day等数据成员。

如果定义了Graduate对象grad，显然grad包含了生日的信息。通过这种方法可以有效地组织和利用现有的类，大大减少了设计工作量。还有，如果修改了部分类的部分内容，只要该类的对外公用接口（访问属性为public的成员）不变，如无必要，整体类可以不

修改。但整体类需要重新编译。

在这里，请注意包含子对象的派生类构造函数的书写形式。在派生类构造函数的总参数列表中，给出了初始化基类数据成员、新增子对象数据成员及新增一般数据成员所需的全部参数。在参数表后，列出基类构造函数名、子对象名及各自的实参表，各项之间用逗号分隔。这里基类构造函数名、子对象名之间的次序无关紧要，它们各自出现的顺序可以是任意的。在生成派生类对象时，系统首先会使用这里的参数，来调用基类和子对象的构造函数。

定义包含子对象的派生类构造函数的一般形式为：

```
<派生类构造函数名>(<总参数列表>): <基类构造函数名>(<参数表 1>), <子对象成员名>
        (<参数表 2>), 新增数据成员名(参数 1), …, 新增数据成员名(参数 n){  };
```

在上面的代码中，派生类 Graduate 的构造函数有 8 个参数，前 4 个作为调用基类构造函数的实参，第 5～7 个作为调用子对象构造函数的实参，第 8 个为对派生类新增数据成员 direct 初始化所需要的参数。

如果派生类有多个子对象，派生类的构造函数的写法以此类推，应在其初始化列表中列出每一个子对象及其参数。

包含子对象派生类构造函数的执行顺序：

(1) 最先调用基类的构造函数，对基类数据成员初始化。当派生类有多个基类时，各基类构造函数的调用顺序按照它们在继承方式中的声明次序调用，而不是按派生类构造函数的初始化列表中出现的次序调用。

(2) 再调用子对象的构造函数，对子对象数据成员初始化。当派生类有多个子对象时，各子对象构造函数按派生类声明中子对象出现的次序调用，而不是按派生类构造函数的初始化列表中出现的次序调用。

(3) 最后执行派生类构造函数的函数体，对派生类新增一般数据成员初始化。

包含子对象派生类析构函数的执行顺序与其构造函数的执行顺序相反：

(1) 最先执行派生类析构函数的函数体，对派生类新增的一般数据成员所涉及的额外内存空间进行清理。

(2) 再调用子对象的析构函数，对子对象所涉及的额外内存空间进行清理。当派生类有多个子对象时，按派生类声明中子对象出现的逆序调用。

(3) 最后调用基类的析构函数，对基类所涉及的额外内存空间进行清理，多个基类则按照派生类声明时列出的逆序、从右到左调用。

聚合/组合类的复制和移动操作：与继承类似，聚合/组合类如果定义自己的复制/移动构造函数和赋值运算符，同样必须在完整的对象上执行复制、移动或赋值操作。只有当聚合/组合类使用的是合成版本的复制、移动或赋值成员时，才会自动对其子对象部分执行这些操作。在合成的复制控制成员中，每个子对象分别使用自己的对应成员隐式地完成构造、赋值工作。

4.12 图书馆图书借阅管理系统中继承与聚合的应用

1. 继承的应用

在图书馆图书借阅管理系统中，学生、教师、图书管理员作为该系统的用户，在使用系统时，都需要登录，故抽取这3个类中的登录名、登录密码及相应的操作构成基类——用户类。

(1) 用户类。用户类的声明放在名为User.h的头文件中，具体内容如下：

```
//User.h: interface for the User class.
#if !defined USER_H
#define USER_H
#include <string>
#include <iostream>
using namespace std;
class User{                                     //声明用户类
public:
    User(string loginName="XXX", string loginPassword="666666");  //构造函数
    virtual ~User(){ }                          //析构函数
    void setUser();                             //设置用户名和密码的成员函数
    void showUser();                            //显示登录名和密码到屏幕的成员函数
    void setLoginName(string loginName);        //设置登录名
    void setLoginPassword(string loginPassword); //设置登录密码
    string getLoginName();                      //获取登录名
    string getLoginPassword();                  //获取登录密码
    void readFromFile(fstream &);               //从文件中读取登录名和密码的成员函数
    void writeToFile(fstream &) const;          //将登录名和密码写入到文件的成员函数
protected:
    string loginName;                           //登录名,最多由9个字符组成
    string loginPassword;                       //登录密码,最多由9个字符组成
};
#endif
```

用户类的大部分成员函数，实现都比较简单，只有从文件中读入数据和将数据写入文件的成员函数大家可能比较陌生，这两个成员函数的函数体也不复杂，只不过用到了文件流对象，有关文件操作的内容第9章有详细介绍。在这里先把代码列出来，大家可以等学过第9章之后再来看这里的文件操作代码。

用户类各成员函数的类外实现代码放在名为User.cpp的源文件中，具体内容如下：

```
// User.cpp: implementation of the User class.
#include "User.h"
#include<string>
#include <fstream>
```

```
#include<iostream>
using namespace std;
User::User(string loginName, string loginPassword)
: loginName(loginName) , loginPassword(loginPassword){ }
void User::setUser()
{   cout<<"Please enter login name and password:";
    cin>>loginName>>loginPassword;
}
void User::showUser()
{   cout<<"登录名:"<<loginName<<"\t";
    cout<<"密码:"<<loginPassword<<endl;
}
void User::setLoginName(string loginName){this->loginName=loginName;}
void User::setLoginPassword(string loginPassword)
{   this->loginPassword=loginPassword;    }
string User::getLoginName(){return loginName;}
string User::getLoginPassword(){return loginPassword;}
void User::readFromFile(fstream& in)
{   char temp[20]="";
    in.read(temp,10); loginName=temp;        //假定登录名最多9个字符
    in.read(temp,10); loginPassword=temp;    //假定登录密码最多9个字符
}
void User::writeToFile(fstream& out) const
{   out.write(loginName.c_str(),10);
    out.write(loginPassword.c_str(),10);
}
```

(2) 学生类。学生类是用户类的派生类,其声明放在名为Student.h的头文件中,具体内容如下:

```
//Student.h: interface for the Student class.
#if !defined STUDENT_H
#define STUDENT_H
#include "User.h"
#include <string>
class Student: public User{
public:
    Student (string loginName = "XXX", string loginPassword = "666666", string
        number="XXXXXXXXX", string name="XXX", string sex="男", int age=0,
        string dept="未指定", string profession="未指定", string inclass="未指
        定", string enrolltime = "未指定", string gradutime = "未指定", int
        borrowtime = 30, int borrowcount = 5, int borrowingcount = 0, string
        telephone="00000000000");                          //构造函数
    ~Student();                                            //析构函数
    string getNum();                                       //获取学号
```

```
    void setNum(string number);                          //设置学号
    string getName();                                    //获取姓名
    void setName(string name);                           //设置姓名
    string getSex();                                     //获取性别
    void setSex(string sex);                             //设置性别
    int getAge();                                        //获取年龄
    void setAge(int age);                                //设置年龄
    string getDept();                                    //获取所属学院名
    void setDept(string dept);                           //设置所属学院名
    string getProfession();                              //获取专业
    void setProfession(string profession);               //设置专业
    string getClass();                                   //获取班级
    void setClass(string inclass);                       //设置班级
    string getEnrollTime();                              //获取入学时间
    void setEnrollTime(string enrolltime);               //设置入学时间
    string getGraduTime();                               //获取毕业时间
    void setGraduTime(string gradutime);                 //设置毕业时间
    int getBorrowTime();                                 //获取借阅时长限制
    void setBorrowTime(int borrowtime);                  //设置借阅时长限制
    int getBorrowCount();                                //获取借阅册数限制
    void setBorrowCount(int borrowcount);                //设置借阅册数限制
    int getBorrowingCount();                             //获取在借册数
    void setBorrowingCount(int borrowingcount);          //设置在借册数
    string getTelephone();                               //获取联系电话
    void setTelephone(string telephone);                 //设置联系电话
    void setStudent();                                   //设置学生信息
    void showStudent();                                  //显示学生信息到屏幕
    void readFromFile(fstream &);                        //从文件读取学生信息
    void writeToFile(fstream &) const;                   //写学生信息到文件
private:
    string stuNum;                                       //学号
    string stuName;                                      //姓名
    string stuSex;                                       //性别
    int stuAge;                                          //年龄
    string stuDept;                                      //所属学院
    string stuProfession;                                //专业
    string stuClass;                                     //班级
    string stuEnrollTime;                                //入学时间
    string stuGraduTime;                                 //毕业时间
    int stuBorrowTime;                                   //借阅时长限制
    int stuBorrowCount;                                  //借阅册数限制
    int stuBorrowingCount;                               //在借册数
    string stuTelephone;                                 //联系电话
};
```

```
#endif
```

学生类大部分成员函数的实现都比较简单,其类外实现代码放在名为 Student. cpp 的源文件中,具体内容如下:

```
// Student. cpp: implementation of the Student class.
#include "Student. h"
#include <string>
#include<fstream>
#include <iostream>
using namespace std;
Student::Student(string loginName, string loginPassword, string number, string
    name, string sex, int age, string dept, string profession, string inclass,
    string enrolltime, string gradutime, int borrowtime, int borrowcount, int
    borrowingcount, string telephone): User(loginName,loginPassword)
{   stuNum=number;                                  //学号
    stuName=name;                                   //姓名
    stuSex=sex;                                     //性别
    stuAge=age;                                     //年龄
    stuDept=dept;                                   //所属学院
    stuProfession=profession;                       //专业
    stuClass=inclass;                               //班级
    stuEnrollTime=enrolltime;                       //入学时间
    stuGraduTime=gradutime;                         //毕业时间
    stuBorrowTime=borrowtime;                       //借阅时长限制
    stuBorrowCount=borrowcount;                     //借阅册数限制
    stuBorrowingCount=borrowingcount;               //在借册数
    stuTelephone=telephone;                         //联系电话
}
Student::~Student(){ }
string Student::getNum(){ return stuNum;}
void Student::setNum(string number){ stuNum=number; }
string Student::getName(){ return stuName; }
void Student::setName(string name){ stuName=name; }
string Student::getSex(){ return stuSex; }
void Student::setSex(string sex){ stuSex=sex; }
int Student::getAge(){ return stuAge; }
void Student::setAge(int age){ stuAge=age; }
string Student::getDept(){ return stuDept; }
void Student::setDept(string dept){ stuDept=dept; }
string Student::getProfession(){ return stuProfession; }
void Student::setProfession(string profession){ stuProfession=profession; }
string Student::getClass(){ return stuClass; }
void Student::setClass(string inclass){ stuClass=inclass; }
string Student::getEnrollTime(){ return stuEnrollTime;}
```

```
void Student::setEnrollTime(string enrolltime){ stuEnrollTime=enrolltime;}
string Student::getGraduTime(){ return stuGraduTime;}
void Student::setGraduTime(string gradutime){ stuGraduTime=gradutime; }
int Student::getBorrowTime(){ return stuBorrowTime;}
void Student::setBorrowTime(int borrowtime){ stuBorrowTime=borrowtime; }
int Student::getBorrowCount(){ return stuBorrowCount;}
void Student::setBorrowCount(int borrowcount){ stuBorrowCount=borrowcount;}
int Student::getBorrowingCount(){ return stuBorrowingCount; }
void Student::setBorrowingCount(int borrowingcount)
{   stuBorrowingCount=borrowingcount;    }
string Student::getTelephone(){ return stuTelephone;}
void Student::setTelephone(string telephone){ stuTelephone=telephone; }
void Student:: setStudent(){
    cout<<"请输入:"<<endl;
    cout<<"登录名(最多 9 个字符,一个汉字相当于 2 个字符):";
    cin>>loginName;
    cout<<"登录密码(最多 9 个字符):";
    cin>>loginPassword;
    cout<<"学号(最多 9 个字符):";
    cin>>stuNum;
    cout<<"姓名(最多 5 个汉字):";
    cin>>stuName;
    cout<<"性别(男 or 女):";
    cin>>stuSex;
    cout<<"年龄(整数):";
    cin>>stuAge;
    cout<<"所属学院(最多 10 个汉字):";
    cin>>stuDept;
    cout<<"专业(最多 10 个汉字):";
    cin>>stuProfession;
    cout<<"班级(最多 8 个字符):";
    cin>>stuClass;
    cout<<"入学时间(输入格式:2010:09:01):";
    cin>>stuEnrollTime;
    cout<<"毕业时间(输入格式:2010:09:01):";
    cin>>stuGraduTime;
    cout<<"借阅时长(整数):";
    cin>>stuBorrowTime;
    cout<<"借阅册数(整数):";
    cin>>stuBorrowCount;
    cout<<"联系电话(最多 11 个字符)";
    cin>>stuTelephone;
}
void Student:: showStudent (){
```

```
    cout <<"登录名:"<<loginName<<"\t"<<"密码:"<<loginPassword<<"\t"
        <<"学号:"<<stuNum<<"\t"<<"姓名:"<<stuName<<"\t"
        <<"性别:"<<stuSex<<"\t"<<"年龄:"<<stuAge<<"\t"
        <<"所属学院:"<<stuDept<<"\t"<<"专业:"<<stuProfession<<"\t"
        <<"班级:"<<stuClass<<"\t"<<"入学时间:"<<stuEnrollTime<<"\t"
        <<"毕业时间:"<<stuGraduTime<<"\t"<<"借阅时长:"<<stuBorrowTime<<"\t"
        <<"借阅册数:"<<stuBorrowCount<<"\t"<<"在借册数:"<<stuBorrowingCount<<"\t"
        <<"联系电话:"<<stuTelephone<<endl;
}
void Student::readFromFile(fstream &in){
        char temp[30]="";
        in.read(temp, 10); loginName=temp;              //假定登录名最多9个字符
        in.read(temp, 10); loginPassword=temp;          //假定登录密码最多9个字符
        in.read(temp, 10); stuNum=temp;                 //假定学生学号最多9个字符
        in.read(temp, 11); stuName=temp;                //假定学生姓名最多5个汉字
        in.read(temp, 3); stuSex=temp;                  //假定学生性别最多2个字符
        in.read((char *)&stuAge, sizeof(int));          //学生年龄
        in.read(temp, 21); stuDept=temp;          //假定学生所在学院最多10个汉字字符
        in.read(temp, 21); stuProfession=temp;          //假定学生专业最多10个汉字
        in.read(temp, 9); stuClass=temp;                //假定学生班级最多8个字符
        in.read(temp, 11); stuEnrollTime=temp;          //学生入学时间最多10个字符
        in.read(temp, 11); stuGraduTime=temp;           //学生毕业时间最多10个字符
        in.read((char *)&stuBorrowTime, sizeof(int));          //借阅时长
        in.read((char *)&stuBorrowCount, sizeof(int));         //借阅册数
        in.read((char *)&stuBorrowingCount, sizeof(int));      //在借册数
        in.read(temp, 11); temp[11]='\0'; stuTelephone=temp;
                                                        //联系电话,最多11个数字

}
void Student::writeToFile(fstream &out) const{
        out.write(loginName.c_str(), 10);               //假定登录名最多9个字符
        out.write(loginPassword.c_str(), 10);           //假定登录密码最多9个字符
        out.write(stuNum.c_str(), 10);                  //假定学号最多9个字符
        out.write(stuName.c_str(), 11);                 //假定学生姓名最多5个汉字
        out.write(stuSex.c_str(), 3);                   //假定学生性别最多2个字符
        out.write((char *)&stuAge, sizeof(int));        //学生年龄
        out.write(stuDept.c_str(), 21);           //假定学生所在学院最多10个汉字字符
        out.write(stuProfession.c_str(), 21);           //假定学生专业最多10个汉字
        out.write(stuClass.c_str(), 9);                 //假定学生班级最多8个字符
        out.write(stuEnrollTime.c_str(), 11);           //学生入学时间最多10个字符
        out.write(stuGraduTime.c_str(), 11);            //学生毕业时间最多10个字符
        out.write((char *)&stuBorrowTime, sizeof(int));        //借阅时长
        out.write((char *)&stuBorrowCount, sizeof(int));       //借阅册数
        out.write((char *)&stuBorrowingCount, sizeof(int));    //在借册数
        out.write(stuTelephone.c_str(), 11);       //假定学生联系电话最多11个数字
```

```
}
```

(3) 教师类和图书管理员类。教师类和图书管理员类也都是用户类的派生类，教师类的数据成员包括：登录名(loginName，最多9个字符)、登录密码(loginPassword，最多9个字符)、职工号(teaNum，最多9个字符)、姓名(teaName，最多5个汉字)、性别(teaSex，最多2个字符)、年龄(teaAge)、所在学院(teaDept，最多10个汉字)、从事学科(teaProfession，最多10个汉字)、入职时间(teaStartTime，固定10个字符)、借阅时长限制(teaBorrowTime)、借阅册数限制(teaBorrowCount)、在借册数(teaBorrowingCount)、联系电话(teaTelephone，最多11个数字)，图书管理员类的数据成员包括：职工号(libNum，最多6个字符)、职工姓名(libName，最多5个汉字)、职工联系电话(libTelephone，最多11个数字)。这两个类的成员函数的设置与学生类类似，请大家参考学生类的声明代码给出教师类(Teacher)和图书管理员类(Librarian)的声明。

2. 聚合的应用

学生顺序表类与学生类之间、教师顺序表类与教师类之间、图书管理员顺序表类与图书管理员类、图书顺序表类和图书类、借阅记录顺序表类和借阅记录类为聚合关系。

(1) 部分类的设计。

部分类中的学生类、教师类、图书管理员的声明，已在本节做过介绍，这里只对图书类、借阅记录类进行简单介绍。

图书类的数据成员包括：图书条形码(bookNum，最多9个数字)、图书名称(bookName，最多20个汉字)、图书类型(bookType，最多10个汉字)、图书作者姓名(bookAuthor，最多5个汉字)、图书出版社名称(bookPublish，最多10个汉字)、出版时间(bookPubTime，固定10个字符)、图书价格(bookPrice)、是否在架(bookOnShelf)、图书被借阅次数(totalCount)。借阅记录类的数据成员包括：读者编号(readerNum，最多9个字符)、图书条形码(bookNum，最多9个数字)、借阅时间(borrowTime，固定为10个字符)、归还时间(returnTime，固定为10个字符)、是否归还(delFlag)、经办人编号(operatorNum，最多6个字符)、超期罚款。这两个类的成员函数的设置与学生类也是类似的，请大家参考学生类的声明代码给出图书类(Book)和借阅记录类(BorrowRecord)的声明。

(2) 整体类的设计。

首先介绍整体类中的学生顺序表类，该类的声明放在名为 StuSeqList. h 的头文件中，具体内容如下：

```
//StuSeqList. h: interface for the StuSeqList class.
#if !defined STUSEQLIST_H
#define STUSEQLIST_H
#include "Student. h"
const int initSize =100;
const int increment =20;
class StuSeqList
{public:
```

```
    StuSeqList(int sz=initSize);                //构造函数
    StuSeqList(StuSeqList &L);                  //复制构造函数
    ~StuSeqList();                              //析构函数
    void createList();                          //创建顺序表,从键盘输入学生信息
    int size()const;                            //返回顺序表大小,即数组容量
    int length()const;                          //返回顺序表实际长度,及数组已用空间大小
    int search(Student& stud) const;            //搜索 stud 在表中位置,函数返回表项序号
    int locate(int i) const;                    //定位 i 表项位置,函数返回表项序号
    bool getData(int i, Student& stud) const;    //取第 i 个表项的值
    bool setData(int i, Student& stud);         //用 stud 修改第 i 个表项的值
    bool insert(int i, Student& stud);          //插入 stud 在第 i 个表项之后
    bool remove(int i, Student& stud);          //删除第 i 个表项,通过 stud 返回表项的值
    bool isEmpty();                             //判表空否,空则返回 true,否则返回 false
    bool isFull();                              //判表满否,满则返回 true,否则返回 false
    void traverseList();                        //遍历顺序表,输出学生信息
    StuSeqList operator= (StuSeqList &L);       //顺序表整体赋值
    //从形参 FileName 传过来的文件中读取数据到 data 动态数组
    void readFromFile(char * FileName);
    //将动态数组 data 中的数据写入形参 FileName 传过来的文件中
    void writeToFile(char * FileName);
private:
    Student * data;                             //存放学生信息的动态数组
    int listSize;                               //数组容量
    int length;                                 //数组已用空间大小(从 0 开始)
    void resize(int newSize);                   //改变 data 数组空间大小
};
#endif
```

学生顺序表类各成员函数的类外实现代码放在名为 StuSeqList.cpp 的源文件中,具体内容如下:

```
//StuSeqList.cpp: implementation of the StuSeqList class.
#include "StuSeqList.h"
#include <iostream>
using namespace std;
#include <fstream>
StuSeqList::StuSeqList(int sz)                  //构造函数,通过指定参数 sz 定义数组的长度
{   if(sz>0)
    {   listSize =sz;   length =0;              //置表的实际长度为空
        data =new Student[listSize];            //创建顺序表动态数组
        if(data ==nullptr)                      //动态内存分配失败
        {   cerr <<"内存分配失败!" <<endl;  exit(1);  }
    }
}
StuSeqList::StuSeqList(StuSeqList &L)
```

```
{   //复制构造函数,用参数表中给定的已有顺序表初始化新建的顺序表
    listSize =L.size(); length =L.length();
    data =new Student[listSize];                              //创建顺序表动态数组
    if(data ==nullptr)                                        //动态内存分配失败
    {   cerr <<"内存分配错误!" <<endl;  exit(1);  }
    Student temp;
    for(int i=1; i<=length; i++)
    {   L.getData(i,temp);  data[i-1] =temp;   }
}
StuSeqList::~StuSeqList(){  delete[ ] data; data=nullptr;  }  //析构函数
void StuSeqList::resize(int newSize)
{  //私有成员函数:扩充顺序表的内存数组空间大小,新数组的元素个数为 newSize
    if(newSize <=0)                                           //检查参数的合理性
    { cerr <<"无效的数组大小!" <<endl;  return;     }
    if(newSize !=listSize)                                    //修改
    {   Student * newarray =new Student[newSize];             //建立新数组
        if(newarray ==nullptr)
        {   cerr <<"内存分配错误!" <<endl;   exit(1);  }
        int n =length;
        Student * srcptr =data;                               //源数组首地址
        Student * destptr=newarray;                           //目的数组首地址
        while(n--)    * destptr++= * srcptr++;                //复制数组
        delete[ ] data;                                       //删源数组
        data =newarray;    listSize =newSize;                 //设置新数组
    }
}
void StuSeqList::createList()
{   //从标准输入(键盘)逐个输入学生信息,建立学生顺序表
    cout <<"请输入学生总人数:";
    cin >>length;
    if(length >listSize) resize(length);
    for(int i=0; i<length; i++)
    {   data[i].setStudent();
        cout <<i+1 <<endl;
    }
}
int StuSeqList::size()const{return listSize;}                //返回顺序表容量大小
int StuSeqList::length()const{return length;}                //返回顺序表实际长度
int StuSeqList::search(Student& stu) const
{   /* 搜索函数:在表中顺序搜索与给定值 stud 的学号匹配的表项,找到则函数返回该表项是
       第几个元素,否则返回 0,表示搜索失败 */
    for(int i=0; i<length; i++)
        if(data[i].getNum() ==stud.getNum()) return i+1;      //顺序搜索
    return 0;                                                 //搜索失败
```

```
}
int StuSeqList::locate(int i) const
{   //定位函数:函数返回第 i(1<=i <=length)个表项的位置,否则函数返回 0,表示定位失败
    if(i>=1 && i<=length)  return i;
    else  return 0;
}
bool StuSeqList::getData(int i, Student& stud) const      //取第 i 个表项的值
{   if(i i>=1 && i<=length){    stud =data[i-1];  return true;   }
    else  return false;
}
bool StuSeqList::setData(int i, Student& stud)         //用 stud 修改第 i 个表项的值
{   if(i i>=1 && i<=length) {   data[i-1]=stud;  return true;   }
    else  return false;
}
bool StuSeqList::insert(int i, Student& stud)
{   /* 将新元素 stud 插入到表中第 i(1 <=i <=length)个表项之后。函数返回插入是否成功
       的信息,若插入成功返回 true;否则返回 false */
    if(i<1 || i>length)  return false;                      //参数 i 不合理,不能插入
    if(length ==listSize) { resize(listSize+increment); }  //表满
    for(int j=length-1; j>=i-1; j--) data[j+1] =data[j];   //依次后移,空出第 i 号位置
    data[i-1] =stud;                                        //插入
    length++;                                               //表长加 1
    return true;                                            //插入成功
}
bool StuSeqList::remove(int i, Student& stud)
{   /* 从表中删除第 i(1 <=i <=length)个表项,通过引用型参数 stud 返回删除的元素值。函
       数返回删除是否成功的信息,若删除成功则返回 true,否则返回 false */
    if(length==0)  return false;                            //表空,不能删除
    if(i<1 || i>length)  return false;                      //参数 i 不合理,不能删除
    stud =data[i-1];                                        //存被删元素的值
    for(int j=i; j<length; j++)   data[j-1] =data[j];      //依次前移,填补
    length--;                                               //表长减 1
    return true;                                            //删除成功
}
bool StuSeqList::isEmpty(){return (length==0)? true:false;}
bool StuSeqList::isFull(){return (length==listSize)? true:false;}
void StuSeqList::traverseList()
{   //将学生顺序表中全部学生信息输出到屏幕上
    cout <<"学生总人数为: " <<length <<endl;
    if (length!=0)
    {    for(int i=0; i<length; i++)
         {   cout <<"#" <<i+1 <<" : " ;
             data[i]. showStudent();
             cout <<endl;
```

```
        }
    }
}
void StuSeqList::readFromFile(char * FileName)
{       fstream file(FileName,ios::in|ios::binary);
        if(!file){  cout<<"  文件打开错误!"<<endl;  abort();  }
        length=0;
        while(!file.eof())
        { data[length].readFromFile(file);  length++;  }
          length--;
          file.close();
}
void StuSeqList::writeToFile(char * FileName)
{     fstream file(FileName,ios::out|ios::binary);
      if(!file){  cout<<"  文件打开错误!"<<endl;  abort();  }
      for(int i=0;i<length;i++){  data[i].writeToFile(file);  }
      file.close();
}
```

对于其他整体类：教师顺序表类、图书管理员顺序表类、图书顺序表类、借阅记录顺序表类，其设计与学生顺序表类的设计类似，只是这些顺序表类的数组成员的数据类型不同。另外，根据各个顺序表类对外提供的服务的不同，可在相应类的内部增加、减少、修改实现对应服务的操作。例如，在图书顺序表类中可修改 search 操作，实现多条件查找：按图书条形码查找、按图书名称查找、按出版社查找、按作者查找，增加按图书被借阅次数排序图书操作，等等。请大家参考学生顺序表类的声明代码给出教师顺序表类(TeaSeqList)、图书管理员顺序表类(LibSeqList)、图书顺序表类(BookSeqList)、借阅记录顺序表类(BRSeqList)的声明。

(3) 登录界面类。

登录界面类的声明放在名为 UserLogin.h 的头文件中，具体内容如下：

```
//UserLogin.h: interface for the UserLogin class.
#if !defined USERLOGIN_H
#define USERLOGIN_H
#include <string>
#include<iostream>
using namespace std;
class UserLogin{
public:
    UserLogin(string user_type="librarian",string user_num="XXXXXX");
    ~UserLogin();
    string getUserType();
    void setUserType(string user_type);
    string getUserNum();
```

```
    void setUserNum(string user_num);
    char selectUserMenu(void);          //显示用户登录菜单函数并接收用户选择
    void handlUserLogin();              //处理用户登录菜单函数
private:
    int advancecheckpassword();         //登录验证函数
    string userType;                    //用户类型
    string userNum;                     //用户编号,学生为学号,教师、图书管理员为职工号
};
#endif
```

登录界面类各成员函数的类外实现代码放在名为 UserLogin. cpp 的源文件中，具体内容如下：

```
// UserLogin. cpp: implementation of the UserLogin class.
#include "UserLogin. h"
#include "Librarian. h"
#include "Student. h"
#include "Teacher. h"
#include "StuSeqList. h"
#include "TeaSeqList. h"
#include "LibSeqList. h"
#include<iostream>
using namespace std;
#include<string>
#include <fstream>
#include <conio. h>
UserLogin::UserLogin(string user_type, string user_num)
{  userType=user_type;  userNum=user_num;  }
UserLogin::~UserLogin(){ }
string UserLogin::getUserType(){ return userType; }
void UserLogin::setUserType(string user_type){ userType=user_type; }
string UserLogin::getUserNum(){return userNum; }
void UserLogin::setUserNum(string user_num){  userNum=user_num;}
int UserLogin::advancecheckpassword()  //定义登录验证函数
{     int success;                      //定义登录验证是否成功的变量
      string name, psw="";              //定义的登录名、密码接收变量
      int times;                        //定义接收登录的次数
      success =0;                       //未输入登录名和密码前,认为是非法用户
      times =0;                         //登录次数赋初值 0
      fstream file;
      //开始——学生登录
      if(userType=="student")
      {  StuSeqList stud;
         //把学生信息从 student. dat 文件读入内存,放入 stud 顺序表中
         stud. readFromFile("student. dat");
```

```
//stud.traverseList();
while( !success && times <3 )  //登录不成功,且未超过限定次数 3
{   cout<<"  请输入登录名和密码,仅有 3 次机会:"<<endl;
    cout<<"  登录名:";    cin>>name;    //接收登录名
    //能按后退键删除的密码保护输入
    cout<<"  登录密码:";
    char temp_c;
    int length=0;
    psw.clear();                   //清空以前输入
    while(true)
    {  temp_c=_getch();            //输入一个字符
      if(temp_c!=char(13))         //判断该字符是否为回车,如果是则退出 while
      {   switch(temp_c) {
          case 8:
              if(length!=0)
              {     putchar(8); putchar(' '); putchar(8);
                   psw=psw.substr(0, length-1);
                   length--;
              }
              break;
          default:
              cout<<"*";//可用你喜欢的任意字符,如改为 cout<<"";则无回显
              psw+=temp_c;      //连成字符串
              length++;
              break;
          }//switch
      }
      else break;
    }//while
    times++;                       //登录次数加 1
   //检索 stud 学生顺序表,检查登录用户的登录名、密码是否合法
   for(int i=1;i<=stud.length();i++){
      Student temp;
      if(stud.getData(i, temp) ){
         if (temp.getLoginName()==name && temp.getLoginPassword()==psw)
         {  success =1;         //登录验证成功,置成功标志为 1
            userNum=temp.getNum();
            break;
         }//if
      }//if
   }//for
if(success==0)                   //登录验证不成功,显示"无此用户!"信息提醒用户
   cout<<"\n  无此用户!"<<endl;
while ( getchar() !='\n' );      //清除键盘缓冲区(即清空刚才输入的密码)
```

```
        }//while
    }//结束——学生登录
    //开始——教师登录
    if(userType=="teacher"){
        TeaSeqList teacher;
        //把教师信息从 teacher.dat 文件读入内存,放入 teacher 顺序表中
        teacher.readFromFile("teacher.dat");
        //teacher.traverseList();
        while( !success && times <3 )      //登录不成功,且未超过限定次数 3
        {
            …(此处省略的代码与学生登录模块对应部分完全相同)
            //检索 teacher 顺序表,检查登录用户的登录名、密码是否合法
            for(int i=1;i<=teacher.length();i++){
                Teacher temp;
                if(teacher.getData(i,temp)){
                    if (temp.getLoginName()==name && temp.getLoginPassword()==psw)
                    {   success =1;      //登录验证成功,置成功标志为 1
                        userNum=temp.getNum();
                        break;
                    }//if
                }//if
            }//for
            if(success==0)            //登录验证不成功,显示"无此用户!"信息提醒用户
                cout<<"\n   无此用户!"<<endl;
            while ( getchar() !='\n' ) ; //清除键盘缓冲区(即清空刚才输入的密码)
        }//while
    }//结束——教师登录
    //开始——图书管理员登录
    if(userType=="librarian"){
        LibSeqList lib;
        //把图书管理员登录信息从 librarian.dat 文件读入内存,放入 lib 顺序表中
        lib.readFromFile("librarian.dat");
        //lib.traverseList();
        while( !success && times <3 )      //登录不成功,且未超过限定次数
        {   …(此处省略的代码与学生登录模块对应部分完全相同)
            //检索 lib 顺序表,检查登录用户的登录名、密码是否合法
            for(int i=1;i<=lib.length();i++){
                Librarian temp;
                if(lib.getData(i,temp)){
                    if (temp.getLoginName()==name && temp.getLoginPassword()==psw)
                    {   success =1;      //登录验证成功,置成功标志为 1
                        userNum=temp.getNum();
                        break;
                    }//if
```

```
            }//if
        }//for
        if(success==0)              //登录验证不成功,显示"无此用户!"信息提醒用户
            cout<<"\n   无此用户!"<<endl;
        while ( getchar() != '\n' );  //清除键盘缓冲区(即清空刚才输入的密码)
    }
}//结束——图书管理员登录
//开始——系统管理员登录
if(userType=="administor")
{   while( !success && times <3 )      //登录不成功,且未超过限定次数
    {    …(此处省略的代码与学生登录模块对应部分完全相同)
        //检查登录用户的登录名、密码是否合法
        if ( "admin" ==name && "123456"==psw)
        {   success =1;                 //登录验证成功,置成功标志为 1
            break;
        }
        if(success==0)              //登录验证不成功,显示"无此用户!"信息提醒用户
            cout<<"\n   用户名或密码错误,请重新输入!"<<endl;
        while ( getchar() != '\n' ); //清除键盘缓冲区(即清空刚才输入的密码)
    }
  }//结束——系统管理员登录
  return success;                       //返回验证是否成功
}
/***********************************************************
*** 成员函数功能:显示登录用户菜单并接收用户选择          ***
***********************************************************/
char UserLogin::selectUserMenu(void)
{   char choice;
    cout<<endl<<endl;
    cout <<"****************************************************"<<endl;
    cout <<"**   ===  欢  ==  迎  ==  使  ==  用  ====     **"<<endl;
    cout <<"****************************************************"<<endl;
    cout <<"*  燕 京 理 工 学 院 图 书 馆 图 书 借 阅 管 理 系 统  *"<<endl;
    cout <<"****************************************************"<<endl;
    cout <<"**                1: 学 生 登 录                 **"<<endl;
    cout <<"****************************************************"<<endl;
    cout <<"**                2: 教 师 登 录                 **"<<endl;
    cout <<"****************************************************"<<endl;
    cout <<"**                3: 图书管理员登录               **"<<endl;
    cout <<"****************************************************"<<endl;
    cout <<"**                4: 系统管理员登录               **"<<endl;
    cout <<"****************************************************"<<endl;
    cout <<"**                0: 退    出                    **"<<endl;
    cout <<"****************************************************"<<endl;
```

```
    cout <<"   请选择(0-4):";
    cin >>choice;
    return choice;
}
/*******************************************
*** 成员函数功能:处理登录用户选择        ***
*******************************************/
void UserLogin::handlUserLogin()
{   while(true){
        system("cls");
        char choice=selectUserMenu();
        int success=0;
        switch(choice){
        case '1':
            cout<<endl<<"**********     学生登录     *********"<<endl<<endl;
            userType="student";
            success=advancecheckpassword();
            break;
        case '2':
            cout<<endl<<" **********     教师登录    *********"<<endl<<endl;
            userType="teacher";
            success=advancecheckpassword();
            break;
        case '3':
            cout<<endl<<"**********     图书管理员登录     **********"<<endl;
            userType="librarian";
            success=advancecheckpassword();
            break;
        case '4':
            cout<<endl<<"*********     系统管理员登录     *********"<<endl;
            userType="administor";
            success=advancecheckpassword();
            break;
        case '0':
            cout<<endl<<"   谢谢使用本系统!"<<endl;
            system("pause");
            exit(0);
        default:
            cout<<endl<<"   选择错误,请重新选择!"<<endl;
            system("pause");
        }//switch
        if(success==1) {cout<<endl<<"   登录成功!"<<endl; break;  }
        else
        {   cout<<endl<<"   登录失败!"<<endl;
```

```
            cout<<endl<<"  按任意键退出系统!"<<endl;
            getch();
            exit(1);
        }
    }//while
}
```

下面写一个 main 函数，对上述已给出代码的类进行测试。

```
// main. cpp
#include "UserLogin. h"
#include<iostream>
using namespace std;
#include <string>
int main()
{  UserLogin userlogin;
   while(true)
   {   userlogin. handlUserLogin();
       string userType=userlogin. getUserType();
       string num=userlogin. getUserNum();
       if (userType=="student")
       {   cout<<"学生登录成功!"<<endl;  system("pause");   }
       if (userType=="teacher")
       {   cout<<"教师登录成功!"<<endl;  system("pause");   }
       if (userType=="librarian")
       {   cout<<"图书管理员登录成功!"<<endl;  system("pause");   }
       if (userType=="administor")
       {    cout<<"系统管理员登录成功!"<<endl;  system("pause");   }
   }
   system("pause");
   return 0;
}
```

本章小结

类的继承，是新的类从已有类那里得到已有的特性，而从已有类产生新类的过程就是类的派生。派生类同样也可以作为基类派生新的派生类，这样就形成了类的层次结构。类的继承和派生机制使程序员无须修改已有类，只需在已有类的基础上，增加少量代码或者修改少量代码得到新的类，从而较好地解决了代码重用问题。

派生新类的过程包括 3 个步骤：吸收基类成员、改造基类成员和添加新成员。派生类新成员的加入是继承和派生机制的核心，是保证派生类在功能上有所发展的关键。可以根据实际情况的需要给派生类添加适当的数据成员和成员函数，来实现必要的新增功能。

派生类数据成员包括从基类继承过来的数据成员和自己新增加的数据成员，但是派生类并不能直接初始化从基类继承过来的数据成员，它必须使用基类的构造函数来初始化它们。在派生类构造函数的初始化列表中写出对基类构造函数的调用。每个类控制它自己的成员初始化过程。首先初始化基类的部分，然后按照声明的顺序依次初始化派生类的成员。

派生类的合成默认构造函数和合成复制控制成员（复制构造函数、复制赋值运算符、移动构造函数、移动赋值运算符和析构函数）的行为：对派生类本身的成员依次进行初始化、赋值或析构的操作。此外，这些合成的成员还负责使用直接基类中对应的操作对一个对象的直接基类部分进行初始化、赋值或析构的操作。

派生类析构函数的函数体只负责释放派生类自己分配的资源，派生类对象的基类部分是析构函数隐式的析构部分自动被析构的。派生类析构函数首先执行，然后是基类的析构函数，以此类推，沿着继承体系的反方向直达最后。

如果一个类需要自定义析构函数，几乎可以肯定它也需要自定义复制构造函数和复制赋值运算符。

如果一个类定义了析构函数，即使是通过＝default 的形式使用了合成版本，编译器也不会为这个类合成移动操作。如果一个类没有对应的移动操作，则类使用复制操作来代替移动操作。因此，如果一个类需要移动操作，必须自定义移动构造函数和/或移动赋值运算符，并且如果该类是派生类的话，别忘了要首先在基类中提供自定义移动构造函数和/或移动赋值运算符。

对于派生类及其对象成员的唯一标识问题，C++ 引入同名隐藏原则、作用域分辨符和虚基类等方法。

公用派生对象和基类对象的赋值兼容原则，实际就是公用派生类对象的使用场合问题。公用派生对象具备基类对象的全部功能，凡是能够使用基类对象的地方，都可以使用公用派生对象。

继承表达的是类与类之间的一种纵向层次关系（is-a）。聚合表达的是类与类之间的一种松散的整体和局部的关系（has-a），而组合表达的是一种紧密的整体和局部的关系（contain-a）。聚合和组合也是 C++ 提供的一种代码重用机制。

考虑本章所学内容，本章最后一节提供了贯穿全书的综合性项目——图书馆图书借阅管理系统中的 12 个类的声明，它们是：用户类及其派生类学生类、教师类、图书管理员类，与学生类存在聚合关系的学生顺序表类，与教师类存在聚合关系的教师顺序表类，与图书管理员类存在聚合关系的图书管理员顺序表类，以及图书类和图书顺序表类、借阅记录类和借阅记录顺序表类，与学生顺序表类、教师顺序表类、图书管理员顺序表类存在依赖关系的系统登录界面类，并提供对这些类进行测试的 main 函数。

习　　题

一、简答题

1. 有以下程序结构，请分析访问属性：

```
class A                        //A 为基类
```

```
{public:
    void func1();
    int i;
protected:
    void func2();
    int j;
private:
    int k ;
} ;
class B: public A     //B为A的公用派生类
{public :
    void func3() ;
protected:
    int m ;
private :
    int n ;
};
class C: public B     // C为B的公用派生类
{public:
    void func4();
private:
    int p ;
};
int main()
{   A a ;             //a是基类A的对象
    B b ;             //b是派生类B的对象
    C c ;             //c是派生类C的对象
    return 0;
}
```

问：

(1) 在main函数中能否用b.i、b.j和b.k访问派生类B对象b中基类A的成员？

(2) 派生类B中的成员函数能否调用基类A中的成员函数func1和func2？

(3) 派生类B中的成员函数能否访问基类A中的数据成员i、j、k？

(4) 能否在main函数中用c.i、c.j、c.k、c.m、c.n、c.p访问基类A的成员i、j、k，派生类B的成员m、n以及派生类C的成员p？

(5) 能否在main函数中用c.func1、c.func2、c.func3和c.func4调用func1、func2、func3、func4成员函数？

(6) 派生类C的成员函数func4能否调用基类A中的成员函数func1、func2和派生类B中的成员函数func3？

2. 已给商品类及其多层的派生类。以商品类为基类，第一层派生出服装类、家电类、车辆类。第二层派生出衬衣类、外衣类、帽子类、鞋子类；空调类、电视类、音响类；自行车类、轿车类、摩托车类。请给出商品类及其多层派生类的基本属性和派生过程中增加的属性。

3. 分析下面3个程序的运行结果的差异，体会派生类默认构造函数、复制/移动构造函数、复制/移动赋值运算符、析构函数的执行流程，以及派生类自定义复制/移动构造函数、复制/移动赋值运算符的正确书写规则。

程序1：

```
#include <iostream>
using namespace std;
class ZooAnimal                               //动物园动物类
{public:
    ZooAnimal(){  cout <<"I am ZooAnimal default constructor" <<endl;  }
    ZooAnimal(const ZooAnimal&)
    {  cout <<"I am ZooAnimal copy constructor" <<endl;  }
      ZooAnimal(ZooAnimal&&) noexcept
      {  cout <<"I am ZooAnimal move constructor" <<endl;  }
      virtual ~ZooAnimal(){  cout <<"I am ZooAnimal destructor" <<endl;  }
      ZooAnimal& operator=(const ZooAnimal&)
      {  cout <<"I am ZooAnimal copy operator=" <<endl;
         return *this;
      }
      ZooAnimal& operator=(ZooAnimal&&) noexcept
      {  cout <<"I am ZooAnimal move operator=" <<endl;
         return *this;
      }
};
class Bear : public ZooAnimal                 //熊科类
{public:
    Bear(){  cout <<"I am Bear default constructor" <<endl;  }
    Bear(const Bear&){  cout <<"I am Bear copy constructor" <<endl;  }
    Bear(Bear&&) noexcept{  cout <<"I am Bear move constructor" <<endl;  }
    virtual ~Bear(){  cout <<"I am Bear destructor" <<endl;  }
    Bear& operator=(const Bear&)
    {  cout <<"I am Bear copy operator=" <<endl;
       return *this;
    }
    Bear& operator=(Bear&&) noexcept
    {  cout <<"I am Bear move operator=" <<endl;
       return *this;
    }
};
class Endangered                              //濒临灭绝动物类
{public:
```

```
        Endangered(){  cout <<"I am Endangered default constructor" <<endl;  }
        Endangered(const Endangered&)
        {  cout <<"I am Endangered copy constructor" <<endl;  }
        Endangered(Endangered&&) noexcept
        {  cout <<"I am Endangered move constructor" <<endl;  }
        virtual ~Endangered(){  cout <<"I am Endangered destructor" <<endl;  }
        Endangered& operator=(const Endangered&)
        {  cout <<"I am Endangered copy operator=" <<endl;
           return * this;
        }
        Endangered& operator=(Endangered&&) noexcept
        {  cout <<"I am Endangered move operator=" <<endl;
           return * this;
        }
};
class Panda : public Bear, public Endangered //熊猫类
{ public:
        Panda() {  cout <<"I am Panda default constructor" <<endl;  }
        Panda(const Panda&) {  cout <<"I am Panda copy constructor" <<endl;  }
        Panda(Panda&&) noexcept
        {  cout <<"I am Panda move constructor" <<endl;  }
        virtual ~Panda(){  cout <<"I am Panda destructor" <<endl;  }
        Panda& operator=(const Panda&)
        {  cout <<"I am Panda copy operator=" <<endl;
           return * this;
        }
        Panda& operator=(Panda&&) noexcept
        {  cout <<"I am Panda move operator=" <<endl;
           return * this;
        }
};
int main(){
        cout <<"TEST 1" <<endl;
        Panda ying_ying;
        cout <<endl <<endl;
        cout <<"TEST 2" <<endl;
        Panda zing_zing=ying_ying;
        cout <<endl <<endl;
        cout <<"TEST 3" <<endl;
        zing_zing =ying_ying;
        cout <<endl <<endl;
        cout <<"TEST 4" <<endl;
        Panda ni_ni=move(ying_ying);
        cout <<endl <<endl;
```

```
    cout << "TEST 5" << endl;
    ni_ni = move(ying_ying);
    cout << endl << endl;
    return 0;
}
```

程序 2：

删除程序 1 的 Panda 类中移动构造函数、复制赋值运算符和移动赋值运算符代码。main 函数代码保持不变。

程序 3：

修改程序 1 中 Bear 类和 Panda 类的复制/移动构造函数、复制/移动赋值运算符中的代码，在完整的对象上执行复制/移动赋值操作。main 函数代码保持不变。

```
class Bear : public ZooAnimal
{public:
    Bear()      {  cout << "I am Bear default constructor" << endl;  }
    Bear(const Bear& b) : ZooAnimal(b)
    {  cout << "I am Bear copy constructor" << endl;  }
    Bear(Bear&& b) noexcept: ZooAnimal(move(b))
    {  cout << "I am Bear move constructor" << endl;  }
    virtual ~Bear(){  cout << "I am Bear destructor" << endl;  }
    Bear& operator= (const Bear& b)
    {  ZooAnimal::operator= (b);
       cout << "I am Bear copy operator= " << endl;
       return * this;
    }
    Bear& operator= (Bear&& b) noexcept
    {  ZooAnimal::operator= (move(b));
       cout << "I am Bear move operator= " << endl;
       return * this;
    }
};
class Panda : public Bear, public Endangered
{ public:
    Panda(){  cout << "I am Panda default constructor" << endl;  }
    Panda(const Panda& p) : Bear(p), Endangered(p)
    {  cout << "I am Panda copy constructor" << endl;  }
    Panda(Panda&& p) noexcept: Bear(move(p)), Endangered(move(p))
    {  cout << "I am Panda move constructor" << endl;  }
    virtual ~Panda()
    {  cout << "I am Panda destructor" << endl;  }
    Panda& operator= (const Panda& p)
    {  Bear::operator= (p);
       Endangered::operator= (p);
```

```
        cout << "I am Panda copy operator= " <<endl;
        return * this;
    }
    Panda& operator= (Panda&& p) noexcept
    {   Bear::operator= (move(p));
        Endangered::operator= (move(p));
        cout << "I am Panda move operator= " <<endl;
        return * this;
    }
};
```

4. 分析以下程序的执行结果。

```
#include <iostream>
#include <string>
using namespace std;
class A
{public:
    A(){ cout << " A() is called. " <<endl;}
    A(int a):a(a){  show();  }
    virtual ~A(){ };
    void show(){  cout << "a = " <<a <<endl;   }
private:
   int a;
};
class B: virtual public A
{public:
    B(){ cout << " B() is called. " <<endl;}
    B(int b): b(b){  show();    }
    B(int a, int b): A(a), b(b){  show();   }
    virtual ~B(){ };
    void show(){  cout << "b = " <<b <<endl;   }
private:
   int b;
};
class C: virtual public B
{public:
    C(){ cout<< " C() is called. "<<endl;}
    C(int c): c(c){  show();  }
    C(int b, int c): B(b), c(c){  show();   }
    C(int a, int b, int c): A(a), B(a,b) ,c(c){   show();   }
    virtual ~C(){ };
    void show(){  cout << "c = " <<c <<endl;   }
private:
   int c;
```

```
};
int main()
{   C c(1, 2, 3);
    return 0;
}
```

二、编程题

1. 定义一个国家基类Country，包含国名、首都、人口等属性，派生出省类Province，增加省会城市、人口数量属性。要求：基类和派生类的成员函数根据自己需要提供。

2. 定义一个基类——Person类，有姓名、性别、年龄，再由基类派生出学生类——Student类和教师类——Teacher类，学生类增加学号、班级、专业和入学成绩，教师类增加工号、职称和工资。要求：基类和派生类的成员函数根据自己需要提供。

3. 设计一个基类——Building类，有楼房的层数、房间数和总面积，再由基类派生出教学楼——TeachBuilding类和宿舍楼类——DormBuilding类，教学楼类增加教室数，宿舍楼类增加宿舍数、容纳学生总人数。要求：基类和派生类的成员函数根据自己需要提供。

4. 定义一个基类——汽车类，有型号、颜色、发动机功率、车速、质量、车牌号码，再由汽车类派生出客车类和货车类，客车类增加客车座位数、客运公司，货车类增加载货质量、货运公司。要求：基类和派生类的成员函数根据自己需要提供。

5. 定义一个Table类和Circle类，再由它们共同派生出RoundTable类。要求：基类和派生类的成员函数根据自己需要提供。

6. 在第4题的基础上，由客车类和货车类再派生出一个客货两用车类，一辆客货两用车既具有客车的特征(有座位，可以载客)，又具有货车的特征(有装载车厢，可以载货)。要求将客货两用车类的间接共同基类——汽车类声明为虚基类。要求：基类和派生类的成员函数根据自己需要提供。

7. 定义一个图形类Figure，其中有保护类型的成员数据：高度和宽度，一个公有的构造函数。由该图形类建立两个派生类：矩形类(Rectangle)和三角形类(Triangle)。在每个派生类中都包含一个函数area，分别用来计算矩形和三角形的面积。要求：派生类的构造函数从基类继承。

8. 设计一个雇员类Employee，存储雇员的编号、姓名和生日等信息，要求该类使用日期类作为成员对象，雇员类的使用如下：

```
//定义一个雇员，其雇员编号为10，生日为1980年11月20日，姓名为Tom
Employee Tom("Tom", 10, 1980, 11, 20)
Date today(1980, 11, 20);
if (Tom.IsBirthday(today)      //判断今天是否为Tom的生日
...
```

9. 设计一个CPU类，该类有一个string类型的数据成员model。再设计一个Computer类，该类有一个CPU类型的数据成员cpu。设计第三个Person类，该类有一个 Computer 类型的数据成员 computer。要求：

（1）写出这三个类各自的默认构造函数、带参普通构造函数、复制/移动构造函数、拷贝/移动赋值运算符、析构函数。

（2）在 main 函数中创建适当数量的 Person 类对象，分别测试复制/移动构造函数、复制/移动赋值运算符，输出这些对象所拥有的计算机品牌和 CPU 型号。

第5章 多态性与虚函数

多态性是面向对象程序设计的重要特征之一。如果一种语言只支持类而不支持多态，是不能称为面向对象语言的，只能说是基于对象的，如 Visual Basic、Ada 就属于此类。C++支持多态性，在 C++ 程序设计中应用多态性机制，可以设计和实现一个易于扩展的系统。

本章介绍多态性的概念及分类，以及虚函数、纯虚函数和抽象类的概念、定义及使用方法。

5.1 什么是多态性

多态性(polymorphism)是面向对象程序设计的一个重要特性。在面向对象方法中一般是这样表述多态性的：向不同的对象发送同一个消息，不同的对象在接收时会有不同的反应，产生不同的动作。也就是说，每个对象可以用自己的方式去响应共同的消息。

在 C++ 程序设计中，多态性是指用一个名字定义不同的函数，这些函数执行不同但又类似的操作，从而可以使用相同的调用方式来调用这些具有不同功能的同名函数。这样，就可以达到用同样的接口访问不同功能的函数，从而实现"一个接口，多种方法"。

C++ 中的多态性可以分为 4 类：参数多态、包含多态、重载多态和强制多态。前面两种统称为通用多态，而后面两种统称为专用多态。

参数多态如函数模板和类模板(在本书第 8 章介绍)。由函数模板实例化的各个函数都具有相同的操作，而这些函数的参数类型却各不相同。同样地，由类模板实例化的各个类都具有相同的操作，而操作对象的类型是各不相同的。

包含多态是研究类族中定义于不同类中的同名成员函数的多态行为，主要是通过虚函数来实现的。

重载多态如函数重载、运算符重载等。前面学习过的普通函数及类的成员函数的重载都属于重载多态。运算符重载将在第 7 章介绍。

强制多态是指将一个变元的类型加以变化，以符合一个函数(或操作)的要求，如加法运算符在进行浮点数与整型数相加时，首先进行类型强制转换，把整型数变为浮点数再相加的情况，就是强制多态的实例。

5.2 向上类型转换

根据赋值兼容规则，可以使用派生类的对象代替基类对象。向上类型转换就是把一个派生类的对象作为基类的对象来使用。向上类型转换中有 3 点需要特别注意。第一，向上类型转换是安全的;第二,向上类型转换可以自动完成;第三,向上类型转换的过程中会丢失子类型信息。下面通过一个程序来加深对它的理解。

【例 5-1】 向上类型转换示例。

```
#include <iostream>
using namespace std;
class Point
{public:
    Point(double a =0, double b =0) {  x =a; y =b;  }
    double area()
    {  cout <<"Call Point's area function. " <<endl;
       return 0.0;
    }
protected:
    double x, y;           //点的坐标值
};
class Rectangle: public Point
{public:
    Rectangle(double a =0, double b =0, double c =0, double d =0): Point(a, b)
    {  x1 =c; y1 =d;  }
    double area()
    {  cout <<"Call Rectangle's area function. " <<endl;
       return (x1 -x) * (y1 -y);
    }
protected:
    double x1, y1;         //长方形右下角点的坐标值,基类中 x、y 为左上角点的坐标值
};
class Circle: public Point
{public:
    Circle(double a =0, double b =0, double c =0): Point(a, b){  r =c;  }
    double area()
    {  cout <<"Call Circle's area function. " <<endl;
       return 3.14 * r * r;
    }
protected:
    double r;              //圆半径,基类中 x、y 为圆心坐标点的坐标值
};
double calcArea(Point &ref){  return ( ref.area() );  }
int main()
{  Point p(0, 0);
   Rectangle r(0, 0, 1, 1);
   Circle c(0, 0, 1);
   cout <<calcArea(p) <<endl;
   cout <<calcArea(r) <<endl;
```

```
    cout <<calcArea(c) <<endl;
    return 0;
}
```

程序运行结果如下：

```
Call Point's area function.
0
Call Point's area function.
0
Call Point's area function.
0
```

函数 calcArea 接收一个 Point 类的对象，但也不拒绝任何 Point 派生类的对象。在 main 函数中，可以看出，无需类型转换，就能将 Rectangle 类或 Circle 类的对象传给 calcArea。这是可接受的，在 Point 类中有的接口必然存在于 Rectangle 类和 Circle 类中，因为 Rectangle 类和 Circle 类都是 Point 类的公用派生类。Rectangle 类和 Circle 类到 Point 类的向上类型转换会使 Rectangle 类和 Circle 类的接口“变窄”，但不会窄过 Point 类的整个接口。

从运行结果来看，3 次调用都是调用的 Point::area()，这不是用户所希望的输出。用户希望通过使用指向基类对象的指针或基类对象的引用能够调用基类和派生类对象的成员，即想得到如下运行结果：

```
Call Point's area function.
0
Call Rectangle's area function.
1
Call Circle's area function.
3.14
```

也就是当通过指向基类对象的引用 ref 调用 area 时，如果 ref 是 Point 类对象的引用，就调用 Point 类中定义的 area 函数；如果 ref 是 Rectangle 类对象的引用或 Circle 类对象的引用，就调用 Rectangle 类中定义的 area 函数或 Circle 类中定义的 area 函数，而不是都调用 Point 类中定义的 area 函数。为了解决这个问题，需要知道绑定这个概念。

5.3 功能早绑定和晚绑定

多态从实现的角度来讲可以划分为两类：编译时的多态和运行时的多态。前者是在编译的过程中确定了同名操作的具体操作对象，而后者则是在程序运行过程中才动态地确定操作所针对的具体对象。这种确定操作的具体对象的过程就是绑定(binding)。绑定是指计算机程序自身彼此关联的过程，也就是把一个标识符名和一个存储地址联系在一起的过程；用面向对象的术语讲，就是把一条消息和一个对象的方法相结合的过程。按照绑定进行的阶段的不同，可以分为两种不同的绑定方法：功能早绑定和功能晚绑定，这两种绑定方法分别对应着多态的两种实现方式。

绑定工作在编译连接阶段完成的情况称为功能早绑定。因为绑定过程是在程序开始执行之前进行的。在编译、连接过程中，系统就可以根据类型匹配等特征确定程序中操作调用与执行该操作的代码的关系，即确定了某一个同名标识到底是要调用哪一段程序代码。有些多态类型，其同名操作的具体对象能够在编译、连接阶段确定，通过功能早绑定解决，比如重载多态、强制多态和参数多态。对于例5-1中的calcArea函数，在程序编译阶段，通过基类Point类的引用ref调用的area函数被绑定到Point类的函数上，因此，在执行函数calcArea中的ref.area()操作时，每次都执行Point类的area函数。这是功能早绑定的结果。

与功能早绑定相对应，绑定工作在程序运行阶段完成的情况称为功能晚绑定。在编译、连接过程中无法解决的绑定问题，要等到程序开始运行之后再来确定，包含多态中操作对象的确定就是通过功能晚绑定完成的。

一般而言，编译型语言（如C、PASCAL）都采用功能早绑定，而解释性语言（如LISP、Prolog）都采用功能晚绑定。功能早绑定要求在程序编译时就知道调用函数的全部信息，因此，这种绑定类型的函数调用速度很快，效率高，但缺乏灵活性；而功能晚绑定的方式恰好相反，采用这种绑定方式，一直要到程序运行时才能确定调用哪个函数，它降低了程序的运行效率，但增强了程序的灵活性。C++由C语言发展而来，为了保持C语言的高效性，C++仍是编译型的，仍采用功能早绑定。好在C++的设计者想出了“虚函数”的机制，解决了这个问题。利用虚函数机制，C++可部分地采用功能晚绑定。这就是说，C++实际上是采用了功能早绑定和功能晚绑定相结合的编译方法。

在C++中，编译时的多态性主要是通过函数重载和运算符重载实现的。运行时的多态性主要是通过虚函数来实现的。函数重载在前面章节中已作了介绍，运算符重载将在第7章介绍，本章重点介绍虚函数以及由它们提供的多态性机制。

5.4 实现功能晚绑定——虚函数

虚函数提供了一种更为灵活的多态性机制。虚函数允许函数调用与函数体之间的联系在运行时才建立，也就是在运行时才决定如何动作，即所谓的功能晚绑定。

5.4.1 虚函数的定义和作用

虚函数的定义是在基类中进行的，在成员函数原型的声明语句之前冠以关键字virtual，从而提供一种接口。一般虚成员函数的定义语法是：

```
virtual 函数类型 函数名(形参表)
{
    函数体
}
```

当基类中的某个成员函数被声明为虚函数后，此虚函数就可以在一个或多个派生类中被重新定义。在派生类中重新定义时，其函数原型，包括返回类型、函数名、参数个数、参数类型的顺序，都必须与基类中的原型完全相同。

虚函数的作用是允许在派生类中重新定义与基类同名的函数，并且可以通过指向基类对象的指针或基类对象的引用来访问基类和派生类中的同名函数。下面的程序将例5-1中的函数area定义为虚函数，以达到预期的效果。

【例5-2】 虚函数的作用示例。

```
#include <iostream>
using namespace std;
class Point
{public:
    Point(double a =0, double b =0) {  x =a; y =b;   }
    virtual double area()
    {   cout <<"Call Point's area function. " <<endl;
        return 0.0;
    }
protected:
    double x, y;            // 点的坐标值
};
class Rectangle: public Point
{public:
    Rectangle(double a =0, double b =0, double c =0, double d =0): Point(a, b)
    {   x1 =c; y1 =d;    }
    double area()
    {   cout <<"Call Rectangle's area function. " <<endl;
        return (x1 -x) * (y1 -y);
    }
protected:
    double x1, y1;          //长方形右下角点的坐标值，基类中x、y为左上角点的坐标值
};
class Circle: public Point
{public:
    Circle(double a =0, double b =0, double c =0): Point(a, b){   r =c;   }
    double area()
    {   cout <<"Call Circle's area function. " <<endl;
        return 3.14 * r * r;
    }
protected:
    double r;               //圆半径，基类中x、y为圆心坐标点的坐标值
};
double calcArea(Point &ref){   return(ref.area() );   }
int main()
{
    Point p(0, 0);
    Rectangle r(0, 0, 1, 1);
```

```
    Circle c(0, 0, 1);
    cout <<calcArea(p) <<endl;
    cout <<calcArea(r) <<endl;
    cout <<calcArea(c) <<endl;
    return 0;
}
```

程序运行结果如下：

```
Call Point's area function.
0
Call Rectangle's area function.
1
Call Circle's area function.
3.14
```

为什么把基类中的 area 函数定义为虚函数时，程序的运行结果就正确了呢？这是因为，关键字 virtual 指示 C++ 编译器，函数调用 ref. area()要在运行时确定所要调用的函数，即要对该调用进行功能晚绑定。因此，程序在运行时根据引用 ref 所引用的实际对象，调用该对象的成员函数。

可见，继承、虚函数、指向基类对象的指针或基类对象的引用的结合可使 C++ 支持运行时的多态性，而多态性对面向对象的程序设计是非常重要的，实现了在基类中定义派生类所拥有的通用接口，而在派生类中定义具体的实现方法，即常说的“同一接口，多种方法”，它帮助程序员处理越来越复杂的程序。

下面再通过一个例子来说明虚函数在实际编程中的作用。

【例 5-3】 有一个交通工具类 Vehicle，将它作为基类派生出汽车类 MotorVehicle，再将汽车类 MotorVehicle 作为基类派生出小汽车类 Car 和卡车类 Truck，声明这些类并定义一个虚函数用来显示各类信息。程序如下：

```
#include <iostream>
using namespace std;
class Vehicle                              //声明基类 Vehicle
{public:
    virtual void message()                 //虚成员函数
    {  cout <<"Call Vehicle's message function. " <<endl;  }
private:
    int wheels;                            //车轮个数
    float weight;                          //车的质量
};
class MotorVehicle: public Vehicle         //声明 Vehicle 类的公用派生类 MotorVehicle
{public:
    void message(){  cout <<"Call MotorVehicle's message function. " <<endl;  }
private:
    int passengers;                        //承载人数
```

```
};
class Car: public MotorVehicle          //声明 MotorVehicle 类的公用派生类 Car
{public:
    void message(){  cout <<"Call Car's message function. " <<endl;  }
private:
    float  engine;                      //发动机的马力数
};
class Truck: public MotorVehicle        //声明 MotorVehicle 类的公用派生类 Truck
{public:
    void message(){  cout <<"Call Truck's message function. " <<endl;  }
private:
    int loadpay ;                       //载重量
};
int main()
{     Vehicle v, * p =nullptr;          //声明 Vehicle 类对象 v 和基类指针 p
      MotorVehicle m;                   //声明 MotorVehicle 类对象 m
      Car c;                            //声明 Car 类对象 c
      Truck t;                          //声明 Truck 类对象 t
      p =&v;                            // Vehicle 类指针 p 指向 Vehicle 类对象 v
      p ->message();                    //调用基类成员函数
      p =&m;                            // Vehicle 类指针 p 指向 MotorVehicle 类对象 m
      p ->message();                    //调用 MotorVehicle 类成员函数
      p =&c;                            // Vehicle 类指针 p 指向 Car 类对象 c
      p ->message();                    //调用 Car 类成员函数
      p =&t;                            // Vehicle 类指针 p 指向 Truck 类对象 t
      p ->message();                    //调用 Truck 类成员函数
      return 0;
}
```

程序运行结果如下：

```
Call Vehicle's message function.
Call MotorVehicle's message function.
Call Car's message function.
Call Truck's mMessage function.
```

程序只在基类 Vehicle 中显式定义了 message 为虚函数。C++ 规定，如果在派生类中，没有用 virtual 显式地给出虚函数声明，这时系统就会遵循以下的规则来判断一个成员函数是不是虚函数：

(1) 该函数与基类的虚函数有相同的名称。

(2) 该函数与基类的虚函数有相同的参数个数及相同的对应参数类型。

(3) 该函数与基类的虚函数有相同的返回类型或者满足赋值兼容规则的指针、引用型的返回类型。

派生类的函数满足了上述条件，就被自动确定为虚函数。因此，在本程序的派生类

MotorVehicle、Car 和 Truck 中 message 仍为虚函数。

下面对虚函数的定义做几点说明：

(1) 通过定义虚函数来使用 C++ 提供的多态性机制时，派生类应该从它的基类公用派生。之所以有这个要求，是因为在赋值兼容规则的基础上来使用虚函数的，而赋值兼容规则成立的前提条件是派生类从其基类公用派生。

(2) 必须首先在基类中定义虚函数。由于"基类"与"派生类"是相对的，因此，这项说明并不表明必须在类等级的最高层类中声明虚函数。在实际应用中，应该在类等级内需要具有动态多态性的几个层次中的最高层类内首先声明虚函数。

(3) 在派生类中对基类声明的虚函数进行重新定义时，关键字 virtual 可以写也可以不写。但为了增强程序的可读性，最好在对派生类的虚函数进行重新定义时也加上关键字 virtual。

如果在派生类中没有对基类的虚函数重新定义，则派生类简单地继承其直接基类的虚函数。

(4) 虽然使用对象名和点运算符的方式也可以调用虚函数，如语句 c.message()可以调用虚函数 Car::message()。但是这种调用是在编译时进行的功能早绑定，它没有充分利用虚函数的特性。只有通过指向基类对象的指针或基类对象的引用访问虚函数时才能获得运行时的多态性。

(5) 一个虚函数无论被公用继承多少次，它仍然保持其虚函数的特性。

(6) 虚函数必须是其所在类的成员函数，而不能是友元函数，也不能是静态成员函数，因为虚函数调用要靠特定的对象来决定该激活哪个函数。但是虚函数可以在另一个类中被声明为友元函数。

(7) 内联函数不能是虚函数，因为内联函数是不能在运行中动态确定其位置的。即使虚函数在类的内部定义，编译时仍将其看作是非内联的。

(8) 构造函数不能是虚函数。因为虚函数作为运行过程中多态的基础，主要是针对对象的，而构造函数是在对象产生之前运行的，因此虚构造函数是没有意义的。

(9) 析构函数可以是虚函数，而且通常说明为虚函数。

5.4.2 虚析构函数

在析构函数前面加上关键字 virtual 进行说明，则称该析构函数为虚析构函数。虚析构函数的声明语法为：

```
virtual ~类名();
```

看下面的例子。

【例 5-4】 在交通工具类 Vehicle 中使用虚析构函数。

```
#include <iostream>
using namespace std;
class Vehicle                              //声明基类 Vehicle
{public:
```

```
    Vehicle(){ }                        //构造函数
    virtual ~Vehicle()                  //虚析构函数
    {   cout <<"Vehicle :: ~Vehicle()" <<endl;   }
private:
    int wheels;
    float weight;
};
class MotorVehicle: public Vehicle  //声明 Vehicle 的公用派生类 MotorVehicle
{public:
    MotorVehicle(){ }                   //派生类构造函数
    ~MotorVehicle()                     //派生类析构函数
    {   cout <<"MotorVehicle :: ~MotorVehicle()" <<endl;   }
private:
    int passengers;
};
int main()
{     Vehicle *p =nullptr;              //声明 Vehicle 类指针 p
      p =new MotorVehicle;
      delete p;
      return 0 ;
}
```

程序运行结果如下：

```
MotorVehicle :: ~MotorVehicle()
Vehicle :: ~Vehicle()
```

先调用了派生类 MotorVehicle 的析构函数，再调用了基类 Vehicle 的析构函数，符合用户的愿望。

如果类 Vehicle 中的析构函数不用虚函数，则程序运行结果如下：

```
Vehicle :: ~Vehicle()
```

系统只执行基类 Vehicle 的析构函数，而不执行派生类 MotorVehicle 的析构函数。

如果将基类的析构函数声明为虚函数时，由该基类所派生的所有派生类的析构函数也都自动成为虚函数，即使派生类的析构函数与基类的析构函数名字不相同。

特别提醒：

当基类的析构函数为虚函数时，无论指针指向的是同一类族中的哪一个类对象，系统都会采用动态关联，调用相应的析构函数，对该对象所涉及的额外内存空间进行清理工作。最好把基类的析构函数声明为虚函数，这将使所有派生类的析构函数自动成为虚函数。这样，如果程序中显式地用了 delete 运算符准备删除一个对象，而 delete 运算符的操作对象用了指向派生类对象的基类指针，则系统会首先调用派生类的析构函数，再调用基类的析构函数，这样整个派生类的对象被完全释放。

5.4.3 虚函数与重载函数的比较

在一个派生类中重新定义基类的虚函数不同于一般的函数重载：

(1) 函数重载处理的是同一层次上的同名函数问题，而虚函数处理的是同一类族中不同派生层次上的同名函数问题，前者是横向重载，后者可以理解为纵向重载。但与重载不同的是：同一类族的虚函数的首部是相同的，而函数重载时函数的首部是不同的(参数个数或类型不同)。

(2) 重载函数可以是成员函数或普通函数，而虚函数只能是成员函数。

(3) 重载函数的调用是以所传递参数序列的差别作为调用不同函数的依据；虚函数是根据对象的不同去调用不同类的虚函数。

(4) 虚函数在运行时表现出多态功能，这是C++的精髓；而重载函数则在编译时表现出多态性。

5.5 纯虚函数和抽象类

抽象类是带有纯虚函数的类。为了学习抽象类，我们先来了解纯虚函数。

1. 纯虚函数

有时，基类往往表示一种抽象的概念，它并不与具体的事物相联系。如下面的例5-5中定义一个公共基类Shape，它表示一个封闭图形。然后，从Shape类可以派生出三角形类、矩形类和圆类，这个类等级中的基类Shape体现了一个抽象的概念，在Shape中定义一个求面积的函数和显示图形信息的函数显然是无意义的，但是可以将其说明为虚函数，为它的派生类提供一个公共的接口，各派生类根据所表示的图形的不同重新定义这些虚函数，以提供求面积的各自版本。为此，C++引入了纯虚函数的概念。

纯虚函数是一个在基类中说明的虚函数，它在该基类中没有定义，但要求在它的派生类中必须定义自己的版本，或重新说明为纯虚函数。

纯虚函数的定义形式如下：

```
class  类名
{   …
    virtual  函数类型  函数名(参数表)=0;
    …
};
```

此格式与一般的虚函数定义格式基本相同，只是在后面多了“=0”。声明为纯虚函数之后，基类中就不再给出函数的实现部分。纯虚函数的函数体由派生类给出。

【例5-5】 定义一个公共基类Shape，它表示一个封闭平面几何图形。然后，从Shape类派生出三角形类Triangle、矩形类Rectangle和圆类Circle，在基类中定义纯虚函数show和area，分别用于显示图形信息和求相应图形的面积，并在派生类中根据不同的图形实现相应的函数。要求实现运行时的多态性。

```
#include <cmath>
#include<iostream>
using namespace std;
const double PI =3.1415926535;
class Shape                                         //形状类
{ public:
    virtual  void show() =0;
    virtual  double area() =0;
};
class Rectangle: public Shape                       //矩形类
{public:
    Rectangle(){length =0; width =0; }
    Rectangle(double len, double wid){ length =len; width =wid; }
    double area(){return length * width;}           //求矩形的面积
    void show()
    { cout <<"length =" <<length <<'\t' <<"width =" <<width <<endl; }
private:
    double length, width;                           //矩形的长和宽
};
class Triangle: public Shape                        //三角形类
{public:
    Triangle(){a =0; b =0; c =0;}
    Triangle(double x, double y, double z){a =x; b =y; c =z;}
    double area()                                   //求三角形的面积
    {   double s = (a+b+c)/2.0;
        return sqrt(s * (s -a) * (s -b) * (s -c));
    }
    void show()
    {   cout <<"a =" <<a <<'\t' <<"b =" <<b <<'\t' <<"c =" <<c <<endl;   }
private:
    double a, b, c;                                 //三角形三边长
};
class Circle: public Shape                          //圆类
{public:
    Circle(){radius =0; }
    Circle(double r){radius =r;}
    double area(){return PI * radius * radius;}     //求圆的面积
    void show(){cout <<"radius =" <<radius <<endl;}
private:
    double radius;                                  //圆半径
};
int main()
{     Shape * s =NULL;
      Circle c(10);
```

```
    Rectangle r(6, 8);
    Triangle t(3, 4, 5);
    c.show();                                          //静态多态
    cout << "圆面积:" << c.area() << endl;
    s = &r;                                            //动态多态
    s -> show();
    cout << "矩形面积:" << s -> area() << endl;
    s = &t;                                            //动态多态
    s -> show();
    cout << "三角形面积:" << s -> area() << endl;
    return 0;
}
```

程序运行结果如下：

```
radius = 10
圆面积:314.159
length = 6        width = 8
矩形面积:48
a = 3    b = 4    c = 5
三角形面积:6
```

在例 5-5 中，Shape 是一个基类，它表示一个封闭平面几何图形。从它可以派生出矩形类 Rectangle、三角形类 Triangle 和圆类 Circle。显然，在基类中定义 area 函数来求面积和定义 show 函数来显示图形信息是没有任何意义的，它只是用来提供派生类使用的公共接口，所以在程序中将其定义为纯虚函数，但在派生类中，则根据它们自身的需要，重新具体地定义虚函数。

2. 抽象类

如果一个类至少有一个纯虚函数，那么就称该类为抽象类。因此，上述程序中定义的类 Shape 就是一个抽象类。对于抽象类的使用有以下几点规定：

(1) 由于抽象类中至少包含一个没有定义功能的纯虚函数。因此，抽象类只能作为其他类的基类来使用，不能建立抽象类对象，它只能用来为派生类提供一个接口规范，其纯虚函数的实现由派生类给出。

(2) 不允许从具体类派生出抽象类。所谓具体类，就是不包含纯虚函数的普通类。

(3) 抽象类不能用作参数类型、函数返回类型或显式转换的类型。

(4) 可以声明抽象类类型的指针，此指针可以指向它的派生类对象，进而实现动态多态性。

(5) 如果派生类中没有重新定义纯虚函数，则派生类只是简单继承基类的纯虚函数，则这个派生类仍然是一个抽象类。如果派生类中给出了基类所有纯虚函数的实现，则该派生类就不再是抽象类了，它是一个可以创建对象的具体类。

(6) 在抽象类中也可以定义普通成员函数或虚函数，虽然不能为抽象类声明对象，但仍然可以通过派生类对象来调用这些不是纯虚函数的函数。

C++中，还有一种情况是函数体为空的虚函数，请注意它和纯虚函数的区别。纯虚函数一般没有函数体，而空的虚函数的函数体为空。前者所在的类是抽象类，不能直接进行实例化，而后者所在的类是可以实例化的。它们共同的特点是都可以派生出新的类，然后在新类中给出新的虚函数的实现，而且这种新的实现可以具有多态特征。

3. override

虚函数的声明需要 virtual 关键字，如果一个成员函数是虚函数，那么在后续派生类里的同名函数都会是虚函数，无须再使用 virtual 修饰。

但当继承关系较复杂或者派生类里的成员函数很多时，读者很难分辨出哪些函数继承自基类，哪些函数是派生类特有的，增加了代码的维护成本。而且还有一个潜在的隐患，派生类可能无意使用了一个同名但函数原型不同的函数"覆盖"了基类的虚函数。

【例 5-6】 虚函数重写与 override。

```
#include <iostream>
using namespace std;
class Base                                              //基类
{public:
        virtual void f() =0;                            //纯虚函数
        virtual void g() const                          //虚函数
        {   cout <<"Base's g()!" <<endl;   }
        void h()                                        //非虚函数
        {   cout <<"Base's h()!" <<endl;   }
};
class Derived: public Base                              //派生类
{public:
        void f()                                        //纯虚函数重写
        {   cout <<"Derived's f()!" <<endl;    }
        void g()                                        //不是虚函数重写,函数原型不同
        {   cout <<"Derived's g()!" <<endl;    }
        void h()                                        //不是虚函数重写,一般函数重写
        {   cout <<"Derived's h()!" <<endl;    }
};
int main()
{       Base *p;
        Derived d;
        p =&d;
        p ->f();
        p ->g();
        p ->h();
        return 0;
}
```

程序运行结果如下：

```
Derived's f()!
```

```
Base's g()!
Base's h()!
```

Base类很清晰，它定义了两个虚函数f和g，还有一个非虚函数h。但单独看Derived类却信息很有限，必须结合基类才能理解它的实际含义：f、g、h三个函数中只有f是正确的虚函数重写，g因为“遗漏”了const修饰，函数原型与基类不一致，实际上是一个新的成员函数，而h则与虚函数没有任何关系，完全是Derived类自己专有的函数。因此，当定义基类指针p指向派生类对象d时，语句p->f调用了派生类的f，语句p->g，调用了基类的g，语句p->h调用了基类的h。

C++ 11/14里增加了一个特殊的标识符override，它可以显式地标记虚函数的重写，明确代码编写者的意图：派生类里成员函数名后如果使用了override修饰，那么它必须是虚函数，而且函数原型也必须与基类的声明一致，否则就会导致编译错误。

修改例5-6，Derived类的成员函数使用override标识符修饰。

```
void f() override                      //override 修饰，明确是虚函数重写
{  cout <<"Derived's f()!" <<endl;  }
void g() const override                //有 const 和 override 修饰，明确是虚函数重写
{  cout <<"Derived's g()!" <<endl;  }
```

如果不小心写错了重写函数，override也能够让编译器给出提示。

```
void g() override                      //无 const 修饰，不是虚函数重写，编译错误
{  cout <<"Derived's g()!" <<endl;  }
void h() override                      //非虚函数重写，误用 override，编译错误
{  cout <<"Derived's h()!" <<endl;  }
```

override不是关键字，除了在成员函数后有特殊含义之外，在其他地方可以当作变量名或者函数名使用，但最好不要这样做。

4. final

在第4章4.2节中，已经提及了标识符final，final除了可以在类名后使用，显式地禁止类被继承，即不能再有派生类外，final还可以在虚函数后使用，显式地禁止该函数在派生类中再次被重写。

final可以与override混用，更好地标记类的继承体系和虚函数，如例5-7所示。

【例5-7】 虚函数重写与final。

```
#include <iostream>
using namespace std;
class Base                              //基类，无 final，可以被继承
{public:
    virtual void f() =0;                //纯虚函数
    virtual void g() =0;                //纯虚函数
};
class Derived: public Base              //派生类，无 final，可以被继承
{public:
```

```
    void f() override final { }          //虚函数使用 final,f 不能再重写
    void g() override { }                //仅使用 override,派生类还可以重写
};
class Last final : public Derived        //使用 final 修饰,不能再被继承
{public:
    //void f() override { }              //错误,f 不可以重写
    void g() override { }                //g 可以重写
};
```

在例 5-7 中,类 Derived 继承了 Base,实现了虚函数 f、g,并对 f 使用 final 禁止之后的派生类再实现它。因此在 Last 类中,重写函数 f 发生编译错误。

类 Last 在类名后使用了 final,使它变成了类体系里的终点,不能再被继承。若再有如下的类定义,则会出现编译错误。

```
class Error :public Last                 //错误,Last 类不能被继承
{ };
```

final 也不是关键字,仅在类声明里有特殊含义,但同样不建议再将它作为其他的标识符。

5.6　图书馆图书借阅管理系统中的多态性

图书馆图书借阅管理系统为用户提供的服务均以菜单的形式给出。该系统有学生、教师、图书管理员和系统管理员 4 类用户,4 类用户菜单各不相同,需要设计 4 个菜单类:学生用户菜单类、教师用户菜单类、图书管理员用户菜单类、系统管理员用户菜单类。对这 4 个用户菜单类可以进行更高一级抽象,抽象出一个抽象菜单类。这样可以在类间应用多态机制,方便将来对系统功能的扩展。

1. 抽象菜单类

抽象菜单类的声明放在名为 Menu.h 的头文件中,代码如下。

```
class Menu                               //抽象菜单类
{public:
   virtual void start() =0;              //启动菜单处理
   virtual void handleMenu() =0;         //菜单处理函数
protected:
   virtual char menuSelect() =0;         //菜单选择函数
};
```

在抽象菜单类 Menu 中设置有 3 个纯虚函数:start、handleMenu 和 menuSelect。学生用户菜单类、教师用户菜单类、图书管理员用户菜单类、系统管理员用户菜单类为抽象菜单类 Menu 的子类,这些子类重写父类的纯虚函数,实现多态。下面以系统管理员用户菜单类为例进行介绍。

2. 系统管理员用户菜单类

系统管理员负责系统基础数据的维护,系统中学生、教师、图书管理员这 3 类系统用

户信息的维护,以及图书信息和图书借阅信息的维护都由其负责。由于每种信息的维护都包括增删改查等内容,故为系统管理员用户设计二级菜单,一级菜单包括6个菜单项:图书信息管理、学生信息管理、教师信息管理、图书管理员信息管理、图书借阅记录管理、退出登录。在这6个菜单项中,除最后一个菜单项(退出登录)没有二级菜单外,其余5个菜单项都有二级菜单。

系统管理员用户一级菜单类的声明也放在名为Menu.h的头文件中,代码如下。

```
class adminMenuI: public Menu{      //系统管理员一级菜单类(顶层菜单类)
public:
   virtual void start();            //启动菜单处理
   virtual void handleMenu();       //菜单处理函数
protected:
   virtual char menuSelect();       //菜单选择函数
};
```

adminMenuI类各成员函数的实现代码放在名为Menu.cpp的源文件中,代码如下。

```
void adminMenuI::start(){  handleMenu();  }
void adminMenuI::handleMenu(){
    int flag=false;                 //退出登录的标志变量
    while( !flag ){
        system("cls");
        switch( menuSelect() ){
        case '1':                   //图书信息管理
        {  adminMenuII_Book menu;  menu.start();  break;  }
        case '2':                   //学生信息管理
        {  adminMenuII_Stud menu;   menu.start();  break;  }
        case '3':                   //教师信息管理
        {  adminMenuII_Teach menu;  menu.start();  break;   }
        case '4':                   //图书管理员信息管理
        {   adminMenuII_Lib menu;   menu.start();  break;  }
        case '5':                   //图书借阅记录管理
        {   adminMenuII_BR menu;   menu.start();  break;  }
        case '0':  flag=true;  break;
        }//switch
    }//while
}
char adminMenuI::menuSelect()
{   cout <<endl;
    cout <<"\t                欢迎 Administor 登录!" <<endl;
    cout <<"\t          ******************************\n";
    cout <<"\t          *              这是           *\n";
    cout <<"\t          *         系统管理员模块       *\n";
    cout <<"\t          *            欢迎使用          *\n";
```

```
    cout <<"\t          ******************************\n";
    cout <<endl;
    cout <<"   **********************************************" <<endl;
    cout <<"   ****         1: 图 书 信 息 管 理            ****" <<endl;
    cout <<"   **********************************************" <<endl;
    cout <<"   ****         2: 学 生 信 息 管 理            ****" <<endl;
    cout <<"   **********************************************" <<endl;
    cout <<"   ****         3: 教 师 信 息 管 理            ****" <<endl;
    cout <<"   **********************************************" <<endl;
    cout <<"   ****         4: 图书管理员信息管理           ****" <<endl;
    cout <<"   **********************************************" <<endl;
    cout <<"   ****         5: 图书借阅记录管理             ****" <<endl;
    cout <<"   **********************************************" <<endl;
    cout <<"   ***          0: 退出登录                     ****" <<endl;
    cout <<"   **********************************************" <<endl;
    cout <<"   左边数字对应功能选择,请选择(0-5):";
    string str ="";
    char choice;
    while( true ){
        cin >>str;
        cin.ignore();              //从 cin 中将回车符提取出来
        choice =str[0];
        if ( choice <'0' || choice >'5' )
            cout <<"\n\t 选择错误,请重新选择!";
        else
            break;
    }
    return choice;
}
```

刚才曾提及：在系统管理员用户一级菜单的 6 个菜单项中，除最后一个菜单项(退出登录)没有二级菜单外，其余 5 个菜单项都有二级菜单。下面以“学生信息管理”菜单项的二级菜单为例进行介绍，其类声明同样放在名为 Menu.h 的头文件中，代码如下。

```
class adminMenuII_Stud: public adminMenuI {//系统管理员二级菜单类——学生信息管理
                                            菜单类
public:
    virtual void start();           //启动菜单处理
    virtual void handleMenu();      //菜单处理函数
protected:
    virtual char menuSelect();      //菜单选择函数
    SeqList<Student> student;
};
```

adminMenuII_Stud 类各成员函数的实现代码放在名为 Menu.cpp 的源文件中，部分代码如下。

```
void adminMenuII_Stud::start(){    handleMenu();  }
void adminMenuII_Stud::handleMenu(){
    student.readFromFile("student.dat");
    int flag = false;                //是否退出学生信息管理模块的标志变量,初值为 false
    while( !flag ){
        system("cls");
        switch( menuSelect() ){
        case '1':                    //添加学生信息
        {
          cout << "\t    *****************************************\n";
          cout << "\t    *           添加学生信息操作             *\n";
          cout << "\t    *         可连续添加多个学生信息          *\n";
          cout << "\t    *      输入学号000000000结束添加         *\n";
          cout << "\t    *****************************************\n";
          cout << endl;
          string loginName, loginPassword, stuNum, stuName, stuSex, stuDept,
                 stuProfession, stuClass, stuEnrolTime, stuGraduTime, stuTelephone;
          int stuAge, stuBorrowTime, stuBorrowCount;
          int i, length; //i 为循环控制变量,length 为存储 student 顺序表长度的临时变量
          cout << "请输入要添加的学生信息" << endl;
          cout << "学号:";
          cin >> stuNum;
          length = student.length();
          while(stuNum != "000000000")
          {  //检索 student 顺序表,检查是否存在编号为 stuNum 的登录用户
             for( i = 0; i < length; i++)
                 if ( student[i].getNum() == stuNum){
                    cout << "该学生已存在,不允许再次插入!!!" << endl;
                    break;
                 }
                 if(i == length) {   //不存在编号为 stuNum 的登录用户
                    cout << "登录名:";      cin >> loginName;
                    cout << "登录密码:";    cin >> loginPassword;
                    cout << "姓名:";        cin >> stuName;
                    cout << "性别:";        cin >> stuSex;
                    cout << "年龄:";        cin >> stuAge;
                    cout << "所属学院:";    cin >> stuDept;
                    cout << "专业:";        cin >> stuProfession;
                    cout << "班级:";        cin >> stuClass;
                    cout << "入学时间:";    cin >> stuEnrolTime;
                    cout << "毕业时间:";    cin >> stuGraduTime;
                    cout << "借阅时长:";    cin >> stuBorrowTime;
```

```
                cout <<"借阅册数:";     cin >>stuBorrowCount;
                cout <<"联系电话:";;    cin >>stuTelephone;
                Student stud (loginName, loginPassword, stuNum, stuName,
                    stuSex, stuAge, stuDept, stuProfession, stuClass,
                    stuEnrolTime, stuGraduTime, stuBorrowTime, stuBorrowCount,
                    0, stuTelephone);
                student.Append(stud);
                length++;
                cout <<"添加学生信息成功!" <<endl;
                system("pause");
            }//if
            cout <<"请继续输入要添加的学生信息" <<endl;
            cout <<"学号:";     cin >>stuNum;
        }//while
        break;
    }//case1
    case '2':                   //删除学生信息
    {   …(限于篇幅,此部分代码省略,不一一列出,请参照随书提供的系统源代码)
        break;
    }
    case '3':                   //修改学生信息
    {   …(限于篇幅,此部分代码省略,不一一列出,请参照随书提供的系统源代码)
        break;
    }
    case '4':                   //查询学生信息
    {   …(限于篇幅,此部分代码省略,不一一列出,请参照随书提供的系统源代码)
        break;
    }
    case '5':                   //显示全部学生信息
    {   …(限于篇幅,此部分代码省略,不一一列出,请参照随书提供的系统源代码)
        break;
    }
    case '0':                   //返回上一级菜单
    {   flag =true;             //设置为 true,退出学生信息管理模块
        break;
    }
    }//switch--end
  }//while--end
}
char adminMenuII_Stud::menuSelect()
{  cout <<endl <<endl;
   cout <<"==================================================" <<endl;
   cout <<" =  燕 京 理 工 学 院 图 书 馆 图 书 借 阅 管 理 系 统  =" <<endl;
   cout <<"==          系 统 管 理 员 学 生 信 息 管 理 模 块          ==" <<endl;
```

```
    cout <<"==================================================" <<endl;
    cout <<"****            1: 添加学生信息                ****" <<endl;
    cout <<"**************************************************" <<endl;
    cout <<"****            2: 删除学生信息                ****" <<endl;
    cout <<"**************************************************" <<endl;
    cout <<"****            3: 修改学生信息                ****" <<endl;
    cout <<"**************************************************" <<endl;
    cout <<"****            4: 查询学生信息                ****" <<endl;
    cout <<"**************************************************" <<endl;
    cout <<"****            5: 显示全部学生信息            ****" <<endl;
    cout <<"**************************************************" <<endl;
    cout <<"****            0: 返回上一级菜单              ****" <<endl;
    cout <<"**************************************************" <<endl;
    cout <<"左边数字对应功能选择,请选择(0-5):";
    string str ="";
    char choice;
    while( true ) {
        cin >>str;
        cin.ignore();                   //从 cin 中将回车符提取出来
        choice =str[0];
        if( choice <'0' || choice >'5' )
            cout <<"\n\t 选择错误,请重新选择!";
        else
            break;
    }
    return choice;
}
```

3. 其余菜单类

学生用户菜单类、教师用户菜单类和图书管理员用户菜单类的声明代码与系统管理员用户菜单类类似,限于篇幅,在此不再一一列出,相关代码在随书提供的系统参考代码中可以找到。

对于图书馆图书借阅管理系统人机界面的设计,由于不借助于可视化编程环境(Visual C++)的支持,故对系统的4类用户设计对应的4个用户界面类:学生用户界面类、教师用户界面类、图书管理员用户界面类、系统管理员用户界面类。它们与对应的用户菜单类是组合关系,用户界面对象是用户菜单对象的容器。下面以系统管理员用户界面类 AdministorUI 为例进行介绍。

系统管理员用户界面类 AdministorUI 的声明代码放在名为 AdministorUI.h 的源文件中,具体内容如下。

```
//AdministorUI.h: interface for the AdministorUI class.
#if !defined AdministorUI_H
#define AdministorUI_H
```

```
#include "Menu.h"
class AdministorUI{
public:
  AdministorUI();
  virtual ~AdministorUI();
  void start();                         //启动系统管理员用户界面
private:
  Menu *pMenu;
};
#endif
```

AdministorUI 类各成员函数的实现代码放在名为 AdministorUI.cpp 的源文件中，具体内容如下。

```
//AdministorUI.cpp: implementation for the AdministorUI class.
#include "AdministorUI.h"
AdministorUI::AdministorUI(){
    adminMenuI menu;
    pMenu = &menu;
    start();
}
AdministorUI::~AdministorUI(){ }
void AdministorUI::start(){          //启动系统管理员用户界面
    pMenu ->start();                  //显示系统管理员用户一级菜单
}
```

AdministorUI 类的数据成员是指向 Menu 类对象的指针 pMenu，在 AdministorUI 类的构造函数中，首先实例化了 adminMenuI 类，其类对象名为 menu，接下来把 menu 对象的地址赋值给 pMenu 指针。在 AdministorUI 类的 start 成员函数中通过指针 pMenu 调用 adminMenuI 类中的虚函数 start(该函数是对抽象菜单类 Menu 中的纯虚函数 start 的实现)。在这里，继承、虚函数、指向基类对象的指针三者的结合共同实现了 C++ 中的多态机制。

学生用户界面类 StudentUI、教师用户界面类 TeacherUI、图书管理员用户界面类 LibrarianUI 的声明与系统管理员用户界面类的声明类似，限于篇幅，在此不再一一列出，相关代码在随书提供的系统参考代码中可以找到。

至此，图书馆图书借阅管理系统中的全部类的实现已介绍完毕，下面给出系统 main 函数。该函数放在名为 main.cpp 的源文件中，具体内容如下。

```
//main.cpp
#include "UserLogin.h"
#include "AdministorUI.h"
#include "LibrarianUI.h"
#include "StudentUI.h"
#include "TeacherUI.h"
```

```
#include<iostream>
using namespace std;
#include <string>
int main()
{   UserLogin userlogin;
    while(true)
    {   userlogin.handlUserLogin();
        string userType =userlogin.getUserType();
        string num =userlogin.getUserNum();
        if (userType =="student")   StudentUI stuUI(num);
        if (userType =="teacher")   TeacherUI teaUI(num);
        if (userType =="librarian")  LibrarianUI libUI(num);
        if (userType =="administor")  AdministorUI adminUI;
    }
    return 0;
}
```

系统 main 函数首先定义用户登录界面类对象 userlogin，通过调用其成员函数 handlUserLogin 来启动用户登录菜单。用户登录成功后，再根据用户类型的不同，启动相应的用户界面，为用户提供服务。

本章小结

本章学习类的多态特性。所谓多态性就是不同对象收到相同的消息时，产生不同的动作。直观地说，多态性是指用一个名字定义不同的函数，这些函数执行不同但又类似的操作，从而可以使用相同的调用方式来调用这些具有不同功能的同名函数。

多态从实现的角度来讲可以划分为两类：编译时的多态和运行时的多态。编译时的多态即功能早绑定，主要是通过函数重载和运算符重载来实现的。运行时的多态即功能晚绑定，主要是通过虚函数来实现的。虚函数提供了一种更为灵活的多态性机制。虚函数允许函数调用与函数体之间的联系在运行时才建立，也就是在运行时才决定如何动作。

纯虚函数是一个在基类中说明的虚函数，它在基类中没有定义，但要求在它的派生类中必须定义自己的版本，或重新说明为纯虚函数。如果一个类中有纯虚函数，那么就称该类为抽象类。

抽象类是一种特殊的类，它为一族类提供统一的操作接口。抽象类是为了抽象和设计的目的而建立的，可以说，建立抽象类，就是为了通过它多态地使用其中的成员函数。抽象类处于类层次的上层，一个抽象类自身无法实例化，也就是说我们无法声明一个抽象类的对象，而只能通过继承机制，生成抽象类的非抽象派生类，在该派生类实现了抽象类中的所有纯虚函数的情况下才可以实例化。

考虑本章所学内容，本章最后一节提供了贯穿全书的综合性项目——图书馆图书借阅管理系统中的各用户菜单类和界面类的声明，并给出系统 main 函数。大家可从中体会 C++ 多态机制的应用，以及该机制对系统扩展带来的好处。

习　　题

一、简答题

1. 什么是多态性？在C++中是如何实现多态性的？

2. 什么是抽象类？它有何作用？

3. 在C++中能否声明虚构造函数？为什么？能否声明虚析构函数？有何用途？

4. 总结C++语言多态包含哪些内容。

二、编程题

1. 设计一个基类Base为抽象类，其中包含settitle和showtitle两个成员函数，另有一个纯虚函数isGood。由该类派生图书类Book和杂志类Journal，分别实现纯虚函数isGood。对于前者，如果每月图书销售量超过500，则返回true；对于后者，如果每月杂志销售量超过2500，则返回true。设计这3个类并在main函数中测试之。

2. 编写一个程序实现小型公司的工资管理。该公司雇员（employee）包括经理（manager）、技术人员（technician）、销售员（salesman）和销售部经理（salesmanager）。要求存储这些人员的编号和月工资，计算月工资并显示全部信息。

月工资计算办法是：经理拿固定月薪8000元，技术人员按每小时20元领取月薪，销售员按该当月销售4‰提成，销售经理既拿固定月工资也领取销售提成，固定月工资为5000元，销售提成为所管辖部门当月销售额的5‰。

第6章 友元与静态成员

在C++中，类是数据和函数的封装体，类外不能直接访问类的私有和保护成员，而C++所提供的友元机制突破了这一限制，友元函数可以不受访问权限的限制而访问类的任何成员。友元破坏了类的封装性。另外，如果把类的某一数据成员声明为静态数据成员，则它在内存中只占一份空间，而不是每个对象都分别为它保留一份空间，它是属于类的，但它被该类的所有对象所共享，每个对象都可以引用这个静态数据成员。即使没有定义类对象，也可以通过类名引用静态数据成员。静态成员破坏了对象机制。以上这些，我们称之为面向对象的妥协。

本章介绍友元函数、友元类、静态数据成员、静态成员函数的定义与使用方法。

6.1 封装的破坏——友元

友元提供了不同类的成员函数之间、类的成员函数与普通函数之间进行数据共享的机制。也就是说，通过友元的方式，一个普通函数或者类的成员函数可以访问到封装于某一类中的数据，这相当于给类的封装挖了一个小小的孔，把数据的隐蔽掀开了一个小小的角，通过它，可以看到类内部的一些属性。从这个角度来讲，友元是对数据隐蔽和封装的破坏。但是考虑到数据共享的必要性，为了提高程序的效率，很多情况下这种小的破坏也是必要的，关键是一个度的问题。经过慎重考虑，只要在共享和封装之间找到一个恰当的平衡，使用友元可以大大提高程序的效率。在使用友元时也不要忘记，这样的共享可能给程序的重用和扩充埋下深深的隐患，它加强了函数与函数之间，类与类之间的相互联系。

在一个类中，可以利用关键字 friend 将别的模块（普通函数、其他类的成员函数或其他类）声明为它的友元，这样这个类中本来隐藏的信息（私有、保护成员）就可以被友元访问。如果友元是普通函数或类的成员函数，称为友元函数；如果友元是一个类，则称为友元类，友元类的所有成员函数都成为友元函数。

6.1.1 友元函数

友元函数不是当前类的成员函数，而是独立于当前类的外部函数，但它可以访问该类对象的任何成员，包括私有成员、保护成员和公有成员。

在类中声明友元函数时，只要在声明语句的最前面加上关键字 friend 即可。此声明可以放在公有部分，也可以放在保护部分和私有部分。

【例 6-1】 友元函数。

```
#include<iostream>
using namespace std;
class Clock                          //声明 Clock 类
{public:
    Clock(int, int, int);            //构造函数的原型声明
    friend void display(Clock &);  //声明 display 函数为 Clock 类的友元函数
private:
    int hour;
    int minute;
    int second;
};
Clock::Clock(int h, int m, int s)  //构造函数的类外定义
{  hour=h; minute=m; second=s;  }
void display(Clock &t)               //这是友元普通函数,形参 t 是 Clock 类对象的引用
{  cout<<t.hour<<":"<<t.minute<<":"<<t.second<<endl;  }
int main()
{    Clock t(10, 13, 56);
     display(t);                     //调用 display 函数,实参 t 是 Clock 类对象
     return 0;
}
```

程序运行结果如下：

```
10:13:56
```

从上面的例子可以看出,友元函数可以访问与其有好友关系的类对象的私有数据。若在类 Clock 的声明中将友元函数的声明语句去掉,那么函数 display( )对 Clock 类对象的私有数据的访问将变为非法的。

注意：

(1) 友元函数虽然可以访问与其有好友关系的类对象的私有成员,但它不是该类的成员函数。

(2) 友元函数一般带有一个与其有好友关系的类类型的入口参数。因为友元函数不是与其有好友关系的类的成员函数,它没有 this 指针,所以它不能直接引用类成员的名字,它必须通过作为入口参数传递进来的对象名或对象指针来引用该对象的成员。例如上面例子中的友元函数 void display(Clock &x)就带有一个 Clock 类类型的入口参数。

在 C++ 中为什么要引入友元机制呢?

首先,友元机制是对类的封装机制的补充,利用这种机制,一个类可以赋予某些函数访问它的私有成员的特权。声明了一个类的友员函数,就可以用这个函数直接访问该类的私有数据,从而提高了程序运行的效率。如果没有友元机制,外部函数访问类的私有数据,必须通过调用该类提供的公有的成员函数才能访问,这在需要频繁调用私有数据的情况下,会带来较大的开销,从而降低程序的运行效率。但是,引入友元机制并不是使数据

成为公有的或全局的，未经授权的其他函数仍然不能直接访问这些私有数据。因此，慎重、合理地使用友元机制不会彻底丧失安全性，不会使软件可维护性大幅度降低。

其次，友元提供了不同类的成员函数之间、类的成员函数与普通函数之间进行数据共享的机制。尤其当一个函数需要访问多个类的私有成员时，友元函数非常有用，普通的成员函数只能访问其所属类的私有成员，但是多个类的友元函数能够访问相关的所有类私有成员。

例如有 Clock 和 Date 两个类，现要求打印出日期和时间，我们只需一个独立的函数 show 就能够完成，但它必须同时定义为这两个类的友元函数。例 6-2 给出了这样的一个程序。

【例 6-2】 一个函数同时定义为两个类的友元函数。

```
#include<iostream>
using namespace std;
class Date;                                 //向前引用声明
class Clock {                               //声明 Clock 类
public:
    Clock(int, int, int);                   //构造函数的原型声明
    friend void show(Date &, Clock &);      //声明 show 函数为 Clock 类的友元函数
private:
    int hour;
    int minute;
    int second;
};
Clock::Clock(int h, int m, int s) {         //构造函数的类外定义
    hour=h; minute=m; second=s;
}
class Date{
public:
    Date(int,int,int);                      //构造函数的原型声明
    friend void show(Date &, Clock &);      //声明 show 函数为 Date 类的友元函数
private:
    int year;
    int month;
    int day;
};
Date::Date(int y, int m, int d) {           //构造函数的类外定义
    year=y; month=m; day=d;
}
void show(Date &d,Clock &t) {
    //这是友元函数,形参 d 是 Date 类对象的引用,形参 t 是 Clock 类对象的引用
    cout<<"北京时间: "<<endl;
    cout<<d.year<<"年"<<d.month<<"月"<<d.day<<"日"<<endl;
    cout<<t.hour<<" : "<<t.minute<<" : "<<t.second<<endl;
```

```
}
int main() {
    Date d(2018, 8, 1);
    Clock t(8, 10, 15);
    show(d, t);              //调用 show 函数,实参 d 是 Date 类对象,实参 t 是 Clock 类对象
    return 0;
}
```

程序运行结果如下：

```
北京时间:
2018年8月1日
8:10:15
```

为了避免编译时的错误,编程时必须通过向前引用(forward reference)告诉 C++ 类 Date 将在后面定义。在向前引用的类声明之前,可以使用该类声明函数形参,这样

```
friend void show(Date &, Clock &);
```

就不会出错了。

show 函数是程序中的一个独立函数,可以被 main()或其他任意函数调用。但由于它被定义成类 Clock 和类 Date 的友元函数,所以它能够访问这两个类对象的私有数据。

引入友元机制的另一个原因是方便编程,在某些情况下,如运算符被重载时,需要用到友元函数,这方面内容将在第 7 章中介绍。

应该指出的是,引入友元提高了程序运行效率、实现了类之间的数据共享和方便了编程。但是声明友元函数相当于在实现封装的黑盒子上开洞,如果一个类声明了许多友元,则相当于在黑盒子上开了很多洞,显然这将破坏数据的隐蔽性和类的封装性,降低了程序的可维护性,这与面向对象的程序设计思想是背道而驰的,因此使用友元函数应谨慎。

除了一般的函数可以作为某个类的友元外,一个类的成员函数也可以作为另一个类的友元,这种成员函数不仅可以访问自己所在类中的所有成员,还可以访问 friend 声明语句所在类中的所有成员,这样能使两个类相互合作、协调工作,完成某一任务。

在下面所列的程序中,声明了 display 为类 Clock 的成员函数,又是类 Date 的友元函数。

【例 6-3】 一个类的成员函数作为另一个类的友元。

```
#include<iostream>
using namespace std;
class Date;                              //向前引用声明
class Clock{                             //声明 Clock 类
public:
    Clock(int, int, int);
    void display(Date &);    //display()是 Clock 类的成员函数,形参是 Date 类对象的引用
private:
    int hour;
```

```
    int minute;
    int second;
};
class Date{                                      //声明 Date 类
public:
    Date(int, int, int);
    //声明 Clock 中的 display 成员函数为 Date 类的友元函数
    friend void Clock::display(Date &);
private:
    int month;
    int day;
    int year;
};
Clock::Clock(int h, int m, int s) {      // Clock 类的构造函数的类外定义
    hour=h; minute=m; second=s;
}
Date::Date(int y, int m, int d) {        // Date 类的构造函数的类外定义
    year=y; month=m; day=d;
}
void Clock::display(Date &d) {           //display()的作用是输出年、月、日和时、分、秒
    //访问 Date 类对象中的私有数据
    cout<<d.year<<"年"<<d.month<<"月"<<d.day<<"日"<<endl;
    //访问本类中的私有数据
    cout<<hour<<":"<<minute<<":"<<second<<endl;
}
int main() {
    Clock clock(8, 10, 15);              //定义 Clock 类对象 clock
    Date date(2018, 8, 1);               //定义 Date 类对象 date
    clock.display(date);             //调用 clock 对象的 display 函数,实参是 date 对象
    return 0;
}
```

程序运行结果如下:

```
2018年8月1日
8:10:15
```

友情提示:

一个类的成员函数作为另一个类的友元函数时,必须先定义这个类,例如例6-3中,类Clock的成员函数为类Date的友元函数,必须先定义类Clock。并且在声明友元函数时,要加上成员函数所在类的类名,如:

```
friend void Clock::display(Date &);
```

6.1.2　友元类

不仅可以将一个函数声明为一个类的“朋友”，而且可以将一个类(如 B 类)声明为另一个类(如 A 类)的“朋友”。这种友元类的说明方法是在另一个类声明中加入语句“friend 类名;”，此语句可以放在公有部分，也可以放在私有部分或保护部分。例如：

```
class B{
  …
};
class A{
  …
  friend B;
  …
};
```

这样 B 类就是 A 类的友元类。友元类 B 中的所有成员函数都是 A 类的友元函数，可以访问 A 类对象中的任何成员。

下面的例子中，声明了两个类 Date 和 Clock，类 Clock 声明为类 Date 的友元，因此 Clock 类的成员函数都成为类 Date 的友元函数，它们都可以访问类 Date 的私有成员。

【例 6-4】　友元类示例。

```
#include<iostream>
using namespace std;
class Date;                  //向前引用声明
class Clock{                 //声明 Clock 类
public:
    Clock(int, int, int);
    void display(Date &);    //display 是 Clock 类的成员函数,形参是 Date 类对象的引用
private:
    int hour;
    int minute;
    int second;
};
class Date{                  //声明 Date 类
public:
    Date(int, int, int);
    friend Clock;            //声明 Clock 类为 Date 类的友元类
private:
    int month;
    int day;
    int year;
};
Clock::Clock(int h, int m, int s) {    // Clock 类的构造函数的类外定义
    hour=h; minute=m; second=s;
```

```
}
Date::Date(int y, int m, int d) {       // Date类的构造函数的类外定义
    year=y; month=m; day=d;
}
void Clock::display(Date &d) {          //display的作用是输出年、月、日和时、分、秒
    //访问Date类对象中的私有数据
    cout<<d.year<<"年"<<d.month<<"月"<<d.day<<"日"<<endl;
    //访问本类中的私有数据
    cout<<hour<<":"<<minute<<":"<<second<<endl;
}
int main() {
    Clock clock(8, 10, 15);     //定义Clock类对象clock
    Date date(2018, 8, 1);      //定义Date类对象date
    clock.display(date);        //调用clock对象的display函数,实参是date对象
    return 0;
}
```

程序运行结果如下：

```
2018年8月1日
8:10:15
```

关于友元，有以下三点需要说明：

(1) 友元函数的声明可以出现在类的任何地方(包括在private和public部分)，也就是说友元的声明不受成员访问控制符的限制。

(2) 友元关系是单向的而不是双向的，如果声明了B类是A类的友元类，不等于A类也是B类的友元类，A类中的成员函数不一定能够访问B类中的成员。

(3) 友元关系是不能传递的，例如，如果B类是A类的友元类，C类是B类的友元类，并不能说C类就是A类的友元类。

在实际工作中，除非确有必要，一般并不把整个类声明为友元类，而只将确实有需要的成员函数声明为友元函数，这样更安全一些。

在C++ 11/14对friend关键字进行了一些改进，以保证其更加好用。

```
class Clock;                            //向前引用声明
typedef Clock Time;                     //声明Clock类的别名为Time
class Date1{
    friend class Clock;                 //C++98通过,C++11通过
};
class Date2{
    friend Clock;                       //C++98失败,C++11通过
};
class Date3{
    friend Time;                        //C++98失败,C++11通过
};
```

在上述代码中,声明了 3 个类 Date1、Date2 和 Date3,它们都有一个友元类 Clock。从编译通过与否的状况中可以看出,在 C++ 11 中,声明一个类为另外一个类的友元时,不再需要使用关键字 class。上段代码中 Date2 和 Date3 就是这样一种情况,在 Date3 类中,甚至还使用了 Clock 的别名 Time,这样是同样可行的。虽然在 C++ 11/14 中这是一个小的改进,却会带来一点应用的变化——可以为类模板声明友元了,在第 8 章 8.2.4 节中进行介绍。

6.2 对象机制的破坏——静态成员

全局对象是实现数据共享的一种方法,但是,这种方法有局限性。它的局限性表现在,由于它处处可见,因此,不够安全。为了安全起见,应尽量在程序中少用全局对象。在 C++ 语言中,要实现类的多个对象之间的数据共享,可使用静态成员,这便是引入静态成员的原因。

静态成员有两种,一种是静态数据成员,另一种是静态成员函数。

6.2.1 静态数据成员

我们说"一个类的所有对象具有相同的属性",是指属性的个数、名称、数据类型相同,各个对象的属性值则可以各不相同,并且随着程序的执行而变化,这样的属性在面向对象方法中称为"实例属性"。面向对象方法中还有"类属性"的概念,类属性是描述类的所有对象的共同特征的一个数据项,对于任何对象实例,它的属性值是相同的。在 C++ 语言中是通过静态数据成员来实现"类属性"的。

类的普通数据成员在类的每一个对象中都拥有一个副本,就是说每个对象的同名数据成员可以分别存储不同的数值,这也是保证对象拥有自身区别于其他对象的特征的需要。但是静态数据成员则不同,它是类的数据成员的一种特例,采用 static 关键字来声明;每个类只有一个副本,由该类的所有对象共同维护和使用,从而实现了同一类的不同对象之间的数据共享。

下面代码定义了 Student 类,引入静态数据成员 stu_count 用于统计 Student 类的对象个数。

```
class Student
{public:
    Student(char * Id="uncertain", char * Name="uncertain", char Sex='M');
    virtual ~Student();
    static int stu_count;          //把学生人数 stu_count 定义为静态数据成员
private:
    char id[12];
    char name[30];
    char sex;
};
```

这里希望各对象中的学生人数 stu_count 的值是一样的,所以把它定义为静态数据成员,这样它就为各对象所共享,而不只属于某个对象。

静态数据成员在内存中只占一份空间(而不是每个对象都分别为它保留一份空间),它是属于类的,但它被该类的所有对象所共享,每个对象都可以访问这个静态数据成员。静态数据成员的值对所有对象都是一样的。如果改变它的值,则在各对象中这个数据成员的值都同时改变了。这样可以节约空间,提高效率。

说明:

(1) 如果只声明了类而未定义对象,则类的一般数据成员是不占内存空间的,只有在定义对象时,才为对象的数据成员分配空间。但是静态数据成员不属于某一个对象,在为对象所分配的空间中不包括静态数据成员所占的空间。静态数据成员是在所有对象之外单独开辟空间。只要在类中定义了静态数据成员,即使不定义对象,也为静态数据成员分配空间,它可以被访问。在一个类中可以有一个或多个静态数据成员,所有的对象共享这些静态数据成员,都可以访问它。

(2) 静态数据成员不随对象的建立而分配空间,也不随对象的撤销而释放(一般数据成员是在对象建立时分配空间,在对象撤销时释放)。静态数据成员是在程序编译时被分配空间的,到程序结束时才释放空间。

(3) 静态数据成员可以初始化,但只能在类体外进行初始化。如:

```
int Student::stu_count=0;     //表示对 Student 类中的静态数据成员初始化
```

静态数据成员初始化语句的一般形式为:

```
数据类型 类名::静态数据成员名=初值;
```

不必在初始化语句中加 static。

注意: 静态数据成员要实际地分配空间,故不能在类声明中初始化。类声明只声明一个类的"尺寸与规格",并不进行实际的内存分配,所以在类声明中写"static int stu_count=0;"是错误的。

如果未对静态数据成员赋初值,则编译系统会自动赋予初值 0。

(4) 静态数据成员既可以通过对象名访问,也可以通过类名来访问。

【例 6-5】 访问静态数据成员。

```
#include<iostream>
using namespace std;
#include<string>
class Student
{public:
    Student(char * Id="uncertain", char * Name="uncertain", char Sex='M');
                                          //普通构造函数
    Student(const Student &);             //复制构造函数
    ~Student();
    static int stu_count;                 //把学生人数 stu_count 定义为静态的数据成员
private:
```

```
    char id[12];
    char name[30];
    char sex;
};
Student::Student(char * Id, char * Name, char Sex)
{   strcpy(id, Id); strcpy(name, Name); sex=Sex;
    stu_count++;                          //每创建一个对象,学生人数加 1
}
Student::Student(const Student &stu)
{   strcpy(id, stu.id); strcpy(name, stu.name); sex=stu.sex;
    stu_count++;                          //每创建一个对象,学生人数加 1
}
Student::~Student()
{   stu_count--;   }                      //每释放一个对象,学生人数减 1
int Student::stu_count=0;                 //对静态数据成员 stu_count 初始化
int main()
{   Student s1;
    cout<<s1.stu_count<<endl;             //通过对象名 s1 访问静态数据成员
    {   Student s2;
        cout<<s2. stu_count<<endl;        //通过对象名 s2 访问静态数据成员
    }
    cout<<Student::stu_count<<endl; //通过类名访问静态数据成员
    Student s3=s1;
    cout<<Student::stu_count<<endl; //通过类名访问静态数据成员
    return 0;
}
```

程序运行结果如下：

```
1
2
1
2
```

请注意：在上面的程序中将 stu_count 定义为了公用的静态数据成员，所以在类外可以直接访问。可以看到在类外可以通过对象名访问公用的静态数据成员，也可以通过类名访问公用的静态数据成员。即使没有定义类对象，也可以通过类名访问静态数据成员。这说明静态数据成员并不是属于对象的，而是属于类的，但类的对象可以访问它。如果静态数据成员被定义为私有的，则不能在类外直接访问，而必须通过公用的成员函数访问。

有了静态数据成员，各对象之间的数据有了沟通的渠道，实现了数据共享，因此可以不使用全局变量。全局变量破坏了封装的原则，不符合面向对象程序的要求。如用来保存流动变化的对象个数(如学生人数)，指向一个链表第一个成员或最后一个成员的指针，银行账号类中的年利率等一般定义为静态数据成员。

但是也要注意公用静态数据成员与全局变量的不同，公用静态数据成员的作用域只限于定义该类的作用域内(如果是在一个函数中定义类,那么其中静态数据成员的作用域就是此函数内)。在此作用域内,可以通过类名和域运算符"::"访问静态数据成员,而不论类对象是否存在。

请注意:类的合成复制构造函数并不处理静态数据成员。如果一个类含有静态数据成员,则必要时需提供自定义的复制构造函数。

6.2.2 静态成员函数

与静态数据成员不同,静态成员函数的作用不是为了对象之间的沟通,而是为了能处理静态数据成员。

【例 6-6】 静态成员函数访问静态数据成员。

```
#include<iostream>
using namespace std;
#include<string>
class Student                                    //定义 Student 类
{public:
    Student(char * Id="uncertain", char * Name="uncertain", char Sex='M');
                                                                  //普通构造函数
    Student(const Student &);                    //复制构造函数
    ~Student();
    static int getCount()                        //静态成员函数
    { return stu_count; }
private:
    static int stu_count;                        //把 stu_count 定义为私有的静态数据成员
    char id[12];
    char name[30];
    char sex;
};
Student::Student(char * Id, char * Name, char Sex)
{  strcpy(id, Id); strcpy(name, Name); sex=Sex;
   stu_count++;                                  //每创建一个对象,学生人数加 1
}
Student::Student(const Student &stu)
{  strcpy(id, stu.id); strcpy(name, stu.name); sex=stu.sex;
   stu_count++;                                  //每创建一个对象,学生人数加 1
}
Student::~Student()
{  stu_count--;  }                               //每释放一个对象,学生人数减 1
int Student::stu_count=0;                        //对静态数据成员 stu_count 初始化
int main()
{  Student s1;
   cout<<s1.getCount()<<endl;                    //用对象名调用静态成员函数
   {  Student s2;
```

```
        cout<<s2.getCount()<<endl;        //用对象名调用静态成员函数
    }
    cout<<Student::getCount()<<endl;      //通过类名访问静态数据成员
    return 0;
}
```

程序运行结果如下：

```
1
2
1
```

在例6-6中，静态数据成员stu_count被声明为私有的，故Student类又提供公用的静态成员函数getCount来获取stu_count的值。

声明静态成员函数的方法：在成员函数首部的最前面加“static”关键字。如程序中的语句“static int getCount( );”。

和静态数据成员一样，静态成员函数是类的一部分，而不是对象的一部分。如果要在类外调用公用的静态成员函数，可以用类名和域运算符“::”，也允许通过对象名调用静态成员函数。如：

```
Student::getCount();                      //用类名调用静态成员函数
s1.getCount();                            //用对象名调用静态成员函数
```

但这并不意味着此函数是属于对象s1的，而只是用s1的类型而已。

在例6-6的main函数中定义了两个Student类对象，定义s1对象时，系统自动调用其构造函数，使静态数据成员stu_count的值发生了变化，由0变为1，然后在main函数中通过对象名s1调用公用的静态成员函数getCount，这个静态成员函数是返回静态数据成员stu_count的值，程序输出1。

接下来定义s2对象，静态数据成员stu_count的值又增加1，变为2，程序输出2。

由于s2对象的作用域为复合语句块，当程序执行完此复合语句后调用s2对象的析构函数，stu_count的值减1，又变为1，程序输出1。

说明：

(1) 静态成员函数与非静态成员函数的根本区别是：非静态成员函数有this指针，而静态成员函数没有this指针，因而决定了静态成员函数不能默认访问本类中的非静态成员。

当调用一个对象的非静态成员函数时，系统会把该对象的起始地址赋给成员函数的this指针。而静态成员函数并不属于某一对象，它与任何对象都无关，因此静态成员函数没有this指针。既然它没有指向某一对象，就无法对一个对象中的非静态成员进行默认访问(即在访问数据成员时不指定对象名)。

(2) 静态成员函数可以直接访问本类中的静态数据成员，因为静态成员函数同样是属于类的，可以直接访问。在C++程序中，静态成员函数主要用来访问静态数据成员，而不访问非静态成员。假如在一个静态成员函数中有以下语句：

```
cout<<age<<endl;        //若 age 已声明为 static,则访问本类中的静态成员,合法
cout<<score<<endl;      //若 score 是非静态数据成员,不合法
```

但是,并不是绝对不能访问本类中的非静态成员,只是不能进行默认访问,因为无法知道应该去找哪个对象。如果一定要访问本类的非静态成员,应该加对象名和成员运算符"."。如静态成员函数中可以出现:

```
cout<<s.score<<endl;
```

这里假设 s 已定义为 Student 类对象,且在当前作用域内有效,则此语句合法。看下面的例 6-7。

【例 6-7】 静态成员函数访问非静态数据成员。

```
#include<iostream>
using namespace std;
#include<string>
class Student                                        //定义 Student 类
{public:
    Student(char * Id,int a,float s){strcpy(id, Id); age=a;score=s; }     //定义构造函数
    void total();
    static float average();                          //声明静态成员函数
private:
    char id[12];
    int age;
    float score;
    static float sum;                                //静态数据成员
    static int count;                                //静态数据成员
};
//定义对象数组并初始化
Student stud[3]={ Student("1001",18,70),Student("1002",19,78),Student
("1005",20,98) };
void Student::total()                                //定义非静态成员函数
{  sum+=score;                                       //累加总分
   count++;                                          //累计已统计的人数
}
float Student::average()                             //定义静态成员函数
{  cout<<"the score of "<<" stud[1] is "<<stud[1].score<<endl;
   return(sum/count);
}
float Student::sum=0;                                //对静态数据成员初始化
int Student::count=0;                                //对静态数据成员初始化
int main()
{  for(int i=0;i<3;i++) stud[i].total();            //调用 3 次 total 函数
   cout<<"the average score of "<<3<<" students is "<<Student::average()<<endl;
   return 0;
}
```

请思考：把对象数组 stud[3]定义为 main 函数的局部对象数组，程序还能正常运行吗？为什么？

但是在 C++ 程序中最好养成这样的习惯：只用静态成员函数访问静态数据成员，而不访问非静态数据成员。这样思路清晰，逻辑清楚，不易出错。

继承与静态成员：如果基类中定义了一个静态成员，则在整个继承体系中只存在该成员的唯一定义。不论从基类派生出来多少个派生类，对于每个静态成员来说都只存在唯一的实例。

```
class Base{
public:
    static void statmem();
}
class Derived: public Base{
public:
    void f(const Derived &);
}
```

静态成员遵循通用的访问控制规则，如果基类中的成员是 private 的，则派生类无权访问它。如果某静态成员是可访问的，则既能通过基类使用它也能通过派生类使用它：

```
void Derived::f(const Derived &derived_obj)
{
    Base:: statmem()                    //正确:Base 定义了 statmem
    Derived:: statmem()                 //正确:Derived 继承了 statmem
    //正确:派生类的对象能访问基类的静态成员
    derived_obj. statmem();             //通过 Derived 对象访问
    statmem();                          //通过 this 对象访问
}
```

6.3 图书馆图书借阅管理系统中友元与静态成员的应用

在图书馆图书借阅管理系统中，对流插入运算符和流提取运算符进行了重载，重载函数定义为类的友元函数，这部分内容将在第 7 章 7.7 节进行介绍，这里不重复讲述。

在 C++ 语言中，要实现类的多个对象之间的数据共享，可使用静态成员。例如在本系统中，User 类可以增加静态数据成员 user_count 来存储同类型登录用户的人数，增加静态成员函数 getCount 来获得静态数据成员的值。

User 类的声明代码可修改如下：

```
class User{
public:
    User(string loginName="", string loginPassword="");
    virtual ~User();
```

```
    void setLoginName(string loginName);
    void setLoginPassword(string loginPassword);
    string getLoginName();
    string getLoginPassword();
    static int getCount();
    …(限于篇幅,部分代码省略,不一一列出,请参照随书提供的系统源代码)
protected:
    string loginName;          //登录名,最多由 9 个字符组成
    string loginPassword;      //登录密码,最多由 9 个字符组成
private:
    static int user_count;     //静态数据成员,用于记录同类型登录用户个数
};
```

User 类与静态数据成员 user_count 相关的成员函数的实现代码如下：

```
User::User(string loginName, string loginPassword) {
    this->loginName=loginName;
    this->loginPassword=loginPassword;
    user_count++;
}
User::~User(string loginName, string loginPassword) {
    user_count--;
}
int User::getCount(){
    return user_count;
}
int User::user_count=0;
```

这里,语句

```
int User::user_count=0;
```

是为静态数据成员进行初始化,是在类体外进行的,在初始化语句中不必加 static。

为了能处理静态私有数据成员 user_count,定义了静态成员函数 getCount 来获取 user_count 的值。

本 章 小 结

友元有两种形式：友元函数和友元类。友元可以访问与其有好友关系的类对象的私有数据,使类既有封装性,又具灵活性。友元提供了不同类的成员函数之间、类的成员函数与普通函数之间进行数据共享的机制。尤其当一个函数需要访问多个类时,友元函数非常有用。引入友元机制的另一个原因是方便编程,在某些情况下,如运算符被重载时,需要用到友元函数。

静态成员包括静态数据成员和静态函数成员。不管创建多少对象,静态成员只有一

个副本，一个类的所有对象共享这个静态成员。静态数据成员的主要用途是定义类的各个对象所公用的数据，如统计总数、平均数等。

考虑本章所学内容，本章最后一节讨论了贯穿全书的综合性项目——图书馆图书借阅管理系统中友元与静态成员的应用问题。

习　　题

一、程序分析题

1. 分析以下程序的执行结果。

```
#include<iostream>
using namespace std;
class Sample
{public:
    Sample(int i){n=i;}
    friend int add(Sample &s1, Sample &s2);
private:
    int n;
};
int add(Sample &s1, Sample &s2) { return s1.n+s2.n; }
int main()
{  Sample s1(10), s2(20);
   cout<<add(s1, s2)<<endl;
   return 0;
}
```

2. 分析以下程序的执行结果。

```
#include<iostream>
using namespace std;
class B;
class A
{private:
    int i;
    friend B;
    void display(){ cout<<i<<endl; }
};
class B
{public:
    void set(int n)
    {  A a;
       a.i=n;                //i 是对象 a 的私有数据成员，在友元类可以使用
       a.display();          //display 是对象 a 的私有成员函数，在友元类中可以使用
    }
```

```
};
int main()
{  B b;
   b.set(2);
   return 0;
}
```

二、编程题

1. 定义一个处理日期的类 Date，它有 3 个私有数据成员：month、day、year，以及若干个公有成员函数，实现如下要求：

(1) 对构造函数进行重载，以便使用不同的构造函数来创建不同的对象。

(2) 定义一个设置日期的成员函数。

(3) 定义一个友元函数来打印日期。

2. 设计一个程序，其中有 3 个类 CBank、BBank、GBank，分别为中国银行类、工商银行类和农业银行类。每个类都包含一个私有数据成员 balance 用于存放储户在该行的存款数，另有一个友元函数 total 用于计算储户在这 3 家银行中的总存款。类结构图如下图 6-1 所示。

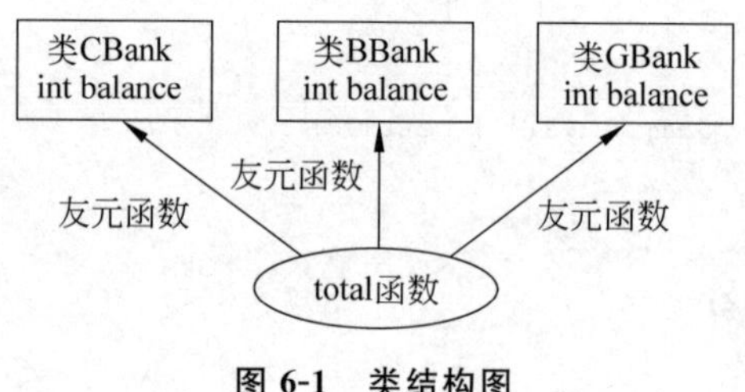

图 6-1 类结构图

3. 编写一个程序，设计一个类 Score 用于统计一个班的学生成绩，其中使用一个静态数据成员 sum 存储总分和一个静态成员函数 getSum 返回该总分。

4. 设计一个银行账户类，该类对象是一个个银行账户，统计该类对象个数。

第7章 运算符重载

运算符重载是C++的一项强大功能。通过重载,可以扩展C++运算符的功能,使它们能操作用户自定义的数据类型,增加程序代码的灵活性、可扩充性和可读性。

本章介绍运算符重载和类型转换的概念,并举例说明运算符重载和类型转换的用法。

7.1 为什么要进行运算符重载

在第2章中学习了函数重载,所谓函数重载,简单地说,就是赋给同一个函数名多个含义。具体地讲,C++中允许在相同的作用域内以相同的名字定义几个不同实现的函数,重载的函数可以是类的成员函数,也可以是普通函数。但是,定义这种重载函数时要求函数的参数个数或者类型必须至少有一个不同。由此可以看出,重载函数的意义在于它可以用相同的名字访问一组相互关联的函数,由编译程序来进行选择,因而这将有助于解决程序复杂性问题。如:在定义类时,构造函数重载给类对象初始化带来了多种方式,为类的使用者提供了更大的灵活性。

运算符也可以重载。运算符重载是对已有的运算符重新进行定义,赋予其另一种功能,以适应不同的数据类型。实际上,我们已经在不知不觉中使用了运算符的重载。例如,我们都已习惯于用加法运算符"+"对整数、单精度数和双精度数进行加法运算,如下面的程序段:

```
int a=2, b=3, c;
c=a+b;
cout<<"c="<<c<<endl;
float x=3.5, y=5.6, z, t;
z=x+y;
cout<<"z="<<z<<endl;
t=c+z;
cout<<"t="<<t<<endl;
```

为什么同一个运算符"+"可以用于完成不同类型的数据的加法运算呢?这是因为C++已经对运算符"+"进行了重载,所以加法运算符"+"就能适用于整型、单精度浮点型和双精度浮点型数据的加法运算。在上面的程序中,表达式"x+y"对两个单精度数进行加法运算,编译器会"调用"执行单精度数加法的"+"运算符重载函数。而表达式"c+z"对一个整数和一个单精度数进行加法运算,编译器会首先"调用"一个特殊的函数,把整数转化为单精度数，然后再“调用”执行单精度数加法的“+”运算符重载函数。上述这些工作都是编译器自动完成的，无需程序员操心。有了针对预定义类型数据的运算符重载，使我们编程时感到十分方便，而且写出的表达式与数学表达式很相似，符合人们的习惯。

C++中预定义的运算符的操作对象只能是基本数据类型，实际上，对于很多用户自定义类型（比如类），也需要有类似的运算操作。例如，下面的程序段声明了一个Money类。

```
class Money
{public:
    Money(int y=0, int j=0, int f=0)
     { yuan=y; jiao=j; fen=f; optimize(); }
    void display(string);
private:
    int yuan, jiao, fen;
    void optimize();                  //优化函数
};
void Money::optimize()
{  jiao +=fen/10; fen %=10;
   yuan +=jiao/10; jiao %=10;
}
void Money::display(string str)
{  cout<<str<<"="<<yuan<<"."<<jiao<<fen<<"¥"<<endl;  }
```

于是可以这样定义Money类的对象：

```
Money cost1(10, 3, 5), cost2(5, 8, 2), total;
```

若要把对象cost1和cost2加在一起，下面的语句不能实现：

```
total=cost1+cost2;
```

不能实现的原因是Money类不是预定义的基本数据类型，而是用户自定义的数据类型。C++编译器知道如何实现两个整数的加法运算，或两个单精度数的加法运算，甚至知道如何实现一个整数和一个单精度数的加法运算，但是C++还无法直接实现两个Money类对象的加法运算。

如果需要对Money类对象cost1和cost2进行加法运算，应用已有的知识，应首先在类的声明中添加如下成员函数的原型声明：

```
Money moneyAdd(Money&);
```

然后在类外定义成员函数的实现代码如下：

```
Money Money:: moneyAdd(Money &c2)
{  return Money( yuan+c2.yuan, jiao+c2.jiao, fen+c2.fen); }
```

只能使用成员函数调用的方式来实现对象cost1和cost2的加法运算，语句如下：

```
total=cost1. moneyAdd(cost2);
```

为了表达上的方便，我们希望预定义的内部运算符(如“+”“-”“*”和“/”等)在特定的类的对象上以新的含义进行解释，如希望能够实现“total = cost1 + cost2”，这就需要用重载运算符“+”来解决。

7.2　运算符重载的方法

运算符重载的目的是将系统已经定义的运算符用于新定义的数据类型，从而使同一个运算符作用于不同类型的数据导致不同类型的行为。

运算符重载实质上是函数的重载。运算符重载的方法是定义一个重载运算符的函数，在实现过程中，编译系统会自动把指定的运算表达式转化为对运算符函数的调用。

重载运算符的函数的定义格式如下：

```
函数类型 operator 运算符名称(形参列表)
{  对运算符的重载处理  }
```

函数名由 operator 和运算符组成，如“operator +”的意思是对运算符“+”重载。要实现本章 7.1 节声明的 Money 类的两个对象的加法运算，只要编写一个对“+”运算符进行重载的函数即可，函数描述如下：

```
Money Money:: operator+ (Money &c2)
{  return Money(yuan+c2.yuan, jiao+c2.jiao, fen+c2.fen);  }
```

这样我们就能方便地使用语句：

```
total=cost1+cost2;
```

来实现两个 Money 类对象的加法运算。编译时，编译系统自动把运算表达式“cost1 + cost2”转化为对运算符函数 operator + 的调用“cost1. operator + (cost2)”，通过“+”运算符左边的对象去调用 operator +，“+”运算符右边的对象作为函数调用的实参。当然，在程序中也可以自己使用下面的调用语句，实现两个 Money 对象的加法运算：

```
total=cost1.operator+ (cost2);
```

以上这两个调用语句是等价的，但显然后者不如前者更直观和方便。

例 7-1 是使用运算符重载来实现两个 Money 类对象的加法运算的完整程序。

【例 7-1】　对“+”运算符进行重载来实现两个 Money 类对象的加法运算。

```
#include<iostream>
using namespace std;
#include<string>
class Money
{public:
    Money(int y=0, int j=0, int f=0);
    Money operator+ (Money&);          //对"+"运算符进行重载的函数
```

```
    void display(string);
private:
    int yuan, jiao,fen;
    void optimize();                        //优化函数
};
void Money::optimize()
{   jiao +=fen/10; fen %=10;
    yuan +=jiao/10; jiao %=10;
}
Money:: Money(int y, int j, int f)
{   yuan=y; jiao=j; fen=f; optimize();  }
Money Money::operator+ (Money &c2)    //"+"运算符重载函数的类外定义
{   return Money ( yuan+c2.yuan, jiao+c2.jiao, fen+c2.fen);  }
void Money::display(string str)
{   cout<<str<<"="<<yuan<<"."<<jiao<<fen<<"￥"<<endl;  }
int main()
{   Money cost1(300, 5, 6), cost2(105, 7, 6), total1, total2;
    total1=cost1+cost2;                   //直接使用重载了的运算符"+"
    total2=cost1.operator+(cost2);  //调用运算符重载函数 operator+的第 2 种形式
    total1.display("total1=cost1+cost2");
    total2.display("total2=cost1+cost2");
    return 0;
}
```

程序运行结果如下：

```
total1=cost1+cost2=406.32￥
total2=cost1+cost2=406.32￥
```

从例 7-1 可以看出，针对 Money 类重载了“+”运算符之后，Money 类对象加法的书写形式变得十分简单（当多个 Money 对象相加时，书写简单的优点更加明显），并且和预定义类型数据加法的书写形式一样符合人的习惯。

函数 optimize 是优化函数，使得保存的元、角、分符合我们的日常习惯。

总之，运算符重载进一步提高了面向对象软件系统的灵活性、可扩充性和可读性。关于运算符重载函数的更多内容参见本章 7.4 节。

7.3 重载运算符的规则

C++ 语言中运算符重载的规则如下：

(1) C++ 不允许用户自己定义新的运算符，只能对 C++ 语言中已有的运算符进行重载。例如，虽然在某些程序设计语言中用双字符“**”作为求幂运算符，但是在使用 C++ 进行程序设计时，不能将“**”作为运算符进行重载，因为“**”不是 C++ 语言的合法运算符。

(2) 运算符重载针对新类型数据的实际需要，对原有运算符进行适当的改造。一般来讲，重载的功能应当与原有功能相类似。

(3) C++ 允许重载的运算符包括 C++ 中几乎所有的运算符。具体规定如表 7-1 所示。

表 7-1　C++ 允许重载的运算符

<table>
<tr><th>运算符名称</th><th>具体运算符</th></tr>
<tr><td>算术运算符</td><td>+(加), -(减), *(乘),/(除),%(取模), ++(自增), --(自减)</td></tr>
<tr><td>位操作运算符</td><td>&(按位与),~(按位取反),^(按位异或),|(按位或),<<(左移),>>(右移)</td></tr>
<tr><td>逻辑运算符</td><td>! (逻辑非),&&(逻辑与),||(逻辑或)</td></tr>
<tr><td>比较运算符</td><td>>(大于),>=(大于或等于),<(小于),<=(小于或等于),==(等于),!=(不等于)</td></tr>
<tr><td>赋值运算符</td><td>= ,+= ,-= , *= ,/= ,%= ,&= ,|= ,^=,<<= ,>>=</td></tr>
<tr><td>其他运算符</td><td>[ ](下标),( )(函数调用),->(成员访问),,(逗号),new,delete,new[ ],delete[ ],-> *(成员指针访问)</td></tr>
</table>

在 C++ 中有以下 5 个运算符不允许被重载，具体规定如表 7-2 所示。

表 7-2　C++ 不允许重载的运算符

运　算　符	功　　能	运算符	功　　能
.	成员访问运算符	sizeof	长度运算符
. *	成员指针访问运算符	?:	条件运算符
::	域运算符		

(4) 坚持 4 个“不能改变”。即不能改变运算符操作数的个数；不能改变运算符原有的优先级；不能改变运算符原有的结合性；不能改变运算符原有的语法结构。

单目运算符重载后只能是单目运算符，双目运算符重载后依然是双目运算符。例如，关系运算符“>”和“<”等是双目运算符，重载后仍为双目运算符，需要两个操作数。运算符“+”“-”和“ * ”等既可以作为单目运算符，也可以作为双目运算符，可以分别将它们重载为单目运算符或双目运算符。

C++ 语言已经预先规定了每个运算符的优先级，以决定运算次序。不论怎么进行重载，各运算符之间的优先级别不会改变。例如，C++ 语言规定，对于预定义的数据类型乘法运算符“ * ”的优先级高于加法运算符“+”的优先级，那么针对某个自定义类型重载了乘法运算符“ * ”和加法运算符“+”，也不能改变这两个运算符的优先级关系，即一定是乘法运算符“ * ”的优先级别高于加法运算符“+”的优先级别。如果确实需要改变预定义数据的运算顺序，只能采用加括号“()”的办法。

C++ 语言已经预先规定了每个运算符的结合性，如赋值运算符“=”是右结合性(自右向左)，重载后仍为右结合性。

(5) 重载的运算符必须和用户定义的自定义类型对象一起使用，其参数至少应有一个是类对象(或类对象的引用)。也就是说，参数不能全部是 C++ 的标准类型，以防止用户修改用于标准类型数据的运算符的性质。

(6) 重载运算符的函数不能有默认的参数，否则就改变了运算符参数的个数。

(7) 用于类对象的运算符一般必须重载，但有两个例外，运算符“=”和“&”可以不必用户重载。

赋值运算符(=)可以用于每个类对象，可以利用它在同类对象之间相互赋值。因为系统为每个新声明的类重载了一个赋值运算符，它的作用是逐个复制类对象的数据成员。所以用户不必自己进行重载。但是，如果类的数据成员中包含指向动态分配内存的指针成员，就需要自己重载赋值运算符，否则会造成指针悬挂，程序运行出错，关于这个问题已在第3章3.9节提及，至于赋值运算符重载函数的编写，请参见例7-6。

地址运算符 & 也可以不必重载，它能返回类对象在内存中的起始地址。

7.4 运算符重载函数作为类的成员函数和友元函数

7.4.1 运算符重载函数作为类的成员函数

在本章的例7-1中，对运算符“+”进行了重载，以实现两个Money类对象的相加。例7-1中运算符重载函数operator+是作为Money类中的成员函数。

将运算符重载函数定义为类的成员函数的原型在类的内部声明格式如下：

```
class 类名
{  …
   返回类型 operator 运算符 (形参表);
   …
};
```

在类外定义运算符重载函数的格式如下：

```
返回类型 类名::operator 运算符 (形参表)
{
    函数体
}
```

函数类型指定了重载运算符的返回值类型，也就是运算结果类型；operator是定义运算符重载函数的关键字；运算符即是要重载的运算符名称，必须是C++中可重载的运算符，比如要重载加法运算符，这里就写“+”；形参表中给出重载运算符所需要的参数和类型。

【例7-2】 通过运算符重载为类的成员函数来实现两个有理数对象的加、减、乘、除运算。

有理数是一个可以化为一个分数的数，如2/3、533/920、-7/29都是有理数，而$\sqrt{2}$、π等就为无理数。

在C++中，并没有预先定义有理数，需要时可以声明一个有理数类，将有理数的分子和分母分别存放在nume和deno变量中，对有理数的各种操作都可以用重载运算符来实现。可以写一个优化函数 optimize，它的作用是使有理数约去公分母，也就是说，使保存的有理数的分子和分母之间没有公约数(除去1以外)。在创建有理数对象时能执行它，在执行各种运算之后也能执行它，从而保证所存储的有理数随时都是最优的。

对有理数类所要进行的运算操作有下面几种：

(1) 有理数相加：当两个有理数 a/b 和 c/d 相加时，可得到这样的算式：

$$\frac{a}{b}+\frac{c}{d}=\frac{a*d+b*c}{b*d}$$

分子和分母可分开存放：

$$分子 = a*d+b*c$$
$$分母 = b*d$$

运算完毕后，需要对此有理数进行优化。

此操作可通过重载运算符"+"实现。

(2) 有理数相减：当两个有理数 a/b 和 c/d 相减时，可得到这样的算式：

$$\frac{a}{b}-\frac{c}{d}=\frac{a*d-b*c}{b*d}$$

分子和分母可分开存放：

$$分子 = a*d-b*c$$
$$分母 = b*d$$

运算完毕后，同样需要对此有理数进行优化。

此操作可通过重载运算符"-"实现。

(3) 有理数相乘：当两个有理数 a/b 和 c/d 相乘时，可得到这样的算式：

$$\frac{a}{b}*\frac{c}{d}=\frac{a*c}{b*d}$$

分子和分母可分开存放：

$$分子 = a*c$$
$$分母 = b*d$$

运算完毕后，同样需要对此有理数进行优化。

此操作可通过重载运算符"*"实现。

(4) 有理数相除：当两个有理数 a/b 和 c/d 相除时，可得到这样的算式：

$$\frac{a}{b}\bigg/\frac{c}{d}=\frac{a*d}{b*c}$$

分子和分母可分开存放：

$$分子 = a*d$$
$$分母 = b*c$$

运算完毕后，同样需要对此有理数进行优化。

此操作可通过重载运算符"/"实现。

下面给出实现有理数的加法和减法运算的程序代码，有理数的乘法和除法运算的实现由大家自行编写。

```
#include<iostream>
using namespace std;
#include<cmath>
class Rational                          //声明有理数类
{public:
    Rational(int x=0, int y=1);         //构造函数
    void print();
    Rational operator+(Rational a);     //重载运算符"+"
    Rational operator-(Rational a);     //重载运算符"-"
private:
    int nume,deno;
    void optimize();                    //优化有理数函数
};
void Rational::optimize()               //定义有理数优化函数
{  int gcd, i;
   if ( nume==0 )                       //若分子为0,则置分母为1后返回
   {  deno=1; return;  }
   gcd=( abs(nume) >abs(deno) ? abs(nume) : abs(deno) );
   if (gcd==0 ) return;                 //若为0,则返回
   for ( i=gcd; i >1; i--)              //用循环找最大公约数
       if ( ( nume % i==0 ) && ( deno % i==0 ) ) break;
   nume /=i;                           //i为最大公约数,将分子、分母均整除它,重新赋值
   deno /=i;
   if ( nume<0 && deno<0 )             //若分子和分母均为负数,则结果为正,所以均改为正
   {  nume=-nume; deno=-deno;  }
   else if ( nume<0 || deno<0 )
   {  //若分子和分母中只有一个为负数,则调整为分子取负,分母取正
      nume=-abs(nume); deno=abs(deno);
   }
}
Rational::Rational(int x, int y)       //定义构造函数
{  nume=x; deno=y; optimize();  }
void Rational::print()                 //输出有理数
{  cout<<nume;
   if (nume !=0 && deno !=1 )          //当分子不为0且分母不为1时才显示"/分母"
       cout<<"/"<<deno<<"\n";
   else cout<<"\n";
}
Rational Rational::operator+(Rational a)
{  //"+"运算符重载函数,根据前面所列的算法写出表达式
   Rational r;
   r.deno=a.deno * deno;
   r.nume=a.nume * deno+a.deno * nume;
   r.optimize();
```

```
    return r;
}
Rational Rational:: operator- (Rational a)
{  //"-"运算符重载函数,根据前面所列的算法写出表达式
    Rational r;
    r.deno=a.deno * deno;
    r.nume=nume * a.deno - deno * a.nume;
    r.optimize();
    return r;
}
int main()
{  Rational r1(3, 14), r2(4, 14), r3, r4;
    r1. print();
    r2. print();
    r3=r1+r2;                          //使用重载了的运算符"+"
    r3.print();
    r4=r1 -r2;                         //使用重载了的运算符"-"
    r4.print();
    return 0;
}
```

程序运行结果如下：

```
3/14
2/7
1/2
-1/14
```

从例7-2可以看出,重载了这些运算符后,在进行有理数运算时,只需像基本类型的运算一样书写即可,这样给用户带来了很大的方便,并且很直观。

对于例7-2 main函数中的语句：

```
r3=r1+r2;
r4=r1 -r2;
```

执行时,C++将其解释为：

```
r3=r1. operator+ (r2);
r4=r1. operator- (r2);
```

由此可以看出,C++系统在处理运算表达式"r1+r2"时,把对表达式的处理自动转化为对成员运算符重载函数operator+的调用"r1. operator+(r2)",通过"+"运算符左边的对象去调用operator+,"+"运算符右边的对象作为函数调用的实参。这样,双目运算符左边的对象就由系统通过this指针隐含地传递给operator+函数。因此,如果将双目运算符函数重载为类的成员函数,其参数表只需写一个形参就可以了。但必须要求运算表达式第一个参数(即运算符左侧的操作数)是一个类对象。而且与运算符函数的返回的类型

相同。这是因为必须通过类的对象去调用该类的成员函数，而且只有运算符重载函数返回值与该对象同类型，运算结果才有意义。

7.4.2 运算符重载函数作为类的友元函数

前面的例子都是将运算符重载函数作为类的成员函数，也可以将运算符重载函数作为类的友元函数。它与用成员函数重载运算符的函数之不同在于后者本身是类中的成员函数，而它是类的友元函数，是独立于类外的普通函数。

将运算符重载函数定义为类的友元函数，其原型在类的内部声明格式如下：

```
class 类名
{  …
   friend 返回类型 operator 运算符(形参表);
   …
};
```

在类外定义友元运算符重载函数的格式如下：

```
返回类型 operator 运算符(形参表)
{
    函数体
}
```

与用成员函数定义的方法相比较，只是在类中声明函数原型时前面多了一个关键字friend，表明这是一个友元运算符重载函数，只有声明为友元函数，才可以访问类的private成员；由于友元运算符重载函数不是该类的成员函数，所以在类外定义时不需要缀上类名。其他项目含义相同。

【例7-3】 将运算符“+”和“-”重载为适合于有理数加减法，重载函数不作为成员函数，而放在类外，作为Rational类的友元函数。

因为有例7-2的分析，这里直接给出程序如下，程序中省略的部分与例7-2的相同。

```
#include<iostream>
using namespace std;
class Rational                                    //声明有理数类
{public:
    …(此处省略的代码同例 7-2)
    //重载函数作为友元函数
    friend Rational operator+(Rational a, Rational b);
    //重载函数作为友元函数
    friend Rational operator-(Rational a, Rational b);
private:
    …(此处省略的代码同例 7-2)
};
…(此处省略的代码同例 7-2)
Rational operator+(Rational a, Rational b)    //定义作为友元函数的"+"运算符重载函数
```

```
{  Rational r;
   r.deno=a.deno * b.deno;
   r.nume=a.nume * b.deno+a.deno * b.nume;
   r.optimize();
   return r;
}
Rational operator-(Rational a,Rational b)    //定义作为友元函数的"-"运算符重载函数
{  Rational r;
   r.deno=a.deno * b.deno;
   r.nume=a.nume * b.deno -a.deno * b.nume;
   r.optimize();
   return r;
}
int main()
{  Rational r1(3, 14),r2(4, 14), r3, r4;
   r1.print();
   r2.print();
   r3=r1+r2;                                  //使用重载了的运算符“+”
   r3.print();
   r4=r1 -r2;                                 //使用重载了的运算符“-”
   r4.print();
   return 0;
}
```

对于例7-3 main函数中的语句：

```
r3=r1+r2;
r4=r1 -r2;
```

执行时，C++将其解释为：

```
r3=operator+(r1, r2);
r4=operator-(r1, r2);
```

一般而言，如果在类X中采用友元函数重载双目运算符@，而x1、x2和x3是类X的3个对象，则以下两种函数调用方法是等价的：

```
x3=x1@ x2;                                    //隐式调用
x3=operator@ (x1,x2);                         //显式调用
```

与例7-2相比较，只需将运算符重载函数不作为成员函数，而把它放在类外，并在Rational类内声明它为友元函数。同时要将运算符重载函数改为有两个参数，因为如果将运算符重载函数作为成员函数，它可以通过this指针自由地访问本类的数据成员，因此可以少写一个参数，而将运算符重载函数作为友元函数时，必须通过类对象才可以访问类的数据成员。

例7-2和例7-3展示了两个有理数的加减运算的实现。现在要将一个有理数和一个

整数相加，是将运算符重载函数 opertor+作为有理数类 Rational 的成员函数还是友元函数呢？

可以将运算符重载函数作为 Rational 类的成员函数，重载函数如下面程序段：

```
Rational Rational:: operator+ (int i)  //运算符重载函数作为 Rational 类的成员函数
{  Rational r;
   r.deno=deno;
   r.nume=i * deno+nume;
   r.optimize();
   return r;
}
```

注意在运算表达式中重载的运算符"+"左侧应为 Rational 类的对象，如：

```
r3=r1+i;
```

是可以的，但不能写成：

```
r3=i+r1;
```

如果出于某种考虑，要求在使用重载运算符时运算符左侧的操作数不是该类的对象，是 C++ 的标准类型或是一个其他类的对象，则运算符重载函数就不能重载为类的成员函数，但可以将运算符重载函数重载为类的友元函数，在类中可以说明如下的友元运算符重载函数：

```
friend Rational operator+ (int i, Rational a);
```

在类外定义友元函数的程序段如下：

```
Rational operator+ (int i, Rational a)  //运算符重载函数作为 Rational 类的友元函数
{  Rational r;
   r.deno=a.deno;
   r.nume=i * a.deno+a.nume;
   r.optimize();
   return r;
}
```

将双目运算符重载为友元函数时，在函数的形参表列中必须有两个参数，形参的顺序任意，不要求第一个参数必须为类对象。但在使用运算符的表达式中，要求运算符左侧的操作数与函数第一个参数对应，运算符右侧的操作数与函数第二个参数对应。如对上面定义的函数，可以这样写表达式：

```
r3=i+r2;
```

但不能写成：

```
r3=r2+i;
```

如果希望语句"r3＝i+r2;"和"r3＝r2+i;"都是合法的，需要再重载一次运算符"+"，

如下面程序段：

```
Rational operator+(Rational a, int i)        //运算符重载函数作为Rational类的友元函数
{  Rational r;
   r.deno=a.deno;
   r.nume=i*a.deno+a.nume;
   r.optimize();
   return r;
}
```

大家可能会有这样的疑问，运算符重载函数可以是类的成员函数，也可以是类的友元函数，是否可以既不是类的成员函数也不是类的友元函数的普通函数？是可以的，但在极少数的情况下才使用既不是类的成员函数也不是类的友元函数的普通函数。原因是普通函数不能直接访问类的私有成员。当然如果一定要访问这些成员，也不是绝对没有办法，可以通过调用类中定义的公用的成员函数来间接访问类中的私有数据成员，但这样做很不方便，程序的开销也会增加。

由于友元的使用会破坏类的封装，因此从原则上说，要尽量将运算符重载为成员函数。但考虑到各方面的因素，一般将单目运算符重载为成员函数，将双目运算符重载为友元函数。但也有例外，C++规定，有的运算符（如赋值运算符、下标运算符、函数调用运算符）必须重载为类的成员函数，有的运算符则不能重载为类的成员函数（如流插入运算符"<<"和流提取运算符">>"、类型转换运算符）。

特别提醒：

Visual C++ 6.0编译系统没有完全实现C++标准，它所提供的不带后缀".h"的头文件不支持把双目运算符重载为友元函数。但是它所提供的老形式的带后缀".h"的头文件可以支持此项功能，因此如果是在Visual C++ 6.0下编译运行例7-3，程序开头应为如下的包含头文件语句：

```
#include<iostream.h>
```

这样，该程序才能在Visual C++ 6.0中编译通过。

7.5 几种常用运算符的重载

7.5.1 单目运算符"++"和"--"的重载

C++语言提供了自增运算符"++"和自减运算符"--"，这两个运算符都有两种使用方式，如下例所示：

```
int i=5;
int j;
j=++i;                    //前置方式
```

```
j=i++;              //后置方式
j=--i;              //前置方式
j=i --;             //后置方式
```

假设有类 X 及其类对象 obj，对于前置方式++obj、--obj，可以将运算符重载函数 operator++、operator--重载为类 X 的成员函数或类 X 的友元函数。下面的例子将重载前置自增运算符和前置自减运算符。

【例 7-4】 设计一个 Point 类，有私有数据成员 x 和 y 表示屏幕上的一个点的水平和垂直两个方向的坐标值，实现将前置自增“++”运算符重载为 Point 类的成员函数，将前置自减“--”运算符重载为 Point 类的友元函数。

```
#include<iostream>
using namespace std;
class Point{
public:
Point();
    Point(int vx, int vy);
    Point & operator++();                          //前置自增重载为成员函数
    friend Point & operator--( Point &p );         //前置自减重载为友元函数
    void display();
private:
    int x, y;
};
Point::Point(){  x=0;  y=0;  }
Point::Point(int vx, int vy){  x=vx;  y=vy;  }
void Point::display(){  cout<<"("<<x<<", "<<y<<")"<<endl;  }
Point & Point::operator++() {                      //前置自增重载为成员函数
    if (x<640) x++;                                //不超过屏幕的横界
    if (y<480) y++;                                //不超过屏幕的竖界
    return *this;
}
Point & operator--(Point &p) {                     //前置自减重载为友元函数
    if (p.x >0) p.x--;
    if (p.y >0) p.y--;
    return p;
}
int main() {
    Point p1(10, 10), p2(150, 150);
    cout<<"p1=";
    p1.display();
    ++p1;                                          //测试前置自增
    cout<<"++p1=";
    p1.display();
    cout<<"p2=";
```

```
    p2.display();
    --p2;                                          //测试前置自减
    cout<<"--p2=";
    p2.display();
    return 0;
}
```

程序运行结果如下：

```
p1=(10, 10)
++p1=(11, 11)
p2=(150, 150)
--p2=(149, 149)
```

例7-4将单目运算符"++"重载为类的成员函数，将单目运算符"--"重载为类的友元函数。对于例7-4 main函数中的语句：

```
++p1;
--p2;
```

执行时，C++将其解释为：

```
p1.operator++();
operator--(p2);
```

那么如何实现单目运算符"++"和"--"的后置自增和自减运算呢？在C++中，前置单目运算符和后置单目运算符重载的主要区别就在于重载函数的形参。C++语法规定，前置单目运算符重载为类的成员函数时没有形参，而后置单目运算符重载为类的成员函数时需要有一个int型形参。这个int型的参数在函数体内并不使用，纯粹是用来区别前置与后置，因此参数表中可以只给出类型名，没有参数名。前置单目运算符重载为类的友元函数时有一个形参，为该类类型的对象，而后置单目运算符重载为类的友元函数时需要有两个参数，一个是该类类型的对象，一个是int型形参。

【例7-5】 在例7-4的基础上，增加后置单目运算符"++"和"--"的重载，其中将前置和后置的"++"运算符均重载为Point类的成员函数，将前置和后置的"- -"运算符均重载为Point类的友元函数。

```
#include<iostream>
using namespace std;
class Point
{public:
Point();
    Point(int vx, int vy);
    Point & operator++();                        //重载前置自增为类的成员函数
    Point operator++(int);                       //重载后置自增为类的成员函数
    friend Point & operator--(Point &p);         //重载前置自减为类的友元函数
    friend Point operator--(Point &p, int);      //重载后置自减为类的友元函数
```

```
    void display();
private:
    int x, y;
};
Point::Point(){  x=0; y=0;  }
Point::Point(int vx,int vy){  x=vx; y=vy;  }
void Point::display(){ cout<<"("<<x<<", "<<y<<")"<<endl; }
Point & Point::operator++()              //前置自增
{  if (x<640) x++;                       //不超过屏幕的横界
   if (y<480) y++;                       //不超过屏幕的竖界
   return *this;
}
Point Point::operator++(int)             //后置自增
{  Point temp(*this);                    //先将当前对象通过复制构造函数临时保存起来
   if (x<640) x++;                       //不超过屏幕的横界
   if (y<480) y++;                       //不超过屏幕的竖界
   return temp;
}
Point & operator--(Point &p)             //前置自减
{  if (p.x >0) p.x--;
   if (p.y >0) p.y--;
   return p;
}
Point operator--(Point &p, int)          //后置自减
{  Point temp(p);                        //先将当前对象通过复制构造函数临时保存起来
   if (p.x >0) p.x--;
   if (p.y >0) p.y--;
   return temp;
}
int main()
{  Point p1(10, 10), p2(150, 150), p3(20, 20), p4(160, 160), p5;
   cout<<"p1=";
   p1.display();
   ++p1;                                 //测试前置自增
   cout<<"++p1=";
   p1.display();
   cout<<"p3=";
   p3.display();
   p5=p3++;                              //测试后置自增
   cout<<"p3++=";
   p3.display();
   cout<<"p5=p3++=";
   p5.display();
```

```
    cout<<"p2=";
    p2.display();
    --p2;                               //测试前置自减
    cout<<"--p2=";
    p2.display();
    cout<<"p4=";
    p4.display();
    p5=p4--;                            //测试后置自增
    cout<<"p4--=";
    p4.display();
    cout<<"p5=p4--=";
    p5.display();
    return 0;
}
```

程序运行结果如下：

```
p1=<10, 10>
++p1=<11, 11>
p3=<20, 20>
p3++=<21, 21>
p5=P3++=<20, 20>
p2=<150, 150>
--p2=<149, 149>
p4=<160, 160>
p4--=<159, 159>
p5=p4--=<160, 160>
```

对于例 7-5 main 函数中的语句：

```
p3++;
p4--;
```

执行时，C++ 将其解释为：

```
p3.operator++(0);
operator--(p4, 0);
```

实参 0 纯粹是个“哑值”，它使编译器能够区分前置的和后置的自增(或自减)运算符。

请注意，后置自增(或自减)运算符按值返回 Point 对象，而前置的自增(或自减)运算符按引用返回 Point 对象。这是因为在进行自增(或自减)前，后置的自增(或自减)运算符是返回一个包含对象原始值的临时对象。C++ 将这样的对象作为右值处理，使其不能用在赋值运算符的左侧。前置的自增(或自减)运算符返回实际自增(或自减)后的具有新值的对象。这种对象在连续的表达式中可以作为左值使用。

特别提醒：

由后置的自增(或自减)运算符创建的临时对象能对性能造成很大的影响，尤其是在循环中使用这个运算符时。处于这个原因，仅当程序的逻辑要求后置自增(或后置自减)操作时，才应该使用后置自增(或自减)运算符。

7.5.2 赋值运算符"="的重载

对任一类X，如果没有用户自定义的赋值运算符函数，那么系统自动地为其生成一个赋值运算符重载函数，定义为类X中的成员到成员的赋值，例如：

```
X &X::operator= (const X& s)
{
    //成员间赋值
}
```

若obj1和obj2是类X的两个对象，obj2已被创建，则编译程序遇到如下语句：

```
obj1=obj2;
```

就调用合成的赋值运算符重载函数，将对象obj2的数据成员的值逐个赋给对象obj1的对应数据成员中。

通常，合成的赋值运算符重载函数是能够胜任工作的。但是，如果类的数据成员中包含指向动态分配的内存的指针成员时，系统提供的合成赋值运算符重载函数会出现危险，造成指针悬挂。下面的例子重载例3-19中类String的赋值运算符，解决赋值操作引起的指针悬挂问题。

【例7-6】 重载赋值运算符函数解决指针悬挂问题。

```
#include<iostream>
using namespace std;
#include<string>
#include<cassert>
class String                                          //自定义字符串类
{public:
    String();                                         //默认构造函数
    String(const char * src);                         //带参数的构造函数
    ~String();                                        //析构函数
    const char* toString() const { return str; }      //到普通字符串的转换
    unsigned int length() const { return len; }       //求字符串的长度
    String &operator= (const String &right);          //赋值运算符重载函数
  private:
    char * str;                 //字符指针p,将来指向动态申请到的存储字符串的内存空间
    unsigned int len;           //存放字符串的长度
};
```

```
String:: String()                //默认构造函数
{  len=0;
   str=new char[len+1];          //指针 p 指向动态申请到的内存空间
   str[0]='\0';
}
String:: String(const char * src)   //带参数的构造函数
{  len=strlen(src); str=new char[len+1];
   if (!str) { cerr<<"Allocation error!\n"; exit(1); }
   strcpy(str, src);
}
String:: ~String()                   //析构函数
{  if(str !=nullptr)                 //指针 str 非空时,动态释放它所指向的内存空间
      delete[ ] str; str=nullptr;
}
String &String:: operator= (const String &right)     //赋值运算符重载函数
{  if (&right !=this) {
      int length=right.length();
      if (len<length) {
         delete[ ] str;
         str=new char[length+1];
         assert(str !=0);
      }
      int i;
      for (i=0; right.str[i] !='\0'; i++)
         str[i]=right.str[i];
      str[i]='\0';
      len=length;
   }
   return * this;
}
int main() {
    String str1("Hi!"), str2("Hello!");
    cout<<"str1: "<<str1.toString()<<endl;
    cout<<"str2: "<<str2.toString()<<endl;
    str1=str2;
    cout<<"str1: "<<str1.toString()<<endl;
    return 0;
}
```

程序运行结果如下：

```
str1: Hi!
str2: Hello!
str1: Hello!
```

> **特别提醒：**
>
> （1）类的赋值运算符“=”只能重载为成员函数，而不能把它重载为友元函数。
>
> （2）类的赋值运算符“=”可以被重载，但重载了的运算符函数不能被继承。

7.5.3 流插入运算符“<<”和流提取运算符“>>”的重载

在类库提供的头文件中已经对“<<”和“>>”进行了重载，使之作为流插入运算符和流提取运算符，能用来输出和输入 C++ 标准类型的数据。用户自己定义的类型的数据，是不能直接用“<<”和“>>”来输出和输入的。如果想用它们输出和输入用户自己定义的类型的数据，就必须对它们进行重载。

实际上，运算符“<<”和“>>”已经被重载过很多次了。最初，“<<”和“>>” 运算符是 C 和 C++ 的位运算符。ostream 类对“<<”运算符进行了重载，将其转换为一个输出工具。cout 是 ostream 类的一个对象，它是智能的，能够识别所有的 C++ 基本类型。这是因为对于每种类型，ostream 类声明中都包含了相应的重载函数“operator<<”的定义。因此，要使 cout 能够识别用户自定义类的对象，就要在用户自定义类中对“<<”运算符进行重载，让用户自定义类知道如何使用 cout。在重载时要注意下面两点。

（1）要对“<<”和“>>”运算符进行重载，必须重载为类的友元函数。

为什么一定要重载为类的友元函数呢？在例 7-4 中定义了一个 Point 类，假设 t 是 Point 的一个对象，为显示 Point 的值，使用下面的语句：

```
cout<<t;
```

这个语句中，使用了两个对象，其中第一个是 ostream 类的对象（cout）。如果使用一个 Point 成员函数来重载“<<”运算符，Point 对象将是第一个操作数，这就意味着必须这样使用“<<”运算符：

```
t<<cout;
```

这样会令人迷惑。但通过使用友元函数，可以像下面这样重载运算符：

```
void operator<< (ostream &out, Point &t)
{  out<<"("<<t.x<<", "<<t.y<<")"<<endl;  }
```

这样可以使用下面的语句：

```
cout<<t;
```

注意： 新的“operator<<”定义使用 ostream 类引用 out 作为它的第一个参数。通常情况下，out 引用 cout 对象，如表达式“cout<<t”所示。但也可以将这个运算符用于其他 ostream 对象，如 cerr，在这种情况下，out 将引用相应的对象。

调用“cout<<t”应使用 cout 对象本身，而不是它的副本，因此该函数按引用（而不是按值）来传递该对象。这样，表达式“cout<<t”将导致 out 成为 cout 的一个别名。Point 对象可以按值或按引用来传递，因为这两种形式都使函数能够使用对象的值。按引用传递

使用的内存和时间都比按值传递少。

(2) 重载的友元函数的返回类型应是 ostream 对象或 istream 对象的引用，即 ostream& 或 istream&。

经过声明和定义上面的重载函数，如下面这样的语句：

```
cout<<t;
```

可以正常工作，但下面的语句：

```
cout<<"t="<<t;
```

不能正常的输出。要理解这样做不可行的原因以及必须如何才能使其正常输出，首先看下面的语句：

```
int x=5, y=6;
cout<<x<<y;
```

C++ 从左到右读取输出语句，这意味着它等同于：

```
(cout<<x)<<y;
```

正如 iostream 中定义的那样，“<<”运算符要求左边是一个 ostream 类的对象。显然，因为 cout 是 ostream 对象，所以表达式“cout<<x”满足这种要求。但是，因为表达式“cout<<x”位于“<<y”的左侧，所以输出语句也要求该表达式是一个 ostream 类型的对象。因此，ostream 类将“operator<<”函数实现为返回一个 ostream 对象。具体地说，在这个例子中，它返回调用对象 cout。因此，表达式“cout<<x”本身也是一个 ostream 对象，从而可以位于“<<”运算符的左侧。

可以对上面的“operator<<”友元函数采用相同的方法。只要修改“operator<<”函数，让它返回 ostream 对象的引用即可。

```
ostream& operator<< (ostream &out, Point &t)
{  out<<"("<<t.x<<", "<<t.y<<")"<<endl;
   return out;
}
```

注意，返回类型是 ostream&。这意味着该函数返回 ostream 对象的引用。因为函数开始执行时，程序传递一个对象给它，这样做的最终结果是，函数的返回值就是传递给它的对象。也就是说，下面的语句：

```
cout<<t;
```

将被转换为下面的调用：

```
operator<< (cout, t);
```

而调用返回 cout 对象。因此，下面的语句可以正常工作：

```
cout<<"t="<<t;
```

将这条语句分成多步,来看看它是如何工作的。

首先,“cout<< "t= "”调用 ostream 类中的“operator<<”定义,它显示字符串并返回 cout 对象。因此表达式“cout<< "t= "”将显示字符串,然后被它的返回值 cout 所替代。原来的语句被简化为下面的形式:

```
cout<<t;
```

接下来,程序使用 Point 类声明中的“operator<<”定义显示 t 的值,并结束运行。

对于“>>”运算符重载函数的原理相同,这里不再重复分析。

【例 7-7】 定义一个 Timer 类,用来存放做某件事所花费的时间,如 3 小时 15 分钟,分别重载运算符“+”用于求两段时间的和,重载运算符“-”用于求两段时间的差,重载流插入运算符“<<”和流提取运算符“>>”,用“cout<<”输出 Timer 类的对象,用“cin>>”输入 Timer 类的对象。

```
#include<iostream>
using namespace std;
class Timer
{public:
    Timer();
    Timer(int h, int m=0);
    friend Timer operator+ (Timer &t1, Timer &t2);
    friend Timer operator- (Timer &t1, Timer &t2);
    friend ostream& operator<< (ostream &out, Timer &t);
    friend istream& operator>> (istream&in, Timer &t);
private:
    int hours;
    int minutes;
};
Timer::Timer(){ hours=minutes=0; }
Timer::Timer(int h, int m){ hours=h; minutes=m; }
Timer operator+ (Timer &t1, Timer &t2)
{  Timer sum;
   sum.minutes=t1.minutes+t2. minutes;
   sum.hours=t1.hours+t2.hours+sum.minutes / 60;
   sum.minutes % =60;
   return sum;
}
Timer operator- (Timer &t1, Timer &t2)
{  Timer dif;
   int x1, x2;
   x1=t2.hours * 60+t2.minutes;
   x2=t1.hours * 60+t1.minutes;
   dif.minutes= (x2 -x1) %  60;
   dif.hours= (x2 -x1) / 60;
```

```
    return dif;
}
ostream& operator<< (ostream &out, Timer &t)
{  out<<t.hours<<" hours, "<<t.minutes<<" minutes";
   return out;
}
istream &operator>> (istream &in, Timer &t)
{  cout<<"Input hours and minutes:";
   in >>t.hours >>t.minutes;
   return in;
}
int main()
{  Timer t1, t2, t3, t4;
   cin >>t1 >>t2;
   cout<<"t1="<<t1<<"\n";
   cout<<"t2="<<t2<<"\n";
   t3=t1+t2;
   cout<<"t3=t1+t2="<<t3<<"\n";
   t4=t1 -t2;
   cout<<"t4=t1 -t2="<<t4<<"\n";
   return 0;
}
```

程序运行结果如下：

```
Input hours and minutes:5 35
Input hours and minutes:6 22
t1=5 hours, 35 minutes
t2=6 hours, 22 minutes
t3=t1+t2=11 hours, 57 minutes
t4=t1 -t2=0 hours, -47 minutes
```

7.6 不同类型数据间的转换

7.6.1 系统预定义类型间的转换

对于系统预定义的数据类型，C++提供了两种转换方式：一种是隐式类型转换（或称标准类型转换）；另一种是显式类型转换（或称强制类型转换）。

1. 隐式类型转换

隐式类型转换主要注意以下几点：

(1) 在C++中，将一个标准类型变量的值赋给另一个标准类型变量时，如果这两种类型兼容，则C++自动将这个值转换为接收变量的类型；

(2) 如果一个运算符两边的运算数类型不同，先要将其转换为相同的类型，即较低类型转换为较高类型，然后再参加运算；

（3）当较低类型的数据转换为较高类型时，一般只是形式上有所改变，而不影响数据的实质内容，而较高类型的数据转换为较低类型时则可能有些数据丢失；

（4）如果两个 float 型数参加运算，虽然它们类型相同，但仍要先转成 double 型再进行运算，结果亦为 double 型。

2. 显式类型转换

C++ 提供显式类型转换，程序员在程序中将一种类型的数据转换为另一种指定类型的数据，其形式为：

```
类型名(表达式)
```

如：

```
int i, j;
…
cout<<float(i+j);
```

此时是将“i+j”的值强制转换成 float 型后输出。

在 C 语言中采用的形式为：

```
(类型名)表达式
```

C++ 保留了 C 语言的这种用法，但提倡采用 C++ 提供的方法。

前面介绍的是一般数据类型之间的转换。那么，对于用户自定义的类型而言，如何实现它们与其他数据类型之间的转换呢？通常，可归纳为以下两种方法：

（1）通过构造函数进行类型转换。

（2）通过类型转换函数进行类型转换。

下面分别予以介绍。

7.6.2 转换构造函数

构造函数具有类型转换的作用，如果定义一个构造函数，这个构造函数能把另一类型对象（或引用）作为它的单个参数，那么这个构造函数允许编译器执行自动类型转换。请看下面的例子。

【例 7-8】 基于有理数类的包含转换构造函数和运算符重载的程序。

```
#include<iostream>
using namespace std;
class Rational                           //声明有理数类
{public:
    Rational();                          //无参构造函数
    Rational(int x, int y);              //有两个形参的构造函数
    Rational(int x);                     //转换构造函数
    void print();
    friend Rational operator+ (Rational a, Rational b);  //运算符重载函数作为友元函数
```

```
private:
    int nume, deno;
    void optimize();                           //有理数优化函数
};
Rational::Rational()                           //定义无参构造函数
{  nume=0; deno=1;  }
Rational::Rational(int x,int y)                //定义有两个形参的构造函数
{  nume=x; deno=y;  }
Rational::Rational(int x)                      //定义转换构造函数
{  nume=x; deno=1;  }
void Rational::print()                         //输出有理数
{  cout<<nume;
   if(nume !=0 && deno !=1)                    //当分子不为 0 且分母不为 1 时才显示"/分母"
       cout<<"/"<<deno<<"\n";
   else cout<<"\n";
}
Rational operator+(Rational a, Rational b)  //定义作为友元函数的运算符重载函数
{  Rational r;
   r.deno=a.deno * b.deno;
   r.nume=a.nume * b.deno+a.deno * b.nume;
   r.optimize();
   return r;
}
void Rational::optimize()                          //定义有理数优化函数
{ …(该函数的函数体与例 7-2 相同,在此不再列出) }
int main()
{  Rational r1(3, 5), r2, r3;
   int n=3;
   r2=r1+n;
   r2.print();
   r3=n+r1;
   r3.print();
   return 0;
}
```

程序运行结果如下：

```
18/5
18/5
```

对例 7-8 程序的分析：

(1) 如果没有定义转换构造函数，则此程序编译出错。因为没有重载运算符使之能将一个 Rational 类对象与一个 int 数据相加。

(2) 现在，在类 Rational 中定义了转换构造函数，并具体规定了怎样构造一个有理数。对于语句：

```
r2=r1+n;
```

由于在Rational类中已重载了运算符“+”，编译器将其解释为：

```
r2=operator+(r1, n);
```

由于n不是Rational类对象，系统先调用转换构造函数Rational(n)，建立一个临时的Rational类对象，其值为n/1，上面的语句调用相当于：

```
r2=operator+(r1, Rational(n));
```

将r1与n/1相加，赋给r2。运行结果为18/5。

对于语句：

```
r3=n+r1;
```

编译器最终将其处理为：

```
r3=operator+(Rational(n), r1);
```

将n/1与r1相加，赋给r3。运行结果仍然为18/5。

从中得到一个重要结论：在已定义了Rational相应的转换构造函数的情况下，将重载运算符“+”的函数作为Rational类的友元函数，在进行两个有理数相加时，可以满足数学上的交换律。如果将重载运算符“+”的函数作为Rational的成员函数，交换律不适用。由于这个原因，一般情况下将双目运算符函数重载为友元函数，单目运算符重载为成员函数。

如果一定要将重载运算符“+”的函数作为Rational的成员函数，而第一个操作数又是一个整数，只有一个办法能够解决，那就是再重载一个运算符“+”的函数，其第1个参数为int型，第2个参数为Rational类对象的引用。当然此函数只能是友元函数，函数原型为：

```
friend Rational operator+(int, Rational &);
```

显然这样做不太方便，还是将双目运算符函数重载为友元函数方便些。

说明：

(1) 为了用构造函数完成类型转换，类内至少定义一个只带一个参数(或其他参数都带有默认实参)的构造函数。当需要类型转换时，系统自动调用该构造函数，创建该类的一个临时对象，该对象由被转换的值初始化，从而实现了类型转换。

(2) 转换构造函数不仅可以将一个标准类型数据转换成类对象，也可以将另一个类的对象转换成转换构造函数所在的类的对象。

下面的代码定义了教师类Teacher和学生类Student：

```
class Student;
class Teacher
{public:
    …
```

```
private:
    char num[8];                  //教师编号
    char name[30];                //教师姓名
    char sex;                     //教师性别
    char title[40];               //教师职称
};
class Student
{public:
    …
private:
    char id[12];                  //学号
    char name[30];                //学生编号
    char sex;                     //学生性别
    float score;                  //学生入学成绩
};
```

可以在 Teacher 类的类体内增加如下的转换构造函数定义，将 Student 类转换为 Teacher 类。

```
Teacher(Student &s)
{  strcpy(name, s.name);
   sex=s.sex;
}
```

7.6.3 类型转换函数

通过构造函数可以进行类型转换，但是它的转换功能受到限制。由于无法为基本类型定义构造函数，因此，不能利用构造函数把自定义类型的数据转换成基本类型的数据，只能从基本类型(如 int、float 等)向自定义的类型转换。类型转换函数则可以用来把源类类型转换成另一种目的类型。在类中，类型转换函数定义的一般格式为：

```
class 类名
{  …
   operator<目的类型名>()
   {
       <函数体>
   }
};
```

其中，类名为要转换的源类类型；目的类型名为要转换成的类型，它既可以是自定义的类型也可以是预定义的基本类型。如：

```
class Rational                          //声明有理数类
{public:
    Rational();                         //无参构造函数
    Rational(int x, int y);             //有两个形参的构造函数
```

```
    Rational(int x);                        //转换构造函数
    operator int(){ return nume; }          //类型转换函数
    void print();
private:
    int nume, deno;
};
```

在此,类型转换函数的功能是将 Rational 类的对象转换为 int 类型的数据。

关于类型转换函数,有以下几点注意事项:

(1) 类型转换函数只能定义为一个类的成员函数而不能定义为类的友元函数或普通函数,因为转换的主体是本类的对象。

(2) 类型转换函数与普通的成员函数一样,也可以在类定义体中声明函数原型,而将函数体定义在类外部。

(3) 类型转换函数既没有参数,也不显式给出返回值类型。

(4) 类型转换函数中必须有"return 目的类型的数据;"的语句,即必须送回目的类型数据作为函数的返回值。

(5) 一个类可以定义多个类型转换函数。C++ 编译器将根据操作数的类型自动地选择一个合适的类型转换函数与之匹配。在可能出现二义性的情况下,应显式地使用类型转换函数进行类型转换。

(6) 通常把类型转换函数也称为类型转换运算符函数,由于它也是重载函数,因此也称为类型转换运算符重载函数(或称强制类型转换运算符重载函数)。

下面为例 7-8 的有理数类再加上类型转换函数,即有理数类的声明如下:

```
class Rational                              //声明有理数类
{public:
    Rational();                             //无参构造函数
    Rational(int x, int y);                 //有两个形参的构造函数
    Rational(int x);                        //转换构造函数
    operator int(){ return nume; }          //类型转换函数
    void print();
    friend Rational operator+ (Rational a, Rational b);  //重载函数作为友元函数
private:
    int nume, deno;
    void optimize();
};
```

上述有理数类 Rational 中包含转换构造函数、类型转换函数和运算符重载函数。

在例 7-8 程序其余部分不变的情况下,编译此程序会出错,原因是出现二义性。在处理"r2=r1+n;"时出现二义性。一种解释为:调用转换构造函数,把 n 转换为 Rational 类对象,然后调用运算符"+"重载函数,与 r1 进行有理数相加。另一种解释为:调用类型转换函数,把 r1 转换为 int 型数据,然后与"3"进行相加。系统无法判断,这二者是矛盾的。如果要使用类型转换函数,就应当删去运算符"+"重载函数。

删去运算符“+”重载函数后的程序运行结果如下：

```
6
6
```

说明：

使用类型转换函数可以分为显式转换和隐式转换两种。上面的程序中使用了隐式转换，在执行语句“m=n+r1;”时，没有找到对“+”运算符重载的函数，而在系统中存在内部运算符函数“operator+(int, int)”，并且在 Rational 类中定义了类型转换函数 operator int()，可以将对象 r1 转换为 int 型，匹配系统内部的 int 加法，得到一个 int 型的结果。赋值号左边的是 Rational 对象，于是将这个结果转换成 Rational 类的一个临时对象，然后将其赋值给 Rational 对象。

类型转换函数和类的某些构造函数构成了互逆操作。如构造函数 Rational(m)将一个整型转换成一个 Rational 类型，而类型转换函数 Rational::operator int()将 Rational 类型转换成整型。

7.6.4 explicit 关键字

在 C++ 11/14 中，可以使用 explicit 关键字避免隐式类型的转换。

1. explicit 修饰转换构造函数

在 C++ 中，explicit 关键字用来修饰类的构造函数，被修饰的构造函数的类，不能发生相应的隐式类型转换，只能以显式地进行类型转换。

explicit 使用说明如下：

(1) explicit 关键字只能用于类内部的构造函数声明上。

(2) explicit 关键字作用于单个参数的构造函数。

在例 7-8 中，因为定义了转换构造函数“Rational(int x);”，所以语句“ r2=r1+n; ”和“r3=n+r1;”都自动调用转换构造函数，将 n 转换为 Rational 的对象，完成隐式类型转换。如果要避免隐式类型转换，用 explicit 关键字来修饰类的构造函数，被修饰的构造函数的类，不能发生相应的隐式类型转换。例 7-8 修改为：

```
#include<iostream>
using namespace std;
class Rational                                    //声明有理数类
{public:
    Rational();                                   //无参构造函数
    Rational(int x, int y);                       //有两个形参的构造函数
    explicit Rational(int x)                      //转换构造函数用 explicit 修饰
    {  nume=x; deno=1;  }
    void print();
    friend Rational operator+(Rational a, Rational b);      //重载函数作为友元函数
private:
    int nume, deno;
    void optimize();                              //有理数优化函数
```

```
};
Rational::Rational()                                  //定义无参构造函数
{  nume=0; deno=1;  }
Rational::Rational(int x,int y)                       //定义有两个形参的构造函数
{  nume=x; deno=y;  }
void Rational::print()                                //输出有理数
{  …(该函数的函数体与例 7-8 相同,在此不再列出)  }
Rational operator+ (Rational a, Rational b)           //定义作为友元函数的重载函数
{  …(该函数的函数体与例 7-8 相同,在此不再列出)  }
void Rational::optimize()                             //定义有理数优化函数
{  …(该函数的函数体与例 7-8 相同,在此不再列出)  }
int main()
{  Rational r1(3, 5), r2, r3;
   int n=3;
   r2=r1+Rational(n);                                 //必须使用 Rational(n)显式类型转换
   r2.print();
   r3=Rational(n)+r1;                                 //必须使用 Rational(n)显式类型转换
   r3.print();
   return 0;
}
```

上面代码中,语句"r2=r1+Rational(n);"和"r3=Rational(n)+r1;"对于整型变量 n 不进行显式类型转换是会编译出错的。

2. explicit 修饰类型转换函数

【例 7-9】 基于有理数类的包含类型转换函数的程序。

```
#include<iostream>
using namespace std;
#include<cstdlib>
class Rational                                     //声明有理数类
{public:
    Rational(int x, int y);                        //有两个形参的构造函数
    operator int(){ return nume; }
private:
    int nume, deno;
};
Rational::Rational(int x,int y)                    //定义有两个形参的构造函数
{  nume=x; deno=y;  }
int main()
{  Rational r1(3, 5);
   int n=3, m;
   m=n+r1;
   cout<<m<<endl;
   return 0;
}
```

程序运行结果如下：

```
6
```

根据前面所学的知识，例 7-9 能够编译运行是因为语句“m＝n+r1；”中完成了隐式类型转换，自动调用了类型转换函数“operator int()”将 Rational 对象 r1 转换成 int 型。为了避免这种隐式类型转换，可以在类型转换函数

```
operator int(){  return nume;  }
```

前加上关键字 explicit，变为：

```
explicit operator int(){  return nume;  }
```

那么，程序编译就会报错，需要将 main 函数的语句

```
m=n+r1;
```

修改为：

```
m=n+int(r1);
```

进行显式类型转换。

程序进行隐式类型转换所造成的弊端要大于它所带来的好处，要尽量避免有二义性的类型转换，如果类中包含一个或多个类型转换，则必须确保在类类型和目标类型之间只存在唯一一种转换方式，否则将出现二义性。

7.7　图书馆图书借阅管理系统中的运算符重载

在图书馆图书借阅管理系统中，流插入运算符和流提取运算符的重载函数被声明为多个类的友元函数。下面以 Book 类为例进行介绍。

Book 类的声明放在名为 Book.h 的头文件中，具体内容如下：

```
//Book.h: interface for the Book class.
#if !defined BOOK_H
#define BOOK_H
#include<iostream>
using namespace std;
class Book{
public:
    Book(string number="", string name="", string type="", string author="",
    string publish="", string pub_time="", float price=0, bool onshelf=true,
    int total_count=0);
    virtual ~Book();
    string getNum();
    void setNum(string number);
    string getName();
```

```
    void setName(string name);
    string getType();
    void setType(string type);
    string getAuthor();
    void setAuthor(string author);
    string getPublish();
    void setPublish(string publish);
    string getPubTime();
    void setPubTime(string pub_time);
    float getPrice() ;
    void setPrice(float price);
    int getTotalCount();
    void setTotalCount(int total_count);
    bool getBookOnShelf();
    void setBookOnShelf(bool onshelf);
    void bookShow();
    void readFromFile(fstream &);
    void writeToFile(fstream &) const;
    friend istream& operator>> (istream &istrm, Book &book);
    friend ostream& operator<< (ostream &ostrm,const Book &book);
private:
    string bookNum;                         //图书条形码
    string bookName;                        //图书名称
    string bookType;                        //图书类型
    string bookAuthor;                      //作者
    string bookPublish;                     //出版社
    string bookPubTime;                     //出版时间
    float bookPrice;                        //图书价格
    bool bookOnShelf;                       //是否在架
    int totalCount;                         //图书被借次数
};
#endif
```

Book 类各成员函数的实现代码放在名为 Book.cpp 的源文件中,流插入运算符和流提取运算符重载为 Book 类的友元函数,部分代码如下:

```
//Book.cpp: implementation for the Book class.
#include "Book.h"
#include<fstream>
#include<string>
#include<iostream>
using namespace std;
Book::Book(string number, string name, string type, string author, string
publish, string pub_time, float price, bool onshelf, int total_count)
{
```

```
    bookNum=number;                    //图书条形码
    bookName=name ;                    //图书名称
    bookType=type;                     //图书类型
    bookAuthor=author;                 //作者
    bookPublish=publish;               //出版社
    bookPubTime=pub_time;              //出版时间
    bookPrice=price;                   //图书价格
    bookOnShelf=onshelf;               //是否在架
    totalCount=total_count;            //图书被借次数
}
Book::~Book(){ }
```

…(限于篇幅,部分代码省略,不一一列出,请参照随书提供的系统源代码)

```
istream& operator>>(istream &istrm, Book &book)
{
    cout<<"请输入:"<<endl;
    cout<<"图书条形码(最多9个数字):";          istrm>>book.bookNum;
    cout<<"图书名称(最多20个汉字):";           istrm>>book.bookName;
    cout<<"图书类型(最多10个汉字):";           istrm>>book.bookType;
    cout<<"作者(最多5个汉字):";                istrm>>book.bookAuthor;
    cout<<"出版社(最多10个汉字):";             istrm>>book.bookPublish;
    cout<<"出版时间(输入格式:2014:09:01):";    istrm>>book.bookPubTime;
    cout<<"图书价格(浮点数):";                 istrm>>book.bookPrice;
    cout<<"是否在架(1:在架,0:借出):";          istrm>>book.bookOnShelf;
    cout<<"图书被借次数(整数):";               istrm>>book.totalCount;
    return istrm;
}
ostream& operator<<(ostream &ostrm,const Book &book)
{
    ostrm <<"图书条形码:"<<book.bookNum<<"\t"
          <<"图书名称:"<<book.bookName<<"\t"
          <<"图书类型:"<<book.bookType<<"\t"
          <<"作者:"<<book.bookAuthor<<"\t"
          <<"出版社:"<<book.bookPublish<<"\t"
          <<"出版时间:"<<book.bookPubTime<<"\t"
          <<"图书价格:"<<book.bookPrice<<"\t"
          <<"是否在架:"<<(book.bookOnShelf?"在架":"借出")<<"\t"
          <<"图书被借次数:"<<book.totalCount<<endl;
    return ostrm;
}
```

本系统中的Student类、Librarian类、BorrowRecord类等也都对流插入运算符和流提取运算符进行了重载,这里不再重复描述。

在 Date 类中,不仅将流插入运算符重载为友元函数,还将前置自增、后置自增、前置自减、后置自减、加法和减法重载为成员函数。Date 类的声明放在名为 Date.h 的头文件中,具体内容如下:

```
class Date {
public:
    Date(int y=0/* year */,int m=0/* month */, int d=0/* day */);
    Date(char strDate[]);
    int daysPerMonth(int m=-1) const;            //每月多少天?
    int daysPerYear(int y=-1) const;             //每年多少天?
    int compare(const Date &date) const;     //与 string 中的 compare 差不多,相等返回 0
    bool isLeapYear(int y=-1) const;             //是否闰年
    int subDate(const Date &date) const;         //减去一个日期,返回天数
    Date subDays(int days) const;                //减少指定的天数
    Date addDays(int days) const;                //增加指定的天数
    void prtMsg() const;                         //输出日期
    char* toString();
    /********** Operator Overloading ***********/
    Date& operator++();                          //++Date
    Date operator++(int);                        //Date++
    Date& operator--();                          //--Date
    Date operator--(int);                        //Date--
    Date operator+(int days);                    //Date+days
    Date operator-(int days);                    //Date-days
    int operator-(const Date &date);             //Date1-Date2
    friend ostream& operator<<(ostream &ostrm,const Date &date);
private:
    int year,month,day;
    void addOneDay();                            //增加 1 天
    void subOneDay();                            //减少 1 天
    int subSmallDate(const Date &date) const;   //减去一个更小的 Date,返回天数
};
```

Date 类各成员函数的实现代码放在名为 Date.cpp 的源文件中,部分代码如下:

```
void Date::addOneDay(){
    if(++day >daysPerMonth()){ day=1; month++; }
    if(month>12) { month=1; year++; }
}
void Date::subOneDay(){
    if(--day<1) {
        if(--month<1) { month=12; year--; }
        day=daysPerMonth();
    }
}
```

```
int Date::subSmallDate(const Date &dat) const {
    int days=0;
    Date date(dat);
    while(year>(date.year+1)) {  days+=date.daysPerYear(); date.year++;  }
    while(month>(date.month+1)) {
        days+=date.daysPerMonth(); date.month++;
    }
    while(day>(date.day+1)) {  days++; date.day++;  }
    while(compare(date)>0) {  days++; date.addOneDay();  }
    return days;
}
/*************** Public Methods ****************/
int Date::daysPerMonth(int m) const{
    m=(m<0)?month:m;
    switch(m){
    case 1: return 31;
    case 2: return isLeapYear(year) ? 29 : 28;
    case 3: return 31;
    case 4: return 30;
    case 5: return 31;
    case 6: return 30;
    case 7: return 31;
    case 8: return 31;
    case 9: return 30;
    case 10: return 31;
    case 11: return 30;
    case 12: return 31;
    default: return -1;
    }
}
int Date::daysPerYear(int y) const{
    y=(y<0)?year:y;
    if(isLeapYear(y)) return 366;
    return 365;
}
int Date::compare(const Date &date) const{
    if(year>date.year) return 1;
    else if(year<date.year) return -1;
    else {
        if(month>date.month) return 1;
        else if(month<date.month) return -1;
        else {
            if(day>date.day) return 1;
            else if(day<date.day) return -1;
```

```
            else return 0;
        }
    }
}
bool Date::isLeapYear(int y) const {
    y= (y<0)?year:y;
    if(0==y% 400 || (0==y% 4 && 0!=y% 100)) return true;
    return false;
}
int Date::subDate(const Date &date) const {
    if(compare(date)>0) return subSmallDate(date);
    else if(compare(date)<0) return -(date.subSmallDate(*this));
    else return 0;
}
Date Date::addDays(int days) const {
    Date newDate(year,month,day);
    if(days>0) {  for(int i=0;i<days;i++) newDate.addOneDay();  }
    else if (days<0) {  for(int i=0;i<(-days);i++) newDate.subOneDay();  }
    return newDate;
}
Date Date::subDays(int days) const {  return addDays(-days);  }
/********** Operator Overloading ***********/
Date& Date::operator++() {                                          //++Date
    addOneDay();
    return *this;
}
Date Date::operator++(int) {                                        //Date++
    Date date(*this);
    addOneDay();
    return date;
}
Date& Date::operator--() {                                          //--Date
    subOneDay();
    return *this;
}
Date Date::operator--(int) {                                        //Date--
    Date date(*this);
    subOneDay();
    return date;
}
Date Date::operator+(int days) {                                    //Date+days
    return addDays(days);
}
Date Date::operator-(int days) {                                    //Date-days
```

```
    return subDays(days);
}
int Date::operator-(const Date &date) {                //Date1-Date2
    return subDate(date);
}
ostream& operator<<(ostream &ostrm,const Date &date) {  //重载<<
    ostrm<<"今天是:"<<date.year<<" 年(";
    if(date.isLeapYear()) ostrm<<"闰";
    else ostrm<<"平";
    ostrm<<"年) "<<date.month<<" 月 "<<date.day<<" 日。";
    return ostrm;
}
…(限于篇幅,部分代码省略,不一一列出,请参照随书提供的系统源代码)
```

本章小结

运算符重载是面向对象程序设计的重要特征。运算符重载是对已有的运算符赋予多重含义,使同一个运算符可作用于不同类型的数据导致不同的行为。

C++ 语言中只能重载原先预定义的运算符。程序员不能臆造新的运算符来扩充 C++ 语言。必须把重载的运算符限制在 C++ 语言中已有的运算符范围之内。

下列几个运算符不能重载:①成员访问运算符“.”;②成员指针运算符“*”;③作用域分辨符“::”;④sizeof 运算符;⑤三目运算符“?:”。

运算符重载函数一般采用如下两种形式:一是定义为它将要操作的类的成员函数(称为成员运算符函数);二是定义为类的友元函数(称为友元运算符函数)。

对双目运算符而言,成员运算符函数带有一个参数,而友元运算符函数带有两个参数;对单目运算符而言,成员运算符函数不带参数,而友元运算符函数带一个参数。

类型转换是将一种类型的值转换为另一种类型的值。对于用户自己定义的类类型与其他数据类型之间的转换,通常可归纳为以下两种方法:通过构造函数进行类型转换;通过类类型转换函数进行类型转换。构造函数可以用来将其他类型的值转换为它所在类的类型的值。类类型转换函数则可以用来把源类类型转换成另一种目的类型。

考虑本章所学内容,本章最后一节讨论了贯穿全书的综合性项目——图书馆图书借阅管理系统中的运算符重载。

习　题

一、简答题

1. C++ 为什么允许运算符重载?
2. 将运算符重载为类的成员函数和类的友元函数有什么区别?

二、编程题

1. 编写程序求两个复数的和与差。自定义一个复数类 Complex,重载运算符“+”

“-”，使之能用于复数的加减法。要求：

(1) 将运算符函数重载为 Complex 类的成员函数。

(2) 将运算符函数重载为 Complex 类的友元函数。

(3) 将运算符函数重载为非成员、非友元的普通函数。

2. 有两个矩阵 a 和 b，均为两行三列，求两个矩阵之和。

(1) 重载运算符“+”，使之能用于矩阵相加，如“c=a+b”。

(2) 重载流插入运算符“<<”和流提取运算符“>>”，使之能用于矩阵的输出和输入。

3. 编写程序，处理一个复数和一个 double 数相加的运算。要求：使用编程题第 1 题中的自定义复数类 Complex，结果还是一个复数。

4. 编写程序，处理一个复数和一个 double 数相加的运算。要求：使用第 1 题中的自定义复数类 Complex，结果存放在一个 double 的变量 d 中，输出 d 的值，再以复数形式输出此值。

5. 设计一个日期类 Date，包括年、月、日等私有数据成员。要求实现日期的基本运算，包括某日期加上指定天数、某日期减去指定天数、两个日期相差的天数等。

6. 编写程序，设计一个时钟类，实现倒计时功能。

第 8 章 函数模板与类模板

泛型编程、面向过程编程和面向对象编程，是 C++ 所具有的三种编程风范。面向过程编程，可以将常用代码段封装在一个函数中，然后通过函数调用来达到目标代码重用的目的；面向对象编程，则可以通过类的继承以及类的聚合或组合来实现代码的重用；泛型编程是以独立于任何特定类型的方式编写代码，使代码具有更好的重用性。

模板是泛型编程的基础。本章介绍函数模板和类模板的概念、定义与应用。

8.1 函数模板

C++ 是一种强类型语言，强类型语言所使用的数据都必须明确地声明为某种严格定义的类型，并且在所有的数值传递中，编译器都强制进行类型相容性检查。虽然强类型语言有力地保证了语言的安全性和健壮性，但有时候，强类型语言对于实现相对简单的函数似乎是个障碍。请看下面的例子。

【例 8-1】 求两个数中的大者（分别考虑整数、长整数、实数的情况）。

```
#include<iostream>
using namespace std;
int myMax(int x, int y) {   return x>y? x:y;   }                 //求两个整数中的大者
long myMax(long x, long y) {   return x>y? x:y;   }              //求两个长整数中的大者
double myMax(double x, double y) {   return x>y? x:y;   }        //求两个实数中的大者
int main()
{  int a=12, b=34, m;
   long c=67890, d=67899, n;
   double e=12.34, f=56.78, p;
   m=myMax(a, b);
   n=myMax(c, d);
   p=myMax(e, f) ;
   cout<<"int_max="<<m<<endl;
   cout<<"long_max="<<n<<endl;
   cout<<"double_max="<<p<<endl ;
   return 0;
}
```

程序运行结果如下：

```
int_max=34
long_max=67899
double_max=56.78
```

为了节省篇幅，数据不用cin语句输入，而在变量定义时直接初始化。

虽然上述程序代码中的myMax函数的算法很简单，但是强类型语言迫使我们不得不为所有希望比较的类型都显式定义一个函数，显得即笨拙又效率低下。

在模板出现之前，有一种方法可以作为这个问题的一种解决方案，那就是使用带参数宏。但是这种方法也是很危险的，因为宏的工作只是简单地进行代码文本的替换，它避开了C++的类型检查机制。

例8-1中的myMax函数可以用下面的宏来替换：

```
#define myMax(x, y) x>y?x:y
```

实际上，C++编译系统只是在预编译时把程序中每一个出现myMax(x, y)的地方，都使用预先定义好的语句来替换它。这里就是用“x>y?x:y”来替换。

该定义对于简单的myMax函数调用都能正常工作，但是在稍微复杂的调用下，它就有可能出现错误。假如定义了如下的计算平方的带参数宏：

```
#define SQUARE(A) A*A
```

则如下的调用：

```
SQUARE(a+2);
```

会被替换成a+2*a+2，实际计算顺序变成了a+(2*a)+2，而不是我们所期望的(2+a)*(2+a)。

另外，宏定义无法声明返回值的类型。如果宏运算的结果赋值给一个与之类型不匹配的变量，编译器并不能够检查出错误。

正因为使用宏在功能上的不便和不进行类型检查的危险，C++引入了模板的概念。上述问题的另一种解决方案就是使用函数模板。

所谓函数模板，实际上是建立一个通用函数，其函数类型和形参类型中的全部或部分类型不具体指定，用一个虚拟的类型来代表。这个通用函数就称为函数模板。凡是函数体相同的函数都可以用这个模板来代替，不必定义多个函数，只需在模板中定义一次即可。在函数调用时系统会根据实参的类型来取代模板中的虚拟类型，从而实现了不同函数的功能。

8.1.1 函数模板的定义

先看下面的例子。

【例8-2】 将例8-1的程序改为通过函数模板实现。

```
#include<iostream>
```

```
using namespace std;
//声明模板,其中 T 为类型参数,它实际上是一个虚拟的类型名
template<typename T>
//定义一个通用函数,用虚拟类型名 T 定义函数返回类型和函数形参类型
T myMax(T x, T y)
{  return x>y? x:y;  }
int main()
{  int a=12, b=34, m;
   long c=67890, d=67899, n;
   double e=12.34, f=56.78, p;
   m=myMax(a, b);                    //调用函数模板,此时模板中的 T 被 int 取代
   n=myMax(c, d);                    //调用函数模板,此时模板中的 T 被 long 取代
   p=myMax(e, f);                    //调用函数模板,此时模板中的 T 被 double 取代
   cout<<"int_max="<<m<<endl;
   cout<<"long_max="<<n<<endl;
   cout<<"double_max="<<p<<endl ;
   return 0;
}
```

程序运行结果与例 8-1 的相同。

定义函数模板的一般形式为:

```
template<typename T>          或          template<class T>
返回类型 函数名(形参表)                     返回类型 函数名(形参表)
{                                          {
    函数体                                     函数体
}                                          }
```

template 是定义模板的关键字,尖括号中先写关键字 typename(或 class),后面跟一个类型参数 T,这个类型参数实际上是一个虚拟的类型名,表示模板中出现的 T 是一个类型名,但是现在并未指定它是哪一种具体的类型。在函数定义时用 T 来定义变量 x 和 y,显然变量 x 和 y 的类型也是未确定的。要等到函数调用时根据实参的类型来确定 T 是什么类型。参数名 T 由程序员定义,其实也可以不用 T 而用任何一个标识符,许多人习惯用 T(T 是 Type 的第一个字母),而且用大写,以与实际的类型名相区别。

class 和 typename 的作用相同,都是表示它后面的参数名代表一个潜在的内置或用户定义的类型,二者可以互换。

说明:

(1) 在定义模板时,不允许 template 语句与函数模板之间有任何其他语句。下面的模板定义是错误的:

```
template<typename T>
int a;                          //错误,不允许在此位置有任何语句
T myMax(T x, T y){ … }
```

(2) 不要把这里的 class 与类的声明关键字 class 混淆在一起,虽然它们由相同的字

母组成，但含义是不同的。为了区别类与模板参数中的类型关键字 class，标准 C++ 提出了用 typename 作为模板参数的类型关键字，同时也支持使用 class。如果用 typename 其含义就很清楚，肯定是类型名而不是类名。

(3) 函数模板的类型参数可以不止一个，可根据实际需要确定个数，但每个类型参数都必须用关键字 typename 或 class 限定。

```
template<typename T1, typename T2, typename T3>
T1 func(T1 a, T 2 b, T3 c){ … }
```

(4) 当一个名字被声明为模板参数之后，它就可以使用了，一直到模板声明或定义结束为止。模板类型参数被用作一个类型指示符，可以出现在模板定义的余下部分。它的使用方式与内置或用户定义的类型完全一样，比如用来声明变量和强制类型转换。

(5) 函数模板的定义通常放在头文件中。

我们可能对模板中通用函数的表示方法不太习惯，其实对于例 8-1 来说，在建立函数模板时，只要将例 8-1 程序中定义的第一个函数首部的 int 改为 T 即可，即用虚拟的类型名 T 代替具体的数据类型。

8.1.2 函数模板的实例化

当编译器遇到关键字 template 和跟随其后的函数定义时，它只是简单地知道：这个函数模板在后面的程序代码中可能会用到。除此之外，编译器不会做额外的工作。在这个阶段，函数模板本身并不能使编译器产生任何代码，因为编译器此时并不知道函数模板要处理的具体数据类型，根本无法生成任何函数代码。

当编译器遇到程序中对函数模板的调用时，它才会根据调用语句中实参的具体类型，确定模板参数的数据类型，并用此类型替换函数模板中的模板参数，生成能够处理该类型的函数代码，即模板函数。

函数模板与模板函数的关系如图 8-1 所示。

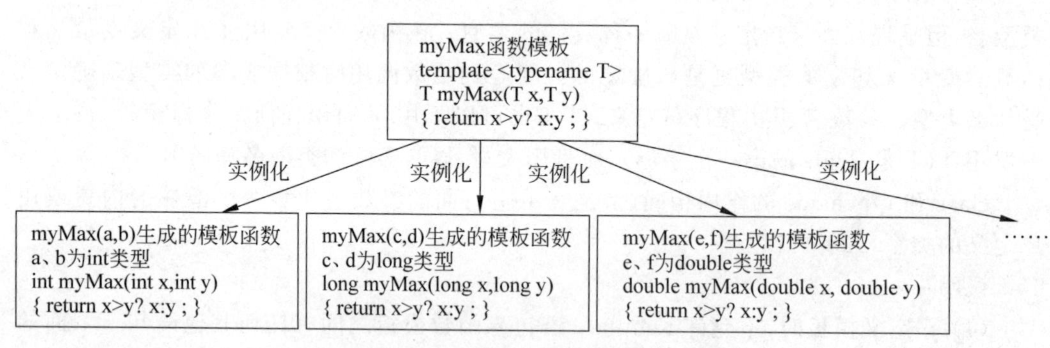

图 8-1 函数模板与模板函数的关系图

例如，在例 8-2 的程序中，当编译器遇到：

```
template<typename T>
T myMax(T x,T y){ … }
```

时,并不会产生任何代码,但当它遇到函数调用 myMax(a,b)时,编译器会将函数名 myMax 与模板 myMax 相匹配,将实参的类型取代函数模板中的虚拟类型 T,生成下面的模板函数:

```
int myMax(int x, int y)
{  return x>y? x:y;  }
```

然后调用它。编译器对例 8-2 程序中其他两个函数调用 myMax(c, d)、myMax(e, f)的处理与此类似。从这里我们可以看出:表面上是在调用模板,实际上是调用其实例。

那么,是否每次调用函数模板时,编译器都会生成相应的模板函数呢?假如在例 8-2 中有下面的函数调用:

```
int u=myMax(1, 2);
int v=myMax(3, 4);
int w=myMax(5, 6);
```

编译器是否会实例化生成 3 个相同的 myMax(int, int)模板函数呢?答案是否定的。编译器只在第 1 次调用时生成模板函数,当之后遇到相同类型的参数调用时,不再生成其他模板函数,它将调用第 1 次实例化生成的模板函数。

可以看出,用函数模板比用函数重载更方便,程序更简洁。但它只适用于函数的参数个数相同而类型不同,且函数体相同的情况,如果参数的个数不同,则不能用函数模板。

8.1.3 函数模板参数

1. 函数模板参数的匹配问题

C++ 在实例化函数模板的过程中,只是简单地将模板参数替换成调用实参的类型,并以此生成模板函数,不会进行参数类型的任何转换。这种方式与普通函数的参数处理有着极大的区别,在普通函数的调用过程中,C++ 会对类型不匹配的参数进行隐式的类型转换。

例如,在例 8-2 的 main 函数中再添加如下语句:

```
cout<<"2,2.3 两数中的大者为:"<<myMax(2, 2.3)<<endl;
cout<<" 'a',2 两数中的大者为:"<<myMax('a', 2)<<endl;
```

编译程序,将会产生两个编译错误。这两个错误是同一类型的错误,即模板参数不匹配。产生这种类型错误的原因就是在模板实例化过程中,C++ 不会进行任何形式的参数类型转换。当编译器遇到下面的调用语句时:

```
cout<<"2,2.3 两数中的大者为:"<<myMax(2, 2.3)<<endl;
```

它首先用调用实参的类型实例化函数模板 T myMax(T x, T y),生成模板函数。由于 myMax(2, 2.3)的调用实参类型分别为 int 和 double,而 myMax 函数模板中只有一个类型参数 T,因此,这个调用与模板声明不匹配,于是产生编译错误。这类问题的解决方法有以下几种。

(1) 在模板调用时进行参数类型的强制转换,如下所示:

```
cout<<"2,2.3 两数中的大者为:"<<myMax(double(2), 2.3)<<endl;
```

```
cout<<" 'a',2 两数中的大者为:"<<myMax(int('a'), 2)<<endl;
```

（2）通过提供“< >”里面的参数类型来调用这个模板，如下所示：

```
cout<<"2,2.3 两数中的大者为:"<<myMax<double>(2, 2.3)<<endl;
cout<<" 'a',2 两数中的大者为:"<<myMax<int>('a', 2)<<endl;
```

myMax<double>(2, 2.3)告诉编译器用 double 实例化函数模板 T myMax(T x, T y)，之后第1个实参由系统自动通过标准类型转换规则转型成 double 型数据。

myMax<int>('a', 2)告诉编译器用 int 实例化函数模板 T myMax(T x, T y)，之后第1个实参由系统自动通过标准类型转换规则转型成 int 型数据。

当有多个不同的模板参数时，就要在函数调用名后面的“<>”中分别提供各个模板参数的类型。

（3）指定多个模板参数

对于例8-2的 myMax 函数模板来说，我们可以为它指定两个不同的类型参数。

【例8-3】 将例8-2的 myMax 函数模板参数由一个改为两个。

```
#include<iostream>
using namespace std;
template<typename T1, typename T2>
auto myMax(T1 x, T2 y) ->decltype(x>y? x:y)
{  return x>y? x:y ;  }
int main()
{  cout<<"2,2.3 两数中的大者为:"<<myMax(2, 2.3)<<endl;
   cout<<" 'a',2 两数中的大者为:"<<myMax('a', 2)<<endl;
   return 0;
}
```

程序运行结果如下：

```
2,2.3 两数中的大者为: 2.3
'a',2 两数中的大者为: 97
```

这里是用一个模板来求两个数的大者，如果两个数的类型 T1 和 T2 不一样的话，条件表达式 x>y? x:y 的类型将由编译器来决定，使用 decltype 就可以拿到返回的类型。但是如果把 decltype(x>y? x:y)放到函数名的前面作为返回值的话，按照编译器的解析顺序，当解析到返回值 decltype(x>y? x:y)的时候 x 和 y 还没有被定义（x 和 y 还不在作用域内）。对此问题，C++ 11 新增了一种函数声明语法：在函数名和参数列表的后面（而不是前面）指定返回类型，即尾置返回类型。

把 decltype(x>y? x:y)放到函数参数列表的后面，同时，需要在函数名的前面使用 auto 类型说明符来告诉编译器，真正的返回类型在函数声明之后。这里的 auto 作为返回值占位符来使返回值后置。

2. 函数模板形参表

函数模板形参表中除了可以出现用 typename 或 class 关键字声明的类型参数外，还可以出现确定类型参数，称为非类型参数。如：

```
template<typename T1, typename T2, typename T3, int T4>
T1 func(T1 a, T 2 b, T3 c){  …  }
```

上述函数模板形参表中的 T1、T2、T3 是类型参数，T4 是非类型参数。类型参数代表任意数据类型，在模板调用时需要用实际类型来替代。而非类型参数是指某种具体的数据类型，由一个普通的参数声明构成。

模板非类型参数名代表了一个潜在的值。它被用做一个常量值，可以出现在模板定义的余下部分。它可以用在要求常量的地方，或是在数组声明中指定数组的大小或作为枚举常量的初始值。在模板调用时只能为其提供相应类型的常数值。非类型参数是受限制的，通常可以是整型、枚举型、对象或函数的引用，以及对象、函数或类成员的指针，但不允许用浮点型(或双精度型)、类对象或 void 作为非类型参数。

【例 8-4】 用函数模板实现数组的冒泡排序，数组可以是任意类型，数组的大小由模板参数指定。

```
#include<iostream>
using namespace std;
//声明函数模板,在模板形参表中 T 为类型参数,size 为非类型参数,代表数组的大小
template<typename T, int size>
void bubbleSort(T a[size])    //定义冒泡排序通用函数,用虚拟类型名 T 定义函数形参类型
{  int i, j;
   bool change;
   for (i=size-1,change=true; i >=1 && change; --i)
   {   change=false;
       for (j=0; j<i;++j)
           if (a[j] >a[j+1])
           {  T temp;
              temp=a[j]; a[j]=a[j+1]; a[j+1]=temp;
              change=true;
           }
   }
}
int main()
{  int a[ ]={9, 7, 5, 3, 1, 0, 2, 4, 6, 8};
   char b[ ]={'A', 'C', 'E', 'F', 'D', 'B', 'U', 'V', 'W', 'Q'};
   int i;
   cout<<"********a 数组********"<<endl;
   cout<<"排序前:"<<endl;
   for (i=0; i<10; i++) cout<<a[i]<<" ";
   cout<<endl;
   bubbleSort<int, 10>(a);
   cout<<"排序后:"<<endl;
   for (i=0; i<10; i++) cout<<a[i]<<" ";
```

```
    cout<<endl;
    cout<<"********b 数组********"<<endl;
    cout<<"排序前:"<<endl;
    for (i=0; i<10; i++) cout<<b[i]<<" ";
    cout<<endl;
    bubbleSort<char, 10>(b);
    cout<<"排序后:"<<endl;
    for (i=0; i<10; i++) cout<<b[i]<<" ";
    cout<<endl;
    return 0;
}
```

程序运行结果如下:

```
********a 数组********
排序前:
9  7  5  3  1  0  2  4  6  8
排序后:
0  1  2  3  4  5  6  7  8  9
********b 数组********
排序前:
A  C  E  F  D  B  U  V  W  Q
排序后:
A  B  C  D  E  F  Q  U  V  W
```

例 8-4 中,size 被声明为 bubbleSort 函数模板的非类型参数后,在模板定义的余下部分,它被当作一个常量值使用。由于 bubbleSort 函数不是通过引用来传递数组,故在模板调用时,必须显式指定模板实参,明确指定数组的大小。如果 bubbleSort 函数是通过引用来传递数组,则在模板调用时,就可以不显式指定模板实参,而由编译器自动推断出来,如下所示:

```
template<typename T, int size>
void bubbleSort(T (&a)[size])                    //声明 a 为一维数组的引用
{ … }
```

main 函数中的两个函数调用语句改为:

```
bubbleSort(a);
bubbleSort(b);
```

不过,该程序用 Visual C++ 6.0 的 C++ 编译器不能编译通过,可改用其他编译器,如 Visual C++ 7.0 及以上的 C++ 编译器、GCC 编译器。

另外,本程序也可以不使用模板非类型参数来指定数组的大小,而在 bubbleSort 函数的参数表中增加一个传递数组大小的 int 型参数。修改后的函数模板代码如下:

```
template<typename T>
```

```
void bubbleSort(T a[ ], int n)          //增加的形参n用于传递数组的大小
{  …(此处省略的代码同例8-4)
   for (i=n-1, change=true; i >=1 && change; --i)
   …(此处省略的代码同例8-4)
}
```

同时,修改main函数中的两个函数调用语句为:

```
bubbleSort(a, 10);
bubbleSort(b, 10);
```

综上所述:函数模板形参表中可以出现用typename或class关键字声明的类型参数,还可以出现由普通参数声明构成的非类型参数。除此之外,函数模板形参表中还可以出现类模板类型的参数,在模板调用时需要为其提供一个类模板。关于这部分内容会在本章8.2.3节中详细介绍。

3. 函数模板默认实参

就像我们能为函数参数提供默认实参一样,C++ 11标准允许为函数模板提供默认实参。而更早的C++标准只允许为类模板提供默认实参。

【例8-5】 用函数模板实现比较两个值,并指出第一个值是小于、等于还是大于第二个值。如果第一个值小于第二个值返回-1,相等返回0,大于返回1。

```
//默认使用标准库的less函数对象模板
//此时,有一个默认模板实参less<T>和一个默认函数实参F()
template<typename T, typename F=less<T>>
int compare(const T &v1, const T &v2, F f=F())        //定义了一个新函数参数f
{  if(f(v1, v2)) return -1;
   if(f(v2, v1)) return 1;
   return 0;
}
```

在上述代码中,模板的第二个类型参数名为F,表示可调用对象的类型;并定义了一个新的函数参数f,绑定到一个可调用对象上。

我们为此模板参数提供了默认实参,并为其对应的函数参数也提供了默认实参。默认模板实参指出compare将使用标准库的less函数对象类,它是使用与compare一样的类型参数实例化的。默认函数实参指出f将是类型F的一个默认初始化的对象。

当用户调用这个版本的compare时,可以提供自己的比较操作,但这并不是必需的:

```
int i=compare(10, 20);              //使用less,i的值为-1
```

上述调用使用默认函数实参,即类型less<T>的默认初始化对象。在此调用中,T为int,因此可调用对象的类型为less<int>。compare的这个实例化版本将使用less <int>进行比较操作。

对于例3-10中的SalesData类对象,定义如下的比较函数:

```
bool compareIsbn(const SalesData &lhs, const SalesData &rhs)
```

```
{  return lhs.isbn()<rhs.isbn();  }
```

接下来，定义 SalesData 类对象 item1 和 item2，并调用上述版本的 compare 比较图书交易记录类 SalesData 的类对象 item1 和 item2 的书号大小。

```
SalesData item1(cin), item2(cin);
int i=compare(item1, item2, compareIsbn);
```

上述调用传递给 compare 三个实参：item1、item2 和 compareIsbn。当传递给 compare 三个实参时，第三个实参的类型必须是一个可调用对象，该可调用对象的返回类型必须能转换为 bool 值，且接受的实参类型必须与 compare 的前两个实参的类型兼容。与往常一样，模板参数的类型从它们对应的函数实参推断出来。在此调用中，T 的类型被推断为 SalesData，F 被推断为 compareIsbn 的类型。

inline 和 constexpr 的函数模板：函数模板可以声明为 inline 或 constexpr 的，如同非模板函数一样。inline 或 constexpr 说明符放在模板参数列表之后，返回类型之前。

```
//正确:inline 说明符跟在模板参数列表之后
template<typename T>inline T myMax(const T&, const T&);
//错误:inline 说明符的位置不正确
inline template<typename T>T myMax(const T&, const T&);
```

8.1.4 函数模板重载

像普通函数一样，也可以用相同的函数名重载函数模板。实际上，例 8-2 中的 myMax 函数模板并不能完成两个字符串数据的大小比较，如果在例 8-2 中的 main 函数中添加如下语句：

```
char * s1="Beijing 2008", * s2="Welcome to Beijing";
cout<<"Beijing 2008,Welcome to Beijing 两个字符串中的大者为:"<<myMax(s1, s2)<<
endl;
```

运行程序，可以发现上述输出语句的执行结果为：

```
Beijing 2008,Welcome to Beijing 两个字符串中的大者为:Beijing 2008
```

结果是错误的。其原因是：函数调用 myMax(s1,s2)的实参类型为 char *，编译器用 char * 实例化函数模板 T myMax(T x, T y)，生成下面的模板函数：

```
char * myMax(char * x, char * y){  return x>y? x:y ;  }
```

这里实际比较的不是两个字符串，而是两个字符串的地址。哪一个字符串的存储地址高，就输出那个字符串。从输出结果看，应该是“Beijing 2008”的地址高。为了验证这一点，用语句：

```
cout<<&s1<<" "<<&s2<<endl;
```

输出 s1 和 s2 的地址，结果为：

```
0012FF7C  0012FF78
```

果真是 Beijing 2008 的存储地址高。处理这种异常情况的方法可以有如下两种。

(1) 对函数模板进行重载，增加一个与函数模板同名的普通函数定义。

```
char * myMax(const char * x, const char * y)
{  cout<<"This is the overload function with char* , char* ! max is: ";
   return strcmp(x, y)>0?x:y;
}
```

此外，还要在程序开头增加如下的 include 命令：

```
#include<string>
```

(2) 改变函数调用 myMax(s1, s2)的实参类型为 string，这样编译器就用 string 实例化函数模板 T myMax(T x, T y)，生成下面的模板函数：

```
string myMax(string x, string y) {  return x>y? x:y;  }
```

而两个 string 类型的数据是可以用"<"或">"等运算符比较大小的。此外，还要注意在程序开头增加如下的 include 命令：

```
#include<string>
```

【例 8-6】 修改例 8-2 的程序代码，使之也能完成两个字符串数据的比较。

```
#include<iostream>
#include<string>
using namespace std;
template<typename T>                                    //声明函数模板
T myMax(T x, T y)
{  cout<<"This is a template function! max is: ";
   return x>y? x:y;
}
const char * myMax(const char * x, const char * y)    //重载的普通函数
{  cout<<"This is the overload function with char*,char*! max is: ";
   return strcmp(x,y)>0?x:y;
}
int main()
{  char * s1="Beijing 2008", * s2="Welcome to Beijing!";
   cout<<myMax(2, 3)<<endl;                     //调用函数模板，此时 T 被 int 取代
   cout<<myMax(2.02, 3.03)<<endl;               //调用函数模板，此时 T 被 double 取代
   cout<<myMax(s1, s2)<<endl;                   //调用普通函数
   return 0;
}
```

程序运行结果如下：

```
This is a template function! max is: 3
```

```
This is a template function! max is: 3.03
This is the overload function with char* , char* ! max is: Welcome to Beijing!
```

在例 8-6 的程序中，采用了第 1 种方法来解决两个字符串数据的比较问题，程序中同时定义有同名的函数模板和普通函数。编译器在处理 main 函数中的 myMax 函数调用时，首先寻找一个参数完成匹配的普通函数，如果找到了就调用它；如果失败，再寻找函数模板，使其实例化，产生一个完全匹配的模板函数，如果可以找到，就调用它；如果还是无法匹配，编译器再尝试低一级的对函数重载的方法，例如通过类型转换可产生的参数匹配等，如果找到了，就调用它。这种调用规则可以从下面例 8-7 程序的运行结果中进一步得到验证。

【例 8-7】 阅读程序，写出程序的运行结果。

```
#include<iostream>
#include<cstring>
using namespace std;
template<typename T>                                        //声明函数模板
T myMax(T x, T y)
{  cout<<"This is a template function! max is: ";
   return x>y? x:y;
}
const char* myMax(const char* x, const char* y)    //重载的普通函数
{  cout<<"This is the overload function with char* , char* ! max is: ";
   return strcmp(x, y)>0?x:y;
}
int myMax(int x, int y)                                     //重载的普通函数
{  cout<<"This is the overload function with int, int! max is: ";
   return x>y? x:y;
}
int myMax(int x, char y)                                    //重载的普通函数
{  cout<<"This is the overload function with int, char! max is: ";
   return x>y? x:y;
}
int main()
{  char *s1="Beijing 2008", *s2="Welcome to Beijing!";
   cout<<myMax(2, 3)<<endl;        //调用重载的普通函数:int myMax(int x,int y)
   cout<<myMax(2.02, 3.03)<<endl; //调用函数模板,此时 T 被 double 取代
   cout<<myMax(s1, s2)<<endl;   //调用重载的普通函数:char* myMax(char* x,char* y)
   cout<<myMax(2, 'a')<<endl;      //调用重载的普通函数:int myMax(int x, char y)
   cout<<myMax(2.3, 'a')<<endl;    //调用重载的普通函数:int myMax(int x, char y)
   return 0;
}
```

程序运行结果如下：

```
This is the overload function with int, int! max is: 3
```

```
This is a template function! Max is: 3.03
This is the overload function with char*, char*! max is: Welcome to Beijing!
This is the overload function with int, char! max is: 97
This is the overload function with int, char! max is: 97
```

综上所述,只要编译器能够区分开,就可以用相同的函数名重载函数模板。

【例 8-8】 编写求 2 个数、3 个数和一组数中最大数的函数模板。

```
#include<iostream>
#include<string>
using namespace std;
template<typename T>                          //声明函数模板
T myMax(T x, T y) {  return x>y? x:y;  }      //求 x,y 两个数中的较大数
template<typename T>                          //函数模板重载
T myMax(T x, T y, T z)                        //求 x,y,z 三个数中的最大数
{  if (x<y) x=y;
   if (x<z) x=z;
   return x;
}
template<typename T>                          //函数模板重载
T myMax(T a[ ], int n)                        //求数组 a[n]中的最大数
{  T temp=a[0];
   for(int i=1; i<n; i++)
       if (temp<a[i]) temp=a[i];
   return temp;
}
int main()
{  string s1="Beijing 2008", s2="Welcome to Beijing!";
   int a[ ]={1, 2, 3, 4, 5, 6, 7, 8, 9};
   cout<<myMax(2, 3)<<endl;
   cout<<myMax(2.02, 3.03, 4.04)<<endl;
   cout<<myMax(s1, s2)<<endl;
   cout<<myMax(a, 9)<<endl;
   return 0;
}
```

8.2 类 模 板

运用函数模板可以设计出与具体数据类型无关的通用函数。与此类似,C++ 也支持用类模板来设计结构和成员函数完全相同,但所处理的数据类型不同的通用类。在设计类模板时,可以使其中的某些数据成员、成员函数的参数或返回值与具体类型无关。

模板在 C++ 中更多的使用是在类的定义中,最常见的就是 STL(Standard Template Library)和 ATL(ActiveX Template Library),它们都是作为 C++ 标准集成在 VC++ 开

发环境中的标准模板库。

8.2.1 类模板的声明

类模板的声明格式如下：

```
template<typename T1, typename T2, … >
class 类名
{
    类体
};
```

与函数模板一样，template是声明类模板的关键字，“<>”中的T1、T2是类模板的类型参数。在一个类模板中，可以定义多个不同的类型参数。“<>”中的typename可以用class代替，它们都是表示其后的参数名代表任意类型，但与“类名”前的class具有不同的含义，二者没有关系。“类名”前的class表示类的声明。

下面以Stack类模板的声明为例，说明类模板的声明方法。

【例8-9】 设计一个堆栈类模板Stack。

为了简化程序代码，这里创建一个固定长度的顺序栈类模板Stack。声明Stack的头文件stack.h的代码清单如下：

```
//stack.h
#include<string>
#include<iostream>
using namespace std;
const int SSize=10;                                    //SSize为栈的容量大小
template<typename T >                                  //声明类模板，T为类型参数
class Stack
{public:
    Stack(){ top=0; }
    void push(T e);                                    //入栈操作
    T pop();                                           //出栈操作
    bool stackEmpty(){   return top==0;   }            //判断栈是否为空
    bool stackFull(){   return top==SSize;}            //判断栈是否已满
private:
    T data[SSize];                                     //栈元素数组，固定大小为SSize
    int top;                                           //栈顶指针
};
template<typename T >                                  //push成员函数的类外定义
void Stack<T>:: push(T e)
{  if (top==SSize)
   {  cout<<"Stack is Full! Don't push data!"<<endl;
      return;
   }
   data[top++]=e;
```

```
}
template<typename T>                          //pop 成员函数的类外定义,指定为内置函数
inline T Stack<T>:: pop()
{  if (top==0)
   {  cout<<"Stack is Empty! Don't pop data!"<<endl;
      return 0;
   }
   top--;
   return data[top];
}
```

说明：

(1) 类模板中的成员函数既可以在类模板内定义,也可以在类模板外定义。

如果在类模板内定义成员函数,其定义方法与普通类成员函数的定义方法相同,如Stack 的构造函数、判断栈是否为空的 stackEmpty 函数、判断栈是否已满的 stackFull 函数的定义。

如果在类模板外定义成员函数,必须采用如下形式：

```
template<模板参数列表>
返回值类型 类名<模板参数名表>::成员函数名(参数列表)
{  …  }
```

例如,例 8-9 中 Stack 的 push 成员函数的定义：

```
template<typename T >                    //类模板声明
void Stack<T>:: push(T e){  …  }
```

注意：*在引用模板的类名的地方,必须伴有该模板的参数名表。*

(2) 如果要在类模板外将成员函数定义为 inline 函数,应该将 inline 关键字加在类模板的声明后。例如,例 8-9 中 Stack 的 pop 成员函数的定义：

```
template<typename T >                    //类模板声明
inline T Stack<T >:: pop(){ … }          //指定为内置函数
```

(3) 类模板的成员函数的定义必须同类模板的定义在同一个文件中。因为,类模板定义不同于类的定义,编译器无法通过一般的手段找到类模板成员函数的代码,只有将它和类模板定义放在一起,才能保证类模板正常使用。一般都放入一个.h 头文件中。

8.2.2　类模板的实例化

在声明了一个类模板后,怎样使用它？请看下面这条语句：

```
Stack<int>int_stack;
```

该语句用 Stack 类模板定义了一个对象 int_stack。编译器遇到该语句,会用 int 去替换 Stack 类模板中的所有类型参数 T,生成一个针对 int 型数据的具体的类,一般称之为模板类。该类的代码如下：

```
class Stack{
public:
    Stack(){  top=0;  }
    void push(int e);                                  //入栈操作
    int pop();                                         //出栈操作
    bool stackEmpty(){  return top==0;  }              //判断栈是否为空
    bool stackFull(){  return top==10;  }              //判断栈是否已满
private:
    int data[10];
    int top;                                           //栈顶指针
};
```

最后,C++用这个模板类定义了一个对象 int_stack。图 8-2 是类模板、模板类及模板对象之间的关系图。

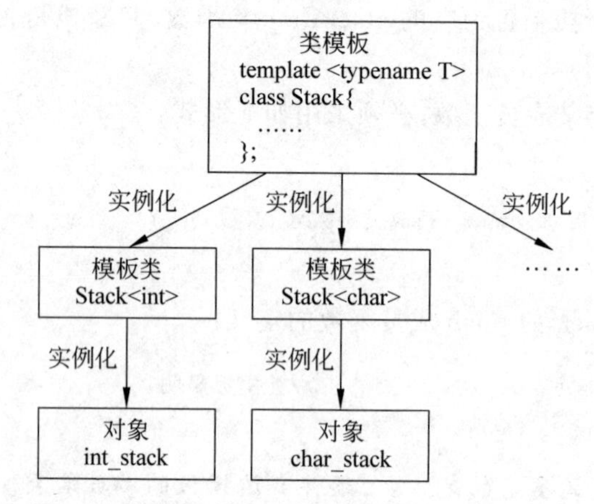

图 8-2　类模板、模板类及模板对象之间的关系图

从图 8-2 中可以看出,类模板、模板类及模板对象之间的关系为:由类模板实例化生成针对具体数据类型的模板类,再由模板类定义模板对象。

用类模板定义对象的形式如下:

```
类模板名<实际类型名表> 对象名;
类模板名<实际类型名表> 对象名(构造函数实参表);
```

由类模板创建其实例模板类时,必须为类模板的每个模板参数显式指定模板实参。然而,由函数模板创建其实例模板函数时,可以不显式指定模板实参,这时编译器会自动根据函数调用时的实参来推断出。

注意,在类模板实例化的过程中,并不会实例化类模板的成员函数,也就是说,在用类模板定义对象时并不会生成类成员函数的代码。类模板成员函数的实例化发生在该成员函数被调用时,这就意味着只有那些被调用的成员函数才会被实例化。或者说,只有当成员函数被调用时,编译器才会为它生成真正的函数代码。例如,对于例 8-9 的 Stack 类模板,假设有下面的 main 函数:

```
int main()
{  Stack<int>int_stack;
   for(int i=1; i<10; i++) int_stack.push(i);
   return 0;
}
```

在上述main函数中并没有调用Stack的pop、stackEmpty、stackFull成员函数，所以C++编译器在Stack<int>int_stack的实例化过程中，不会生成pop、stackEmpty、stackFull的函数代码。作为验证，可以将例8-9的Stack类模板中的pop成员函数的类外定义删掉，同时将Stack中的stackEmpty和stackFull这两个函数的定义修改为如下的声明，然后再编译运行该程序，可以发现程序同样可以正确执行。

```
template<typename T >                //声明类模板,T为类型参数
class Stack
{public:
    Stack(){ top=0; }
    void push(T e);                  //入栈操作
    T pop();                         //出栈操作
    bool stackEmpty();               //判断栈是否为空
    bool stackFull();                //判断栈是否已满
private:
    T data[SSize];                   //栈元素数组,固定大小为SSize
    int top;                         //栈顶指针
};
template<typename T >                //push成员函数的类外定义
void Stack<T >:: push(T e)
{  if (top==SSize)
   {  cout<<"Stack is Full! Don't push data!"<<endl;
      return;
   }
   data[top++]=e;
}
```

由于类模板包含类型参数，因此又称为参数化的类。如果说类是对象的抽象，对象是类的实例，则类模板是类的抽象，模板类是类模板的实例。利用类模板可以建立含各种数据类型的类。下面的程序代码展示了Stack类模板的使用方法，在该程序的main函数中实现了一个整数栈和一个字符栈。

```
#include "Stack.h"
#include<iostream>
using namespace std;
int main()
{  Stack<int>int_stack;
   Stack<char>char_stack;
   for(int i=1; i<10; i++) int_stack.push(i);
```

```
    cout<<"********int stack********"<<endl;
    while (!int_stack.stackEmpty()) cout<<int_stack.pop()<<"  ";
    cout<<endl;
    char_stack.push('A');
    char_stack.push('B');
    char_stack.push('C');
    char_stack.push('D');
    char_stack.push('E');
    cout<<"\n********char stack********\n";
    while (!char_stack.stackEmpty()) cout<<char_stack.pop()<<"  ";
    cout<<endl;
    return 0;
}
```

8.2.3 类模板参数

1. 非类型参数

与函数模板的模板参数一样，类模板的模板参数中也可以出现非类型参数。对于例8-9的堆栈类模板Stack，也可以不定义一个int型常变量SSize来指定栈的容量大小，而改成为其增加一个非类型参数。

修改后的堆栈类模板Stack的定义如下：

```
//stack.h
template<typename T, int SSize>                  //SSize为非类型参数，代表栈的容量大小
class Stack
{public:
    Stack(){ top=0; }
    void push(T e);                              //入栈操作
    T pop();                                     //出栈操作
    bool stackEmpty(){ return top==0; }          //判断栈是否为空
    bool stackFull(){ return top==SSize; }       //判断栈是否已满
private:
    T data[SSize];                               //栈元素数组，固定大小为SSize
    int top;                                     //栈顶指针
};
template<typename T, int SSize>                  //push成员函数的类外定义
void Stack<T, SSize>:: push(T e)
{  if (top==SSize)
   {  cout<<"Stack is Full! Don't Push data!"<<endl;
      return;
   }
   data[top++]=e;
}
template<typename T, int SSize>                  //pop成员函数的类外定义，指定为内置函数
```

```
inline T Stack<T, SSize>:: pop()
{  if (top==0)
   {  cout<<"Stack is Empty! Don't pop data!"<<endl;
      return 0;
   }
   top--;
   return data[top];
}
```

当需要这个模板的一个实例时，必须为非类型参数 SSize 显式提供一个编译时常数值。如：

```
Stack<int, 10>int_stack;
```

2. 默认模板实参

在类模板中，可以为模板参数提供默认实参。例如，为了使上述固定大小的 Stack 类模板更友好一些，可以为其非类型模板参数 SSize 提供默认实参，如下所示：

```
template<typename T, int SSize=10>
class Stack
{public:
    …
private:
    T data[SSize];           //栈元素数组,固定大小为 SSize
    int top;                 //栈顶指针
};
```

类模板参数的默认实参是一个类型或值。当类模板被实例化时，如果没有指定实参，则使用该类型或值。注意，默认实参应该是一个“对类模板实例的多数情况都适合”的类型或值。现在，如果在声明一个 Stack 模板对象时省略了第 2 个模板实参，SSize 的值将取默认值 10。

说明：

(1) 作为默认的模板参数，它们只能被定义一次，编译器会知道第 1 次的模板声明或定义。

(2) 指定默认实参的模板参数必须放在模板形参表的右端，否则出错。

```
template<typename T1, typename T2, typename T3=double, int N=100>   //正确
template<typename T1, typename T2=double, typename T3, int N=100>   //错误
```

(3) 可以为所有模板参数提供默认实参，但在声明一个实例时必须使用一对空的尖括号，这样编译器就知道说明了一个类模板。

```
template<typename T=int, int SSize=10>
class Stack
{public:
    …
```

```
private:
    T data[SSize];          //栈元素数组，固定大小为 SSize
    int top;                //栈顶指针
};
Stack<>mystack;             //same as Stack<int, 10>
```

3. 模板类型的模板参数

类模板的模板形参表中的参数类型有3种：类型参数、非类型参数、类模板类型的参数，函数模板的模板参数类型也与此相同。对于前两种类型的模板参数，我们已经比较熟悉了。下面看一个类模板类型的模板参数的例子。

【例 8-10】 类模板类型的模板参数。

```
#include<iostream>
using namespace std;
//声明固定大小的 Array 数组类模板，数组的长度由模板非类型参数 size 指定
template<typename T, size_t size>
class Array
{public:
    Array(){  count=0;  }                   //构造函数
    void pushBack(const T& t)               //在数组的末尾插入元素 t
    {  if (count<size) data[count++]=t;  }
    void popBack()                          //删除数组的最后一个元素
    {  if (count >0) --count;  }
    T* begin(){  return data;  }            //返回数组的首地址
    T* end(){  return data+count;  }        //返回数组的最后一个元素的地址
private:
    T data[size];
    size_t count;                           //数组元素个数
};
//声明 Container 类模板，它有一个类模板类型的模板参数 Seq
template<typename T, size_t size, template<typename, size_t>class Seq>
class Container{
    Seq<T, size>seq;
public:
    void append(const T& t) {  seq.pushBack(t);  }
    T* begin() {  return seq.begin();  }
    T* end() {  return seq.end();  }
};
int main()
{  const size_t N=10;
   Container<int, N, Array>container;
   container.append(1);
   container.append(2);
   int *p=container.begin();
```

```
    while (p !=container.end())
        cout<< *p++<<endl;
    return 0;
}
```

Container 类模板有 3 个参数：类型参数 T，非类型参数 size，类模板类型的模板参数 Seq。Seq 又有两个模板参数：类型参数 T，非类型参数 size。在 main 函数中使用了一个持有整数的 Array 将 Container 实例化，因此，本例中的 Seq 代表 Array。

注意：在例 8-10 中的 Container 声明中，对 Seq 的参数进行命名不是必需的，可以这样写：

```
template<typename T, size_t size, template<typename U, size_t S >class Seq >
```

无论什么地方参数 U、S 都不是必需的。

> **特别提醒：**
>
> 由于 Visual C++ 6.0 不支持模板嵌套，例 8-10 在 Visual C++ 6.0 下编译通不过，可以选择高版本的 Visual Studio 2013、Visual Studio 2015、Visual Studio 2017。

8.2.4　类模板与友元

在类模板中可以出现三种友元：

- 非模板友元。
- 约束模板友元，即友元的类型取决于类模板被实例化时的类型。
- 非约束模板友元，友元的所有实例化都是类模板的每一个实例化的友元。

下面分别介绍它们。

1. 类模板的非模板友元

先看下面的例子。

【例 8-11】　类模板的非模板友元函数。

```
#include<iostream>
using namespace std;
template<typename T>
class HasFriend{                                //声明类模板 HasFriend
private:
    T item;
    static int ct;
public:
    HasFriend(const T & i) : item(i) { ct++; }
    ~HasFriend() { ct--; }
    friend void counts();                       //普通友元函数 counts
    //带模板类参数的友元函数 reports，必须指明实例化
    friend void reports(HasFriend<T>&);
```

```
};
template<typename T>
int HasFriend<T>::ct=0;
void counts()
{  cout<<"int count: "<<HasFriend<int>::ct<<"; ";
   cout<<"double count: "<<HasFriend<double>::ct<<endl;
}
void reports(HasFriend<int>&hf){  cout<<"HasFriend<int>: "<<hf.item<<endl;  }
void reports(HasFriend<double>&hf)
{  cout<<"HasFriend<double>: "<<hf.item<<endl;  }
int main()
{  cout<<"No object declared: ";
   counts();
   HasFriend<int>hfi1(10);
   cout<<"After hfi1 declared: ";
   counts();
   HasFriend<int>hfi2(20);
   cout<<"After hfi2 declared: ";
   counts();
   HasFriend<double>hfdb(10.5);
   cout<<"After hfdb declared: ";
   counts();
   reports(hfi1);
   reports(hfi2);
   reports(hfdb);
   return 0;
}
```

程序运行结果如下：

```
No object declared: int count: 0; double count: 0
After hfi1 declared: int count: 1; double count: 0
After hfi2 declared: int count: 2; double count: 0
After hfdb declared: int count: 2; double count: 1
HasFriend<int>: 10
HasFriend<int>: 20
HasFriend<double>: 10.5
```

例 8-11 中的友元函数 counts()为 HasFriend 类模板所有实例化的友元。友元函数 reports()为带有模板类参数的友元函数，这意味着必须为要使用的友元定义显式实例化。

```
void reports(HasFriend<int>&){ … };
void reports(HasFriend<double>&){ … }
```

两个 reports()函数：带 HasFriend<int>参数的 reports()是特定实例化 HasFriend

<int>的友元；带 HasFriend<double>参数的 reports()是特定实例化 HasFriend<double>的友元。

HasFriend 类模板有一个静态成员 ct。这意味着这个类模板的每一个特定的实例化都将有自己的静态成员。counts()是 HasFriend 类模板所有实例化的友元，它报告两个特定的实例化(HasFriend<int>和 HasFriend<double>)的 ct 值。

注意：有些编译器会对使用非模板友元发出警告。

2. 类模板的约束模板友元

下面以约束模板友元函数为例进行介绍。

要使类模板的每一个实例化都获得与友元匹配的实例化，需要 3 个步骤：

(1) 在类模板声明的前面声明每个函数模板。

(2) 在类模板声明中再次将模板声明为友元。

(3) 为友元提供模板定义。

【例 8-12】 约束模板友元函数。

```
#include<iostream>
using namespace std;
template<typename T>void counts();          //声明函数模板 counts
template<typename T>void report(T &);       //声明函数模板 report
template<typename TT>
class HasFriendT{                            //声明类模板 HasFriendT
private:
    TT item;
    static int ct;
public:
    HasFriendT(const TT & i) : item(i) { ct++; }
    ~HasFriendT() { ct--; }
    friend void counts<TT>();
    friend void report<>(HasFriendT<TT>&);
};
template<typename T>
int HasFriendT<T>::ct=0;
template<typename T>
void counts()
{   cout<<"template size: "<<sizeof(HasFriendT<T>)<<"; ";
    cout<<"template counts(): "<<HasFriendT<T>::ct<<endl;
}
template<typename T>
void report(T & hf){ cout<<hf.item<<endl; }
int main()
{   counts<int>();
    HasFriendT<int>hfi1(10);
    HasFriendT<int>hfi2(20);
```

```
    HasFriendT<double>hfi3(10.5);
    report(hfi1);
    report(hfi2);
    report(hfi3);
    cout<<"counts<int>() output: \n";
    counts<int>();
    cout<<"counts<double>() output: \n";
    counts<double>();
    return 0;
}
```

程序运行结果如下：

```
template size: 4; template counts(): 0
10
20
10.5
counts<int>() output:
template size: 4; template counts(): 2
counts<double>() output:
template size: 8; template counts(): 1
```

例 8-12 中，HasFriendT 类模板中的友元函数 report()声明时的<>指出这是模板实例化。<>可以为空，因为可以从函数参数推断出模板类型参数：HasFriendT<TT>。然而，也可以使用：

```
friend void report<HasFriendT<TT>>(HasFriendT<TT>&);
```

但友元函数 counts()没有参数，因此必须使用模板参数语法(<TT>)来指明其实例化。注意 TT 是 HasFriendT 类模板的模板参数类型。

从程序运行结果看，couts<int>和 counts<double>报告的模板大小不同，这样每种 TT 类型都有自己的友元函数 counts()。

3. 类模板的非约束模板友元

通过在类模板内部声明模板，可以创建非约束友元函数，友元函数模板的所有实例化都是类模板的每一个实例化的友元。

先看下面的例子。

【例 8-13】 非约束模板友元函数。

```
#include<iostream>
using namespace std;
template<typename T>
class ManyFriend{
private:
    T item;
public:
```

```
    ManyFriend(const T & i) : item(i) { }
    template<typename C, typename D>
    friend void show(C&, D&);
};
template<typename C, typename D>
void show(C &c, D &d)
{  cout<<c.item<<", "<<d.item<<endl;  }
int main()
{  ManyFriend<int>hfi1(10);
   ManyFriend<int>hfi2(20);
   ManyFriend<double>hfdb(10.5);
   cout<<"hfi1, hfi2: ";
   show(hfi1, hfi2);
   cout<<"hfdb, hfi2: ";
   show(hfdb, hfi2);
   return 0;
}
```

程序运行结果如下：

```
hfi1, hfi2: 10, 20
hfdb, hfi2: 10.5, 20
```

例 8-13 是一个使用非约束友元函数的例子，其中，函数调用 show(hfi1, hfi2)与下面的实例化匹配：

```
void show<ManyFriend<int>&, ManyFriend<int>&>(ManyFriend<int>& c, ManyFriend
<int>& d);
```

因为它是所有 ManyFriend 实例化的友元，所以能够访问所有实例化的 item 成员，但它只访问了 ManyFriend<int>对象。

同样 show(hfd, hfdb)与下面实例化匹配：

```
void show(ManyFirend<double>&, ManyFirend<int>&>(ManyFirend<double>& c,
ManyFirend<int>& d);
```

它也是所有 ManyFriend 实例化的友元，并访问了 ManyFirend<int>对象的 item 成员和 ManyFriend<double>对象的 item 成员。

注意：对于非约束友元，友元模板类型参数与类模板类型参数是不同的。

在 C++ 11 标准中，声明一个类为另外一个类的友元时，不再需要使用 class 关键字。这个小小的改进使我们可以将模板类型参数声明为友元：

```
class P;
template<typename T>
class People{
    friend T;            //将访问权限授予用来实例化 People 的类型
```

```
    ...
};
People<P>PP;
People<int>Pi;
```

对于 People 这个类模板,在使用类 P 为模板参数时,P 是 People<P>的一个友元类。而在使用内置类型 int 作为模板参数的时候,People<int>会被实例化为一个普通的没有友元定义的类型。这样一来,我们就可以在模板实例化时才确定一个模板类是否有友元,以及谁是这个模板类的友元。这是一个非常有趣的小特性,在编写一些测试用例的时候,使用该特性是很有好处的。关于此内容的详细介绍请参阅上机指导。

8.3 可变参数模板

在 C++ 11 标准之前,函数模板和类模板只能含有数目确定的模板参数和函数参数,C++ 11 标准增加了可变模板参数特性:允许模板定义中包含 0 到任意个模板参数。可变数目的参数被称为参数包(parameter packet)。存在两种参数包:模板参数包(表示零个或多个模板参数)和函数参数包(表示零个或多个函数参数)。

我们用一个省略号来指出一个模板参数或函数参数表示一个包。在一个模板参数列表中,class...或 typename...指出接下来的参数表示零个或多个类型的列表;一个类型名后面跟一个省略号表示零个或多个给定类型的非类型参数的列表。在函数参数列表中,如果一个参数的类型是一个模板参数包,则此参数也是一个函数参数包。例如:

```
//Args 是一个模板参数包;rest 是一个函数参数包
//Args 表示零个或多个模板类型参数
//rest 表示零个或多个函数参数
template<typename T, typename ... Args>
void func(const T &t, const Args& ... rest);
```

声明了 func 是一个可变参数函数模板,它有一个名为 T 的类型参数,和一个名为 Args 的模板参数包。这个包表示零个或多个额外的类型参数。func 的函数参数列表包含一个 const & 类型的参数,指向 T 的类型,还包括一个名为 rest 的函数参数包,此包表示零个或多个函数参数。

与往常一样,编译器从函数的实参推断模板参数类型。对于一个可变参数模板,编译器还会推断包中参数的数目。例如,给定下面的调用:

```
int i=0; double d=0; string s="how now brown cow";
func(i, s, 20, d);                    //包中有三个参数
func(s, 20, "hi");                    //包中有二个参数
func(d, s);                           //包中有一个参数
func("hi");                           //空包
```

编译器会为 func 实例化出 4 个不同的版本:

```
void func(const int&, const string&, const int&, const double&);
void func(const string&, const int&, const char (&)[3]);
void func(const double&, const string&);
void func(const char (&)[3]);
```

在每个实例中，T 的类型都是从第一个实参的类型推断出来的。剩下的参数（如果有的话）提供函数额外实参的数目和类型。

当我们需要知道包中有多少个元素时，可以使用 sizeof...运算符。

```
template<typename ... Args>
void g(Args ... args){
    cout<<sizeof...(Args)<<endl;      //类型参数的数目
    cout<<sizeof...(args)<<endl;      //函数参数的数目
}
```

可变参数函数模板通常是递归的。第一步调用处理包中的第一个实参，然后用剩余的实参调用自身。为了终止递归，我们还需要定义一个非可变参数的函数模板。请看下面的例子。

【例 8-14】 利用可变参数函数模板实现打印任意数目和任意类型的数据。

```
#include<iostream>
using namespace std;
#include<string>
//用来终止递归并处理包中最后一个元素
template<typename T>
void print(const T &t) { cout<<t<<endl; }
//包中除了最后一个元素之外的其他元素都会调用这个版本的 print
template<typename T, typename ... Args>
void print(const T &t, const Args& ... rest)
{  cout<<t<<" ";                          //打印第一个实参
   print(rest...);                        //递归调用，打印其他实参
}
int main()
{  print("string1", 2, 3.14f, "string2", 42);
   cout<<endl;
   return 0;
}
```

非可变参数版本的 print 负责终止递归并打印初始调用中的最后一个实参。对于最后一次递归调用 print(42)，两个 print 版本都是可行的。但是，非可变参数模板比可变参数模板更特例化，因此编译器选择非可变参数版本。

例 8-14 展示了通过递归函数来展开参数包的方法：需要提供一个参数包展开的递归函数和一个递归终止函数，递归终止函数正是用来终止递归的。参数包 Args...在展开的过程中递归调用自己，每调用一次参数包中的参数就会少一个，当参数包展开到最后一

个参数时，则调用非可变模板参数函数 print 终止递归过程。print 在展开参数包的过程中将打印各个参数。

递归调用的过程是这样的：

```
print("string1", 2, 3.14f, "string2", 42);
print(2, 3.14f, "string2", 42);
print(3.14f, "string2", 42);
print("string2", 42);
print(42);
```

递归函数展开参数包是一种标准做法，也比较好理解，但也有一个缺点，就是必须要一个重载的递归终止函数，即必须要有一个同名的终止函数来终止递归，这样可能会感觉稍有不便。有没有一种更简单的方式呢？

答案是肯定的。这种方式需要借助逗号表达式和初始化列表。前面 print 的例子可以改成这样：

```
template<class T>
void print(T t){  cout<<t<<endl;  }
template<typename ... Args>
void expand(Args ... args)
{  int arr[ ]={(print(args), 0)...};  }
expand(1, 2, 3, 4);
```

这个例子将分别打印出 1、2、3、4 四个数字。这种展开参数包的方式，不需要通过递归终止函数，是直接在 expand 函数体中展开的，print 不是一个递归终止函数，只是一个处理参数包中每一个参数的函数。这种就地展开参数包的方式实现的关键是逗号表达式。我们知道逗号表达式会按顺序执行逗号前面的表达式，比如：

```
d=(a=b, c);
```

这个表达式会按顺序执行：b 会先赋值给 a，接着括号中的逗号表达式返回 c 的值，因此 d 将等于 c。

expand 函数中的逗号表达式：(print(args), 0)，也是按照这个执行顺序，先执行 print(args)，再得到逗号表达式的结果 0。同时还用到了 C++ 11 的另外一个特性——初始化列表，通过初始化列表来初始化一个变长数组，{print(args), 0)...} 将会展开成 ((print(arg1),0), (print(arg2),0), (print(arg3),0), etc...)，最终会创建一个元素值都为 0 的数组 int arr[sizeof...(Args)]。由于是逗号表达式，在创建数组的过程中会先执行逗号表达式前面的部分 print(args)打印出参数，也就是说在构造 int 数组的过程中就将参数包展开了，这个数组的目的纯粹是为了在数组构造的过程展开参数包。还可以把上面的例子再进一步改进一下，将函数作为参数，就可以支持 Lambda 表达式了，从而可以少写一个递归终止函数了，具体代码如下：

```
template<typename F, typename ... Args>
void expand(const F& f, Args&&...args)
```

```
{  //这里用到了完美转发,关于完美转发,读者可以参考其他文献
   initializer_list<int>{(f(std::forward<Args>(args)),0)...};
}
expand([ ](int i){cout<<i<<endl;}, 1, 2, 3);
```

上面的例子将打印出每个参数,这里如果再使用 C++ 14 的新特性泛型 lambda 表达式的话,可以写更泛化的 lambda 表达式了:

```
expand([ ](auto i){cout<<i<<endl;}, 1, 2.0, "test");
```

可变参数类模板的参数包展开的方式和可变参数函数模板的展开方式不同,可变参数类模板的参数包展开方式如下:

(1) 模板递归和特化方式展开参数包:

① 一般需要类模板前向声明、类模板定义和特化类模板。

② 特化类模板用于递归的终止。

(2) 继承(或组合)方式展开参数包:

① 一般需要类模板前向声明、类模板定义和特化类模板。

② 特化类模板用于递归的终止(可以是参数个数减少,或满足一个条件停止递归)。

③ 类模板继承是递归定义的,直到父类模板的模板参数满足递归终止条件。也可以采用组合的方式进行递归。

下面通过实例来看一下展开可变模板参数类模板中的参数包的方法。

【例 8-15】 模板递归和特化方式展开参数包。

```
#include<iostream>
using namespace std;
#include<string>
template<typename... Args>struct Sum;                    //类模板的前向声明
template<typename First, typename ... Rest>              //类模板的定义
struct Sum<First, Rest...>{
    enum {   value=Sum<First>::value+Sum<Rest...>::value   };
};
//特化类模板:递归终止,模板参数不一定为 1 个,可能为 0 个或者 2 个
template<typename Last>
struct Sum<Last>{
    enum{value=sizeof(Last)};                            //求出 Last 的大小
};
int main()
{  cout<<Sum<char, double, float, int>::value<<endl;    //输出 17
   return 0;
}
```

【例 8-16】 继承方式展开参数包。

```
#include<iostream>
using namespace std;
```

```
#include<string>
template<typename ...Values>class Tuple;                 //类模板的前向声明
template<typename Head, typename ...Tail>
class Tuple<Head, Tail...>: private Tuple<Tail...> //私有继承自 Tuple<Tail...>
{
    Typedef Tuple<Tail...>inherited;                     //父类
protected:
    Head m_head;
public:
    Tuple(){ }                                           //构造函数
    //调用父类构造函数来初始化
    Tuple(Head v, Tail...vtail): m_head(v), inherited(vtail...){ }
    Head head(){return m_head;}                          //获取 head
    inherited& tail()        //获取 tail,this 指向对象开始的地址,也是父类开始的地方。
    {  return *this;  }
};
template<>class Tuple<>{ };                              //递归终止类
int main()
{  Tuple<int, float, string>t(41, 6.3, "nico");
   cout<<t.head()<<endl;                                 //输出 41
   cout<<t.tail().head()<<endl;                          //输出 6.3
   cout<<t.tail().tail().head()<<endl;                   //输出"nico"
   cout<<"&t:"<<&t<<", &t.tail:"<<&t.tail()<<endl;
   return 0;
}
```

【例 8-17】 组合方式展开参数包。

```
#include<iostream>
using namespace std;
#include<string>
template<typename ...Values>class Tuple;                 //类模板的前向声明
template<typename Head, typename ...Tail>
class Tuple<Head, Tail...>
{
    typedef Tuple<Tail...>composited;
protected:
    composited m_tail;                                   //组合方式
    Head m_head;
public:
    Tuple(){ }
    Tuple(Head v, Tail...vtail):m_head(v), m_tail(vtail...){ }
    Head head() {return m_head;}
    composited& tail(){return m_tail;}
};
```

```
template<>class Tuple<>{ };                          //递归终止类
int main()
{  Tuple<int, float, string>tc(41, 6.3, "nico");
   cout<<tc.head()<<endl;                            //输出 41
   cout<<tc.tail().head()<<endl;                     //输出 6.3
   cout<<tc.tail().tail().head()<<endl;              //输出"nico"
   return 0;
}
```

可变模板参数是 C++ 11 新增的最强大的特性之一，也是 C++ 11 中最难理解和掌握的特性之一。使用可变模板参数的关键是如何展开参数包，展开参数包的过程是很精妙的，体现了泛化之美、递归之美，正是因为它具有神奇的“魔力”，所以我们可以更泛化的去处理问题，比如用它来消除重复的模板定义，用它来定义一个能接受任意参数的“万能函数”等。它还可以和其他 C++ 11 特性结合起来，比如 type_traits、std::tuple 等特性，发挥更加强大的威力。

8.4 图书馆图书借阅管理系统中的泛型编程

在图书馆图书借阅管理系统中，有 5 个顺序表类：图书顺序表类、学生顺序表类、教师顺序表类、图书管理员顺序表类、借阅记录顺序表类。这 5 个顺序表类，只是表中数据元素的类型各不相同，它们对外提供的服务基本相同，都有顺序表的初始化(由构造函数完成)，顺序表元素的输入、输出、插入、删除、修改、查询，顺序表判空、判满，获取顺序表容量大小，获取顺序表长度(即表中元素个数)，获取顺序表第 i 个元素值、读磁盘文件到顺序表数组、写顺序表数组数据到磁盘文件，以及对下标运算符([])和赋值运算符(=)进行重载的函数。为了进一步提高系统代码的重用率，可以写一个通用的顺序表类模板。用不同的类去实例化该类模板，就可以得到相应的顺序表类。

另外，有的顺序表提供了更多的服务，如借阅记录顺序表类，提供有按图书条形码查询图书归还情况的服务。对于需要提供更多服务的顺序表类，如借阅记录顺序表类，可以从实例化后的借阅记录顺序表类派生，在该派生类中提供实现这些服务的代码。

系统中通用的顺序表类模板的声明放在名为 SeqList.h 的头文件中，具体内容如下：

```
#if !defined SeqList_h
#define SeqList_h
#include "user.h"
#include<fstream>
#include<iostream>
using namespace std;
#include<cassert>
const int tinitSize=100;
const int tincrement=20;
template<typename T>
class SeqList{
```

```
public:
    SeqList(int sz=tinitSize);                 //构造函数
    SeqList(const SeqList<T>&L);               //复制构造函数
    ~SeqList();                                //析构函数
    void createList();                         //输入
    int size() const;                          //计算表最大可容纳表项个数
    int length() const;                        //计算表长度
    int search(T& x) const;                    //搜索 x 在表中位置,函数返回表项序号
    int searchByNum(string num) const;         //搜索编号为 num 的 T 对象在表中位置,函数返
                                                 回表项序号
    int locate(int i) const;                   //定位第 i 个表项,函数返回表项序号
    bool getData(int i, T& x) const;           //取第 i 个表项的值
    bool setData(int i, T& x) const;           //用 x 修改第 i 个表项的值
    bool insert(int i, T& x);                  //插入 x 在第 i 个表项之后
    bool append(T& x);                         //插入在表尾
    bool remove(int i, T& x);                  //删除第 i 个表项,通过 x 返回表项的值
    bool isEmpty();                            //判表空否,空则返回 true,否则返回 false
    bool isFull();                             //判表满否,满则返回 true,否则返回 false
    void traverseList();                       //输出
    SeqList<T>operator=(SeqList<T>&L);         //表整体赋值
    T& operator[](int i);                      //重载下标运算符[]
    T* begin();                                //返回顺序表首地址
    //从形参 FileName 传过来的文件中读取数据到 data 动态数组
    void readFromFile(char* FileName);
    //将动态数组 data 中的数据写入形参 FileName 传过来的文件中
    void writeToFile(char* FileName);
private:
    T * data;                                  //动态数组 data,用于存放顺序表元素
    int listSize;                              //顺序表容量大小
    int length;                                //顺序表实际长度
    void resize(int newSize);                  //改变顺序表容量大小
};
template<typename T>
SeqList<T>::SeqList(int sz)                    //构造函数,通过指定参数 sz 定义数组的长度
{  if(sz>0)
   {  listSize=sz; length=0;                   //置表的容量为 sz,表的实际长度为 0
      data=new T[listSize];                    //创建顺序表存储数组
      if(data==nullptr)                        //动态分配失败
      {  cerr<<"存储分配失败!"<<endl; exit(1);  }
   }
}
template<typename T>
SeqList<T>::SeqList(const SeqList<T>&L)
{  //复制构造函数,用参数表中给定的已有顺序表初始化新建的顺序表
```

```
    listSize=L.size(); length=L.length();
    data=new T[listSize];                                  //创建顺序表存储数组
    if(data==nullptr)                                      //动态分配失败
    {   cerr<<"存储分配错误!"<<endl; exit(1);   }
    T temp;
    for(int i=1; i<=length; i++) {   L.getData(i,temp); data[i-1]=temp;   }
}
template<typename T>
SeqList<T>::~SeqList(){ delete[ ] data; data=nullptr; }
template<typename T>
void SeqList<T>::resize(int newSize)
{   //私有函数:扩充顺序表的内存数组空间大小,新数组的元素个数为 newSize
    if(newSize<=0)                                         //检查参数的合理性
    {   cerr<<"无效的数组大小!"<<endl; return;   }
    if(newSize !=listSize)                                 //修改
    {   T* newarray=new T[newSize];                        //建立新数组
        if(newarray==nullptr)
        {   cerr<<"存储分配错误!"<<endl; exit(1);   }
        int n=length;
        T* srcptr=data;                                    //源数组首地址
        T* destptr=newarray;                               //目的数组首地址
        while(n--) *destptr++=*srcptr++;                   //复制
        delete[ ] data;                                    //删源数组
        data=newarray; listSize=newSize;                   //设置新数组
    }
}
template<typename T>
int SeqList<T>::search(T& x) const
{   //搜索函数:在表中顺序搜索与给定值 x 匹配的表项,
    //找到则函数返回该表项是第几个元素,否则返回 0,表示搜索失败
    for(int i=0; i<length; i++)
        if (data[i].getNum()==x.getNum()) return i+1;      //顺序搜索
    return 0;                                              //搜索失败
}
template<typename T>
int SeqList<T>::searchByNum(string num) const
{   //搜索函数:在表中顺序搜索与给定值 num 匹配的表项,
    //找到则函数返回该表项是第几个元素,否则返回 0,表示搜索失败
    for(int i=0; i<length; i++)
        if(data[i].getNum()==num) return i+1;              //顺序搜索
    return 0;                                              //搜索失败
}
template<typename T>
int SeqList<T>::locate(int i) const
```

```
{  //定位函数:函数返回第 i(1<=i<=length)个表项的位置,否则函数返回 0,表示定位失败
   if(i>=1 && i<=length) return i;
   else return 0;
}
template<typename T>
bool SeqList<T>::insert(int i, T& x)
{  //将新元素 x 插入到表中第 i(1<=i<=length)个表项之后。函数返回插入成功与否的信息。
   //若插入成功返回 true,否则返回 false。i=0 是虚拟的,实际上是插入到第 1 个元素的位置
   if(i<1 || i>length) return false;                //参数 i 不合理,不能插入
   if(length==listSize)                             //表满
   {  resize(listSize+increment);  }
   for(int j=length-1; j>=i-1; j--)
      data[j+1]=data[j];                            //依次后移,空出第 i 号位置
   data[i-1]=x;                                     //插入
   length++;                                        //顺序表表长加 1
   return true;                                     //插入成功,返回 true
}
template<typename T>
bool SeqList<T>::append(T& x)
{  //将新元素 x 插入到表尾。函数返回插入成功的信息,若插入成功返回 true;否则返回 false
   if(length==listSize)                             //表满
   {  resize(listSize+tincrement);  }
   data[length]=x;                                  //插入
   length++;                                        //顺序表表长加 1
   return true;                                     //插入成功,返回 true
}
template<typename T>
bool SeqList<T>::remove(int i, T& x)
{  //从表中删除第 i(1<=i<=length)个表项,通过引用型参数 x 返回删除的元素值。
   //函数返回删除成功与否的信息,若删除成功则返回 true,否则返回 false
   if(length==0) return false;                      //表空,不能删除
   if(i<1 || i>length) return false;                //参数 i 不合理,不能删除
   x=data[i-1];                                     //存被删元素的值
   for(int j=i; j<length; j++) data[j-1]=data[j];   //依次前移,填补
   length--;                                        //顺序表表长减 1
   return true;                                     //删除成功,返回 true
}
template<typename T>
void SeqList<T>::createList()
{  //从标准输入(键盘)逐个输入数据,建立顺序表
   cout<<"开始建立顺序表,请输入表中元素个数:";
   cin >>length;
   if(length >listSize) resize(length);
   for(int i=0; i<length; i++)
```

```
    {  cout<<"请输入表中第"<<i+1<<"个元素信息。具体如下:"<<endl;
       cin>>data[i];
    }
}
template<typename T>
void SeqList<T>::traverseList()
{  //将顺序表全部元素输出到屏幕上
   //cout<<"顺序表当前元素最后位置为: "<<length-1<<endl;
   for(int i=0; i<length; i++)
   {  cout<<"#"<<i+1<<" : "<<data[i];
      cout<<"=========================================="<<endl;
      if((i+1)% 10==0) system("pause");               //分屏显示,一屏显示10条记录
   }
}
template<typename T>
SeqList<T>SeqList<T>::operator=(SeqList<T>&L)
{  //重载操作:顺序表整体赋值
   if(&L!=this)
   {  listSize=L.size(); length=L.length();
      data=new T[listSize];                          //创建顺序表存储数组
      if(data==nullptr)                              //动态分配失败
      {  cerr<<"存储分配错误!"<<endl; exit(1);  }
      T temp;
      for(int i=1; i<=length; i++) {  L.getData(i,temp); data[i-1]=temp;  }
   }
   return *this;
}
template<typename T>
int SeqList<T>::size() const{  return listSize;  } //返回表最大可容纳表项个数
template<typename T>
int SeqList<T>::length() const{  return length;  } //返回表长度
template<typename T>
bool SeqList<T>::getData(int i, T& x) const          //取第i个表项的值
{  if(i>=1 && i<=length){  x=data[i-1]; return true;  }
   else return false;
}
template<typename T>
bool SeqList<T>::setData(int i, T& x)const           //用x修改第i个表项的值
{  if(i>=1 && i<=length){  data[i-1]=x; return true;  }
   else return false;
}
template<typename T>
bool SeqList<T>::isEmpty()
{  return (length==0)?true:false;  }        //判表空否,空则返回true,否则返回false
```

```
template<typename T>
bool SeqList<T>::isFull()
{  return (length==listSize)?true:false;  }        //判表满否,满则返回 true,否则返回 false
template<typename T>
T* SeqList<T>::begin(){  return data;  }
template<typename T>
void SeqList<T>::readFromFile(char* FileName)
{  fstream file(FileName,ios::in | ios::binary);
   if(!file)
   {  cout<<" 文件打开错误!"<<endl; abort();  }
   length=0;
   while(!file.eof()){ data[length].readFromFile(file); length++;  }
   length--;
   file.close();
}
template<typename T>
void SeqList<T>::writeToFile(char* FileName)
{  fstream file(FileName,ios::out|ios::binary);
   if(!file)
   {  cout<<"  文件打开错误!"<<endl;  abort();  }
   cout<<"数据写入中..."<<endl;
   for(int i=0;i<length;i++) data[i].writeToFile(file);
   file.close();
   cout<<"写入数据成功!"<<endl;
   system("pause");
}
template<typename T>
T& SeqList<T>::operator[ ](int i){
    assert(i>=0 &&i<length);
    return data[i];
}
#endif
```

借阅记录顺序表类的声明代码放在名为 BRSeqList.h 的头文件中，具体内容如下：

```
#if !defined BRSeqList_H
#define BRSeqList_H
#include "SeqList.h"
#include "BorrowRecord.h"
class BRSeqList: public SeqList<BorrowRecord>      //借阅记录顺序表类
{public:
    int searchByNumAndDelFlag(string num,bool delFlag);
};
#endif
```

上述 BRSeqList 类成员函数的类外实现代码放在名为 BRSeqList.cpp 的源文件中，具体内容如下：

```
#include "BRSeqList.h"
int BRSeqList::searchByNumAndDelFlag(string num,bool delFlag)
{  BorrowRecord * p=begin();
   for(int i=0; i<length(); i++)                    //顺序搜索
       if (p[i].getBookNum()==num && !p[i].getDelFlag()) return i+1;
   return 0;                                         //搜索失败
}
```

本章小结

模板是 C++ 泛型编程的基础。通过模板可以实现逻辑相同、数据类型不同的程序代码的复制，从而使程序代码的重用性能更好。

一个模板并非一个实实在在存在的类或函数，仅仅是类或函数的描述，它使用非特定类型定义类或函数，到使用时再用特定的类型代替它们。

模板一般分为函数模板和类模板。以所处理的数据类型的说明作为参数的函数，称为函数模板。而以所处理的数据类型的说明作为参数的类，则称为类模板。通过"数据类型参数化"来实现在同一份代码上操作多种数据类型。

本章 8.1 节介绍了函数模板的定义、函数模板的实例化、函数模板的类型参数和非类型参数、C++ 11 标准新增的函数模板默认实参，以及函数模板重载等内容。8.2 节介绍了类模板的定义、类模板的实例化、类模板参数、类模板与友元。8.3 节介绍了可变参数模板。

为了提高贯穿全书的综合性项目——图书馆图书借阅管理系统的代码重用率，本章最后一节提供了一个通用的顺序表类模板，用不同的类去实例化该类模板，就可以得到对应的顺序表类，如用学生类实例化该类模板，可以得到学生顺序表类。

习 题

一、程序分析题

1. 分析以下程序的执行结果。

```
#include<iostream>
using namespace std;
template<typename T>
T ABS(T x) {  return (x >0 ? x : -x);  }
int main()
{  cout<<ABS(-3)<<","<<ABS(-2.6)<<endl;
   return 0;
}
```

2. 分析以下程序的执行结果。

```
#include<iostream>
using namespace std;
template<typename T>
T myMax(T x, T y){  return (x >y ? x : y);  }
int main()
{  cout<<myMax(2, 5)<<","<<myMax(3.5, 2.8)<<endl;
   return 0;
}
```

3. 分析以下程序的执行结果。

```
#include<iostream>
using namespace std;
template<typename T>
class Sample
{public:
    Sample(T i){  n=i;  }
    void operator++();
    void display(){  cout<<"n="<<n<<endl;  }
private:
    T n;
};
template<typename T>
void Sample<T>:: operator++()
{  n+=1;  }                //不能用 n++; 因为 double 型不能用++
int main()
{  Sample<char>s('a');
   s++;
   s.display();
   return 0;
}
```

二、编程题

1. 编写求一组数中的最大数的函数模板,并以整数数组和字符数组进行测试。

2. 编写对一组数进行升序排序的函数模板,并以整数数组和字符串数组进行测试。

3. 编写求一组数中的最大数的可变函数模板。

4. 编写单链表类模板,实现链表的创建、遍历,链表结点的插入、删除、查找,并建立一个整数链表和一个字符串链表。

5. 编写循环队列类模板,实现队列的初始化、入队、出队、判空、判满,并建立一个整数队列和一个字符队列。

第9章 输入输出

完成程序的基本功能需要有初始数据的输入和运行结果的输出，数据的输入和数据的输出都是数据的流动，C++ 系统除了可以使用 C 语言的 stdio.h 中定义的输入输出库函数，其自身也有一套方便、安全而且可以扩充的输入输出系统。本章重点介绍 C++ 输入输出流库、标准输入输出流、输入输出运算符重载、输入输出格式控制、文件输入输出等内容。

9.1 C++ 的输入输出概述

9.1.1 C++的输入输出

本书前面章节中所用到的输入和输出，都是以终端为对象的，即从键盘输入数据，运行结果输出到显示器屏幕上。操作系统把每一个与主机相连的输入输出设备都看作为一个文件。键盘是输入文件，显示器和打印机是输出文件。除了以终端为对象进行输入输出以外，还经常用磁盘或光盘作为输入输出对象，磁盘文件可以作为输入文件，也可以作为输出文件。

C++ 的输入输出包括以下三个方面的内容，分别采用不同的方法来实现。

(1) 对系统指定的标准设备的输入输出，如从键盘输入数据，输出到显示器屏幕。这种输入输出称为标准的输入输出，简称为标准 I/O。

(2) 以磁盘(或光盘)文件为对象进行的输入输出，如从磁盘文件输入数据给程序，程序的数据输出到磁盘文件。这种以外存文件为对象的输入输出称为文件的输入输出，简称为文件 I/O。

(3) 对内存中指定的空间进行输入输出。通常指定一个字符数组为存储空间(实际该空间可以存储任何信息)。这种输入输出称为字符串输入输出，简称为串 I/O。

在 C 语言中，用 scanf 和 printf 进行输入输出，不能保证所输入输出的数据是可靠的、安全的。假定所用系统 int 型占 2 个字节。想用%d 输出一个整数，如果不小心用它输出单精度变量和字符串：

```
printf("%d", i);            //i 为整型变量，输出 i 的值，正确
printf("%d", f);            //f 为单精度变量，输出 f 变量中前两个字节的内容
printf("%d", "abc");        //输出字符串"abc"的起始地址
```

上述的代码，用错了数据类型，而编译也能通过。

```
scanf("%d", &i);           //正确,从键盘输入一个整数,赋给整型变量 i
scanf("%d", i);            //漏写 &,编译系统将键入值存放在 000001 地址的内存单元中
```

scanf 的错误更严重，往往是致命的。这样的错误，编译系统却不能检查出来，程序员在程序运行时出现的错误诊断上将花费更大的代价。

为了与C兼容，C++保留了C语言的输入输出系统。此外，C++还利用继承的机制创建出一套自己的方便、一致、安全、可扩充的输入输出系统，这套输入输出系统就是C++的输入输出(I/O)流库。在编写C++程序时，建议使用C++自有的输入输出系统。编译系统将对数据类型进行严格的检查，凡是类型不正确的数据都不可能通过编译。而且C++的I/O操作是可扩展的，不仅可以用来输入输出标准类型的数据，也可以用于用户自定义类型的数据。C++对标准类型的数据和对用户自定义类型的数据的输入输出，采用同样的方法处理。

C++的输入输出优于C语言中的库函数 scanf 和 printf，但是相对来说比较复杂，需要掌握许多细节。

9.1.2 C++的输入输出流

输入输出是数据的传送过程，数据如水流一样从一处流向另一处。C++形象地用流(stream)表示输入输出过程。

流是信息从源到目的端的流动。C++的输入输出流是指由若干字节组成的字节序列，这些字节中的数据按顺序从一个对象传送到另一对象。在输入操作时，字节流从输入设备(如键盘、磁盘)流向内存，在输出操作时，字节流从内存流向输出设备(如屏幕、打印机、磁盘等)。流中的内容可以是ASCII字符、二进制形式的数据、图形图像、数字音频视频或其他形式的信息。

C++的I/O流库中的类称为流类(stream class)。用流类定义的对象称为流对象。前面曾提到：cout 和 cin 并不是C++语言中提供的语句，它们是I/O流类的对象。在未学习类和对象时，在不致引起误解的前提下，为叙述方便，把它们称为 cout 语句和 cin 语句。在学习了类和对象后，对C++的输入输出应当有更深刻的认识。

1. iostream 类库中有关的类

C++系统提供了用于输入输出的 iostream 类库。在 iostream 类库中包含许多用于输入输出的类。这些类的继承层次结构如图 9-1 所示。ios 是抽象基类，由它派生出 istream 类和 ostream 类。istream 类支持输入操作，ostream 类支持输出操作。iostream 类是从 istream 类和 ostream 类通过多重继承而派生的类，iostream 类支持输入输出操作。

为了实现对文件的操作，C++的 iostream 类库中派生定义了用于文件操作的类，它们分别是如下几个类：

- fstreambase 类：这是一个公共基类，文件操作中不直接使用这个类。
- ifstream 类：派生自 fstreambase 类和 istream 类，负责对文件进行提取操作。
- ofstream 类：派生自 fstreambase 类和 ostream 类，负责对文件进行插入操作。
- fstream 类：派生自 fstreambase 类和 iostream 类，负责对文件进行提取和插入

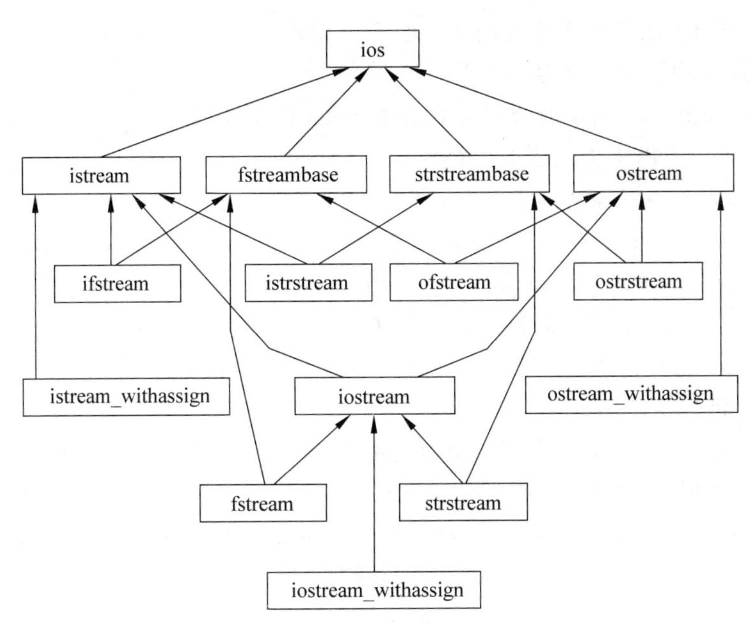

图 9-1　ios 类及其派生类的层次结构

操作。

另外，strstreambase 是字符串流类基类，它派生定义了用于字符串操作的类：istrstream、ostrstream 和 strstream。

从图 9-1 中可以看出，iostream 类库中还有其他派生类，但对于一般用户来说，以上这些就足够了。如果想深入了解 iostream 类库的内容。可参阅所使用的 C++ 系统的类库手册。

iostream 类库中不同类的声明被放在不同的头文件中，见表 9-1。用户在程序中用预处理命令"#include"包含有关的头文件就相当于在本程序中声明了所需要用到的类。

表 9-1　C++ 流库中流类名、作用及所包含在的头文件

类名	作　　用	所包含在的头文件
ios	抽象基类	iostream. h
istream ostream iostream	通用输入流和其他输入流的基类 通用输出流和其他输出流的基类 通用输入输出流和其他输入输出流的基类	iostream. h iostream. h iostream. h
ifstream ofstream fstream	输入文件流类 输出文件流类 输入输出文件流类	fstream. h fstream. h fstream. h
istrstream ostrstream strstream	输入字符串流类 输出字符串流类 输入输出字符串流类	strstream. h strstream. h strstream. h

编程时常用的头文件如下。

- iostream. h：包含了对输入输出流进行操作所需的基本信息。

- fstream. h：用于用户管理的文件的 I/O 操作。
- strstream. h：用于字符串的 I/O 操作。
- stdiostream. h：用于混合使用 C 和 C++ 的 I/O 操作。
- iomanip. h：用于格式化 I/O 操作。

2. 在 iostream. h 头文件中定义的流对象和重载运算符

在 iostream. h 头文件中定义的类有 ios、istream、ostream、iostream、istream_withassign、ostream_withassign、iostream_withassign 等。

iostream. h 头文件包含了对输入输出流进行操作所需的基本信息。因此大多数 C++ 程序都包括 iostream. h 头文件。在 iostream. h 头文件中不仅定义了有关的类，还定义了以下 4 种流对象供用户使用。

(1) cin：是 istream 的派生类 istream_withassign 的对象，是从标准输入设备(键盘)输入到内存的数据流，称为 cin 流或标准输入流。

(2) cout：是 ostream 的派生类 ostream_withassign 的对象，是从内存输出到标准输出设备(显示器) 的数据流，称为 cout 流或标准输出流。

(3) cerr 和 clog：作用相似，均为向输出设备(显示器)输出出错信息。它们的区别是 cerr 提供不带缓冲区的输出，clog 提供带缓冲区的输出。

(4) 从键盘输入时用 cin 流，向显示器输出时用 cout 流。向显示器输出出错信息时用 cerr 或 clog 流。

本来“<<”和“>>”在 C++ 中是被定义为左移位运算符和右移位运算符，在 iostream. h 头文件中对它们进行了重载，使它们能被用作标准类型数据的输入和输出运算符。

9.2 C++ 的标准输入输出流

9.2.1 C++的标准输出流

标准输出流是流向标准输出设备(显示器)的数据。ostream 类定义了 3 个输出流对象，即 cout、cerr 和 clog。

1. cout、cerr 和 clog 流对象

(1) cout 流对象。

cout 必须和运算符“<<”一起使用。用 cout 进行输出的一般形式为：

```
cout<<输出项 1<<输出项 2<<…;
```

它的功能是将输出项 1、输出项 2…插入到输出流 cout 中，然后由 C++ 系统将 cout 中的内容输出到显示器上。

在 C++ 的头文件 iostream. h 中，定义了一个代表回车换行的控制符“endl”，其作用与“\n”相同。如下列 3 条输出语句是等价的：

```
cout<<"C++Program\n";
cout<<"C++Program"<<" \n";
cout<<"C++Program"<<endl;
```

cout 流在内存中对应开辟了一个缓冲区，用来存放流中的数据，当向 cout 流插入一个“endl”时，不论缓冲区是否已满，都立即输出流中的所有数据，然后插入一个换行符，并刷新流（清空缓冲区）。

需要注意的是：

① 系统已经对“<<”运算符作了重载函数，因此用“cout<<”输出基本类型的数据时，可以不必考虑数据是什么类型。

② 在 iostream.h 头文件中只对“<<”和“>>”运算符用于标准类型数据的输入输出进行了重载，但未对用户自定义类型数据的输入输出进行重载。

③ 在用 cout 进行输出时，每输出一项都要用一个“<<”运算符。例如：输出语句：

```
cout<<"a="<<a<<","<<"b="<<b<<endl;
```

不能写成：

```
cout<<"a=", a, ",", "b=", b<<endl;
```

（2）cerr 流对象。

cerr 流对象是标准出错流，它的作用是向输出设备输出出错信息。cerr 与标准输出流 cout 的作用和用法类似。但不同的是，cout 流通常是传送到显示器输出，但也可以被重定向输出到磁盘文件，而 cerr 流中的信息只能在显示器输出。当调试程序时，如果不希望程序运行时的出错信息被送到其他文件，这时应该用 cerr。

【例 9-1】 检测输入的一个数是否是正数，如果是，就输出；如果不是，输出错误信息。

```
#include<iostream>
using namespace std;
int main()
{  float a;
   cout<<"please enter the value of a:";
   cin >>a;
   if (a==0)                        //将有关出错信息插入 cerr 流，在屏幕输出
       cerr<<a<<" is equal to zero. error!"<<endl;
   else if (a<0)
   {  cerr<<a<<" is not a proper data. error!"<<endl;  }
   else
       cout<<"a="<<a<<endl;
   return 0;
}
```

程序运行情况如下：

```
① please enter a: 0↙
   0 is equal to zero. error!
② please enter a: -1↙
   -1 is not a proper data. error!
③ please enter a: 1↙
```

```
a=1
```

（3）clog 流对象。

clog 流对象也是标准出错流，其作用和 cerr 相同，都是在终端显示器上显示出错信息。只不过 cerr 是不经过缓冲区，直接向显示器上输出有关信息，而 clog 中的信息存放在缓冲区中，缓冲区满后或遇 endl 时才向显示器输出。

2. 用流成员函数 put 输出字符

ostream 类的成员函数 put 提供了一种将单个字符送进输出流的方法，其使用方法如下：

```
char a='m';
cout.put(a);                                //会输出显示字符 m
cout.put('m');                              //会输出和上一句相同的结果
```

另外，调用 put 函数的实参还可以是字符的 ASCII 码或者一个整型表达式，如：

```
cout.put(65+32);                            //显示字符 a,因为 97 是字符 a 的 ASCII 码
```

可以在一个语句中连续调用 put 函数，如：

```
cout.put(71).put(79).put(79).put(68).put('\n');      //在屏幕上显示 GOOD
```

还可以用 putchar 函数输出一个字符。putchar 函数是 C 语言中使用的，在 stdio.h 头文件中定义。C++ 保留了这个函数，在 iostream.h 头文件中定义。

3. 用流成员函数 write 输出字符

ostream 类的成员函数 write 是一种将字符串送到输出流的方法，该函数在 iostream 类体中的原型声明语句如下：

```
ostream& write(const char * pch, int nCount);
ostream& write(const unsigned char * puch, int nCount);
ostream& write(const signed char * psch, int nCount);
```

其中，第 1 个参数是待输出的字符串，第 2 个参数是输出字符串的字符个数。如输出字符串常量“C++ program”，可以这样实现：

```
cout.write("C++program", strlen("C++program"));
```

【例 9-2】 分析下列程序的输出结果。

```
#include<iostream>
#include<string>
using namespace std;
void writeString(char * str)
{  cout.write(str, strlen(str)).put('\n');
   cout.write(str, 6)<<"\n";
}
int main()
{  char ss[]="C++program";
```

```
    cout<<"The string is: "<<ss<<endl;
    writeString(ss);
    return 0;
}
```

程序运行结果如下：

```
The string is: C++program
C++program
C++pr
```

例 9-2 程序中使用 write 函数显示字符，不但可以显示整个字符串的内容，也可以显示部分字符串的内容。

9.2.2 C++的标准输入流

标准输入流是从标准输入设备(键盘)流向内存的数据。

1. cin 流

cin 必须和运算符“>>”一起使用。用 cin 实现输入的一般形式为：

```
cin >>变量名或对象名 >>变量名或对象名…;
```

在上述语句中，流提取运算符“>>”可以连续写多个，每个后面跟一个变量名或对象名，它们是获得输入值的。看下面的例子。

【例 9-3】 定义两个变量，从键盘输入其值，并输出。

```
#include<iostream>
using namespace std;
int main()
{  int m, n;
   cout<<"Enter two integers:";
   cin>>m>>n;
   cout<<"m="<<m<<", "<<"n="<<n<<endl;
   return 0;
}
```

执行该程序在屏幕上显示如下内容：

```
Enter two integers: 1 2↙
m=1, n=2
```

这里从键盘上输入的两个 int 型数据之间用空白符(包括空格符、制表符、回车符)分隔。程序中的变量通过流提取符“>>”从流中提取数据。流提取符“>>”从流中提取数据时通常跳过输入流中的空格、Tab 键、换行符等空白字符。注意，只有在输入完数据并按回车键后，该行数据才被送入键盘缓冲区，形成输入流，流提取运算符“>>”才能从中提取数据。

2. 用成员函数 get 获取一个字符

istream 类的成员函数 get 可以从输入流中获取一个字符，该函数在 iostream 类体中的原型声明语句如下：

```
int get();                          //从输入流中获取单个字符或 EOF,并返回它
istream& get(char& rch);            //从输入流中获取单个字符
istream& get(unsigned char& ruch);
istream& get(signed char& rsch);
istream& get(char* pch, int nCount, char delim='\n');
istream& get(unsigned char* puch, int nCount, char delim='\n');
istream& get(signed char* psch, int nCount, char delim='\n');
istream& get(streambuf& rsb, char delim='\n');
```

(1) 无参数的 get 函数。

无参数的 get 函数的作用是从指定的输入流中提取一个字符，函数的返回值就是读取的字符。若遇到输入流中的文件结束符，则函数值返回文件结束标志 EOF。看下面的例子。

【例 9-4】 用 get 函数读取字符。

```
#include<iostream>
using namespace std;
int main()
{   char c;
    cout<<"Enter a sentence: "<<endl;
    while ((c=cin.get()) !=EOF) cout.put(c);
    cout<<"OK!"<<endl;
    return 0;
}
```

执行该程序在屏幕上显示如下内容：

```
Enter a sentence:
Today is Sunday.↙       (输入一行字符)
Today is Sunday.        (输出上行字符)
^Z↙(程序结束)
OK!
```

C 语言中的 getchar 函数与 istream 类的成员函数 get 的功能相同，在 C++ 中依旧可以使用。

(2) 有一个参数的 get 函数。

以"istream& get(char& rch);"为例，介绍其调用形式为：

```
cin.get(c)
```

其作用是从输入流中读取一个字符，赋给字符变量 c。如果读取成功则函数返回非 0 值(真)，如失败(遇文件结束符)则函数返回 0 值(假)。例 9-4 可以改写为如下的例 9-5。

【例 9-5】 用 get 函数读取字符。

```
#include<iostream>
using namespace std;
int main()
{  char c;
   cout<<"Enter a sentence: "<<endl;
   while(cin.get(c))  //读取一个字符赋给字符变量 c,如果读取成功,cin.get(c)为真
       cout.put(c);
   cout<<"OK!"<<endl;
   return 0;
}
```

(3) 有 3 个参数的 get 函数。

以"istream& get(char * pch, int nCount, char delim='\n');"为例,介绍使用该函数可以实现输入一行字符。在 get 函数的 3 个形参中,pch 可以是一个字符数组或一个字符指针。nCount 是一个 int 型数,用来限制从输入流中读取到 pch 字符数组中的字符个数,最多只能读 nCount-1 个,因为要留出最后一个位置存放结束符。delim 是读取字符时指定的结束符,其默认值为"\n", 终止字符也可以用其他字符,如 cin. get(ch, 10, 'x')。

上述有 3 个形参的 get 函数的作用是从输入流中读取 nCount-1 个字符,赋给指定的字符数组(或字符指针),如果在读取 nCount-1 个字符之前遇到指定的终止字符,则提前结束读取。如果读取成功则函数返回非 0 值(真),如失败(遇文件结束符) 则函数返回 0 值(假)。再将例 9-5 改写为如下:

```
#include<iostream>
using namespace std;
int main()
{  char ch[20];
   cout<<"Enter a sentence:"<<endl;
   cin.get(ch, 10, '\n');                  //指定换行符为终止字符
   cout<<ch<<endl;
   cout<<"OK!"<<endl;
   return 0;
}
```

执行该程序在屏幕上显示如下内容:

```
Enter a sentence:
This is a book.↙   (输入一行字符)
This is a          (输出上行中的部分字符,前 10 个字符,最后一个是换行符)
OK!
```

3. 用成员函数 getline 函数读取一行字符

istream 类的成员函数 getline 的作用是从输入流中读取一行字符,该函数在 iostream 类体中的原型声明语句如下:

```
istream& getline(char* pch, int nCount, char delim='\n');
istream& getline(unsigned char* puch, int nCount, char delim='\n');
istream& getline(signed char* psch, int nCount, char delim='\n');
```

该函数的形参表和用法与上面讲述的利用 get 函数输入一行字符的功能类似。在此不再赘述。

4. 用成员函数 read 读取一串字符

istream 类的成员函数 read 可以从输入流中读取指定数目的字符并将它们存放在指定的数组中，该函数在 iostream 类体中的原型声明语句如下：

```
istream& read(char* pch, int nCount);
istream& read(unsigned char* puch, int nCount);
istream& read(signed char* psch, int nCount);
```

其中，pch 是用来存放读取来的字符的字符指针或者是字符数组，nCount 是一个 int 型数，用来指定从输入流中读取字符的个数。

【例 9-6】 利用 read 函数读取字符串，并输出。

```
#include<iostream>
using namespace std;
int main()
{   const int S=10;
    char buf[S]="";
    cout<<"Enter …\n";
    cin.read(buf, S);
    cout<<buf<<endl;
    return 0;
}
```

执行该程序在屏幕上显示如下内容：

```
Enter …
123↙
4567↙
^Z↙ (程序结束)
123
4567
```

5. istream 类的其他成员函数

除了以上介绍的用于读取数据的成员函数外，istream 类还有其他在输入数据时用得着的一些成员函数。常用的有以下几个。

(1) eof 函数。

eof 是 end of file 的缩写，表示“文件结束”。从输入流读取数据，如果到达文件末尾(遇文件结束符)，eof 函数值为非零值(表示真)，否则为 0(假)。其调用格式为：

```
cin.eof();
```

【例 9-7】 逐个读取一行字符，将其中的非空格字符输出。

```
#include<iostream>
using namespace std;
int main()
{  char c;
   cout<<"Enter …\n";
   while (!cin.eof())              //eof 函数返回值为假表示未遇到文件结束符
       if ((c=cin.get()) != ' ')   //检查读取的字符是否为空格字符
           cout.put(c);
   return 0;
}
```

执行该程序在屏幕上显示如下内容：

```
Enter …
I am a student.↙
Iamastudent.
^Z↙(程序结束)
```

(2) peek 函数。

peek 函数的作用是从输入流中返回下一个字符，但它只是观测，指针仍停留在当前位置，遇到流结束标志时返回 EOF。其调用形式为：

```
c=cin.peek();
```

【例 9-8】 编制程序，检测字符 1 后面是字符 2 的连续字符组的个数。

```
#include<iostream>
using namespace std;
int main()
{  int ch, i=0;
   cout<<"Please Enter a string…\n";
   while ((ch=cin.get()) !=EOF)
   {  if (ch=='1' && cin.peek()=='2') i++;    }
   cout<<i<<endl;
   return 0;
}
```

执行该程序在屏幕上显示如下内容：

```
Please Enter a string…
3124512127812↙
^Z
4
```

在例 9-8 程序中使用 peek 函数从输入流中返回字符，但不输出，可以利用该函数的这一特点来检查字符1后面是否是字符2。如果字符1后面是字符2，则i加1。由输出结果可以判断输入流中有4个连续的字符组。

（3）putback函数。

putback函数的调用形式为：

```
cin.putback(ch);
```

其作用是将前面用get或getline函数从输入流中读取的字符ch返回到输入流，插入到当前指针位置，以供后面读取。

【例9-9】 putback函数的用法。

```
#include<iostream>
using namespace std;
int main()
{   char ch[10];
    cout<<"Please enter a sentence:"<<endl;
    cin.getline(ch, 8, '/');
    cout<<"The first part is: "<<ch<<endl;
    cin.putback(ch[0]);          //将第一个句子的第一个字符插入到指针所指处
    cin.getline(ch, 8, '/');
    cout<<"The second part is: "<<ch<<endl;
    return 0;
}
```

执行该程序在屏幕上显示如下内容：

```
Please enter a sentence:
banana./ea./↙
The first part is: banana.
The second part is: bea.
```

（4）ignore函数。

ignore函数在iostream类中的原型声明语句如下：

```
istream& ignore(int n=1, int=EOF);
```

其中，第1个参数为要提取的字符个数，默认值为1，第2个参数为终止字符，默认值为EOF。ignore函数的作用是跳过输入流中指定个数的字符，或在遇到指定的终止字符时提前结束(此时跳过包括终止字符在内的若干字符)。下面的语句实现跳过输入流中5个字符，遇到字符A后就不再跳了。

```
ignore(5, 'A');
```

【例9-10】 用ignore函数跳过输入流中的字符。

```
#include<iostream>
using namespace std;
```

```
int main()
{   char ch[20];
    cout<<"Please enter a sentence:"<<endl;
    cin.get(ch, 20, '/');
    cout<<"The first part is: "<<ch<<endl;
    //cin.ignore();                    //跳过输入流中一个字符
    cin.get(ch, 20, '/');
    cout<<"The second part is: "<<ch<<endl;
    return 0;
}
```

执行该程序在屏幕上显示如下内容：

```
Please enter a sentence:
Good news./It's a good news./
The first part is: Good news.
The second part is:
```

从程序的运行结果可以看出，程序中的第2个“cin. get(ch, 20, '/');”语句没有从输入流中读取有效字符到字符数组ch。如果希望第2个“cin. get(ch, 20, '/');”语句能读取字符串“It's a good news.”，就应该设法跳过输入流中第一个“/”，把注释掉的语句“cin. ignore();”设置为正常语句后，就可以实现此目的。

以上介绍的各个成员函数，不仅可以用cin流对象来调用，而且也可以用istream类的其他流对象来进行调用。

9.3 输入输出运算符

9.3.1 输入运算符

输入运算符“>>”也称为流提取运算符，是一个二目运算符，有两个操作数：左操作数是istream类的一个对象，右操作数既可以是一个预定义的变量，也可以是重载了该运算符的类对象。因此，输入运算符不仅能够识别预定义类型的变量，如果某个类中重载了这个运算符，它也能识别这个类的对象。

在使用输入运算符时需要注意以下几点。

(1) 在默认情况下，运算符“>>”跳过空白符，然后读取与输入变量类型相对应的值。因此，给一组变量输入值时可以用空格或换行符把输入的数值间隔开。

(2) 当输入字符串时，运算符“>>”会跳过空白符，因此读取的字符串中不要有空格，否则认为是结束。

(3) 不同类型的变量一起输入时，系统除了检查是否有空白符外，还完成输入数据与变量类型的匹配。如：

```
int n;
float x;
```

```
cin>>n>>x;
```

如果输入：33.33 22.22

则得到的结果为 n=33，x=0.33。

(4) 输入运算符采用左结合方式，可以将多个输入操作组合到一个语句中。

9.3.2 输出运算符

输出运算符"<<"也称为流插入运算符，是一个二目运算符，有两个操作数：左操作数是 ostream 类的一个对象，右操作数既可以是一个预定义的变量，也可以是重载了该运算符的类对象。因此，输出运算符不仅能够识别预定义类型的变量，如果某个类中重载了这个运算符，它也能识别这个类的对象。

在使用输出运算符时需要注意以下几点。

(1) 输出运算符也采用左结合方式，可以将多个输出操作组合到一个语句中。如：

```
int n=1;
double m=1.1;
cout<<n<<", "<<m<<endl;
```

输出结果就是：

```
1, 1.1
```

(2) 使用输出运算符时，不同类型的数据也可以组合在一条语句中，编译程序会根据在"<<"右边的变量或常量的类型，决定调用重载该运算符的哪个重载函数。

9.3.3 输入与输出运算符的重载

C++ 的 I/O 流类库的一个重要特征是能够支持新的数据类型的输入输出，用户可以通过对输入运算符">>"和输出运算符"<<"进行重载来支持新的数据类型的输入输出。

关于输入输出运算符">>"和"<<"重载的知识已经在第 7 章 7.5.3 节中做过详细介绍，在此不再赘述。

9.4 C++ 格式输入输出

在输出数据时，为简便起见，往往不指定输出的格式，而由系统根据输出数据的类型采取默认的格式，但有时我们希望数据按指定的格式输出。有两种方法可以达到此目的：一种是使用流对象的有关成员函数；另一种是使用控制符。

9.4.1 用流对象的成员函数控制输入输出格式

1. 控制格式的标志位

在 ios 类中声明了数据成员 x_flags(声明语句：long x_flags;)，它存储控制输入输出格式的状态标志，每个状态标志占一位。状态标志的值只能是 ios 类中定义的枚举量，如表 9-2 所示。

表 9-2 状态标志位及含义

标志位名称	值	含义	输入输出
skipws	0x0001	跳过输入流中的空白符	i
left	0x0002	输出数据按输出域左对齐	o
right	0x0004	输出数据按输出域右对齐	o
internal	0x0008	数据的符号左对齐,数据本身右对齐,符号和数据之间为填充符	o
dec	0x0010	转换基数为十进制形式	i/o
oct	0x0020	转换基数为八进制形式	i/o
hex	0x0040	转换基数为十六进制形式	i/o
showbase	0x0080	输出的数值数据前面带有基数符号(0 或 0x)	o
showpoint	0x0100	浮点数输出带有小数点	o
uppercase	0x0200	用大写字母输出十六进制数值	o
showpos	0x0400	正数前面带有"+"符号	o
scientific	0x0800	浮点数输出采用科学表示法	o
fixed	0x1000	使用定点数形式表示浮点数	o
unitbuf	0x2000	完成输出操作后立即刷新流的缓冲区	o
stdio	0x4000	完成输出操作后刷新系统的 stdout,stderr	o

如果设定了某个状态标志,则 x_flags 中对应位为 1,否则为 0。这些状态标志之间是或的关系,可以几个标志并存。

2. 使用成员函数设置标志字

ios 类中定义了数据成员 x_flags 来记录当前格式化的状态,即各标志位的设置值,这个数据成员被称为标志字。格式标志在类 ios 中被定义为枚举值,因此在引用这些格式标志时要在前面加上类名 ios 和域运算符“::”。设置这个标志字的成员函数为 setf,其调用格式如下:

```
stream_obj.setf(ios:: flags);
```

这里,stream_obj 是要设置格式标志的流对象,编程时常用的是 cin 和 cout。要设置多个标志时,彼此用位运算符“|”来分隔。如:

```
cout.setf(ios::dec|ios::scientific);
```

注意:

(1) 清除状态标志。unsetf 函数用来清除一个状态标志,即把指定的状态标志位置 0。函数调用格式为:

```
stream_obj.unsetf(ios:: flags);
```

其使用方法与 setf 是类似的。

(2) 取标志状态值。flags 函数用来取当前状态标志。有两种使用方法：

```
stream_obj.flags();
stream_obj.flags(ios::flags);
```

不带参数的函数是返回与流相关的当前状态标志值。带参数的函数是把状态标志值设置为由参数 flags 指定的值，并返回设置前的状态标志值。注意，函数 setf 是在原有的基础上追加设定，而 flags 函数是用新值覆盖以前的值。

【例 9-11】 用 flags 函数设置 161 在不同数制下的数值。

```
#include<iostream>
using namespace std;
int main()
{  cout.flags(ios::oct);
   cout<<"OCT:161="<<161<<endl;
   cout.flags(ios::dec);
   cout<<"DEC:161="<<161<<endl;
   cout.flags(ios::hex);
   cout<<"Hex:161="<<161<<endl;
   cout.flags(ios::uppercase|ios::hex);
   cout<<"UPPERCASE:161="<<161<<endl;
   return 0;
}
```

程序运行结果如下：

```
OCT:161=241
DEC:161=161
Hex:161=a1
UPPERCASE:161=A1
```

在例 9-11 程序中采用 flags 函数进行覆盖设置，会显示出 161 在不同数制下的数值。

3. 使用成员函数设置域宽、填充字符、精度

在 ios 类中，除了提供了操作状态标志的成员函数外，还提供了设置域宽、填充字符和对浮点数设置精度的成员函数来对输出进行格式化。

(1) 设置域宽的成员函数 width。

该成员函数有以下两种形式。

① int width()：该函数用来返回当前输出数据时的宽度。

② int width(int wid)：该函数用来设置当前输出数据的宽度为参数值 wid，并返回更新前的宽度值。

注意：如果输出宽度没有设置，那么默认情况下为数据所占的最少字符数。所设置的域宽仅对下一个输出流有效，当一次输出完成后，域宽恢复为 0。

(2) 设置填充字符的成员函数 fill。

该成员函数有以下两种形式：

① char fill()：该函数用来返回当前所使用的填充字符。

② char fill(char c)：带参数的 fill 函数用来设置填充字符为参数 c 字符，并返回更新前的填充字符。

注意：如果填充字符省略，那么默认填充字符为空格符。如果所设置的数据宽度小于数据所需的最少字符数，则数据宽度按默认宽度处理。

(3) 设置浮点数输出精度的成员函数 precision。

该成员函数有以下两种形式：

① int precision()：该函数返回当前浮点数的有效数字的个数。

② int precision(int n)：该函数设置浮点数输出时的有效数字个数，并返回更新前的值。

注意：float 型实数最多提供 7 位有效数字，double 型实数最多提供 15 位有效数字，long double 型实数最多提供 19 位有效数字。

【例 9-12】 利用格式化成员函数来设置输出数据的格式。

```
#include<iostream>
using namespace std;
int main()
{  cout<<"1234567890"<<endl;
   cout<<"Default width is:"<<cout.width()<<endl;
   int i=1234;
   cout<<i<<endl;
   cout.width(12);
   cout<<i<<endl;
   cout<<"Default fill is: "<<cout.fill()<<endl;
   cout.width(12);
   cout.fill('*');
   cout.setf(ios::left);
   cout<<i<<endl;
   cout<<"Default precision is:"<<cout.precision()<<endl;
   float j=12.3456789;
   cout<<j<<endl;
   cout.width(12);
   cout.setf(ios::right);
   cout.precision(5);
   cout<<j<<endl;
   return 0;
}
```

程序运行结果如下：

```
1234567890
Default width is:0
```

```
1234
        1234
Default fill is:
1234********
Default precision is:6
12.3457
******12.346
```

在例9-12程序中，分别输出了默认宽度，然后设置宽度为12，再输出相关数据。又输出了默认填充字符，然后设置填充字符为"*"后，再输出相关数据。最后输出了浮点数精度的默认值，然后设置为5，再输出相关数据。运行结果里出现的12.3457和12.346是经过四舍五入后的结果。

9.4.2 用控制符控制输入输出格式

使用ios类的成员函数来控制输入或输出格式时，必须由流对象来进行调用，使用不方便。我们可以使用特殊的、类似于函数的控制符来进行控制。控制符可以直接嵌入到输入或输出操作的语句中。C++提供的控制符如表9-3所示。

表9-3 控制符及含义

控制符名称	含 义	输入输出
dec	数据采用十进制表示	i/o
hex	数据采用十六进制表示	i/o
oct	数据采用八进制表示	i/o
setbase(int n)	设置数据格式为n(取值0,8,10或16)，默认值为0	i/o
showbase/noshowbase	显示/不显示数值的基数前缀	o
showpoint/noshowpoint	显示/不显示小数点(只有当小数部分存在时才显示小数点)	o
showpos/noshowpos	在非负数中显示/不显示+	o
skipws/noskips	输入数据时，跳过/不跳过空白字符	i
upercase/nouppercase	十六进制显示为0X/0x，科学计数法显示E/e	o
ws	跳过开始的空白字符	i
ends	插入空白字符，然后刷新ostream缓冲区	o
endl	插入换行字符，然后刷新ostream缓冲区	o
flush	刷新与流相关联的缓冲区	o
resetiosflags(long f)	清除参数所指定的标志位	i/o
setiosflags(long f)	设置参数所指定的标志位	i/o
setfill(char c)	设置填充字符	o
setprecision(int n)	设置精度	o
setw(int n)	设置域宽	o

这些控制符是在 iomanip. h 中定义的，因此如果在程序中使用这些控制符必须把头文件 iomanip. h 包含进来。看下面的例子。

【例 9-13】 用控制符控制输出格式。

```
#include<iostream>
using namespace std;
#include<iomanip>                                    //不要忘记包含此头文件
int main()
{  int a=161;
   cout<<"dec:"<<dec<<a<<endl;                        //以十进制形式输出整数
   cout<<"hex:"<<hex<<a<<endl;                        //以十六进制形式输出整数 a
   cout<<"oct:"<<setbase(8)<<a<<endl;                 //以八进制形式输出整数 a
   char *pt="Hello world";                            //pt 指向字符串"Hello world"
   cout<<setw(16)<<pt<<endl;                          //指定域宽为 16,输出字符串
   cout<<setfill('*')<<setw(16)<<pt<<endl;
   double k=12.345678;
   cout<<setiosflags(ios::scientific)<<setprecision(8);    //按指数形式输出,8 位小数
   cout<<"k="<<k<<endl;
   cout<<"k="<<setprecision(4)<<k<<endl;                   //改为 4 位小数
   cout<<"k="<<setiosflags(ios::fixed)<<k<<endl;           //改为小数形式输出
   return 0;
}
```

程序运行结果如下：

```
dec:161                 (十进制形式)
hex:a1                  (十六进制形式)
oct:241                 (八进制形式)
     Hello world        (域宽为 16)
*****Hello world        (域宽为 16,空白处以'*'填充)
k=1.23456780e+001       (指数形式输出,8 位小数)
k=1.2346e+001           (指数形式输出,4 位小数)
k=12.35                 (小数形式输出,精度仍为 4)
```

9.5 文件操作与文件流

9.5.1 文件的概念

前面讨论的输入输出是以系统指定的标准设备（输入设备为键盘，输出设备为显示器）为对象的。在实际应用中，常以磁盘文件作为对象，即从磁盘文件读取数据，将数据输出到磁盘文件。

所谓文件，一般指存储在外部介质上的数据的集合。一批数据是以文件的形式存放在外部介质上的。操作系统是以文件为单位对数据进行管理的，也就是说，如果想找存储在外部介质上的数据，必须先按文件名找到指定的文件，然后再从文件中读取

数据。要向外部介质上存储数据也必须先建立一个文件（以文件名标识），才能向它输出数据。

根据文件中数据的组织形式，文件可分为 ASCII 文件和二进制文件。ASCII 文件也称文本文件，其每个字节存一个 ASCII 码，表示一个字符。这样的文件使用比较方便，但占用的存储空间较大。二进制文件，是把内存中的存储形式原样写到外存中。使用起来可以节省外存空间和转换时间，但是它的一个字节不对应一个字符。

为了实现文件的输入输出，首先要创建一个文件流，当把这个流和实际的文件相关联时，就称为打开文件。完成输入输出后要关闭这个文件，即取消文件与流的关联。下面介绍 C++ 的 I/O 流类库中提供的文件流类。

9.5.2 文件流类及文件流对象

在 C++ 的 I/O 流类库中定义了几种文件流类，专门用于对磁盘文件的输入输出操作。它们是 ifstream 类（支持从磁盘文件的输入）、ofstream 类（支持向磁盘文件的输出）和 fstream 类（支持对磁盘文件的输入输出）。

由前面的知识可以知道在以标准设备为对象的输入输出中，必须定义流对象，如 cin、cout 就是流对象，C++ 是通过流对象进行输入输出的。同理，如果以磁盘文件为对象进行输入输出，也必须先定义一个文件流类的对象，通过文件流对象将数据从内存输出到磁盘文件或者从磁盘文件将数据输入到内存。

由于 cin 和 cout 已在 iostream.h 中事先定义，所以用户不需自己定义就可以使用。但在通过文件流对象对磁盘文件进行操作时，文件流对象没有事先统一定义，必须由用户自己定义。文件流对象是用文件流类定义的，看下面的语句：

```
ofstream outfile;          //定义一个输出文件流对象 outfile
ifstream infile;           //定义一个输入文件流对象 infile
```

需要注意的是：在程序中定义文件流对象，必须包含头文件 fstream.h。

9.5.3 文件的打开与关闭

磁盘文件的打开和关闭使用 fstream 类中定义的成员函数 open 和 close。

1. 文件的打开

要对磁盘文件进行读写操作，首先必须要先打开文件。所谓打开文件就是将文件流对象与具体的磁盘文件建立联系，并指定相应的使用方式。以上工作可以通过以下两种不同的方法实现。

(1) 先说明一个 fstream 类的对象，再调用该对象的成员函数 open 打开指定的文件。例如，以输出方式打开一个文件的方法如下：

```
ofstream outfile;                   //定义 ofstream 类(输出文件流类)对象 outfile
outfile.open("f1.dat", ios::out);   //使文件流与 f1.dat 文件建立关联
```

上面第 1 句定义 ofstream 类对象 outfile，第 2 句通过 outfile 调用其成员函数 open，提供了两个实参：第 1 个实参是要被打开的文件名，使用文件名时可以包括路径，如

“c:\\new\\f1.dat”,如果默认路径,则默认为当前目录下的文件;第 2 个实参说明文件的访问方式。文件访问方式多种,见表 9-4 所示。

表 9-4　文件访问方式

方式名称	用　　途
ios::in	以输入(读)方式打开文件
ios::out	以输出(写)方式打开文件(默认方式),如果已有此名字的文件,则其原有内容全部清除
ios::app	以追加方式打开文件,新增加的内容添加在文件尾
ios::ate	文件打开时,文件指针定位于文件尾
ios::trunc	如果文件存在,将其清除;如果文件不存在,创建新文件
ios::binary	以二进制方式打开文件,默认时为文本文件
ios::nocreate	打开已有文件,若文件不存在,则打开失败
ios::noreplace	若打开的文件已经存在,则打开失败

(2) 在定义文件流对象时同时指定参数。

在声明文件流类时定义了带参数的构造函数,其中包含了打开磁盘文件的功能。因此,可以在定义文件流对象时指定参数,调用文件流类的此构造函数来实现打开文件的功能。如要实现(1)中说明的以输出方式打开一个文件,方法如下:

```
ofstream outfile("f1.dat", ios::out);
```

一般多用此形式,相比(1)来说比较方便。作用与 open 函数相同,参数含义相同。

注意:对于表 9-4 中的访问方式可以用“位或”运算符“|”对输入输出方式进行组合。如 ios::out| ios::binary 作用是以二进制方式打开一个输出文件。另外,如果打开操作失败,open 函数的返回值为 0(假),如果是用调用构造函数的方式打开文件的,则流对象的值为 0。

2. 文件的关闭

当结束一个磁盘文件的读写操作后,应关闭该文件。关闭文件用成员函数 close,如“outfile.close();”。看下面的例子。

【例 9-14】 文件操作演示程序。

```
#include<iostream>
#include<fstream>
using namespace std;
int main()
{  int n;
   double d;
   ofstream outfile;
   outfile.open("f1.dat", ios::out);
   outfile<<10<<endl;
   outfile<<10.1<<endl;
```

```
    outfile.close();
    ifstream infile("f1.dat", ios::in);
    infile>>n>>d;
    cout<<n<<", "<<d<<endl;
    infile.close();
    return 0;
}
```

程序运行结果如下：

```
10, 10.1
```

9.5.4 对文本文件的操作

如果文件的每一个字节中均以 ASCII 码形式存放数据，即一个字节存放一个字符，这个文件就是 ASCII 文件（或称文本文件、字符文件）。程序可以从 ASCII 文件中读取若干个字符，也可以向它输出一些字符。

对文本文件的读写操作可以用流插入运算符“<<”和流提取运算符“>>”输入输出标准类型的数据。“<<”和“>>” 运算符已经在 iostream 中被重载，能够用于 ostream 和 istream 类对象的标准类型数据的输入输出。ifstream 和 ofstream 分别是 istream 和 ostream 类的派生类，它们从 istream 和 ostream 类继承了公用的重载函数，所以在对磁盘文件的操作中，可以使用文件流对象和流插入运算符“<<”及流提取运算符“>>”实现对磁盘文件的读写。

对文本文件的读写操作也可以用文件流的 put、get、getline 等成员函数进行字符的输入输出。

【例 9-15】 把文本写入指定的文件中。

```
#include<fstream>
#include<iostream>
#include<conio.h>
using namespace std;
int main()
{  fstream outfile("f2.dat", ios::out);  //定义文件流对象，打开磁盘文件“f2.dat”
   if (!outfile)                          //如果打开失败，outfile 返回 0 值
   {  cerr<<"可能是没有权限，或者磁盘分区满，或者磁盘有坏道等。\n"<<endl;
      cerr<<"按任意键退出程序…\n"<<endl;
      getch();
      exit(1);
   }
   outfile<<"Hello world.\n";             //向磁盘文件“f2.dat”输出数据
   outfile<<"Hello country.\n";
   outfile.close();                       //关闭磁盘文件“f2.dat”
   return 0;
}
```

执行该程序，将两行字符串写到了文件 f2.dat 中。如果文件 f2.dat 已经存在，则删除其中原有的内容，如果文件 f2.dat 不存在，则创建 f2.dat 文件。可以用记事本来打开文件 f2.dat 来看一下字符串是否已经被写入。

下面再看一个从文本文件中读出信息的例子。

【例 9-16】 从文本文件中读出文本信息。

```
#include<fstream>
#include<iostream>
#include<conio.h>
using namespace std;
int main()
{  char s[100];
   fstream infile("f2.dat", ios::in);      //定义文件流对象，打开磁盘文件"f2.dat"
   if (!infile)                            //如果打开失败，infile 返回 0 值
   {  cerr<<"打开 f2.dat 文件失败!\n"<<endl;
      cerr<<" f2.dat 可能不存在，或者文件已损坏，或者没有权限!\n"<<endl;
      cerr<<"按任意键退出程序…\n"<<endl;
      getch();
      exit(1);
   }
   while (!infile.eof())
   {  infile.getline(s, sizeof(s));
      cout<<s<<endl;
   }
   infile.close();                         //关闭磁盘文件"f2.dat"
   return 0;
}
```

执行该程序，若读取的是例 9-15 创建的 f2.dat 文件，则输出如下信息：

```
Hello world.
Hello country.
```

对于单字符的输入输出可以使用成员函数 get 和 put。看下面的例子。

【例 9-17】 使用 get 和 put 函数进行文本文件读写。

```
#include<fstream>
#include<iostream>
#include<string>
using namespace std;
int main()
{  fstream infile, outfile;                //定义文件流对象
   char ch, str[]="Hello world";
   outfile.open("ff.dat", ios::out);
   if (!outfile)                           //如果打开失败，outfile 返回 0 值
   {  cerr<<"open error!\n"<<endl;
```

```
        abort();
      }
    for (int i=0; i<=strlen(str); i++)
        outfile.put(str[i]);
    outfile.close();
    infile.open("ff.dat", ios::in);
    if (!infile)                                   //如果打开失败,infile 返回 0 值
    {  cerr<<"open error!\n"<<endl;
       abort();
      }
    while (infile.get(ch))
        cout<<ch;
    cout<<endl;
    infile.close();                                //关闭磁盘文件"ff.dat"
    return 0;
}
```

执行该程序，会输出结果：

```
Hello world
```

例 9-17 程序中，先打开文件 ff.dat，然后将一个字符数组中的字符串通过 put 函数将其逐个字符写到文件中，关闭文件。接下来再打开，通过 get 函数将文件中的字符逐个读出。

9.5.5 对二进制文件的操作

二进制文件中的信息不是字符数据，而是字节中的二进制形式的信息，因此又称它为字节文件。对二进制文件的操作同样是使用时要先打开文件，用完后要关闭文件。在打开时要用 ios::binary 指定为以二进制形式传送和存储。二进制文件除了可以作为输入文件或输出文件外，还可以是既能输入又能输出的文件，这是和 ASCII 文件不同的地方。

1. 用成员函数 write 和 read 操作二进制文件

向二进制文件中写入信息时，使用 write 函数，从二进制文件中读出信息，使用 read 函数。这两个成员函数的原型如下：

```
istream& read(char * buff, int length);
ostream& write(const char * buff, int length);
```

字符类型指针 buff 指向内存中一段存储空间，整型 length 是读写字节数。

使用方式如下：

```
a.read(p1, 30);
```

这条语句表示 a 是输入文件流对象，read 函数从 a 所关联的磁盘文件中读入 30 个字节（或遇到 EOF 结束），存放在字符指针 p 所指的一段内存空间中。

```
b.write(p2,20);
```

这条语句表示 b 是输出文件流对象，write 函数将字符指针 p2 所给出的地址开始的 20 个字节的内容不加转换地写到磁盘文件中。

例 9-18 利用这两个函数对一个二进制文件进行读写操作。

【例 9-18】 将 4 个学生的信息写到 student. dat 文件中，并读出检测。

```
#include<fstreamh>
#include<iostreamh>
using namespace std;
struct Person
{  char name[20];
   int age;
   char sex;
};
int main()
{  Person stud[4]={"Jack",18, 'M', "John",19, 'M', "Mary",17, 'F', "Mike",18, 'M'};
   ofstream outfile("student.dat",ios::binary);
   if (!outfile)                    //如果打开失败,outfile 返回 0 值
   {  cerr<<"open error!\n"<<endl;
      abort();
   }
   for (int i=0; i<4; i++)
       outfile.write((char * )&stud[i], sizeof(stud[i]));
   outfile.close();
   ifstream infile("student.dat", ios::binary);
   if (!infile)
   {  cerr<<"open error!"<<endl;
      abort();
   }
   for (int i=0; i<4; i++)
       infile.read((char * )&stud[i], sizeof(stud[i]));
   infile.close();
   for (int i=0; i<4; i++)
   {  cout<<" name: "<<stud[i].name<<" \t";
      cout<<" age: "<<stud[i].age<<" \t";
      cout<<" sex: "<<stud[i].sex<<endl;
   }
   return 0;
}
```

程序运行结果如下：

```
name: Jack      age: 18      sex: M
name: John      age: 19      sex: M
name: Mary      age: 17      sex: F
name: Mike      age: 18      sex: M
```

在例 9-18 中，利用语句“ofstream outfile("student. dat", ios::binary);”定义了输出文件流对象 outfile，并且参数 ios::binary 指示采用二进制的方式来操作。若 student. dat 文件已存在，则删除其原有内容；若不存在，则创建新文件。后面的 for 循环，将数组 stud 中数据写入了文件中。接下来利用“ifstream infile ("student. dat",ios::binary);”语句定义了输入文件流对象 infile，并且参数 ios::binary 指示采用二进制的方式来操作，然后用循环将文件中内容读出并显示在屏幕上。

2. 随机访问二进制文件

前面的例子都是按顺序访问方式访问文件的。但是对于二进制文件，还可以对它进行随机访问。在对一个二进制文件进行读写操作时，系统会为该文件设置一个读写指针，用于指示当前应进行读写的位置。在输入时每读入一个字节，指针就向后移动一个字节。在输出时每向文件输出一个字节，指针就向后移动一个字节，随着输出文件中字节的不断增加，指针不断后移。文件流提供文件指针相关的成员函数，如表 9-5 所示。

表 9-5 文件指针有关的成员函数

成员函数名称	用　途
gcount()	返回最后一次输入所读入的字节数
tellg()	返回输入文件指针的当前位置
seekg(<文件中的位置>)	将输入文件中指针移到指定的位置
seekg(<偏移量>,<参照位置>)	以参照位置为基准移动若干字节
tellp()	返回输出文件指针当前位置
seekp(<文件中的位置>)	将输出文件中指针移到指定的位置
seekp(<偏移量>,<参照位置>)	以参照位置为基准移动若干字节

其中，参数<文件中的位置>、<偏移量>都是 long 型量，并以字节为单位。<参照位置>可以被设置为以下 3 个值之一，它们是在 ios 类中定义的枚举常量：

(1) ios::cur：表示相对于文件的当前读指针位置。

(2) ios::beg：表示相对于文件的开始位置。

(3) ios::end：表示相对于文件的结尾位置。

例如：

```
infile.seekg(-100, ios::cur);
```

表示使输入文件中的指针以当前位置为基准向前移动 100 个字节。

【例 9-19】 随机访问二进制文件。

```
#include<fstream>
#include<iostream>
using namespace std;
struct Person
{   char name[20];
```

```
    int age;
    char sex;
};
int main()
{  Person stud[4]={"Jack",18, 'M', "John",19, 'M', "Mary",17, 'F', "Mike",18, 'M
    '};
    fstream iofile("student.dat", ios::in|ios::out|ios::binary);
    if (!iofile)
    {  cerr<<"open error!"<<endl;
       abort();
    }
    for (int i=0; i<4; i++)                          //向磁盘文件输出 4 个学生的数据
        iofile.write((char *)&stud[i], sizeof(stud[i]));
    Person stud1[4];                                 //用来存放从磁盘文件读取的数据
    //先后读取序号为 0,2 的学生数据,存放在 stud1[0]和 stud1[2]中
    for (int i=0; i<4; i=i+2)
    {  iofile.seekg(i*sizeof(stud[i]), ios::beg); //定位于第 i 学生数据开头
       //读取第 i 学生数据,存放在 stud1[i]中
       iofile.read((char*)&stud1[i], sizeof(stud1[i]));
       //输出 stud1[i]各数据成员的值
       cout<<stud1[i].name<<", "<<stud1[i].age<<", ";
       cout<<stud1[i].sex<<endl;
    }
    cout<<endl;
    //修改第 2 个学生(序号为 2)的数据
    strcpy(stud[2].name, "Jenny"); stud[2].age=18; stud[2].sex='F';
    iofile.seekp(2*sizeof(stud[0]), ios::beg);  //定位于第 2 个学生数据开头
    iofile.write((char *)&stud[2], sizeof(stud[2]));   //更新第 2 个学生数据
    iofile.seekg(0, ios::beg);
    for (int i=0; i<4; i++)                          //读取 4 个学生的数据并显示
    {  iofile.read((char *)&stud1[i], sizeof(stud1[i]));
       cout<<stud1[i].name<<", "<<stud1[i].age<<", ";
       cout<<stud1[i].sex<<endl;
    }
    iofile.close();
    return 0;
}
```

程序运行结果如下：

```
Jack, 18, M
Mary, 17, F

Jack, 18, M
John, 19, M
```

```
Jenny, 18, F
Mike, 18, M
```

例 9-19 程序首先建立一个输入输出二进制文件流对象 iofile，采用了 ios::in|ios::out|ios::binary 方式，表示打开的文件是可读可写的二进制文件(注意：此种打开文件的方式，要求文件必须是一个已经存在的文件，否则文件打开失败)。程序通过调用 write 函数向二进制磁盘文件 student.dat 输出 4 个学生的数据。然后通过 seekg 函数定位，调用 read 函数读出文件中的第 0 个和第 2 个学生的数据。接下来程序又通过 seekp 函数定位，更新文件 student.dat 中的第 2 个学生的数据。最后再次通过 seekg 函数定位，读出文件 student.dat 中的全部学生的数据。

9.6 图书馆图书借阅管理系统中的文件操作

在图书馆图书借阅管理系统中，因为系统中没有使用数据库管理系统，所以一切信息都是写入文件或从文件读出的。所涉及的文件有：图书信息文件 book.dat、学生信息文件 student.dat、教师信息文件 teacher.dat、图书管理员信息文件 librarian.dat、图书借阅信息文件 borrowrecord.dat，系统中的用户类 User、学生类 Student、教师类 Teacher、图书管理员类 Librarian、图书类 Book、图书借阅类 BorrowRecord 都提供了实现读写相应信息文件的成员函数 readFromFile 和 writeToFile。而学生顺序表类、教师顺序表类、图书管理员顺序表类、图书顺序表类、借阅记录顺序表类中的成员函数 readFromFile 和 writeToFile 调用其表元素对象的 readFromFile 和 writeToFile 成员函数。相关代码请参见第 4 章 4.9 节相应类代码。第 8 章 8.4 节的通用顺序表类模板中的成员函数 readFromFile 和 writeToFile 也同样调用其表元素对象的读写文件的 readFromFile 和 writeToFile 成员函数。

本 章 小 结

C++ 的输入输出包括标准输入输出、文件输入输出和字符串输入输出。C++ 提供了庞大的输入输出类库，用不同的类去实现不同的功能。C++ 的输入输出流比 C 的 I/O 系统，操作更简洁，更易理解，它使标准 I/O 流、文件流和串流的操作在概念上统一了起来。

本章介绍了 C++ 输入输出流库、标准输入/输出流、输入输出运算符及其重载、输入输出格式控制、文件输入输出。

考虑本章所学内容，本章最后一节讨论了贯穿全书的综合性项目——图书馆图书借阅管理系统中的文件操作。

习 题

一、简答题

1. 为什么 cin 输入时，空格和回车无法读入？这时可改用哪些流成员函数？

2. 在用 cin 输入结束时输入^Z,则程序对以后的输入怎样处理？如果要求恢复正常,应执行什么成员函数？

3. 让屏幕输出一个字符串(字符)有哪些方法？试举例说明。

4. 从键盘输入一个字符串(字符)有哪些方法？试举例说明。

5. 简述文本文件和二进制文件在存储格式、读写方式等方面的不同,各自的优点和缺点。

6. 文件的随机访问为什么总是用二进制文件,而不用文本文件？

二、编程题

1. 一元二次方程 $ax^2+bx+c=0$ 有实数根的条件是 $b^2-4ac\geqslant 0$,编写程序,输入 a、b、c,检查 a、b、c 是否满足以上条件,如不满足,由 cerr 输出有关出错信息。

2. 编程实现以下数据输入输出：

(1) 以左对齐方式输出整数,域宽为 12。

(2) 以八进制、十进制、十六进制输入输出整数。

(3) 实现浮点数的指数格式和定点格式的输入输出,并指定精度。

要求：用 C++ ios 类提供的格式化函数和 C++ 控制符两种方式实现。

3. 编程求 100 以内的所有素数。将所得数据存入文本文件和二进制文件。对写入文本文件中的素数,要求存放格式是每行 10 个素数,每个数占 6 个字符,左对齐;可用任一文本编辑器将它打开阅读。二进制文件整型数的长度请用 sizeof()来获得,要求可以正序读出,也可以逆序读出(利用文件定位指针移动实现),读出数据按文本文件中的格式输出显示。

4. 设有一学生情况登记表如表 9-6 所示。编程实现如下操作：

(1) 定义一个结构体类型和结构体数组,将表 9-6 中信息存入结构体数组中。

(2) 打开一个可读写的新文件 student.dat,用 write 函数将结构体数组内容写入文件 student.dat 中。

(3) 从文件 student.dat 中读出各个学生的信息,读完后关闭文件。

表 9-6 学生信息表

学号(num)	姓名(name)	性别(sex)	年龄(age)	成绩(grade)
001	Zhangsan	M	18	90
002	Lisi	F	19	80
003	Wangwu	F	18	98
004	Zhaoliu	M	18	68
005	Tianqi	F	19	77
006	Liuba	M	18	87
007	Gaojiu	M	18	86
008	Sunshi	F	17	95
009	Zhouhao	M	18	93
010	Maoyu	M	18	88

第10章 异常处理

一个好的程序不仅要保证能实现所需要的功能，而且还应该有很好的容错能力。在程序运行过程中如果有异常情况出现，程序本身应该能解决这些异常，而不是终止程序或出现死机。本章介绍异常处理的基本概念、C++ 异常处理语句、异常与函数、异常与类。通过本章的学习，掌握了 C++ 异常处理的机制，就可以在编制程序时灵活地加以运用，从而使编写的程序在遇到异常情况时能摆脱大的影响，避免出现程序终止或死机等现象。

10.1 C++ 异常处理概述

程序中常见的错误有两大类：语法错误和运行错误。在编译时，编译系统能发现程序中的语法错误（如关键字拼写错误、变量名未定义、语句末尾缺分号、括号不配对等），程序员通过编译系统提供的错误提示可以进行修改。

有的程序虽然能通过编译，也能投入运行，但是在运行过程中会出现异常，得不到正确的运行结果，甚至导致程序不正常终止或出现死机现象，这些都说明程序中存在运行错误。运行错误相对来说比较隐蔽，是程序调试中的一个难点，该错误又可分为逻辑错误和运行异常两类。逻辑错误是由设计不当造成的，如对算法理解有误、在一系列计算过程中出现除数为 0、数组的下标溢出等。这些错误只要我们在编程时多加留意是可以避免的。但是，运行异常是由系统运行环境造成的，导致程序中内存分配、文件操作及设备访问等操作的失败，可能会造成系统运行失常并瘫痪。

在运行没有异常处理的程序时，如果运行过程中出现异常，由于程序本身不能处理，只能终止程序运行。如果在程序中设置了异常处理，则在程序运行出现异常时，由于程序本身已设定了处理的方法，于是程序的流程就转到异常处理代码段处理。

需要说明的是：只要程序运行时出现与期望的情况不同，都可以认为是异常，并对它进行异常处理。因此，所谓异常处理是指对程序运行时出现的差错以及其他例外情况的处理。

在一个小的程序中，可以用比较简单的方法处理异常，如用 if 语句判断除数是否为 0，如果为 0 则输出一个出错信息。而一个大的系统包含许多模块，每个模块又包含许多函数，函数之间又互相调用，比较复杂。如果在每一个函数中都设置处理异常的程序段，会使程序过于复杂和庞大。因此，C++ 中的异常处理的基本思想是：发现异常的函数可以不具备处理异常的能力，如果在函数执行过程中出现异常，不是在本函数中立即处理，而是发出一个异常信息，并将异常抛掷给它的上一级（即调用它的函数），它的上级捕捉到这个信息后进行处理。如果上一级的函数也不能处理,就再抛掷给其上一级,由其上一级处理。如此逐级上送,如果到最高一级还无法处理,最后只好异常终止程序的执行。

这样做使异常的发现与处理不由同一函数来完成,把处理异常的任务上移到某一层去处理。其好处是使底层的函数专门用于解决实际任务,而不必再承担处理异常的任务,以减轻底层函数的负担,提高程序执行效率。

10.2　C++ 异常处理的实现

1. 异常处理语句

C++ 处理异常的机制由 3 个部分组成:检查(try)、抛出(throw)和捕捉(catch)。把需要检查的语句放在 try 块中,throw 用来当出现异常时抛出一个异常信息,而 catch 则用来捕捉异常信息,如果捕捉到了异常信息,就处理它。try-throw-catch 构成了 C++ 异常处理的基本结构,形式如下:

```
try{
    …
    if(表达式 1) throw x1;
    …
    if(表达式 2) throw x2;
    …
    if(表达式 n) throw xn;
    …
}
catch(异常类型声明 1)
{  异常处理语句序列 1  }
catch(异常类型声明 2)
{  异常处理语句序列 2  }
…
catch(异常类型声明 n)
{  异常处理语句序列 n  }
```

这里,try 语句块内为需要受保护的待检测异常的语句序列,如果怀疑某段程序代码在执行时有可能发生异常,就将它放入 try 语句块中。当这段代码的执行出现异常时,即某个 if 语句中的表达式的值为真时,会用其中的 throw 语句来抛掷这个异常。

throw 语句的语法格式如下:

```
throw 表达式;
```

throw 语句是在程序执行发生了异常时用来抛掷这个异常的,其中表达式的值可以是 int、float、字符串、类类型等,把异常抛掷给相应的处理者,即类型匹配的 catch 语句块。如果程序中有多处需要抛掷异常,应该用不同类型的操作数来互相区别。throw 抛出的异常,通常是被 catch 语句捕获。

catch 语句块是紧跟在 try 语句块后面的,即 try 块和 catch 块作为一个整体出现,

catch 块是 try-catch 结构中的一部分，必须紧跟在 try 块之后，不能单独使用，在二者之间也不能插入其他语句。但是在一个 try-catch 结构中，可以只有 try 块而无 catch 块。即在本函数中只检查异常而不处理异常，把 catch 块放在其他函数中。一个 try-catch 结构中只能有一个 try 块，但却可以有多个 catch 块，以便与不同类型的异常信息匹配。在执行 try 块中的语句时如果出现异常执行了 throw 语句，系统会根据 throw 抛出的异常信息类型按 catch 块出现的次序，依次检查每个 catch 参数表中的异常声明类型与抛掷的异常信息类型是否匹配，当匹配时，该 catch 块就捕获这个异常，执行 catch 块中的异常处理语句来处理该异常。

在 catch 参数表中，一般只写异常信息的类型名，如：catch(double)。

系统只检查所抛掷的异常信息类型是否与 catch 参数表中的异常声明类型相匹配，而不检查它们的值。假如变量 a，b，c 都是 int 型，即使它们的值不同，在 throw 语句中写 throw a、throw b 或 throw c 的作用也均是相同的。因此，如果需要检测多个不同的异常信息，应当由 throw 抛出不同类型的异常信息。

异常信息类型可以是 C++ 系统预定义的标准类型，也可以是用户自定义的类型（如结构体或类）。如果由 throw 抛出的异常信息属于该类型或其子类型，则 catch 与 throw 二者匹配，catch 捕获该异常信息。注意：系统在检查异常信息数据类型的匹配时，不会进行数据类型的默认转换，只有与所抛掷的异常信息类型精确匹配的 catch 块才会捕获这个异常。

在 catch 参数表中，除了指定异常信息的类型名外，还可以指定变量名，如：catch (double d)。此时，如果 throw 抛出的异常信息是 double 型的变量 a，则 catch 在捕获异常信息 a 的同时，还使 d 获得 a 的值。如果希望在捕获异常信息时，还能利用 throw 抛出的异常信息的值，这时就需要在 catch 参数表中写出变量名。如：

```
catch(double d)
{  cout<<"throw "<<d;  }
```

这时会输出 d 的值（也就是 a 值）。当抛出的是类对象时，有时希望在 catch 块中显示该对象中的某些信息。

【例 10-1】 求解一元二次方程 $ax^2+bx+c=0$。其一般解为 $x_{1,2}=\frac{-b\pm\sqrt{b^2-4ac}}{2a}$，但若 $a=0$ 或 $b^2-4ac<0$ 时，用此公式计算会出错。编写程序，从键盘输入 a、b、c 的值，求 x_1 和 x_2。如果 $a=0$ 或 $b^2-4ac<0$，输出出错信息。

```
#include<iostream>
using namespace std;
#include<cmath>
int main()
{  double a, b, c;
   double disc;
   cout<<"Please Enter a, b, c:";
   cin>>a>>b>>c;
```

```
    try {
        if (a==0) throw 0;
        else
        {  disc=b * b-4 * a * c;   //计算平方根下的值
           if (disc<0) throw "b * b-4 * a * c<0";
           cout<<"x1="<<(-b+sqrt(disc)) / (2 * a)<<endl;
           cout<<"x2="<<(-b -sqrt(disc)) / (2 * a)<<endl;
        }
    }
    catch(int)                //用 catch 捕捉 a=0 的异常信息并作相应处理
    {  cout<<"a="<<a<<endl<<"This is not fit for a."<<endl;  }
    catch(const char * s)     //用 catch 捕捉 b * b-4 * a * c<0 异常信息并作相应处理
    {   cout<<s<<endl<<"This is not fit for a, b, c."<<endl;   }
    return 0;
}
```

下面列出程序在 3 种情况下的运行结果：

```
① 1 6 2↙                 (输入 a,b,c 的值)
  x1=-0.354249            (计算出方程根)
  x2=-5.64575
② 0 4 5↙                 (输入 a,b,c 的值)
  a=0                     (异常处理)
  This is not fit for a.
③ 2 4 5↙                 (输入 a,b,c 的值)
  b * b-4 * a * c<0       (异常处理)
  This is not fit for a, b, c.
```

现在结合例 10-1 的程序分析异常处理的进行情况。

(1) 首先在 try 后面的花括号中放置上可能出现异常的语句块或程序段。

(2) 程序运行时将按正常的顺序执行到 try 块，执行 try 块中花括号内的语句。如果在执行 try 块内的语句过程中没有发生异常，则忽略所有的 catch 块，流程转到 catch 块后面的语句继续执行。如例 10-1 运行情况的第①种情况。

(3) 如果在执行 try 块内的语句过程中发生异常，则由 throw 语句抛出一个异常信息。throw 语句抛出什么样的异常由程序设计者自定，可以是任何类型的异常，在例 10-1 中抛出了整型和字符串类型的异常。

(4) 这个异常信息提供给 try-catch 结构，系统会寻找与之匹配的 catch 块。如果某个 catch 参数表中的异常声明类型与抛掷的异常类型相匹配，该 catch 块就捕获这个异常，执行 catch 块中的异常处理语句来处理该异常。只要有一个 catch 块捕获了异常，其余的 catch 块都将被忽略。如例 10-1 运行情况的第②种情况，由 try 块内的 throw 语句抛掷一个整型异常，被第 1 个 catch 块捕获；例 10-1 运行情况的第③种情况，由 try 块内的 throw 语句抛掷一个字符串类型异常，被第 2 个 catch 块捕获。

当然，异常类型可以声明为省略号(…)，表示可以处理任何类型的异常。需要说明的是，catch(…)语句块应该放在最后面，因为如果放在前面，它可以用来捕获任何异常，那么后面其他的 catch 语句块就不会被检查和执行了。

（5）在进行异常处理后，程序并不会自动终止，继续执行 catch 块后面的语句。

（6）如果 throw 抛掷的异常信息找不到与之匹配的 catch 块，则系统就会调用一个系统函数 terminate，在屏幕上显示“abnormal program termination"，并终止程序的运行。

（7）抛掷异常信息的 throw 语句可以与 try-catch 结构出现在同一个函数中，也可以不出现在同一函数中。在这种情况下，当 throw 抛出异常信息后，首先在本函数中寻找与之匹配的 catch 块，如果在本函数中无 try-catch 结构或找不到与之匹配的 catch 块，就转到离开出现异常最近的 try-catch 结构去处理。将上面例 10-1 的程序做修改，修改为如下的代码：

```
#include<iostream>
using namespace std;
#include<cmath>
double Deta(double a, double b, double c);
int main()
{  double a, b, c;
   double disc;
   cout<<"Please Enter a,b,c:";
   cin>>a>>b>>c;
   try                         //在 try 块中包含要检查的函数
   {  disc=sqrt(deta(a, b, c));
      cout<<"x1="<<(-b+disc) / (2 * a)<<endl;
      cout<<"x2="<<(-b -disc) / (2 * a)<<endl;
   }
   catch(int)                  //用 catch 捕捉 a=0 的异常信息并作相应处理
   {  cout<<"a="<<a<<endl<<"This is not fit for a."<<endl;   }
   catch(const char * s)       //用 catch 捕捉 b * b-4 * a * c<0 异常信息并作相应处理
   {  cout<<s<<endl<<"This is not fit for a,b,c."<<endl;   }
   return 0;
}
double deta(double a, double b, double c)        //计算平方根下的值
{  double disc;
   if (a==0) throw 0;
   else if ((disc=b * b -4 * a * c)<0) throw "b * b-4 * a * c<0";
   else return disc;
}
```

在上述程序代码中，如果在执行 try 块内的函数调用 deta(a,b,c)过程中发生异常，则 throw 抛出一个异常信息，此时，流程立即离开本函数(deta 函数)，转到其上一级的 main 函数，在 main 函数中的 try-catch 结构中寻找与抛出的异常类型相匹配的 catch 块。如果找到，则执行该 catch 块中的语句，否则程序非正常终止。

（8）异常处理还可以应用在函数嵌套的情况下。下面以例 10-2 为例观察在函数嵌

套情况下异常检测的处理情况，了解程序执行顺序。

【例 10-2】 在函数嵌套的情况下进行异常处理。

```
#include<iostream>
using namespace std;
int main()
{  void func1();
   try
   {  func1();  }                    //调用 func1 函数
   catch(double)
   {  cout<<"OK0!"<<endl;  }
   cout<<"end0"<<endl;
   return 0;
}
void func1()
{  void func2();
   try
   {  func2();   }                   //调用 func2 函数
   catch(char)
   {  cout<<"OK1!"<<endl;  }
   cout<<"end1"<<endl;
}
void func2()
{  double a=0;
   try
   {  throw a;   }                   //抛出 double 类型异常信息
   catch(float)
   {  cout<<"OK2!"<<endl;   }
   cout<<"end2"<<endl;
}
```

下面分 3 种情况分析程序运行情况：

① 执行上面的程序，运行结果如下：

```
OK0!     (在 main 函数中捕获异常)
end0     (执行 main 函数中最后一个语句时的输出)
```

② 如果将 func2 函数中的 catch 块改为：

```
catch(double){  cout<<"OK2! "<<endl;  }
```

而程序中的其他部分不变，则程序运行结果如下：

```
OK2!     (在 func2 函数中捕获异常)
end2     (执行 func2 函数中最后一个语句时的输出)
end1     (执行 func1 函数中最后一个语句时的输出)
end0     (执行 main 函数中最后一个语句时的输出)
```

③ 如果将 func1 函数中的 catch 块改为:

```
catch(double){  cout<<"OK1! "<<endl;  }
```

而程序中的其他部分不变,则程序运行结果如下:

```
OK1!     (在 func1 函数中捕获异常)
end1     (执行 func1 函数中最后一个语句时的输出)
end0     (执行 main 函数中最后一个语句时的输出)
```

④ 如果将 func1 函数中的 catch 块改为:

```
catch(double){  cout<<"OK1! "<<endl; throw;  }
```

而程序中的其他部分不变,则程序运行结果如下:

```
OK1!     (在 func1 函数中捕获异常)
OK0!     (在 main 函数中捕获异常)
end0     (执行 main 函数中最后一个语句时的输出)
```

在第①种情况下,程序在 main 函数中执行 try 块进入到 func1 函数中,在 func1 函数中执行 try 块进入到 func2 函数中,在 func2 函数中执行 try 块抛出 double 型异常信息 a,由于在 func2 函数中没有找到和 a 类型相匹配的 catch 块,流程就跳出 func2 函数,回退到 func1 函数中,继续进行寻找和 a 类型相匹配的 catch 块,发现 char 类型和 double 类型还是不匹配,因此流程继续回退到 main 函数中,此时 main 函数中的 catch 块类型为 double 类型,因此执行 main 函数中的 catch 块,输出“OK0!”,执行完毕后继续执行 main 函数中的 catch 块后面的语句,输出“end0”,程序结束。

在第②种情况下,将 func2 函数中的 catch 参数表改为 catch(double),而程序中的其他部分不变,则 func2 函数中的 throw 抛出的异常信息立即被 func2 函数中的 catch 块捕获,于是执行 func2 函数中的 catch 块,输出“OK2!”,执行完毕后继续执行 func2 函数中 catch 块后面的语句,输出“end2”,此时 func2 函数已经完全执行完毕。流程回退到 func1 函数中调用 func2 函数处继续往下执行,由于在 func1 函数中已经执行完 try 块,因为此时抛出的异常已经解决,故不再执行 func1 函数中的 catch 块,而是执行 catch 块后面的语句,输出“end1”,func1 函数已经执行完毕。流程继续回退,回退到 main 函数中调用 func1 函数处继续往下执行,执行 catch 块后面的语句,输出“end0”。至此程序执行完毕。

对于第③种情况,请大家自己分析。

第④种情况与第③种情况不同的是:第④种情况的 catch 块的花括号中多了一个语句“throw;”。在 throw 语句中可以不包括表达式,即写成如下形式:

```
throw;
```

此时它将把当前正在处理的异常信息再次抛出。再次抛出的异常不会被同一层的 catch 块所捕获,它将被传递给上一层的 catch 块处理。

修改后的 func1 函数中的 catch 块捕获 throw 抛出的异常信息 a,输出“OK1!”,但它立即用“throw;”将 a 再次抛出。被 main 函数中的 catch 块捕获,输出“OK0!”,执行完毕后继续执行 main 函数中的 catch 块后面的语句，输出“end0”，程序结束。

注意：只能从 catch 块中再次抛出异常，这种方式有利于构成对同一异常的多层处理机制，使异常能够在恰当的地方被处理，增强了异常处理的能力。

2. try 块的嵌套异常处理语句

在一个 try 块中可以嵌套另一个 try 块。每个 try 块都有自己的一组 catch 块，来处理在该 try 块中抛出的异常。try 块的 catch 块只能处理在该 try 块中抛出的异常。如：

```
try                     //外层的 try 语句
{   …
    try                 //内层的 try 语句
    {
      …
    }
    catch(elemtype a)   //这个 catch 语句捕获在内层 try 块中抛出的异常
    {
      …
    }
      …
}
catch(elemtype b)       //这个 catch 语句捕获在外层 try 块中抛出的异常和在内层 try 块
                          中未捕获的异常
{
     …
}
```

在上面的语句中，每个 try 块都有一个处理程序，当然，也可以有多个。在内层 try 块中的代码抛出一个异常时，其处理程序会首先处理它。内层 try 块的每个处理程序都会检查匹配的异常类型，如果这些处理程序都不匹配，外层 try 块的处理程序会捕获该异常。对于 try 语句的嵌套不是一个很难理解的问题，只要理清程序执行流程就可以很简单的解决它。

10.3 异常与函数

10.3.1 在函数中处理异常

异常处理可以局部化为一个函数，当每次进行该函数的调用时，异常将被重置。这样编写程序能够简单明了，避免重复，请看下面的例 10-3。

【例 10-3】 check 是一个检测成绩异常的函数，当成绩达到 100 分以上或低于 60 产生异常，在 60 和 100 之间的为正常成绩。

```
#include<iostream>
using namespace std;
void check(int score)
```

```
{
    try{
        if(score>100) throw "成绩超高!";
        else if(score<60) throw "成绩不及格!";
        else cout<<"the score is OK..."<<score<<endl;
    }
    catch(char * s){cout<<s<<endl;}
}
int main()
{   check(45);
    check(90);
    check(101);
    return 0;
}
```

程序输出结果为：

```
成绩不及格!
the score is OK...90
成绩超高!
```

在例 10-3 中，main 函数分别调用了 check 函数 3 次，而在 check 函数中测试了成绩的合法性。这样在需要调用类似函数内容的时候都可以调用这个函数，使程序的编写难度降低。

10.3.2 在函数调用中完成异常处理

在处理异常检测时，也可以将抛掷异常的程序代码放在一个函数中，将检测处理异常的函数代码放在另一个函数中，能让异常处理更具灵活性和实用性，如例 10-4 所示。

【例 10-4】 异常处理从函数中独立出来，由调用函数完成。

```
#include<iostream>
using namespace std;
void check(int score) {
    if(score>100) throw "成绩超高!";
    else if(score<60) throw "成绩不及格!";
    else cout<<"the score is OK..."<<score<<endl;
}
int main()
{  try{  check(45);  }
   catch(char * s){  cout<<s<<endl;  }
   try{  check (90);  }
   catch(char * s){  cout<<s<<endl;  }
   try{  check (101);  }
   catch(char * s){  cout<<s<<endl;  }
   return 0;
}
```

程序执行结果与例10-3相同，这里是把抛掷异常的代码放入check函数中，然后在main函数中把3次check函数的调用分别放入3个try块中，后面紧跟catch语句块。

10.3.3 限制函数异常

为便于阅读程序，使用户在阅读程序时就能够知道所用的函数是否会抛出异常信息以及抛出的异常信息的类型，C++允许在函数声明时指定函数抛出的异常信息的类型，如：

```
double deta(double, double, double) throw(double);
```

表示deta函数只能抛出double类型的异常信息。如果写成：

```
double deta(double, double, double) throw(int, float, double, char);
```

则表示deta函数可以抛出int、float、double或char类型的异常信息。

异常指定是函数声明的一部分，必须同时出现在函数声明和函数定义的首行中，否则编译时，编译系统会报告"类型不匹配"。如果在函数声明时不指定函数抛出的异常信息的类型，则该函数可以抛出任何类型的异常。如：

```
int func(int, char);                    //函数 func 可以抛出任何异常
```

如果在函数声明时指定throw参数表为不包括任何类型的空表，则不允许函数抛出任何异常。如：

```
int func(int, char) throw();            //不允许函数 func 抛出任何异常
```

这时即使在函数中出现了throw语句，实际上在函数执行出现异常时也并不执行throw语句，并不抛出任何异常信息，程序将非正常终止。

10.4 异常与类

10.4.1 构造函数、析构函数与异常处理

构造函数是一个特殊的函数，对象创建时，构造函数自动被调用。如果构造函数中出现了问题，抛出了异常，会发生什么情况？请看下面的例10-5。

【例10-5】 类Number的私有数据成员i赋值空间是小于或等于100的数，如果赋值大于100会产生异常。

```
#include<iostream>
using namespace std;
class Number
{public:
    Number(int i)
    {  cout<<"in Number constructor..."<<endl;
       if(i>100) throw i;
```

```
        else number=i;
    }
    ~Number(){  cout<<"in Number destructor..."<<endl;  }
private:
    int number;
};
int main()
{  try{  Number obj(111);  }
   catch(int e)
   {  cout<<"catch an exception when allocated Number "<<e<<endl;  }
   cout<<"in the end"<<endl;
   return 0;
}
```

在例10-5中，类Number的构造函数中有对其私有数据成员number所赋值的合法性（小于或等于100的整数）进行检查的语句，当数据合法时就给number赋值，不合法就抛出异常。若在main函数的try语句中书写语句“Number obj(1);”，程序运行结果为：

```
in Number constructor...
in Number destructor...
in the end
```

若在main函数的try语句中书写语句“Number obj(111)”，程序运行结果为：

```
in Number constructor...
catch an exception when allocated Number 111
in the end
```

比较这两个运行结果，可以发现在第2种情况下，系统没有调用析构函数。原因是在执行对象obj的构造函数时出了错误，抛出异常，此时对象obj还没有建立起来，也就不会调用析构函数。但是，C++强大的异常处理机制保证：如果一个对象包含成员对象，而且在外部对象完全构造前抛出了异常，那么在异常出现之前构造的成员对象，其析构函数将被调用。如果在发生异常时数组对象只是部分被构造，那么只有数组中已经完全构造的对象的析构函数才会被调用。

C++异常处理的强大功能，不仅在于它能够处理各种不同类型的异常，还在于它具有为异常抛出前已构造的所有局部对象自动调用析构函数的能力。

那么，如果在实际编程中，遇到类似例10-5这样的需要对对象初始数据的合法性进行检查的问题，又该怎么做呢？基于上述C++异常处理的机制，一种可行的方法在构造函数中不做对象的初始化工作，而是专门设计一个成员函数负责对象的初始化。这样就能保证该对象出现异常时也能被正确析构。即使在其构造函数里有动态申请内存的语句，也不会造成资源泄漏。可以将例10-5的代码做如下修改。

```
#include<iostream>
using namespace std;
```

```
class Number
{public:
    Number (){cout<<"in Number constructor..."<<endl; }
    void setData(int i)
    {  if(i>100) throw i;
       else number=i;
    }
    ~Number (){   cout<<"in Number destructor..."<<endl;   }
private:
    int number;
};
int main()
{  try{
       Number obj;
       obj.setData(111);
   }
   catch(int e)
   {  cout<<"catch an exception when allocated Number "<<e<<endl;   }
   cout<<"in the end"<<endl;
   return 0;
}
```

程序运行结果如下：

```
in Number constructor...
in Number destructor...
catch an exception when allocated Number 111
in the end
```

上述代码声明了一个类 Number，它有一个构造函数，一个析构函数和一个给私有数据成员 number 赋值的成员函数 setData。异常是在成员函数 setData 中产生的，当数据不合法时抛出异常。在 main 函数中，创建对象 obj 和调用该对象的 setData 成员函数都是在 try 语句中进行的，在创建对象 obj 的时候还是正确的，当调用 obj 对象的 setData 成员函数时，由于实参的值为 111，超出了正常范围，因此由 setData 成员函数中的 throw 语句抛出异常，流程转到 main 函数中的 catch 块。在执行与异常信息匹配的 catch 块之前，系统先调用 obj 对象的析构函数，然后再执行与异常信息匹配的 catch 块中的语句。最后执行 main 函数中 catch 块后面的 cout 语句。

C++ 中，构造函数可以抛出异常，那析构函数能不能抛出异常呢？C++ 标准指明析构函数不能、也不应该抛出异常。

(1) 如果析构函数抛出异常，则异常点之后的程序不会执行，如果析构函数在异常点之后执行了某些必要的动作比如释放某些资源，则这些动作不会执行，会造成诸如资源泄漏的问题。

(2) 通常异常发生时，C++ 的异常处理机制会调用已经构造对象的析构函数来释放资源，此时若析构函数本身也抛出异常，则前一个异常尚未处理，又有新的异常，会造成程序崩溃的问题。

但实际的软件系统开发中是很难保证到这一点的。而且有时候析构一个对象（释放资源）比构造一个对象还更容易发生异常。那么当无法保证在析构函数中不发生异常时，该怎么办？其实还是有很好的办法来解决的。那就是把异常完全封装在析构函数内部，决不让异常抛出函数之外。这是一种非常简单，也非常有效的方法。

```
~ClassName()
{
    try{  do_something();  }
    catch(…){
      //这里可以什么都不做，只是保证 try 块的程序抛出的异常不会被抛出析构函数之外
    }
}
```

10.4.2 异常类

1. 关于异常类

用来传递异常信息的类就是异常类。异常类可以非常简单，甚至没有任何成员；也可以同普通类一样复杂，有自己的数据成员、成员函数、构造函数、析构函数、虚函数等，还可以通过派生方式构成异常类的继承层次结构。下面例 10-6 的程序中声明了一个没有任何成员的简单异常类。例 10-7 程序中声明了一个同普通类一样的有数据成员和成员函数的较复杂的异常类。

【例 10-6】 设计一个堆栈，当入栈元素超出了堆栈容量时，就抛出一个栈满的异常。

```
#include<iostream>
using namespace std;
const int MAX=3;
class Full{ };                                  //堆栈满时抛出的异常类
class Empty{ };                                 //堆栈空时抛出的异常类
class Stack
{public:
    Stack(){  top=-1;  }
    void push(int a);
    int pop();
private:
    int s[MAX];
    int top;
};
void Stack::push(int a){
    if(top>=MAX-1) throw Full();
    s[++top]=a;
}
```

```
int Stack::pop(){
    if(top<0) throw Empty();
    return s[top--];
}
int main(){
    Stack s;
    try{
        s.push(1);
        s.push(2);
        s.push(3);
        s.push(4);                          //将产生栈满异常
        cout<<"s[0]="<<s.pop()<<endl;
        cout<<"s[1]="<<s.pop()<<endl;
        cout<<"s[2]="<<s.pop()<<endl;
        //cout<<"s[3]="<<s.pop()<<endl;     //将产生栈空异常
    }
    catch(Full){  cout<<"Exception: Stack Full!"<<endl;  }
    catch(Empty){  cout<<"Exception: Stack Empty!"<<endl;  }
    return 0;
}
```

程序运行结果如下：

```
Exception: Stack Full!
```

在执行 s.push(1)、s.push(2)、s.push(3)时，程序是正常执行的，当执行 s.push(4)时，因为这个栈的空间就是 3，所以已经不能再压栈了，这时抛出异常，执行 catch(Full)语句块输出：Exception: Stack Full。

如果把程序中的语句“s.push(4);”注释掉，把语句“cout<<"s[3]="<<s.pop()<<endl;”前面的注释符去掉。程序运行结果为：

```
s[0]=3
s[1]=2
s[2]=1
Exception: Stack Empty!
```

2. 异常对象

由异常类建立的对象称为异常对象。异常类的处理过程实际上就是异常对象的生成与传递过程。在编写程序时，如果发生异常，可以抛掷一个异常类对象，在 catch 语句中，可以输出这个异常类对象的相关信息。

【例 10-7】 修改例 10-6 的 Full 异常类，修改后的 Full 类具有构造函数和成员函数 getValue，还有一个数据成员 a。利用这些成员，可以获取异常发生时没有入栈的元素信息。

```
#include<iostream>
```

```
using namespace std;
const int Max=3;
class Full
{public:
    Full(int i): a(i){ }
    int getValue(){  return a;  }
private:
    int a;
};
class Empty{ };
class Stack
{public:
    Stack(){  top=-1;  }
    void push(int a)
    {  if(top>=Max-1) throw Full(a);
       s[++top]=a;
    }
    int pop()
    {  if(top<0) throw Empty();
       return s[top--];
    }
private:
    int s[Max];
    int top;
};
int main()
{  Stack s;
   try{
       s.push(1);
       s.push(2);
       s.push(3);
       s.push(4);
   }
   catch(Full e) {
       cout<<"Exception:Stack Full..."<<endl;
       cout<<e.getValue()<<" is not be pushed in stack. "<<endl;
   }
   return 0;
}
```

程序运行结果如下：

```
Exception:Stack Full...
4 is not be pushed in stack.
```

在例 10-7 中编写的异常类比例 10-6 中的要复杂，因为这里要利用异常类的对象来获取没有压栈的数据用于输出。

10.5 图书馆图书借阅管理系统中的异常处理

在图书馆图书借阅管理系统中，异常处理是要经常用到的，如当输入的图书条形码数据有错误，不符合条件（出现非数字字符）时，就要用到异常处理。下面举一个简单的例子来分析一下。

由于篇幅限制，例 10-8 程序对图书馆图书借阅管理系统中的相应语句做了简化，将与异常处理无关的内容做了删除和修改。

【例 10-8】 在图书馆图书借阅管理系统中，当输入图书条形码数据错误时，进行异常处理。

```
#include<iostream>
#include<conio.h>
#include<string>
using namespace std;
class NumberParseException { };
class Book
{public:
    Book(string number,string name);       //构造函数
    string getNum();                       //获取图书条形码的成员函数
    string getName();                      //获取图书名称的成员函数
private:
    string bookNum;                        //图书条形码
    string bookName;                       //图书名称
};
void BookInputInfo();                      //批量输入图书信息的普通函数的原型声明
int main()
{  try{  BookInputInfo();  }
   catch(char *s)
   {  cout<<s<<endl;  }                    //输出异常处理的结果信息
   getch();
   return 0;
}
bool isNumber(string str) {
    int len=str.size();
    if (len==0) return false;
    bool isaNumber=false;
    for (int i=0; i<len; i++) {
        if (i==0 && (str[i]=='-' || str[i]=='+'))
            continue;
        if (isdigit(str[i])) {
```

```
                isaNumber=true;
            }
            else {
                isaNumber=false;
                break;
            }
        }
        return isaNumber;
    }
    void parseNumber(string str) throw(NumberParseException)
    {  if(!isNumber(str)) throw NumberParseException();  }
    Book::Book(string number,string name)                   //构造函数
    {  bookNum=number; bookName=name;  }
    string Book::getNum() {  return bookNum;  }             //成员函数 getNum 的类外定义
    string Book::getName() {  return bookName;  }           //成员函数 getName 的类外定义
    void BookInputInfo()
    {  string bookNum, bookName;
       int count, i=1;
       bool choice=false;
       cout<<"请确定此次批量输入的图书总数:";
       cin>>count;
       while(i<=count)
       {  cout<<"请输入第"<<i<<"本图书的书号:"; cin>>bookNum;
          try{  parseNumber(bookNum);  }
          catch(NumberParseException){
              cout<<"您输入的的条形码中出现非法字符!"<<endl;
              cout<<"该本图书对象不能被创建!"<<endl;
              cout<<"是否继续重新输入此图书信息?(1/0)";
              cin>>choice;
              if(choice) continue;
              else throw "输入图书信息时出现异常,终止此次批量输入操作。";
          }
          cout<<"请输入第"<<i<<"本图书的书名:"; cin>>bookName;
          Book book(bookNum,bookName);                      //创建对象 book
          //显示刚成功创建的图书信息
          cout<<book.getNum()<<" "<<book.getName()<<endl;
          i++;
       }
    }
```

程序运行结果如下:

```
请确定此次批量输入的图书总数:3↙
请输入第 1 本图书的书号:100010001↙
请输入第 1 本图书的书名:C++面向对象程序设计↙
```

```
100010001   C++面向对象程序设计
请输入第 2 本图书的书号:10001000A↙
您输入的的条形码中出现非法字符!
该本图书对象不能被创建!
是否继续重新输入此图书信息?(1/0) 1↙
请输入第 2 本图书的书号:100010002↙
请输入第 2 本图书的书名:C++面向对象程序设计习题解答与上机指导↙
100010002   C++面向对象程序设计习题解答与上机指导
请输入第 3 本图书的书号:A00010001↙
您输入的的条形码中出现非法字符!
该本图书对象不能被创建!
是否继续重新输入此图书信息?(1/0) 0↙
输入图书信息时出现异常,终止此次批量输入操作。
```

在例10-8中,定义了一个NumberParseException异常类,定义了一个Book类,还定义一个批量输入图书信息的函数BookInputInfo以及检测一个字符串是否为纯数字串的函数isNumber和parseNumber。当用户从键盘输入图书条形码后,调用parseNumber函数检测传入的图书条形码是不是一个纯数字字符串。如果不是就抛出一个NumberParseException类型异常。调用者BookInputInfo函数捕获并处理异常。BookInputInfo处理异常的方式为:先输出出现异常的原因,然后让用户选择是否继续重新输入正确的图书条形码。若用户选择继续,则可重新输入此本图书条形码。若选择否,则再次抛出异常。该异常由main函数捕获并处理。第二次抛出异常让程序的执行跳出BookInputInfo函数,也就实现了结束此次批量输入图书信息。

在图书馆图书借阅管理系统中,除了可以在用户输入数据时增加输入数据非法的异常检测和处理外,还有一类非常重要的需要设置异常处理的地方,那就是文件读写异常。当用户要读写的磁盘文件找不到或者损坏时,应该提示用户,并使程序跳转到用户菜单选择界面。请大家根据此章所学知识,在系统中添加此类异常的处理代码。该代码在随书提供的系统参考代码中可以找到。

本章小结

异常处理使程序中的错误检测简单化,并提高程序处理错误的能力。为了检测异常,C++使用try、throw、catch语句。其中关键字try表示定义一个受到监控、保护的程序代码块;关键字throw则在检测到一个异常错误发生后向外抛出一个异常,通知对应的catch程序块执行对应的错误处理;关键字catch与try遥相呼应,定义当try程序块(受监控的程序块)出现异常时,错误处理的程序模块,并且每个catch程序块都带一个参数(类似于函数定义时的参数那样),这个参数的数据类型用于与throw抛出的异常信息的数据类型进行匹配。

本章介绍异常处理的概念,C++异常处理的实现,异常与函数,异常与类等内容。为了增强程序的可读性,使用户能够方便地知道所使用的函数会抛出哪些异常,可以在函数的声明中列出这个函数可能抛出的所有异常类型，这就是异常接口声明。C++ 异常处理的强大功能，不仅在于它能够处理各种不同类型的异常，还在于它具有为异常抛出前构造的所有局部对象自动调用析构函数的能力。C++ 的异常处理机制会在 throw 抛出异常信息被 catch 捕获时，对有关的局部对象调用析构函数，然后再执行与异常信息匹配的 catch 块中的语句。

考虑本章所学内容，本章最后一节讨论了贯穿全书的综合性项目——图书馆图书借阅管理系统中的异常处理问题。

习　题

一、简答题

简述 try-throw-catch 异常处理的过程。

二、编程题

1. 给出三角形的三边 a、b、c，求三角形的面积。只有在 a>0、b>0、c>0，且 a+b>c、b+c>a、c+a>b 时才能构成三角形。设置异常处理，对不符合三角形条件的输出警告信息，不予计算。

2. 设计一个堆栈，如果栈已满还要往栈中压入元素，就抛出一个栈满的异常；如果栈已空还要从栈中弹出元素，就抛出一个栈空的异常。

3. 编程完成两个文件的拼接。当文件不能正常打开时采用异常处理，显示不能正常打开文件的信息并退出程序。要求：有 a.txt 和 b.txt 文件，把 b.txt 拼接到 a.txt 之后。

第 11 章 STL 简介

传统 C++ 的泛型编程，仅仅局限于简单的模板技术——函数模板和类模板。随着 C++ 的发展，标准 C++ 引入了 STL(Standard Template Library，标准模板库）的内容，才真正进入泛型编程的广阔天地。

STL 是一个高效的 C++ 程序库，它被容纳于 C++ 标准程序库（C++ Standard Library）中，是 ANSI/ISO C++ 标准的一部分。STL 体现的是泛型编程的核心思想：独立数据结构和算法。该库包含了诸多在计算机科学领域里所常用的基本数据结构和基本算法。为广大 C++ 程序员们提供了一个可扩展的应用框架，高度体现了软件的可重用性。

STL 主要由几个核心部件组成：迭代器、容器、算法、函数对象、适配器。容器即物之所属；算法是解决问题的方法；迭代器是对容器的访问逻辑的抽象，是连接容器和算法的纽带，迭代器通过添加了一种间接层的方式实现了容器和算法之间的独立；函数对象，就是重载了函数调用运算符()的对象；适配器是一种机制，能使某种事物的行为看起来像另外一种事物一样，容器、迭代器和函数都有适配器，一个容器适配器接受一种已有的容器类型，使其行为看起来像一种不同的类型。

从实现上看，STL 中几乎所有的代码都采用了模板（类模板和函数模板）的方式，这相比于传统的由函数和类组成的库来说提供了更好的代码重用机会。在 C++ 标准中，STL 被组织为下面几个头文件：algorithm. h、array. h、deque. h、forward_list. h、functional. h、iterator. h、list. h、map. h、memory. h、numeric. h、queue. h、set. h、stack. h、utility. h、unordered_map. h、unordered_set. h 和 vector. h。

11.1 容器概述

容器是容纳、包含一组元素或元素集合的对象。不管是 C++ 内置的基本数据类型还是用户自定义的类类型的数据，都可以存入 STL 的容器中。

STL 容器按存取顺序大致分为两种：顺序容器（sequence container）与关联容器（associative container）。顺序容器主要包括 array（固定大小数组）、vector（可变大小数组）、deque（双端队列）、list（双向链表）、forward_list（单向链表）、string（字符串）；关联容器主要包括 map（有序关联数组）、multimap（多重有序关联数组）、set（有序集合）、multiset（多重有序集合）、unordered_map（无序关联数组）、unordered_multimap（多重无序关联数组）、unordered_set（无序集合）、unordered_multiset（多重无序集合），可以存储值的集合或键值对。键是关联容器中存储在有序序对中的特定类型的值。set 和 multiset 存储和操作的只是键，其元素是由单个数据构成。map 和 multimap 存储和操作的是键和与键相关的值，其元素是有关联的"<键，值>"数据对。

除顺序容器外，标准库还定义了 3 个顺序容器适配器：stack（堆栈）、queue（队列）、priority_queue（优先队列）。它们分别是对顺序容器进行包装而得到的一种具有更多约束力（或功能更强大）的容器。

11.1.1 所有容器都提供的操作

STL 是经过精心设计的。容器类型上的操作形成了一种层次：

- 某些操作是所有容器类型都提供的。
- 另外一些操作仅针对顺序容器、有序关联容器或无序关联容器。
- 还有一些操作只适用于一小部分容器

一般来说，每个容器都定义在一个头文件中，文件名与类型名相同。即，deque 定义在头文件 deque.h 中，list 定义在头文件 list.h 中，以此类推。容器均定义为模板类。在定义容器对象时，我们必须提供元素类型信息。

下面列出所有容器都提供的操作。

（1）类型别名如表 11-1 所示。

表 11-1 类型别名

iterator	此容器类型的迭代器类型
const_iterator	可以读取元素，但不能修改元素的迭代器类型
size_type	无符号整数类型，足够保存此种容器类型最大可能容器的大小
difference_type	带符号整数类型，足够保存两个迭代器之间的距离
value_type	元素类型
reference	元素的左值类型；与 value_type& 含义相同
const_ reference	元素的 const 左值类型（即 const value_type&）

（2）构造函数如表 11-2 所示。

表 11-2 构造函数

C c;	默认构造函数，构造空容器（array 的默认构造函数稍微特殊，稍后单独介绍）
C c2(c1);	构造 c1 的复制 c2
C c(b, e);	构造 c，将迭代器 b 和 e 指定的范围内的元素复制到 c(array 不支持)
C c{a, b, c…}	列表初始化 c

（3）赋值与 swap 如表 11-3 所示。

表 11-3　赋值与 swap

c2 = c1;	将 c2 中的元素替换为 c1 中的元素
c1 = {a, b, c…}	将 c1 中的元素替换为列表中元素(不适用于 array)
a.swap(b)	交换 a 和 b 的元素
swap(a, b)	与 a.swap(b)等价

(4) 容量的大小如表 11-4 所示。

表 11-4　容器的大小

c.size()	c 中元素的数目(不支持 forward_list)
c.max_size()	c 可保存的最大元素数目
c.empty()	若 c 中存储了元素,返回 false,否则返回 true

(5) 添加/删除元素(不适用于 array)如表 11-5 所示。

表 11-5　添加/删除元素

c.insert(args)	将 args 中的元素复制进 c
c.emplace(inits)	使用 inits 构造 c 中的一个元素
c.erase(args)	删除 args 指定的元素
c.clear( )	删除 c 中所有元素,返回 void

注：在不同容器中,这些操作的接口都不同。

(6) 关系运算符如表 11-6 所示。

表 11-6　关系运算符

= =,!=	所有容器都支持相等(不等)运算符
<,<=,>,>=	关系运算符(无序关联容器不支持)

(7) 获取迭代器如表 11-7 所示。

表 11-7　获取迭代器

c.begin(),c.end()	返回指向 c 的首元素和尾元素之后位置的迭代器
c.cbegin(),c.cend()	返回 const_iterater

(8) 反向容器的额外成员(不支持 forward_list)如表 11-8 所示。

表 11-8 反向容器的额外成员

reverse_iterator	反向迭代器(按逆序寻址元素的迭代器)
const_reverse_iterator	反向常量迭代器(不能修改元素的反向迭代器)
c.rbegin(),c.rend()	返回指向 c 的尾元素和首元素之前位置的反向迭代器
c.crbegin(),c.crend()	返回 const_reverse_iterater

11.1.2 容器迭代器

与容器一样,迭代器也有公共的接口。例如,标准容器类型上的所有迭代器都允许我们访问容器中的元素,而所有迭代器都是通过解引用运算符来实现这个操作的。类似地,标准容器类型上的所有迭代器都定义了递增运算符,从当前元素移动到下一个元素。下面列出所有容器迭代器都支持的运算,其中有一个例外不符合公共接口特点——forward_list 迭代器不支持递减运算符(--)。如表 11-9 所示。

表 11-9 容器迭代器的递增与递减运算

*** iter**	返回迭代器 iter 所指向元素的引用
iter－＞mem	解引用 iter 并获取该元素的名为 mem 的成员,等价于(* iter).mem
＋＋iter	令 iter 指示容器的下一个元素
－－iter	令 iter 指示容器中的上一个元素(forward_list 迭代器不支持)
iter1 ＝＝ iter2, iter1 !＝ iter2	判断两个迭代器是否相等(不相等),如果两个迭代器指示的是同一元素或者它们是同一容器的尾后迭代器则相等;反之,不相等

array、vector、deque 和 string 容器的迭代器提供了更多额外的运算。下面列出的是这些容器支持的算术运算和关系运算,如表 11-10 所示,这些运算只能用于 array、vector、deque 和 string 容器的迭代器,而不能用于其他任何容器类型的迭代器。

表 11-10 容器迭代器支持的算术运算和关系运算

iter＋n	迭代器加上一个整数值仍得一个迭代器,迭代器指示的新位置与原来相比向后移动了若干个元素,结果迭代器或者指示容器内的一个元素,或者指示容器尾元素的下一个位置(又称尾后位置)
iter－n	迭代器减去一个整数值仍得一个迭代器,迭代器指示的新位置与原来相比向前移动了若干个元素,结果迭代器或者指示容器内的一个元素,或者指示容器首元素的上一个位置(又称首前位置)
iter1＋＝n	迭代器加法的复合赋值语句,将 iter1 加 n 的结果赋给 iter1
iter1－＝n	迭代器减法的复合赋值语句,将 iter1 减 n 的结果赋给 iter1
iter1－iter2	两个迭代器相减的结果是它们之间的距离,也就是说,将运算符右侧的迭代器向后移动差值个元素后将得到左侧的迭代器。参与运算的两个迭代器必须指向的是同一个容器中的元素或者尾元素的下一个位置

续表

>、>=、<、<=	迭代器的关系运算符，如果某迭代器指向的容器位置在另一个迭代器所指位置之前，则说明前者小于后者，参与运算的两个迭代器必须指向的是同一个容器中的元素或者尾元素的下一个位置

迭代器范围：由一对迭代器表示，两个迭代器分别指向同一个容器中的元素或者是尾元素之后的位置。这两个迭代器通常被称为 begin 和 end，或者是 first 和 last，它们标记了容器中元素的一个范围。这种元素范围为左闭合区间，其标准数学描述为：

```
[begin, end)
```

表示范围自 begin 开始，与 end 之前结束。迭代器 begin 和 end 必须指向相同的容器。end 可以与 begin 指向相同的位置，但不能指向 begin 之前的位置。

标准库使用左闭合范围是因为这种范围有 3 个方便的性质。假定 begin 和 end 构成一个合法的迭代器范围，则：

- 如果 begin 与 end 相等，则范围为空。
- 如果 begin 与 end 不等，则范围至少包含一个元素，且 begin 指向该范围中的第一个元素。
- 可以对 begin 递增若干次，使得 begin = =end。

11.1.3 容器的定义与初始化

每种容器类型都定义了一个默认构造函数。除 array 之外，其他容器的默认构造函数都会创建一个空容器，且都可以接受指定容器大小和元素初始值的参数。

容器定义与初始化的方式如下。

(1) C c：默认构造函数初始化，构造空容器。如果 C 是一个 array，则需要同时提供元素类型和容器大小，构造一个指定大小的固定数组，c 中的元素按默认方式初始化。

(2) C c{a, b, c…} 或 C c ={a, b, c…}：将 c 初始化为初始化列表中元素的副本，列表中元素的类型必须与 c 的元素类型相容。对于 array 类型，列表中元素数目必须等于或小于 array 的大小，任何遗漏的元素都进行值初始化。

(3) C c2(c1) 或 C c1=c2：c2 初始化为 c1 的副本，c1 和 c2 必须是相同类型(即，它们必须是相同的容器类型，且保存的是相同的元素类型；对于 array 类型，两者还必须具有相同大小)。

(4) C c(b, e)：将 c 初始化为迭代器 b 和 e 指定范围(左闭右开区间，即[b, e))中的元素的副本。范围中元素的类型必须与 c 的元素类型相容(array 不适用)。

只有顺序容器(不包括 array)的构造函数才能接受大小参数。

```
C seq(n);
```

seq 包含 n 个元素，这些元素进行了值初始化；此构造函数是 explicit 的(string 不适用)。

```
C seq(n, init);
```

seq包含n个初始化为值init的元素。

1. 列表初始化

在C++ 11标准中,可以对一个容器进行列表初始化。

```
//每个容器有3个元素,用给定的初始化器进行初始化
list<string>authors={"Mike", "Tom", "Jack"};
vector<const char * >articles={"a", "an", "the"};
```

当这样做时,我们就显式地指定了容器中每个元素的值。对于除array之外的容器类型,初始化列表还隐含地指定了容器的大小:容器将包含与初始值一样多的元素。

2. 将一个容器初始化为另一个容器的副本

将一个新容器创建为另一个容器的副本的方法有两种:可以直接复制整个容器,或者(array除外)复制由一个迭代器对指定的元素范围。

为了创建一个容器为另一个容器的副本,两个容器的类型及其元素类型必须匹配。不过,当传递迭代器参数来复制一个范围的时候,就不要求容器类型相同了。而且,新容器和原容器中的元素类型也可以不同,只要能将要复制的元素转换为要初始化的容器的元素类型即可。

```
list<string>authors={"Mike", "Tom", "Jack"};
vector<const char * >articles={"a", "an", "the"};
list<string>authList(authors);            //正确:类型匹配
deque<string>authList (authors);          //错误:容器类型不匹配
vector<string>words(articles);            //错误:容器元素类型不匹配
forward_list<string>words(articles.begin(),articles.end());
                                  //正确:可以将const char * 元素转换为string
```

3. 与顺序容器大小相关的构造函数

除了与关联容器相同的构造函数外,顺序容器(array除外)还提供另一个构造函数,它接受一个容器大小和一个(可选的)元素初始值。如果我们不提供元素初始值,则标准库会创建一个值初始化的容器。

```
vector<int>intVec(10, -1);         //10个int元素,每个都初始化为-1
list<string>strVec(10, "Hi!");     //10个string元素,每个都初始化为"Hi!"
forward_list<int>intVec(10);       //10个int元素,每个都初始化为0
deque<string>strVec(10);           //10个string元素,每个都是空串
```

如果元素类型是内置类型或者是具有默认构造函数的类类型,可以只为构造函数提供一个容器大小参数。如果元素类型没有默认构造函数,除了大小参数外,还必须指定一个显式的元素初始值。

注意:只有顺序容器的构造函数才接受大小参数,关联容器并不支持。

4. 标准库array具有固定大小

与内置数组一样,标准库array的大小也是类型的一部分。当定义一个array时,除了指定元素类型,还要指定容器大小。

array 大小固定的特性也影响了它所定义的构造函数的行为。与其他容器不同，一个默认构造的 array 是非空的：它包含了与其大小一样多的元素。这些元素都被默认初始化，就像一个内置数组中的元素那样。如果我们对 array 进行列表初始化，初始值的数目必须等于或小于 array 的大小。如果初始值数目小于 array 的大小，则它们被用来初始化 array 中靠前的元素，所有剩余元素都会进行值初始化。在这两种情况下，如果元素类型是一个类类型，那么该类型必须有一个默认构造函数，以使值初始化能够进行。

```
array<int, 10>ia1;                          //10 个默认初始化的 int
array<int, 10>ia2={0, 1, 2, 3, 4, 5, 6, 7, 8, 9};
array<int, 10>ia3={42};                     //ia3[0]=42,其余元素为 0
```

值得注意的是，虽然我们不能对内置数组类型进行复制或对象赋值，但是 array 并无此限制：

```
int digits[10]={0, 1, 2, 3, 4, 5, 6, 7, 8, 9};
int cpy[10]=digits;                         //错误:内置数组不支持复制或赋值
array<int, 10>arr;                          //保存 10 个默认初始化的 int 的数组
array<int, 10>digits={0, 1, 2, 3, 4, 5, 6, 7, 8, 9};  //列表初始化
array<int, 10>copy=digits;                  //正确:只要数组类型匹配即合法
```

与其他容器一样，array 也要求初始值的类型必须与要创建的容器类型相同，此外，array 还要求元素类型和大小也都一样，因为大小是 array 的一部分。

使用 array 类型时，必须同时指定元素类型和大小：

```
array<int,10>::size_type i;        //数组类型包括元素类型和大小
array<int>::size_type j;           //错误:array<int>不是一个类型
```

11.1.4 容器的赋值与 swap

下面列出容器的赋值运算。

(1) c2= c1：将 c2 中的元素替换为 c1 中元素的副本。c1 和 c2 必须具有相同的类型。

(2) c={a, b, c..}：将 c 中元素替换为初始化列表中元素的副本。

(3) swap(c1, c2)或 c1. swap(c2)：交换 c1 和 c2 中的元素。c1 和 c2 必须具有相同的类型。swap 通常比从 c1 向 c2 复制元素快得多。

(4) seq. assign(b, e)：将 seq 中的元素替换为迭代器 b 和 e 所表示的范围中的元素。迭代器 b 和 e 不能指向 seq 中的元素。

(5) seq. assign(il)：将 seq 中的元素替换为初始化列表 il 中的元素。

(6) seq. assign(n, t)：将 seq 中的元素替换为 n 个值为 t 的元素。

注意：assign 操作不适用于关联容器和 array。

1. 赋值运算符

赋值运算符将其左边容器中的全部元素替换为右边容器中元素的副本。

```
c2=c1;                              //将c2的内容替换为c1中元素的副本
c2={a, b, c};                       //赋值后,c2大小为3
```

与内置数组不同,标准库 array 类型允许赋值。赋值号左右两边的运算对象必须具有相同的类型:

```
array<int, 10>a1={0,1,2,3,4,5,6,7,8,9};
array<int, 10>a2={0};
a1=a2;
a2={0};                             //错误:不能将一个花括号列表赋予数组
```

2. 使用 swap

swap 操作交换两个相同类型容器的内容。调用 swap 之后,两个容器中的元素将会交换。

```
vector<string>strVec1(10);  //10个string元素的vector
vector<string>strVec2(24);  //24个string元素的vector
swap(strVec1, strVec2);     /* strVec1将包含24个string元素,strVec2将包含10
                               个string元素 */
```

除 array 外,交换两个容器的内容的操作保证会很快——元素的本身并没未进行交换,swap 只是交换了两个容器的内部数据结构。

元素不会被移动的事实意味着,除 string 外,指向容器的迭代器、引用、指针在 swap 操作之后都不会失效。它们仍指向 swap 操作之前所指向的那些元素。但是,在 swap 操作之后,这些元素已经属于不同的容器了。例如,假定 iter 在 swap 之前指向 strVec1[3]的 string,那么在 swap 之后它指向 svec2 [3]的元素。与其他容器不同,对一个 string 调用 swap 会导致迭代器、引用和指针失效。

与其他容器不同,swap 两个 array 会真正交换它们的元素。因此,交换两个 array 所需的时间与 array 中元素的数目成正比。

因此,对于 array,在 swap 操作之后,指针、引用和迭代器所绑定的元素保持不变,但元素值已经与另一个 array 中对应元素的值进行了交换。

在新标准库中,容器既提供成员函数版本的 swap,也提供非成员版本的 swap。而早期标准库版本只提供成员函数版本的 swap。非成员版本的 swap 在泛型编程中是非常重要的。统一使用非成员版本的 swap 是一个好习惯。

注意: 赋值相关运算会导致指向左边容器内部的迭代器、引用、指针失效。而 swap 操作将容器内容交换不会导致容器的迭代器、引用和指针失效(容器类型为 array 和 string 的情况除外)。

3. 使用 assign(仅除 array 外的顺序容器)

赋值运算符要求左边和右边的运算对象具有相同的类型。它将右边运算对象中所有元素复制到左边运算对象中。顺序容器(array 除外)还定义了一个 assign 的成员,允许我们从一个不同但相容的类型赋值,或者从容器的一个子序列赋值。assign 操作用参数所指的元素(的副本)替换左边容器中的所有元素。例如,我们可以用 assign 实现将一个

vector 中的一段 char * 值赋予一个 list 中的 string:

```
vector<const char * >names={"Mike", "Tom", "Jack"};
list<string>names2;
names2.assign(names.cbegin(), names.cend());  /* 正确:可以将 const char * 元素转
                                                 换为 string */
names2=names;                                   //错误:容器类型不匹配
```

这段代码中对 assign 的调用将 names2 中的元素替换为迭代器指定的范围中的元素的副本。assign 的参数决定了容器中将有多少个元素以及它们的值都是什么。

assign 的第二个版本接受一个整型值和一个元素值。它用指定数目且具有相同给定值的元素替换容器中原有的元素:

```
//等价于 strList.clear(),后跟 strList.insert(strList.begin(), 10, "Hiya!");
list<string>strList(1);                //1个元素,为空串
strList.assign(10, "Hi!");             //10个元素,每个都是"Hi!"
```

11.1.5 容器的大小操作

除 array 外,每个容器都有三个与大小相关的操作:成员函数 size 返回容器中元素的数目;empty 当 size 为 0 时返回布尔值 true,否则返回 false;max_size 返回一个大于或等于该类型容器所能容纳的最大元素数的值。forward_list 支持 max_size 和 empty,但不支持 size。

11.1.6 容器的关系运算符

每个容器类型都支持相等运算符(==和!=);除了无序关联容器外的所有容器都支持关系运算符(>、>=、<、<=)。关系运算符左右两边的运算对象必须是相同类型的容器,且必须保存相同类型的元素。即,我们只能将一个 vector<int>与另一个 vector<int>进行比较,而不能将一个 vector<int>与一个 list<int>或一个 vector<double>进行比较。

比较两个容器实际上是进行元素的逐对比较,这些运算符的工作方式与 string 的关系运算类似:

- 如果两个容器具有相同大小且所有元素都两两对应相等,则这两个容器相等,否则两个容器不等。
- 如果两个容器大小不同,但较小容器中每个元素都等于较大容器中的对应元素,则较小容器小于较大容器。
- 如果两个容器都不是另一个容器的前缀子序列,则它们的比较结果取决于第一个不相等的元素的比较结果。

注意:容器的关系运算符基于元素的关系运算符,只有当元素类型定义了相应的比较运算符时,才可以使用关系运算符来比较两个容器。

```
vector<SalesData>storeA, storeB;
if(storeA<storeB)                       //如果 SalesData 类没有重载<运算符,则错误
```

11.2 顺序容器

顺序容器提供了控制元素存储和访问顺序的能力。这种顺序不依赖于元素的值，而是与元素加入容器时的位置相对应。表 11-11 列出了标准库中的顺序容器，所有顺序容器都提供了快速顺序访问元素的能力。但是，这些容器在以下方面都有不同的性能折中：

- 向容器中添加或从容器中删除元素的代价。
- 非顺序访问容器中元素的代价。

表 11-11　STL 中的顺序容器及其所在的头文件

容器名	头文件名	说　明
vector	vector. h	可变大小动态数组，在内存中是连续存储的。支持快速随机访问。支持在尾部快速插入和删除元素。在尾部之外的位置插入或删除元素可能很慢。搜索速度较慢
deque	deque. h	双端队列，在内存中的存储方式是小片连续，每片之间用链表连接起来。支持快速随机访问。支持在头部和尾部快速插入和删除元素。搜索速度较慢
list	list. h	双向链表。只支持双向顺序访问。在 list 中任何位置进行插入/删除操作速度都很快。搜索速度最慢
string	string. h	与 vector 相似的容器，但专门用于保存字符。随机访问快，在尾部插入/删除都很快
array	array. h	固定大小静态数组(C++ 11 新增)，在内存中是连续存储的。支持快速随机访问。不支持插入或删除元素
forward_list	forward_list. h	前向链表(C++ 11 新增)。只支持从头部到尾部的单向顺序访问。在链表任何位置进行插入/删除操作速度都很快。比 list 更省内存，插入和删除元素的速度比 list 稍慢。搜索速度也较慢

除了固定大小的 array 外，其他容器都提供高效、灵活的内存管理。我们可以添加和删除元素，扩张和收缩容器的大小。容器保存元素的策略对容器操作的效率有着固有的，有时是重大的影响。在某些情况下，存储策略还会影响特定容器是否支持特定操作。

例如，string 和 vector 将元素保存在连续的内存空间中。由于元素是连续存储的，由元素的下标来计算其地址是非常快速的。但是，在这两种容器的中间位置添加或删除元素就会非常耗时：在一次插入或删除操作后，需要移动插入/删除位置之后的所有元素，来保持连续存储。而且，添加一个元素有时可能还需要分配额外的存储空间。在这种情况下，每个元素都必须移动到新的存储空间中。

list 和 forward_list 两个容器的设计目的是令容器任何位置的添加和删除操作都很快速。作为代价，这两个容器不支持元素的随机访问：为了访问一个元素，我们只能遍历整个容器。而且，与 vector、deque 和 array 相比，这两个容器的额外内存开销也很大。

deque 是一个更为复杂的数据结构。与 string 和 vector 类似，deque 支持快速的随机访问。与 string 和 vector 一样，在 deque 的中间位置添加或删除元素的代价(可能)很高。但是，在 deque 的两端添加或删除元素都是很快的，与 list 或 forward_list 添加删除元素的速度相当。

forward_list 和 array 是新 C++ 标准增加的类型。与内置数组相比，array 是一种更安全、更容易使用的数组类型。与内置数组类似，array 对象的大小是固定的。因此，array 不支持添加和删除元素以及改变容器大小的操作。forward_list 的设计目标是达到与最好的手写的单向链表数据结构相当的性能。因此，forward_list 没有 size 操作，因为保存或计算其大小就会比手写链表多出额外的开销。对其他容器而言，size 保证是一个快速的常量时间的操作。

如何确定使用哪种顺序容器？以下是一些选择容器的基本原则：

(1) 除非你有很好的理由选择其他容器，否则应使用 vector。

(2) 如果你的程序有很多小的元素，且空间的额外开销很重要，则不要使用 list 或 forward_list。

(3) 如果程序要求随机访问元素，应使用 vector 或 deque。

(4) 如果程序要求在容器的中间插入或删除元素，应使用 list 或 forward_list。

(5) 如果程序需要在头尾位置插入或删除元素，但不会在中间位置进行插入或删除操作，应使用 deque。

(6) 如果程序只有在读取输入时才需要在容器中间位置插入元素，随后需要随机访问元素，则

- 首先，确定是否真的需要在容器中间位置添加元素。在处理输入数据时，通常可以很容易地向 vector 追加数据，然后再调用标准库的 sort 函数来重排容器中的元素，从而避免在中间位置添加元素。
- 如果必须在中间位置插入元素，考虑在输入阶段使用 list，一旦输入完成，将 list 中的内容复制到一个 vector 中。

如果程序既需要随机访问元素，又需要在容器中间位置添加元素，那该怎么办？答案取决于在 list 或 forward_list 中访问元素与 vector 或 deque 中插入/删除元素的相对性能。一般来说应用中占主导地位的操作(执行的访问操作更多还是插入/删除的次数更多)，决定了容器类型的选择。在此种情况下，对两种容器分别测试应用的性能可能就是必要的了。

注意：若不确定应该使用哪种容器，那么可以在程序中只使用 vector 和 list 公共的操作：使用迭代器，不使用下标操作，避免随机访问。

11.2.1 添加元素操作

11.1 节介绍了顺序容器的定义和初始化，接下来列出向顺序容器(非 array)添加元素的操作。

(1) c.push_back(t)和 c.emplace_back(args)：在 c 的尾部创建一个值为 t 或由 args 创建的元素，返回 void。

(2) c.push_front(t) 和 c.emplace_front(args)：在 c 的头部创建一个值为 t 或由

args创建的元素，返回void。

(3) c.insert(p, t) 和 c.emplace(p, args)：在迭代器p指向的元素之前创建一个值为t或由args创建的元素。返回指向新添加元素的迭代器。

(4) c.insert(p, n, t)：在迭代器p指向的元素之前插入n个值为t的元素。返回指向新添加的第一个元素的迭代器；若n为0，则返回p。

(5) c.insert(p, b, e)：将迭代器b和e指定的范围内的元素插入迭代器p指向的元素之前。b和e不能指向c中的元素。返回指向新添加的第一个元素的迭代器；若范围为空，则返回p。

(6) c.insert(p, il)：il是一个花括号包围的元素值列表。将这些给定值插入到迭代器p指向的元素之前。返回指向新添加的第一个元素的迭代器；若列表为空，则返回p。

这些操作会改变容器的大小，array不支持这些操作。forward_list有自己专有版本的insert和emplace；forward_list不支持push_back和emplace_back。vector和string不支持push_front和emplace_front。

注意：向一个vector、string或deque插入元素会使所有指向容器的迭代器、引用和指针失效。

当使用这些操作时，必须记得不同容器使用不同的策略来分配元素空间，而这些策略直接影响性能。在一个vector或string的尾部之外的任何位置，或是一个deque的首尾之外的任何位置添加元素，都需要移动元素。而且，向一个vector或string添加元素可能引起整个对象存储空间的重新分配。重新分配一个对象的存储空间需要分配新的内存，并将元素从旧的空间移动到新的空间中。

1. 使用push_back

push_back将一个元素追加到一个vector的尾部。除array和forward_list之外，每个顺序容器(包括string类型)都支持push_back。下面的循环每次读取一个string到word中，然后追加到容器尾部：

```
//从标准输入读取数据，将每个单词放到容器末尾
string word;
while(cin>>word)
    container.push_back(word);
```

上述代码中对push_back的调用在container尾部创建了一个新的元素，将container的size增大了1。该元素的值为word的一个副本，container的类型可以是list、vector或deque。

注意：当我们用一个对象来初始化容器时，或将一个对象插入到容器中时，实际上放入到容器中的是对象值的一个副本，而不是对象本身。就像我们将一个对象传递给非引用参数一样，容器中的元素与提供值的对象之间没有任何关联。随后对容器中元素的任何改变都不会影响到原始对象，反之亦然。

2. 使用push_front

除了push_back，list、forward_list和deque容器还支持名为push_front的类似操作。此操作将元素插入到容器头部：

```
list<int>iList;
for(size_t i=0; i !=4;++i) iList.push_front(i);     //将元素添加到 iList 开头
```

此循环将元素 0、1、2、3 添加到 iList 头部。每个元素都插入到 list 的新的开始位置。即，当我们插入 1 时，它会被放置在 0 之前，2 被放置在 1 之前，以此类推。因此，在循环中以这种方式将元素添加到容器中，最终会形成逆序。在循环执行完毕后，iList 保存序列 3、2、1、0。

注意：deque 像 vector 一样提供了随机访问元素的能力，但它提供了 vector 所不支持的 push_front。deque 保证在容器首部进行插入和删除元素的操作都只花费常数时间。与 vector 一样，在 deque 首尾之外的位置插入元素会很耗时。

3. 在容器中的特定位置添加元素

push_back 和 push_front 操作提供了一种方便地在顺序容器尾部或头部插入单个元素的方法。insert 成员提供了更一般的添加功能，它允许我们在容器中任意位置插入 0 个或多个元素。vector、deque、list 和 string 都支持 insert 成员。forward_list 提供了特殊版本的 insert 成员。

每个 insert 函数都接受一个迭代器作为其第一个参数。迭代器指出了在容器中什么位置放置新元素。它可以指向容器中任何位置，包括容器尾部之后的下一个位置。由于迭代器可能指向容器尾部之后不存在的元素的位置，而且在容器开始位置插入元素是很有用的功能，所有 insert 函数将元素插入到迭代器所指定的位置之前。例如，下面的语句：

```
strList.insert(iter, "Hello!");                  //将"Hello!"添加到 iter 之前的位置
```

虽然某些容器不支持 push_front 操作，但它们对于 insert 操作并无类似的限制(插入开始位置)。因此我们可以将元素插入到容器的开始位置，而不必担心容器是否支持 push_front：

```
vector<string>strVec;
list<string>strList;
strList.insert(strList.begin(), "Hello!");
//等价于调用 strList.push_front("Hello!")
//vector 不支持 push_front,但我们可以插入到 begin()之前
//警告:插入到 vector 末尾之外的任何位置都可能很慢
strVec.insert(strVec.begin(), "Hello!");
```

注意：将元素插入到 vector、deque 和 string 中的任何位置都是合法的。然而，这样做可能很耗时。

4. 插入范围内元素

除了第一个迭代器参数之外，insert 函数还可以接受更多的参数，这与容器构造函数类似。其中一个版本接受一个元素数目和一个值，它将指定数量的元素添加到指定位置之前，这些元素够按给定值初始化：

```
strVec.insert(strVec.end(), 10, "Anna");
```

这行代码将10个元素插入到strVec的末尾，并将所有元素都初始化为字符串“Anna”。

接受一对迭代器或一个初始化列表的insert版本将给定范围中的元素插入到指定位置之前：

```
vector<string>v={"quasi", "simba", "frollo", "scar"};
//将 v 的最后两个元素添加到 strList 的开始位置
strList.insert(strList.begin(), v.end()-2, v.end());
strList.insert(strList.end(), {"these", "words", "will", "go", "at", "the", "end"});
//运行时错误:迭代器表示要复制的范围,不能指向与目的位置相同的容器
strList.insert(strList.begin(), strList.begin(), strList.end());
```

如果传递给insert一对迭代器，它们不能指向添加元素的目标容器。

5. 使用insert的返回值

通过使用insert的返回值，可以在容器中一个特定位置反复插入元素：

```
list<string>lst;
auto iter=lst.begin();
while(cin>>word) iter=lst.insert(iter, word);  //等价于调用 push_front
```

在循环之前，我们将iter初始化为lst.begin()。第一次调用insert会将刚刚读入的string插入到iter所指向的元素之前的位置。insert返回的迭代器恰好指向这个新元素。将此迭代器赋予iter并重复循环，读取下一个单词。

6. 使用emplace操作

新标准引入了3个成员——emplace_front、emplace和emplace_back，这些操作构造而不是复制元素。这些操作分别对应push_front、insert和push_back，允许我们将元素放置在容器头部、一个指定的位置之前或容器尾部。

当调用push或insert成员函数时，将元素类型的对象传递给它们，这些对象被复制到容器中。而当调用一个emplace成员函数时，则是将参数传递给元素类型的构造函数。emplace成员使用这些参数在容器管理的内存空间中直接构造元素。例如，假定c保存SalesData对象（SalesData类代码参见例3-10）：

```
//在 c 的末尾构造一个 SalesData 对象
//使用 3 个参数的 SalesData 的构造函数
c.emplace_back("978-0590353403", 25, 15.99);
//错误:没有接受 3 个参数的 push_back 版本
c.push_back("978-0590353403", 25, 15.99);
//正确:创建一个临时的 SalesData 对象传递给 push_back
c.push_back(SalesData(("978-0590353403", 25, 15.99));
```

其中对emplace_back的调用和第二个push_back调用都会创建新的SalesData对象。在调用emplace_back时，会在容器管理的内存空间中直接创建对象。而调用push_back则会创建一个局部临时对象，并将其压入容器中。

emplace 函数的参数根据元素类型而变化，参数必须与元素类型的构造函数相匹配：

```
//iter 指向 c 中一个元素，其中保存了 SalesData 元素
c.emplace_back();                          //使用 SalesData 的默认构造函数
c.emplace(iter, "999-999999999");          //使用 SalesData(string)
//使用 SalesData 的接受一个 ISBN、一个 count 和一个 price 的构造函数
c.emplace_front("978-0590353403", 25, 15.99);
```

注意：emplace 函数在容器中直接构造元素，传递给 emplace 函数的参数必须与元素类型的构造函数相匹配。

11.2.2 访问元素操作

下面列出可以用来在顺序容器值访问元素的操作。如果容器中没有元素，访问操作的结果是未定义的。

c. back()：返回 c 中尾元素的引用。若 c 为空，函数行为未定义。

c. front()：返回 c 中首元素的引用。若 c 为空，函数行为未定义。

c[n]：返回 c 中下标为 n 的元素的引用，n 是一个无符号的整数。若 n> =c. size( )，则函数行为未定义。

c. at(n)：返回下标为 n 的元素的引用。如果下标越界，则抛出一 out_of_range 异常。

注意：at 和下标操作只适用于 string、vector、deque 和 array。back 不适用于 forward_list。

包括 array 在内的每个顺序容器都有一个 front 成员函数，而除了 forward_list 之外的所有顺序容器都有一个 back 成员函数。这两个操作分别返回首元素和尾元素的引用：

```
if(!c.empty()){            //在解引用一个迭代器或调用 front 或 back 之前检查是否有元素
    auto val1= * c.begin(), val2=c.front();  //val1 和 val2 是 c 中第一个元素值的副本
    //val3 和 val4 是 c 中最后一个元素值的副本
    auto last=c.end();
    auto val3= * (--last);                   //不能递减 forward_list 迭代器
    auto val4=c.back();                      //forward_list 不支持
```

此程序用两种不同方式来获取 c 中的首元素和尾元素的引用。直接的方式是调用 front 和 back。而间接的方法是通过解引用 begin 返回的迭代器来获得首元素的引用，以及通过递减然后解引用 end 返回的迭代器来获取尾元素的引用。

注意：对一个空容器调用 front 和 back，就像使用一个越界的下标一样，是一种严重的程序设计错误。

1. 访问成员函数返回的是引用

在容器中访问元素的成员函数(即 front、back、下标和 at)返回的都是引用。如果容器是一个 const 对象，则返回值是 const 的引用。如果容器不是 const 的，则返回值是普通引用，我们可以用来改变元素的值。

```
if(!c.empty()){
    c.front()=42;             //将 42 赋予 c 中的第一个元素
    auto &v=c.back();         //获得指向最后一个元素的引用
    v=1024;                   //改变 c 中的元素
    auto v2=c.back();         //v2 不是一个引用,它是 c.back()的一个副本
    v2=0;                     //未改变 c 中的元素
}
```

与往常一样,如果我们使用 auto 变量来保存这些函数的返回值,并且希望使用此变量来改变元素的值,必须记得将变量定义为引用类型。

2. 下标操作和安全的随机访问

提供快速随机访问的容器(string、vector、deque 和 array)也都提供下标运算符。就像我们已经看到的那样,下标运算符接受一个下标参数,返回容器中该位置的元素的引用。

我们希望确保下标是合法的,可以使用 at 成员函数。at 成员函数类似下标运算符,但如果下标越界,at 会抛出一个 out_of_range 异常:

```
vector<string> strVec;          //空 vector
cout<<strVec[0];                //运行时错误:svec 中没有元素
cout<<svec.at[0];               //抛出一个 out_of_range 异常
```

11.2.3 删除元素操作

与添加元素的多种方式类似,顺序容器(非 array)也有多种删除元素的方式。如下所示:

(1) c.pop_back():删除 c 中尾元素。若 c 为空,则函数行为未定义。函数返回 void。

(2) c.pop_front():删除 c 中首元素。若 c 为空,则函数行为未定义。函数返回 void。

(3) c.erase(p):删除迭代器 p 所指定的元素,返回一个指向被删元素之后元素的迭代器,若 p 指向尾元素,则返回尾后(off_the_end)迭代器。若 p 是尾后迭代器,则函数行为未定义。

(4) c.erase(b, e):删除迭代器 b 和 e 所指定范围内的元素。返回一个指向最后一个被删元素之后元素的迭代器,若 e 本身就是尾后迭代器,则函数也返回尾后迭代器。

(5) c.clear():删除 c 中所有元素。函数返回 void。

注意:

(1) forward_list 有特殊版本的 erase。

(2) forward_list 不支持 pop_back。

(3) vector 和 string 不支持 pop_front。

(4) 这些操作会改变容器大小,所以不适用于 array。

1. pop_front 和 pop_back 成员函数

pop_front 和 pop_back 成员函数分别删除首元素和尾元素。与 vector 和 string 不支持 push_front 一样，这些类型也不支持 pop_front。类似的，forward_list 不支持 pop_back。与元素访问成员函数类似，不能对一个空容器执行弹出操作。

这些操作返回 void，如果你需要弹出的元素的值，就必须在执行弹出操作之前保存它：

```
while(!iList.empty()){
    process(iList.front());      //对 iList 的首元素进行一些处理
    iList.pop_front();           //完成处理后删除首元素
}
```

2. 从容器内部删除一个元素

成员函数 erase 从容器中指定位置删除元素，我们可以删除由一个迭代器指定的单个元素，也可以删除由一对迭代器指定的范围内的所有元素。两种形式的 erase 都返回指向删除的(最后一个)元素之后位置的迭代器。即，若 j 是 i 之后的元素，那么 erase(i) 将返回指向 j 的迭代器。

例如，下面的循环删除一个 list 中的所有奇数元素：

```
list<int>lst={0,1,2,3,4,5,6,7,8,9};
auto it=lst.begin();
while(it !=lst.end())
    if(*it %2)
        it=lst.erase(it);                //删除此元素
    else
        ++it;
```

每个循环步中，首先检查当前元素是否是奇数，如果是，就删除该元素，并将 it 设置为我们所删除的元素之后的元素。如果 *it 为偶数，我们将 it 递增，从而在下一步循环检查下一个元素。

3. 删除多个元素

接受一对迭代器的 erase 版本允许我们删除一个范围内的元素：

```
//删除两个迭代器表示的范围内的元素，返回指向最后一个被删除元素之后位置的迭代器
elem1=strList.erase(elem1,elem2);                //调用后，elem1==elem2
```

迭代器 elem1 指向我们要删除的第一个元素，elem2 指向我们要删除的最后一个元素之后的位置。

为了删除一个容器中的所有元素，我们既可以调用 clear，也可以用 begin 和 end 获得的迭代器作为参数调用 erase：

```
strList.clear();                                 //删除容器中的所有元素
strList.erase(strList.begin(), strList.end());   //等价调用
```

注意：删除 deque 中除首尾位置之外的任何元素都会使所有迭代器、引用和指针失

效。指向 vector 或 string 中删除点之后的迭代器、引用和指针失效。

11.2.4 特殊的 forward_list 操作

为了理解 forward_list 为什么有特殊版本的添加和删除操作，考虑当我们从一个单向链表中添加和删除一个元素时会发生什么。当添加或删除一个元素时，删除或添加的元素之前的那个元素的后继会发生变化。为了添加或删除一个元素，我们需要访问其前驱，以便改变前驱的链接。但是，forward_list 是单向链表。在一个单向链表中，没有简单的方法来获取一个元素的前驱，出于这个原因，在一个 forward_list 中添加或删除元素的操作是通过改变给定元素之后的元素来完成的。这样，我们总是可以访问到被添加或删除元素所影响的元素。

由于这些操作与其他容器上的操作的实现方式不同，forward_list 并未定义 insert、emplace 和 erase，而是定义了名为 insert_after、emplace_after 和 erase_after 的操作。为了支持这些操作，forward_list 也定义了 before_begin，它返回一个首前迭代器。这个迭代器允许我们在链表首元素之前并不存在的元素“之后”添加或删除元素（亦即在链表首元素之前添加删除元素）。

下面列出特殊的 forward_list 操作：

(1) lst.before_begin()和 lst.cbefore_begin()：返回指向链表首元素之前不存在的元素的迭代器。此迭代器不能解引用。lst.cbefore_begin()返回一个 const_iterator。

(2) lst.insert_after(p, t)、lst.insert_after(p, n, t)、lst.insert_after(p, b, e)和 lst.insert_after(p, il)：在迭代器 p 之后的位置插入元素，t 是一个对象，n 是数量，b 和 e 是表示范围的一对迭代器(b 和 e 不能指向 lst 内)，il 是一个花括号列表。返回一个指向最后一个插入元素的迭代器。如果范围为空，则返回 p。若 p 为尾后迭代器，则函数行为未定义。

(3) lst.emplace_after(p, args)：使用 args 在 p 指定的位置之后创建一个元素。返回一个指向这个新元素的迭代器。若 p 为尾后迭代器，则函数行为未定义。

(4) lst.earse_after(p) 、lst.earse_after(b, e)：删除 p 指向的位置之后的元素，或删除从 b 之后直到(但不包含)e 之间的元素。返回一个指向被删元素之后元素的迭代器，若不存在这样的元素，则返回尾后迭代器。如果 p 指向 lst 的尾元素或者是一个尾后迭代器，则函数行为未定义。

当在 forward_list 中添加或删除元素时，必须关注两个迭代器——一个指向我们要处理的元素，另一个指向其前驱。例如，我们从 list 中删除奇数元素的循环程序，将其改为从 forward_list 中删除元素：

```
forward_list<int>flst={0,1,2,3,4,5,6,7,8,9};
auto prev=flst.before_begin();            //表示 flst 的"首前元素"
auto curr=flst.begin();                   //表示 flst 中的第一个元素
while(curr !=flst.end()){
    if(* curr %2)
        curr=flst.erase_after(prev);      //删除它并移动 curr
```

```
    else {
        prev=curr;          //移动迭代器 curr,指向下一个元素,prev 指向 curr 之前的元素
        ++curr;
    }
}
```

此例中,curr 表示我们要处理的元素,prev 表示 curr 的前驱。调用 begin 来初始化 curr,这样第一步循环就会检查第一个元素是否是奇数。我们用 before_begin 来初始化 prev,它返回指向 curr 之前不存在的元素的迭代器。

当找到奇数元素后,我们将 prev 传递给 erase_after,此调用将 prev 之后的元素删除,即,删除 curr 指向的元素。然后我们将 curr 置为 erase_after 的返回值,使得 curr 指向序列中下一个元素,prev 保持不变,仍指向(新)curr 之前的元素。如果 curr 指向的元素不是奇数,在 else 中我们将两个迭代器都向前移动。

11.2.5 改变容器大小操作

下面列出改变顺序容器大小的操作。

(1) c.resize(n):调整 c 的大小为 n 个元素。若 n<c.size(),则多出的元素被丢弃。若必须添加新元素,对新元素进行值初始化。

(2) c.resize(n, t):调整 c 的大小为 n 个元素。任何新添加的元素都初始化为值 t。

我们可以使用 resize 来增加或缩小容器,与往常一样,array 不支持 resize。如果当前大小大于所要求的大小,容器后面的元素会被删除;如果当前大小小于新大小,会将新元素添加到容器后部:

```
list<int>ilist(10, 42);     //10 个 int:每个的值都是 42
ilist.resize(15);           //将 5 个值为 0 的元素添加到 ilist 的末尾
ilist.resize(25, -1);       //将 10 个值为-1 的元素添加到 ilist 的末尾
ilist.resize(5);            //从 ilist 末尾删除 20 个元素
```

resize 操作接受一个可选的元素值参数,用来初始化添加到容器中的元素。如果调用者未提供此参数,新元素进行值初始化。如果容器保存的是类类型,且 resize 向容器添加新元素,则我们必须提供初始值,或者元素类型必须提供一个默认构造函数。

注意:如果 resize 缩小容器,则指向被删除元素的迭代器、引用和指针都会失效;对 vector、string 或 deque 进行 resize 可能导致迭代器、引用和指针失效。

11.2.6 额外的 string 操作

除了顺序容器共有的操作之外,string 类型还提供了一些额外的操作。这些操作中的大部分要么是提供 string 类和 C 风格字符数组之间的相互转换,要么是增加了允许我们用下标代替迭代器的版本。本部分内容初次阅读可能令人觉得烦琐,你可以快速浏览此内容。当你了解了 string 支持那些类型的操作后,就可以在需要使用一个特定操作时再回过头来仔细阅读。

1. 构造 string 的方法

除了2.3.8节介绍的构造 string 的方法，以及与其他顺序容器相同的构造函数外，string 类型还支持另外三个构造函数，如下所示，其中 n、len2 和 pos2 都是无符号值。

(1) string s(cp, n)：s 是 cp 指向的数组中的第 n 个字符的副本，此数组至少应该包含 n 个字符。

(2) string s(s2, pos2)：s 是 string s2 从下标 pos2 开始的字符的副本。若 pos2>s2.size()，构造函数的行为未定义。

(3) string s(s2, pos2, len2)：s 是 string s2 从下标 pos2 开始 len2 个字符的副本。若 pos2>s2.size()，构造函数的行为未定义。不管 len2 的值是多少，构造函数至多复制 s2.size()-pos2 个字符。

这些构造函数接受一个 string 或一个 const char * 参数，还接受指定复制多少个字符的参数。当我们传递给它们的是一个 string 时，还可以给定一个下标来指出从哪里开始复制：

```
const char * cp="Hello World!";        //以空字符结束的数组
char noNull[]={'H','i'};               //不是以空字符结束
string s1(cp);                         //复制 cp 中的字符直到遇到空字符
string s2(noNull, 2);                  //从 noNull 复制两个字符
string s3(noNull);                     //未定义:noNull 不是以空字符结束
string s4(cp+6, 5);                    //从 cp[6]开始复制 5 个字符
string s5(s1, 6,5);                    //从 s1[6]开始复制 5 个字符
string s6(s1, 6);                      //从 s1[6]开始直到 s1 的末尾
string s7(s1, 6, 20);                  //正确,只复制到 s1 的末尾
string s8(s1, 16);                     //抛出一个 out_of_range 异常
```

通常当我们从一个 const char * 创建 string 时，指针指向的数组必须以空字符结尾，复制操作遇到空字符时停止。如果我们还传递给构造函数一个计数值，数组就不必以空字符结尾。如果我们未传递计数值且数组也未以空字符结尾，或者给定计数值大于数组大小，则构造函数的行为是未定义的。

当从一个 string 复制字符时，我们可以提供一个可选的开始位置和一个计数值。开始位置必须小于或等于给定的 string 的大小。如果位置大于 size，则构造函数抛出一个 out_of_range 异常。如果我们传递了一个计数值，则从给定位置开始复制这么多个字符。不管我们要求复制多少个字符，标准库最多复制到 string 结尾，不会更多。

2. substr 操作

s.substr(pos, n)：返回一个 string，包含 s 中从 pos 开始的 n 个字符的副本。pos 的默认值为0。n 的默认值的 s.size()-pos，即复制从 pos 开始的所有字符。

```
string s("hello world");
string s2=s.substr(0, 5);              //s2=hello
string s3=s.substr(6);                 //s3=world
string s4=s.substr(6, 11);             //s4=world
string s5=s.substr(12);                //抛出一个 out_of_range 异常
```

可以传递给 substr 一个可选的开始位置和计数值。如果开始位置超过了 string 的大小,则 substr 函数抛出一个 out_of_range 异常。如果开始位置加上计数值大于 string 的大小,则 substr 会调整计数值,只复制到 string 的末尾。

3. 改变 string 的其他方法

下面列出改变 string 的其他方法。

(1) s.insert(pos, args):在 pos 之前插入 args 指定的字符,pos 可以是一个下标或者一个迭代器。接受下标的版本返回一个指向 s 的引用;接受迭代器的版本返回指向第一个插入字符的迭代器。

(2) s.erase(pos, len):删除从位置 pos 开始的 len 个字符。如果 len 被省略,则删除从 pos 开始直至 s 末尾的所有字符。返回一个指向 s 的引用。

(3) s.assign(args):将 s 中的字符替换为 args 指定的字符。返回一个指向 s 的引用。

(4) s.append(args):将 args 追加到 s。返回一个指向 s 的引用。

(5) s.replace(range,args):删除 s 中范围 range 内的字符,替换为 args 指定的字符。range 或者是一个下标和一个长度,或者是一对指向 s 的迭代器,返回一个指向 s 的引用。

上述操作中的 args 可以是下列形式之一;append 和 assign 可以使用所有形式。其中,str 不能与 s 相同,迭代器 b 和 e 不能指向 s。

- str:字符串 str。
- str, pos, len:str 中从 pos 开始最多 len 个字符。
- cp, len:cp 指向的字符数组的前(最多)len 个字符。
- cp:cp 指向的以空字符串结尾的字符数组。
- n, c:n 个字符 c。
- b, e:迭代器 b 和 e 指定的范围内的字符。
- 初始化列表:花括号包围,以逗号分隔的字符列表。

replace 和 insert 所允许的 args 形式依赖于 range 和 pos 是如何指定的,具体描述如表 11-12 所示。

表 11-12　replace 和 insert 所允许的 args 形式

replace	replace	insert	insert	args 可以是
(pos, len ,args)	(b, e, args)	(pos, args)	(iter, args)	
是	是	是	否	str
是	否	是	否	str, pos, len
是	是	是	否	cp, len
是	是	否	否	cp
是	是	是	是	n, c
否	是	否	是	b2, e2
否	是	否	是	初始化列表

string 类型支持顺序容器的赋值运算符以及 assign、insert 和 erase 操作。除此之外，它还定义了额外的 insert 和 erase 版本。

除了接受迭代器的 insert 和 erase 版本外，string 还提供了接受下标的版本。下标指出了开始删除的位置，或是 insert 到给定值之前的位置：

```
s.insert(s.size(), 5, '!');          //在 s 末尾插入 5 个感叹号
s.erase(s.size()-5, 5);              //从 s 删除最后 5 个字符
```

标准库 string 类型还提供了接受 C 风格字符数组的 insert 和 assign 版本。例如，我们可以将以空字符结尾的字符数组 insert 到或 assign 给一个 string：

```
const char * cp="Stately, plump Buck";
s.assign(cp, 7);                     //s="Stately"
s.insert(s.size(), cp+7);            //s=="Stately,plump Buck"
```

此处我们首先通过调用 assign 替换 s 的内容，赋予 s 的是从 cp 指向的地址开始的 7 个字符。要求赋值的字符数必须小于或等于 cp 指向的数组中的字符数(不包括结尾的空字符)。

接下来在 s 上调用 insert，我们的意图是将字符插入到 s[size()]处(不存在的)元素之前的位置。此例中，我们将 cp 的从第 8 个字符开始直至结尾空字符之前的所有字符复制到 s 中。

我们也可以指定将来自其他 string 或字符串的字符插入到当前 string 中或赋予当前 string：

```
string s="some string", s2="some other string";
s.insert(0, s2);                     //在 s 中位置 0 之前插入 s2 的副本
s.insert(0, s2, 0, s2.size());       //在 s[0]之前插入 s2 中开始的 s2.size()个字符
```

string 类定义了两个额外的成员函数：append 和 replace，这两个函数可以改变 string 的内容。append 操作是在 string 末尾进行插入操作的一种简写放形式：

```
string s("Study C++"), s2=s;         //将 s 和 s2 初始化为"Study C++"
s.insert(s.size()," 11 Language"); //s=="Study C++11 Langaue"
s2.append(" 11 Language ");          //等价方法:将" 11 Language "追加到 s2;s==s2
```

replace 操作是调用 erase 和 insert 的一种简写形式：

```
//将 s 中的"11"替换成"14"的等价方法
s.erase(10, 2);                      //s=="Study C++Langaue"
s.insert(10, "14");                  //s=="Study C++14 Langaue"
```

等价于：

```
//从位置 10 开始，删除两个字符并插入"14"
s2.replace(10, 2, "14");             //等价方法:s==s2
```

此例中调用 replace 时，插入的文本恰好与删除的文本一样长。这不是必须的，可以

插入一个更长或更短的 string。

上面列出的 append、assign、insert 和 replace 函数有多个重载版本。根据我们如何指定要添加的字符和 string 中被替换的部分，这些函数的参数有不同的版本。幸运的是，这些函数有共同的接口。

assign 和 append 函数无须指定要替换 string 中哪个部分：assign 总是替换 string 中的所有内容，append 总是将新字符追加到 string 末尾。

replace 函数提供了两种指定删除元素范围的方式。可以通过一个位置和一个长度来指定范围，也可以通过一个迭代器范围来指定。

insert 函数允许我们用两种方式指定插入点：用一个下标或一个迭代器。在两种情况下，新元素都会插入到给定下标（或迭代器）之前的位置。

可以用好几种方式指定要添加到 string 中的字符。新字符可以来自于另一个 string，来自于一个字符指针（指向的字符数组），来自于一个花括号包围的字符列表，或者一个字符和一个计数值。当字符来自于一个 string 或一个字符指针时，我们可以传递一个额外的参数来控制是复制部分还是全部字符。

并不是每个函数都支持所有形式的参数。例如，insert 就不支持下标和初始化列表的参数。类似的，如果我们希望用迭代器指定插入点，就不能用字符指针指定新字符的来源。

4. string 搜索操作

string 类提供了 6 个不同的搜索函数，每个函数都有 4 个重载版本。这些搜索成员函数及其参数如下：

(1) s.find(args)：查找 s 中 args 第一次出现的位置。

(2) s.rfind(args)：查找 s 中 args 最后一次出现的位置。

(3) s.find_first_of(args)：在 s 中查找 args 中任何一个字符第一次出现的位置。

(4) s.find_last_of(args)：在 s 中查找 args 中任何一个字符最后一次出现的位置。

(5) s.find_first_not_of(args)：在 s 中查找第一个不存在 args 中的字符。

(6) s.find_last_not_of(args)：在 s 中查找最后一个不在 args 中的字符。

args 必须是以下 4 种形式之一：

(1) c, pos：从 s 中位置 pos 开始查找字符 c，pos 默认为 0。

(2) s2, pos：从 s 中位置 pos 开始查找字符串 s2，pos 默认为 0。

(3) cp, pos：从 s 中位置 pos 开始查找指针 cp 指向的空字符结尾的 C 风格字符串，pos 默认为 0。

(4) cp, pos, n：从 s 中位置 pos 开始查找指针 cp 指向的数组的前 n 个字符。pos 和 n 无默认值。

每个搜索操作都返回一个 string::size_type 值，表示匹配发生位置的下标。如果搜索失败，返回一个名为 string::npos 的 static 成员。标准库将 npos 定义为一个 const string::size_type 类型，并初始化为值－1。由于 npos 是一个 unsigned 类型，此初始化值意味着 npos 等于任何 string 最大的可能大小。

find 函数完成最简单的搜索。它查找参数指定的字符串，若找到，则返回第一个匹配位置的下标，否则返回 npos：

```
string name("AnnaBelle");
auto pos1=name.find("Anna");        //pos1==0
```

这段程序返回 0，即子字符串"Anna"在"AnnaBelle"中第一次出现的下标。

搜索（以及其他 string 操作）是大小写敏感的。当在 string 中查找子字符串时，要注意大小写。

一个更复杂的问题是查找与给定字符串中任何一个字符匹配的位置。例如，下面代码定位 name 中的第一个数字：

```
string numbers("0123456789"), name("r2d2");
//返回 1,即,name 中第一个数字的下标
auto pos=name.find_first_of(numbers);
```

如果是要搜索第一个不在参数中的字符，我们应该调用 find_first_not_of，例如，为了搜索一个 string 中第一个非数字字符，可以这样做：

```
string dept("03714p3");
//返回 5,字符'p'的下标
auto pos=dept.find_first_not_of(numbers);
```

指定从哪里开始搜索：我们可以传递给 find 操作一个可选的开始位置。这个可选的参数指出从哪个位置开始搜索。默认情况下，此位置被置为 0。一种常见的程序设计模式是用这个可选参数在字符串中循环地搜索子字符串出现的所有位置：

```
string::size_type pos=0;
//每步循环查找 name 中下一个数
while((pos=name.find_first_of(numbers, pos)) !=string::npos)
{
    cout<<"found number at index:"<<pos<<" element is "<<name[pos]<<endl;
    ++pos;                    //移动到下一个字符
}
```

while 的循环条件将 pos 重置为从 pos 开始遇到的第一个数字的下标。只要 find_first_of 返回一个合法的下标，我们就打印当前结果并递增 pos。

如果忽略了递增 pos，循环就永远也不会停止。

逆向搜索：到目前为止，我们已经用过的 find 操作都是从左至右搜索。标准库还提供了类似的，但由右至左搜索的操作。rfind 成员函数搜索最后一个匹配，即子字符串最靠右的出现位置：

```
string river("Mississippi");
auto first_pos=river.find("is");      //返回 1
auto last_pos=river.rfind("is");      //返回 4
```

find 返回下标 1，表示第一个"is"的位置，而 rfind 返回下标 4，表示最后一个"is"的

位置。

类似地,find_last 函数的功能与 find_first 函数相似,只是它们返回最后一个而不是第一个匹配:

- find_last_of 搜索与给定 string 中任何一个字符匹配的最后一个字符。
- find_last_not_of 搜索最后一个不出现在给定 string 中的字符。

每个操作都接受一个可选的第二参数,可用来指出从什么位置开始搜索。

5. compare 函数

除了关系运算符外,标准库 string 类型还提供了一组 compare 函数,这些函数与 C 标准库的 strcmp 函数很相似。类似 strcmp,根据 s 是等于、大于还是小于参数指定的字符串,s.compare 返回 0,正数和负数。

compare 有 6 个版本,根据我们是要比较两个 string 还是一个 string 与一个字符数组,参数各不相同。在这两种情况下,都可以比较整个或一部分字符串。s.compare 的 6 种参数形式如下:

(1) s2:比较 s 和 s2。

(2) pos1, n1, s2:将 s 中从 pos1 开始的 n1 个字符与 s2 进行比较。

(3) pos1, n1, s2, pos2, n2:将 s 中从 pos1 开始的 n1 个字符与 s2 中从 pos2 开始的 n2 个字符进行比较。

(4) cp:比较 s 与 cp 指向的以空字符结尾的字符数组。

(5) pos1, n1, cp:将 s 中从 pos1 开始的 n1 个字符和 cp 指向的以空字符结尾的字符数组进行比较。

(6) pos1, n1, cp, n2:将 s 中从 pos 开始的 n1 个字符与指针 cp 指向的地址开始的 n2 个字符进行比较。

6. 数值转换

字符串中常常包含表示数值的字符。例如,我们用两个字符的 string 表示数值 15——字符'1'后跟字符'5'。一般情况,一个数的字符表示不同于其数值。

新标准引入了多个函数,可以实现数值数据与标准库 string 之间的转换。

(1) to_string(val):一组重载函数,返回数值 val 的 string 表示。val 可以是任何算术类型。对每个浮点类型和 int 或更大的整型,都有相应版本的 to_string。

(2) stoi(s, p, b)、stol(s, p, b)、stoul(s, p, b)、stoll(s, p, b)、stoull(s, p, b):返回 s 的起始子串(表示整数内容)的数值。返回值类型是 int、long、unsigned long、long long、unsigned long long。b 表示转换所用的基数,默认值是 10。p 是 size_t 指针,用来保存 s 中第一个非数值字符的下标,p 默认是 0,即,函数不保存下标。

(3) stof(s, p)、stod(s, p)、stold(s, p):返回 s 的起始子串(表示浮点数内容)的数值,返回值类型分别是 float、double 和 long double,参数 p 的作用与整数转换中相同。

看下面的代码。

```
int i=42;
string s=to_string(i);          //将整数 i 转换为字符表示形式
double d=stod(s);               //将字符串 s 转换为浮点数
```

上述代码中我们调用 to_string 将 42 转换为对应的 string 形式，然后调用 stod 将此 string 转换为浮点值。

要转换为数值的 string 中第一非空白符必须是数值中可能出现的字符（+或-或数字）。

```
string s2="pi=3.14";
//转换 s 中以数字开始的第一个子串,结果 d=3.14
d=stod(s2.substr(s2.find_first_of("+-.0123456789")));
```

在这个 stod 调用中，我们调用了 find_first_of 来获得 s 中第一个可能是数值的一部分的字符的位置。我们将 s 中从此位置开始的子串传递给 stod。stod 函数读取此参数，处理其中的字符，直至遇到不可能是数值的一部分的字符。然后它就将找到的这个数值的字符串表示形式转换为对应的双精度浮点值。

关于顺序容器的操作就介绍到这里，下面看 3 个例子。

【例 11-1】 vector 容器成员函数应用示例。

```
#include<iostream>
#include<vector>
#include<algorithm>
#include<cstdlib>
using namespace std;
int main(void)
{   vector<int>num;                              //STL 中的 vector 容器
    int element;
    //从标准输入设备读入整数,直到输入的是非整型数据为止
    while (cin>>element)                         //ctrl+Z 结束输入
       num.push_back(element);
    sort(num.begin(), num.end());                //STL 中的排序算法
    for (int i=0; i<num.size(); i++)             //将排序结果输出到标准输出设备
        cout<<num[i]<<" ";
    cout<<endl;
    vector<int>vec1;                             //vec1 对象初始为空
    vector<int>vec2(10,6);                       //vec2 对象最初有 10 个值为 6 的元素
    vector<int>vec3(vec2.begin(), vec2.begin()+3);      //vec3 对象最初有 3 个值为 6 的元素
    //从前向后显示 vec1 中的数据
    cout<<"vec1.begin()--vec1.end():"<<endl;
    for (auto i=vec1.begin(); i !=vec1.end();++i)
        cout<< * i<<" ";
    cout<<endl;
    //从前向后显示 vec2 中的数据
    cout<<"vec2.begin()--vec2.end():"<<endl;
    for (auto i=vec2.begin(); i !=vec2.end();++i)
        cout<< * i<<" ";
    cout<<endl;
```

```
//从前向后显示 vec3 中的数据
cout<<"vec3.begin()--vec3.end():"<<endl;
for (auto i=vec3.begin(); i !=vec3.end();++i)
    cout<< * i<<" ";
cout<<endl;
//测试添加和插入成员函数
vec1.push_back(2);
vec1.push_back(4);
vec1.insert(vec1.begin()+1,5);                //在第一个位置后插入 5
//在第一个位置后插入 vec3 开始到结束的数字
vec1.insert(vec1.begin()+1, vec3.begin(), vec3.end());
cout<<"push() and insert():"<<endl;
for (auto i=vec1.begin(); i !=vec1.end();++i)
    cout<< * i<<" ";
cout<<endl;
//测试赋值成员函数
vec2.assign(8,1);                             //重新给 vec2 赋了 8 个值 1
cout<<"vec2.assign(8,1):"<<endl;
for (auto i=vec2.begin(); i !=vec2.end();++i)
    cout<< * i<<" ";
cout<<endl;
//测试引用类成员函数
cout<<"vec1.front()="<<vec1.front()<<endl;
cout<<"vec1.back()="<<vec1.back()<<endl;
cout<<"vec1.at(4)="<<vec1.at(4)<<endl;
cout<<"vec1[4]="<<vec1[4]<<endl;
//测试移出和删除
vec1.pop_back();
cout<<"vec1.pop_back():"<<endl;
for (auto i=vec1.begin(); i !=vec1.end();++i)
    cout<< * i<<" ";
cout<<endl;
vec1.erase(vec1.begin()+1, vec1.end()-2);     //清除 vec1.begin()+1 到 vec1.end()-2
cout<<"vec1.erase():"<<endl;
for (auto i=vec1.begin(); i !=vec1.end();++i)
    cout<< * i<<" ";
cout<<endl;
//显示序列的状态信息
//capacity() 告诉你最多添加多少个元素才会导致容器重分配内存
cout<<"vec1.capacity(): "<<vec1.capacity()<<endl;
cout<<"vec1.max_size(): "<<vec1.max_size()<<endl;
//size() 是告诉你容器当中目前实际有多少个元素
cout<<"vec1.size(): "<<vec1.size()<<endl;
```

```
    cout<<"vec1.empty(): "<<vec1.empty()<<endl;
    //vector序列容器的运算
    cout<<"vec1==vec3: "<<(vec1==vec3)<<endl;      //相等返回1,不相等返回0
    cout<<"vec1<=vec3: "<<(vec1<=vec3)<<endl;      //小于或等于返回1,否则返回0
    return 0;
}
```

【例 11-2】 list容器成员函数应用举例。

```
#include<iostream>
using namespace std;
#include<list>
#include<iterator>
int main()
{
    int stuff[5]={1, 3, 5, 7, 9};
    int more[6]={2, 4, 6, 8, 2, 4};
    ostream_iterator<int>out(cout, " ");
    list<int>onelist(5, 2);          //声明一个双向链表onelist,含有5个整数2
    list<int>twolist;                //声明一个空的双向链表twolist
    //将stuff数组元素插入到链表twolist首部
    twolist.insert(twolist.begin(), stuff, stuff+5);
    list<int>threelist(twolist);  //声明一个双向链表threelist,与twolist一样元素
    //将more数组元素插入到链表threelist尾部
    threelist.insert(threelist.end(), more, more+6);
    copy(onelist.begin(), onelist.end(), out);
    cout<<"->oneList"<<endl;
    copy(twolist.begin(), twolist.end(), out);
    cout<<"->twoList"<<endl;
    copy(threelist.begin(), threelist.end(), out);
    cout<<"->threeList"<<endl;
    threelist.remove(2);             //删除所有元素等于2的
    copy(threelist.begin(), threelist.end(), out);
    cout<<"->remove(2) from threeList"<<endl;
    //把onelist结合在threelist前面,onelist被清空
    threelist.splice(threelist.begin(), onelist);
    copy(threelist.begin(), threelist.end(), out);
    cout<<"->splice(beginPos, onelist) from threeList"<<endl;
    copy(onelist.begin(), onelist.end(), out);
    cout<<"->splice()后的oneList为空链表"<<endl;
    threelist.unique();              //连续相同的元素被压缩为单个元素
    copy(threelist.begin(), threelist.end(), out);
    cout<<"->threeList.unique() 连续相同的元素被压缩为单个元素"<<endl;
    threelist.sort();
    threelist.unique();
```

```
    copy(threelist.begin(), threelist.end(), out);
    cout<<"->threelist.sort() and threeList.unique() "<<endl;
    twolist.sort();
    threelist.merge(twolist);     //链表合并前必须已排序,合并后 twolist 被清空
    copy(threelist.begin(), threelist.end(), out);
    cout<<"->twolist.sort() and threeList.merge(twolist) "<<endl;
    copy(twolist.begin(), twolist.end(), out);
    cout<<"->merge()后的 twoList 为空链表"<<endl;
    threelist.reverse();          //链表逆序
    copy(threelist.begin(), threelist.end(), out);
    cout<<"->threelist.reverse() "<<endl;
    return 0;
}
```

list 容器采用了双向迭代器,forward_list 采用了前向迭代器(forward intertor),都不支持随机访问。所以 STL 标准库的 sort、merge、reverse、remove、unique、splice 功能函数都不适用,它们定义了独有的 sort、merge、reverse、remove、unique、splice 函数。

list 和 forward_list 成员函数版本的操作如下,这些操作都返回 void。

(1) lst.merge(lst2) 和 lst.merge(lst2, comp):将来自 lst2 的元素合并入 lst。lst 和 lst2 都必须是有序的。元素将从 lst2 中删除。在合并之后,lst2 变为空。第一个版本使用<运算符;第二个版本使用给定的比较操作。

(2) lst.remove(val) 和 lst.remove_if(pred):调用 erase 删除掉与给定值相等(==)或令一元谓词为真的每个元素。

(3) lst.reverse():反转 lst 中元素的顺序。

(4) lst.sort() 和 lst.sort(comp):使用<或给定比较操作排序元素。

(5) lst.unique()和 lst.unique(pred):调用 erase 删除同一值的连续复制。第一个版本使用==;第二个版本使用给定的二元谓词。

(6) lst.splice(args)或 flst.splice_after(args):参数 args 可以是如下 3 种形式之一。

- (p, lst2)——p 是一个指向 lst 中元素的迭代器,或一个指向 flst 首前位置的迭代器。函数将 lst2 的所有元素移动到 lst 中 p 之前的位置或是 flst 中 p 之后的位置。将元素从 lst2 中删除。lst2 的类型必须与 lst 或 flst 相同,且不能是同一个链表。
- (p, lst2, p2)——p2 是一个指向 lst2 中位置的有效的迭代器。将 p2 指向的元素移动到 lst 中,或将 p2 之后的元素移动到 flst 中。lst2 可以是与 lst 或 flst 相同的链表。
- (p, lst2, b, e)——b 和 e 必须表示 lst2 中的合法范围。将给定范围中的元素从 lst2 移动到 lst 或 flst。lst2 与 lst(或 flst)可以是相同的链表,但 p 不能指向给定范围中元素。

注意:

(1) merge 函数的作用是将两个有序的序列合并为一个有序的序列。如果一个表未

排序,merge函数仍然能产生出一个表,其中包含着原来两个表元素的并集。但是,对结果的排序就没有任何保证了。

(2) unique函数只能压缩相邻的相同值,如"2, 2, 2"会压缩为一个2,而"2,3,2"则无法压缩,因此需要先排序。

【例11-3】 编写程序,复制vector容器中的每个奇数元素,并删除容器中的偶数元素。

```
#include<iostream>
using namespace std;
#include<vector>
#include<iterator>
int main()
{   ostream_iterator<int>out(cout, " ");
    //删除偶数元素,复制每个奇数元素
    vector<int>vi={0, 1, 2, 3, 4, 5, 6, 7, 8, 9};
    auto iter=vi.begin();     //调用begin而不是cbegin,因为我们要改变vi
    while(iter !=vi.end())
    {
        if(*iter %2){
            iter=vi.insert(iter, *iter);     //复制奇数元素
            iter+=2;          //向后移动迭代器,跳过当前元素以及插入到它之前的元素
        }
        else
            iter=vi.erase(iter);              //删除偶数元素
            //不应向后移动迭代器,iter指向我们删除的元素之后的元素
    }
    copy(vi.begin(), vi.end(), out);
    cout<<endl;
    return 0;
}
```

此程序在调用insert和erase后都更新了迭代器,因为两者都会使迭代器失效。

添加/删除vector、string或deque元素的循环程序必须考虑迭代器、引用和指针可能失效的问题。程序必须保证每个循环步中都更新迭代器、引用和指针。如果循环中调用的是insert或erase,那么更新迭代器很容易。这些操作都返回迭代器,我们可以用来更新。

注意:向容器中添加元素和从容器中删除元素的操作可能会使指向容器的指针、引用或迭代器失效。一个失效的指针、引用或迭代器将不再表示任何元素。使用失效的指针、引用或迭代器是一种严重的程序设计错误,很可能引起与使用未初始化指针一样的问题。

向容器添加元素之后:

- 如果容器是vector或string,且存储空间被重新分配,则指向容器的迭代器、指针

和引用都会失效。如果存储空间未被重新分配，指向插入位置之前的元素的迭代器、指针和引用仍有效，但指向插入位置之后元素的迭代器、指针和引用将会失效。

- 对于 deque，插入到除首尾位置之外的任何位置都会导致迭代器、指针和引用失效。如果在首尾位置添加元素，迭代器会失效，但指向存在的元素的引用和指针不会失效。
- 对于 list 和 forward_list，指向容器的迭代器（包括尾后迭代器和首前迭代器）、指针和引用仍然有效。

当从一个容器中删除元素后，指向被删除元素的迭代器、指针和引用会失效。当删除一个元素后：

- 对于 list 和 forward_list，指向容器其他位置的迭代器（包括尾后迭代器和首前迭代器）、指针和引用仍然有效。
- 对于 deque，如果在首尾之外的任何位置删除元素，那么指向被删除元素之外其他元素的迭代器、引用或指针也会失效。如果是删除 deque 的尾元素，则尾后迭代器也会失效，但其他迭代器、引用和指针不受影响；如果是删除首元素，这些也不会受影响。
- 对于 vector 和 string，指向被删元素之前元素的迭代器、引用和指针仍然有效。

注：当删除元素时，尾后迭代器总是会失效。

建议：由于向容器中添加元素和从容器中删除元素的操作可能会使指向容器的迭代器失效，因此必须保证每次改变容器的操作之后都正确地重新定位迭代器。这个建议对 vector、string 和 deque 尤为重要。

11.3 顺序容器适配器

除 11.2 节介绍的顺序容器外，标准库还定义了 4 个顺序容器适配器：stack、queue、priority_queue 和 forward_list。适配器是标准库中的一个通用概念。容器、迭代器和函数都有适配器。本质上，一个适配器是一种机制。能使某种事物的行为看起来像另外一种事物一样。一个容器适配器接受一种已有的容器类型，使其行为看起来像一种不同的类型。例如，stack 适配器接受一个顺序容器（除 array 或 forward_list 外），并使其操作起来像一个 stack 一样。表 11-13 列出所有容器适配器都支持的操作和类型。

表 11-13 所有容器适配器都支持的操作和类型

size_type	一种类型，足以保存当前类型的最大对象的大小
value_type	元素类型
container_type	实现适配器的底层容器类型
A a;	创建一个名为 a 的空适配器
A a(c);	创建一个名为 a 的适配器，带有容器 c 的一个副本

续表

关系运算符	每个适配器都支持所有关系运算符：==、!=、<、<=、>和>=，这些运算符返回底层容器的比较结果
a.empty()	若a包含任何元素，返回false，否则返回true
a.size()	返回a中的元素数目
swap(a, b)、a.swap(a,b)	交换a和b的内容，a和b必须有相同的类型，包括底层容器类型也必须相同

1. 定义一个适配器

每个适配器都定义了两个构造函数：默认构造函数创建一空对象，接受一个容器的构造函数复制该容器来初始化适配器。例如，假定deq是一个deque<int>，我们可以用deq来初始化一个新的stack，如下所示：

```
stack<int>stk(deq);             //从deq复制元素到stk
```

默认情况下，stack和queue是基于deque实现的，priority_queue是在vector之上实现的。我们可以在创建一个适配器时将一个命名的顺序容器作为第二个类型参数，来重载默认容器类型：

```
//vector上实现的空栈
//默认是在deque上实现的，这里显式地指定为在vector上实现
stack<string, vector<string>>str_stk;
//str_stk2在vector上实现，初始化时保存svec的副本
stack<string,vector<string>>str_stk2(svec);
```

对于一个给定的适配器，可以使用哪些容器是有限制的。所有适配器都要求容器具有添加和删除元素的能力。因此，适配器不能构造在array之上。类似的，我们也不能用forward_list来构造适配器，因为所有适配器要求容器具有添加、删除以及访问尾元素的能力。stack只要求push_back、pop_back和back操作，因此可以使用除array和forward_list之外的任何容器类型来构造stack。queue适配器要求back、push_back、front和push_front，因此它可以构造于list和deque之上，但不能基于vector构造。priority_queue除了front、push_back和pop_back操作之外，还要求随机访问能力，因此它可以构造于vector和deque之上，但不能基于list构造。

2. 栈适配器

stack类型定义在stack.h头文件中。栈默认是基于deque实现，也可以在list或vector上实现。除了上面列出的所有容器适配器都支持的操作，stack支持的操作还包括：

（1）s.push(item)、s.emplace(args)：创建一个新元素压人栈顶，该元素通过复制或移动item而来，或者由args构造。

（2）s.top()：返回栈顶元素，但不将元素弹出栈。

（3）s.pop()：删除栈顶元素，但不返回该元素的值。

下面的程序展示了如何使用stack。

```
stack<int>intStack;                                //空栈
for(size_t i=0; i !=10;++i) intStack.push(i);    //填满栈
while(!intStack.empty())
{  int value=intStack.top();                       //使用栈顶的值
   intStack.pop();                                 //弹出栈顶的元素,继续循环
}
```

每个容器适配器都基于底层类型的操作定义了自己的特殊操作。我们只能使用适配器操作,而不能使用底层容器类型的操作。例如:

```
intStack. push_back (i);
```

此语句试图在 intStack 的底层 deque 对象上调用 push_back。虽然 stack 是基于 deque 实现的,但我们不能直接使用 deque 操作。不能在一个 stack 上调用 push_back,而必须使用 stack 自己的 push 操作。

3. 队列适配器

queue 和 priority_queue 适配器定义在 queue. h 头文件中。queue 默认基于 deque 实现,priority_queue 默认基于 vector 实现。queue 也可以由 list 或 vector 实现,priority_queue 也可以用 deque 实现。除了上面列出的所有容器适配器都支持的操作,queue 和 priority_queue 支持的操作还包括:

(1) q. front()、q. back():返回首元素或尾元素,但不删除此元素,只适用于 queue。

(2) q. top():返回最高优先级元素,但不删除该元素,只适用于 priority_queue。

(3) q. push(item)、q. emplace(args):在 queue 末尾或 priority_queue 中恰当的位置创建一个元素。其值为 item,或者由 args 构造。

(4) q. pop():删除 queue 的首元素或 priority_queue 的最高优先级的元素,但不返回该元素的值。

标准库 queue 使用一种先进先出的存储和访问策略。进入队列的对象被放置在队尾,而离开队列的对象则从队首删除。

priority_queue 允许我们为队列中的元素建立优先级。新加入的元素会排在所有优先级比它低的已有元素之前。

【例 11-4】 模拟排队过程,每人有姓名和优先级,优先级相同则比较姓名。

```
#include<queue>
#include<cstring>
#include<cstdio>
using namespace std;
struct Node{                            //结构体
    char szName[20];                    //人名
    int priority;                       //优先级
    Node(int nri, char * pszName){      //构造函数
        strcpy(szName, pszName);
        priority=nri;
```

```
    }
};
struct NodeCmp{                              //结构体的比较方法,重写 operator()
    //重写 operator()方法,注意这里重写的写法,operator()(参数 1,...)
    bool operator()(const Node &na, const Node &nb){
        if (na.priority !=nb.priority)
            return na.priority<=nb.priority;
        else
            return strcmp(na.szName, nb.szName)>0;
    }
};
void printNode(Node na){                     //打印节点
    printf("%s %d\n", na.szName, na.priority);
}
int main(){
    //优先级队列默认是使用 vector 作容器器,底层数据结构为堆。
    priority_queue<Node, vector<Node>, NodeCmp>a;
    //有 5 个人进入队列
    a.push(Node(5, "小谭"));
    a.push(Node(3, "小刘"));
    a.push(Node(1, "小涛"));
    a.push(Node(5, "小王"));
    //队头的 2 个人出队
    printNode(a.top());
    a.pop();
    printNode (a.top());
    a.pop();
    printf("--------------------\n");
    //再进入 3 个人
    a.push(Node(2, "小白"));
    a.push(Node(2, "小强"));
    a.push(Node(3, "小新"));
                                             //所有人都依次出队
    while (!a.empty()){
        printNode (a.top());
        a.pop();
    }
    return 0;
}
```

优先级队列有两种常用的声明方式：

```
std::priority_queue<T>pq;
```

```
std::priority_queue<T, std::vector<T>, cmp>pq;
```

如果把后面两个参数缺省的话,优先队列就是大顶堆,队头元素最大。在很多时候,我们需要的不一定是最大值,也有可能是最小值。这是就需要我们来改变 priority_queue 中的顺序。方法有两种:

(1) 如果加入优先队列的是基本类型,那么可以这样(以 int 为例):

```
//注意 greater<int>>这之间有一个空格
priority_queue<int, vector<int>, greater<int>>Q;
```

(2) 对于自定义数据类型的话,不论是要改变排序方式,还是不改变都要这样:重载小于(<) 运算符。

因为,如果不重载比较运算符的话,编译器无法比较自定义数据类型的大小关系。然而又因为在 priority_queue 的内部,只需用到小于号(<),所以我们只需要重载小于号即可。重载小于号,可以有两种方式,一种用成员函数,一种使用友元函数。

11.4 关联容器

标准库提供了表 11-14 所示的 8 个关联容器。

表 11-14 STL 中的关联容器及其所在的头文件

容器名	头文件名	说明
set	set. h	以红黑树(一种平衡二元搜索树)实现,内存中是不连续存储的,保存的元素是唯一的键值且不可变,排列的方式根据指定的严格弱序排列,不支持随机存取,搜索速度较快
multiset	set. h	与 set 基本一致,差别就在于允许保存重复键值
map	map. h	同样以红黑树实现,保存的元素是键值-值对,每个键值对应一个值,且键值唯一不可变,键值的排列方式根据指定的严格弱序排列,支持用 key 进行随机存取,搜索速度较快
multimap	map. h	与 map 基本一致,差别在于键值可以重复
unordered_set	unordered_set. h	C++ 11 新增,以哈希表实现,内存中是不连续存储的,保存的元素是唯一的键值且不可变,无序的排列方式,不支持随机存取,搜索速度比红黑树实现的 set 要快
unordered_multiset	unordered_set. h	C++ 11 新增,与 unordered_set 基本一致,差别就在于允许保存重复键值
unordered_map	unordered_map. h	C++ 11 新增,同样以哈希表实现,保存的元素是键值一值对,每个键值对应一个值,且键值唯一不可变,key 值无序排列,支持用 key 进行随机存取,搜索速度比红黑树实现的 map 要快
unordered_multimap	unordered_map. h	C++ 11 新增,与 unordered_map 基本一致,差别在于键值可以重复

11.4.1 定义关联容器

当定义一个map时，必须既指明关键字类型又指明值类型。而定义一个set时，只需指明关键字类型。每个关联容器都定义了一个默认构造函数，它创建一个指定类型的空容器，我们也可以将关联容器初始化为另一个同类型容器的副本，或是从一个值范围来初始化关联容器，只要这些值可以转化为容器中所需类型就可以。在C++ 11标准下，我们也可以对关联容器进行值初始化：

```
map<string, size_t>word_count;        //空容器
//列表初始化
set<string>exclude={"the","but","and","or","an","a","The","But","And","Or",
                    "An","A"};
//三个元素;authors将姓映射到名
map<string, string>authors={ {"Joyce","James"}, {"Austen","Jane"}, {"Dickens",
                            "Charles"}  };
```

当初始化一个map时，必须提供关键字类型和值类型，将每个关键字-值对包围在花括号中：{key, value}来指出它们一起构成了map中的一个元素。在每个花括号中，关键字是第一个元素，值是第二个。

一个map或set中的关键字必须是唯一的，即，对于一个给定的关键字，只能有一个元素的关键字等于它。容器multimap和multiset没有此限制，它们都允许多个元素具有相同的关键字。

下面的代码展示了具有唯一关键字的容器与允许重复关键字的容器之间的区别。首先，创建一个名为ivec的保存int的vector，它包含20个元素：0～9每个整数有两个复制。然后，使用此vector初始化一个set和一个multiset。

```
vector<int>ivec;
for(vector<int>::size_type i=0; i !=10; i++)
{  ivec.push_back(i); ivec.push_back(i);               //每个数重复保存一次
}
//iset包含来自ivec的不重复的元素;miset包含所有20个元素 set<int>
set<int>iset(ivec.cbegin(), ivec.cend());
multiset<int>miset(ivec.cbegin(), ivec.cend());
cout<<"vector is num:"<<ivec.size()<<endl;             //打印出 20
cout<<"set is num:"<<iset.size()<<endl;                //打印出 10
cout<<"multiset is num:"<<miset.size()<<endl;          //打印出 20
```

即使我们用整个ivec容器来初始化iset，它也只含有10个元素：对应ivec中每个不同的元素。另一方面，miset有20个元素，与ivec中的元素数量一样多。

11.4.2 关键字类型的要求

对于有序容器——map、multimap、set以及multiset，关键字类型必须定义元素比较的方法。在se和multiset类型中，关键字类型就是元素类型，在map和multimap类型

中,关键字类型是元素的第一部分的类型。对于内置数据类型的关键字,默认情况下,使用<运算符来比较两个关键字。否则,在定义容器时,必须显式指出关键字比较方法。例如:

```
set<int>iset;           //等价于:set<int, less<int>>iset;该容器按降序排列元素
set<int, greater<int>>iset;     //该容器按升序排列元素
```

对于自定义类类型,必须自己提供该自定义类类型关键字的比较方法:可以对该类重载<运算符,或者单独提供针对该类类型数据的比较函数。例如,对于例 3-10 中的自定义类 SalesData,我们不能直接定义一个 SalesData 的 multiset,因为 SalesData 类没有重载<运算符。但是,可以用定义的 compareIsbn 函数来定义一个 multiset。此函数在 SalesData 对象的 ISBN 成员上定义了一个严格弱序。函数 compareIsbn 应该像下面这样定义:

```
bool compareIsbn(const SalesData &lhs, const SalesData &rhs)
{  return lhs.isbn()<rhs.isbn();  }
```

为了使用自己定义的比较函数,在定义 multiset 时必须提供两个类型。关键字类型 SalesData,以及比较操作类型,一种指向 compareIsbn 的函数指针类型。

```
//bookstore 中多条记录可以有相同的 ISBN
//bookstore 中的元素以 ISBN 的顺序进行排序
multiset<SalesData, decltype(compareIsbn)*>bookstore(compareIsbn);
```

此处,使用 decltype 来指出自定义操作的类型。记住,当用 decltype 来获得一个函数指针类型时,必须加上一个 * 来指出我们要使用一个给定函数类型的指针。用 compareIsbn 来初始化 bookstore 对象,这表示当向 bookstore 添加元素时,通过 compareIsbn 来为这些元素排序。即,bookstore 中的元素将按它们的 ISBN 成员的值排序。可以用 compareIsbn 代替 &compareIsbn 作为构造函数的参数,因为当我们使用一个函数的名字时,在需要的情况下它会自动转化为一个指针。当然,使用 &compareIsbn 的效果也是一样的。

11.4.3　pair 类型

map 的元素是 pair 类型。在介绍关联容器操作之前,先来了解 pair 类型,它定义在头文件 utility.h 中。

一个 pair 保存两个数据成员。类似于容器,pair 是一个用来生成特定类型的模板。当创建一个 pair 时,必须提供两个类型名,pair 的数据成员将具有对应的类型。两个类型不要求一样:

```
pair<string, string>anon;            //保存两个 string
pair<string, size_t>word_count;      //保存一个 string 和一个 size_t
pair<string, vector<int>>line;       //保存 string 和 vector<int>
```

pair 的默认构造函数对数据成员进行值初始化。因此,anon 是一个包含两个空

string 的 pair。word_count 中的 string 成员被初始化为空 string, size_t 成员值为 0。line 保存一个空 string 和一个空 vector。

也可以为每个成员提供初始化器:

```
pair<string, string>author{"James", "Joyce"};
```

这条语句创建了一个名为 author 的 pair,两个成员被初始化为"James"和"Joyce"。

与其他标准库类型不同,pair 的数据成员是 public 的。两个成员分别命名为 first 和 second。我们用普通的成员访问符号来访问它们,例如:

```
cout<<w.first<<" occurs "<<w.second<<endl;
```

此处,w 是指向某个元素的引用。在这条语句中,首先打印关键字——元素的 first 成员,接着打印 second 成员。标准库只定义了如下几个 pair 操作:

(1) pair<T1, T2>p: p 是一个 pair,两个类型分别为 T1 和 T2 的成员都进行了值初始化。

(2) pair<T1, T2>p(v1, v2): p 是一个成员类型为 T1 和 T2 的 pair;first 和 second 成员分别用 v1 和 v2 进行初始化。

(3) pair<T1, T2>p={v1,v2}: 等价于 p(v1,v2)。

(4) make_pair(v1, v2): 返回一个用 v1 和 v2 初始化的 pair。pair 的类型从 v1 和 v2 的类型推断出来。

(5) p. first: 返回 p 的名为 first 的(公有)数据成员。

(6) p. second: 返回 p 的名为 second 的(公有)数据成员。

(7) p1 relop p2: 关系运算符(<、>、<=、>=)按字典序定义;例如,当 p1. first<p2. first 或!(p2. first<p1. first) && p1. second<p2. second 成立时,p1<p2 为 true。关系运算符利用元素的<运算符来实现。

(8) p1==p2 、p1!=p2: 当 first 和 second 成员分别相等时,两个 pair 相等。相等性判断利用元素的==运算符实现

想象有一个函数需要返回一个 pair。在 C++ 11 标准下,我们可以对返回值进行列表初始化。

```
pair<string, int>process(vector<string> &v)
{  //处理 v
   if(!v.empty())
       return {v.back(), v.back().size()};          //列表初始化
   else
       return pair<string, int>();                  //隐式构造返回值
}
```

在较早的 C++ 版本中,不允许用花括号包围的初始化器来返回 pair 这种类型的对象,必须显示构造返回值:

```
if(!v.empty())
```

```
    return pair<string, int>(v.back(), v.back().size());
```

我们还可以用 make_pair 来生成 pair 对象，pair 的两个类型来自于 make_pair 的参数：

```
if(!v.empty())
    return make_pair(v.back(), v.back().size());
```

11.4.4 关联容器操作

除了前面所列出的所有容器都提供的类型别名，关联容器额外提供的类型别名有：

(1) key_type：此容器类型的关键字类型。

(2) mapped_type：每个关键字关联的类型，只适用于 map。

(3) value_type：对于 set，与 key_type 相同；对于 map，为 pair<const key_type, mapped_type>。

对于 set 类型，key_type 和 value_type 是一样的；set 中保存的值就是关键字。在一个 map 中，元素是关键字一值对。即，每个元素是一个 pair 对象，包含一个关键字和一个关联的值。由于我们不能改变一个元素的关键字，因此这些 pair 的关键字部分是 const 的。

```
set<string>::value_type v1;            //v1 是一个 string
set<string>::key_type v2;              //v2 是一个 string
map<string, int>::value_type v3;       //v3 是一个 pair<const string, int>
map<string, int>::key_type v4;         //v4 是一个 string
map<string, int>::mapped_type v5;      //v5 是一个 int
```

与顺序容器一样，我们使用作用域运算符来提取一个类型的成员，例如，map<string, int>::key_type。

只有 map 类型(unordered_map，unordered_multimap，multimap 和 map)才定义了 mapped_type。

1. 关联容器迭代器

当解引用一个关联容器的迭代器时，我们会得到一个类型为容器的 valued_type 的值的引用。对 map 而言，value_type 是一个 pair 类型，其 first 成员保存 const 的关键字，second 成员保存值。

set 的迭代器是 const 的。虽然 set 类型同时定义了 iterator 和 const_iterator 类型，但两种类型都只允许只读访问 set 中的元素。与不能改变一个 map 元素的关键字一样，一个 set 中的关键字也是 const 的，可以用一个 set 迭代器来读取元素的值，但不能修改。

2. 添加元素

关联容器的 insert 操作如下。

(1) c.insert(v) 、c.emplace(args)：v 是 value_type 类型的对象；args 用来构造一个元素。对于 map 和 set，只有当元素的关键字不在 c 中时才插入(或构造)元素。函数返回一个 pair，包含一个迭代器，指向具有指定关键字的元素，以及一个指示插入是否成功的 bool 值。对于 multiset 和 multimap,总会插入(或构造)给定元素,并返回一个指向新元素的迭代器

(2) c.insert(b, e)、c.insert(il): b 和 e 是迭代器,表示一个 c::value_type 类型值的范围;il 是这种值的花括号列表。函数返回 void。对于 map 和 set,只插入关键字不在 c 中的元素。对于 multimap 和 multiset,则会插入范围中的元素

(3) c.insert(p, v)、c.emplace(p,args): 类似 insert(v)(或 emplace(args)),但将迭代器 p 作为一个提示,指出从哪里开始搜索新元素应该存储的位置。返回一个迭代器,指向具有给定关键字的元素

关联容器 insert 操作向容器中添加一个元素或一个元素范围。由于 map 和 set(以及对应的无序类型)包含不重复的关键字,因此插入一个已经存在的元素对容器没有任何影响。对一个 map 进行 insert 操作时,必须记住元素类型是 pair。通常,对于想要插入的数据,并没有一个现成的 pair 对象。可以在 insert 的参数列表中创建一个 pair。

```
vector<int>ivec={2, 4, 6, 8, 2, 4, 6, 8};      //ivec 有 8 个元素
set<int>set2;                                  //空集合
set2.insert(ivec.cbegin(), ivec.cend());       //set2 中有 4 个元素
set2.insert({1, 3, 5, 7, 1, 3, 5, 7});         //set2 现在有 8 个元素
map<string, size_t>words;                      //string 到 size_t 映射的空 map
string word="Hello";
words.insert({word, 1});
words.insert(make_pair(word, 1));
words.insert(pair<string, size_t>(word, 1));
words.insert(map<string, size_t>::value_type(word, 1));
```

在 C++ 11 标准下,创建一个 pair 最简单的方法是在参数列表中使用花括号初始化。也可以调用 make_pair 或显式构造 pair。最后一个 insert 调用中的参数:

```
map<string, size_t>::value_type(s, 1);
```

构造一个恰当的 pair 类型,并构造该类型的一个新对象,插入到 map 中。

insert(或 emplace)返回的值依赖于容器类型和参数。对于不包含重复关键字的容器,添加单一元素的 insert 和 emplace 版本返回一个 pair,告诉我们插入操作是否成功。pair 的 first 成员是一个迭代器,指向具有给定关键字的元素;second 成员是一个 bool 值,指出元素是插入成功还是已经存在于容器中。如果关键字已经在容器中,则 insert 什么事情也不做,且返回值中的 bool 部分为 false。如果关键字不存在,元素被插入容器中,且 bool 值为 true。

作为一个例子,我们用 insert 实现一个单词计数程序,代码如下:

```
//统计每个单词在插入中出现次数的一种烦琐的写法
map<string, size_t>words;            //从 string 到 size_t 的 map
string word;
whle(cin>>word)
{  //插入一个元素,关键字等于 word,值为 1
```

```
    //若 word 已经在 word_count 中,insert 什么也不做
    auto ret=words.insert({word, 1});
    if(!ret.second) ++ret.first->second;
}
```

对于每个 word,尝试将其插入到容器中,对应的值为 1,若 word 已在 map 中,则什么都不做,特别是与 word 相关联的计数器的值不变。若 word 还未在 map 中,则此 string 对象被添加到 map 中,且其计数器的值被置为 1。

if 语句检查返回值的 bool 部分,若为 false,则表明插入操作未发生,在此情况下,word 已存在于 word_count 中,因此必须递增此元素所关联的计数器。

上述单词计数程序依赖于这样一个事实:一个给定的关键字只能出现一次。这样,任意给定的单词只有一个关联的计数器,有时希望能添加具有相同关键字的多个元素。例如,可能想建立作者到他的所著书籍题目的映射。在此情况下,每个作者可能有多个条目,因此应该使用 multimap 而不是 map。由于一个 multi 容器中关键字不必唯一,在这些类型上调用 insert 总会插入一个元素:

```
multimap<string, string>authors;
//插入一个元素,关键字为 Barth,John
authors.insert({"Barth, John"," Sot-weet Factor"});
//正确:添加第二个元素,关键字也是 Barth,John
authors.insert({"Barth, John","Lost in the Funhouse"});
```

对允许重复关键字的容器,接受单个元素的 insert 操作返回一个指向新元素的迭代器,这里无须返回一个 bool 值,因为 insert 总是向这类容器中加入一个新元素。

3. 删除元素

关联容器的 erase 操作如下:

(1) c.erase(k):从 c 中删除每个关键字为 k 的元素,返回一个 size_type 值,指出删除的元素的数量。对于保存不重复关键字的容器,erase(k)的返回值总是 0 或 1。若返回值为 0,则表明想要的删除的元素并不在容器中。对允许重复关键字的容器,删除元素的数量可能大于 1。

(2) c.erase(p):从 c 中删除迭代器 p 指定的元素,p 必须指向 c 中一个真实元素,不能等于 c.end()。返回一个指向 p 之后元素的迭代器。若 p 指向 c 中的尾元素,则返回 c.end()。

(3) c.erase(b, e):删除迭代器对 b 和 e 所表示的范围中的元素,返回指向 e 元素的迭代器。

关联容器定义了 3 个版本的 erase。与顺序容器一样,我们可以通过传递 erase 一个迭代器或一个迭代器对来删除一个元素或一个元素范围。这两个版本的 erase 与对应的顺序容器的操作非常相似:指定的元素被删除,函数返回指向被删除元素后面的那个元素的迭代器。

关联容器提供一个额外的 erase 操作,它接受一个 key_type 参数。此版本删除所有匹配给定关键字的元素(如果存在的话),返回实际删除元素的数量。

4. 访问元素

map和set类型都支持begin和end操作。可以用这些函数获取迭代器，然后用迭代器类遍历容器。

map容器提供了下标运算符和一个对应的at函数，它们只适用非const的map和unordered_map。

(1) c[k]：返回关键字为k的元素；如果k不做c中，添加一个关键字为k的元素，对其进行值初始化。

(2) c.at(k)：访问关键字为k的元素，带参数检查；若k不在c中，抛出一个out_of_range异常。

map下标运算符接受一个索引（即一个关键字）。获取与此关键字相关联的值。但是，与其他下标运算符不同的是，如果关键字并不在map中，会为它创建一个元素插入到map中。关键值将进行值初始化。

map的下标运算符与用过的其他下标运算符的另一个不同之处是其返回类型。通常情况下，解引用一个迭代器所返回的类型与下标运算符返回的类型是一样的。但对map则不然，当对一个map进行下标操作时，会获得一个mapped_type对象；但当解引用一个map迭代器时，会得到一个value_type对象。

由于下标运算符可能插入一个新元素，我们只可能对非const的map使用下标操作。

与其他下标运算符相同的是，map的下标运算符返回一个左值。由于返回的是一个左值，所以我们既可以读也可以写元素。

看下面这个关联容器的经典应用的例子。

【例11-5】 单词计数程序，忽略常见单词，如“the”“and”“or”等。

```
#include<iostream>
#include<map>
#include<set>
#include<string>
using namespace std;
int main()
{  //统计每个单词在输入中出现的次数，忽略常见单词，使用set保存想忽略的单词
   set<string>exclude={"The","But","And","Or","An","A",
                       "the","but","and","or","an","a"};
   map<string, size_t>words;              //string到size_t映射的空map
   string word;
   cout<<"input words:\n";
   while(cin>>word)
      //只统计不在exclude中的单词
      if(exclude.find(word)==exclude.end())
         ++words[word];                   //获取并递增word的计数器
   auto map_it=words.begin();             //获取一个指向words首元素的迭代器
   while(map_it !=words.end())            //比较当前迭代器和尾后迭代器
```

```
    { //解引用迭代器,打印关键字-值对
      cout<<map_it->first<<" occurs "<<map_it->second;
      cout<<((map_it->second>1)?" times":" time")<<endl;
      ++map_it;                          //递增迭代器,移动到下一个元素
    }
    return 0;
}
```

当解引用一个关联容器的迭代器时,我们会得到一个类型为容器的 valued_type 的值的引用。对 map 而言,value_type 是一个 pair 类型,其 first 成员保存 const 的关键字,second 成员保存值。例 11-5 中的 map_it 是关联容器 words 的迭代器,* map_it 是指向一个 pair<const string, size_t>对象的引用。

如果关键字还未在 map 中,下标运算符会添加一个新元素,这一特性允许我们编写出异常简洁的程序,如例 11-5 单词计数程序中的循环。另一方面,有时只是想知道一个元素是否在 map 中,但在不存在时并不想添加元素。在这种情况下,就不能使用下标运算符,应该使用接下来介绍的 find。

注意:

(1) 一个 map 的 value_type 是一个 pair,我们可以改变 pair 的值,但不能改变关键字成员的值。

(2) 不能对一个 multimap 进行下标操作,因为这些容器中可能有多个值与一个关键字相关联。

(3) set 不可以直接存取元素,也就是不可以使用 at 操作与[ ]运算符。

(4) 不可以直接修改 set 或 multiset 容器中的元素值。如果想修改一个元素值,必须先删除原有的值,再插入新的值。

5. 查找元素

关联容器提供了多种查找一个指定元素的操作,列举如下,其中 lower_bound 和 upper_bound 不适合无序容器。

(1) c.find(k):返回一个迭代器,指向第一个关键字为 k 的元素,若 k 不在容器中,则返回尾后迭代器。

(2) c.count(k):返回关键字等于 k 的元素的数量。对于不允许重复关键字的容器,返回值永远是 0 或 1。

(3) c.lower_bound(k):返回一个迭代器,指向第一个关键字不小于 k 的元素。

(4) c.upper_bound(k):返回一个迭代器,指向第一个关键字大于 k 的元素。

(5) c.equal_range(k):返回一个迭代器 pair,表示关键字等于 k 的元素的返回。若 k 不存在,pair 的两个成员均等于 c.end()。

实际应用中,应该使用哪个查找操作依赖于我们要解决什么问题。如果我们所关心的只不过是一个特定元素是否已在容器中,可能 find 是最佳选择。对于不允许重复关键字的容器,可能使用 find 还是 count 没什么区别。但对于允许重复关键字的容器,count 还会做更多的工作:如果元素在容器中,它还会统计有多少个元素有相同的关键字。如

果不需要计数，最好使用 find。

```
set<int>iset={0, 1, 2, 3, 4, 5, 6, 7, 8, 9};
iset.find(1);                  //返回一个迭代器，指向 key=1 的元素
iset.find(11);                 //返回一个迭代器，其值等于 iset.end()
iset.count(1);                 //返回 1
iset.count(11);                //返回 0
```

对 map 使用 find 代替下标操作：对 map 和 unordered_map 类型，下标运算符提供了最简单的提取元素的方法。但是，使用下标操作有一个严重的副作用：如果关键字还未在 map 中，下标操作会插入一个具有给定关键字的元素。这种行为是否正确完全依赖于我们的预期是什么。例如，单词计数程序依赖于这样一个特性：使用一个不存在的关键字作为下标，会插入一个新元素，其关键字为给定关键字，其值为 0。也就是说，下标操作的行为符合我们的预期。

但有时，我们只想知道一个给定关键字是否在 map 中，而不想改变 map。这样就不能使用下标运算符来检查一个元素是否存在。在这种情况下，应该使用 find。

```
if(words.find("foobar")==word_count.end())
    cout<<"foobar is not in the map"<<endl;
```

在 multimap 和 multiset 中查找元素：在一个不允许重复关键字的关联容器中查找一个元素是一件很简单的事情——元素要么在容器中，要么不在。但对于允许重复关键字的容器来说，过程就更为复杂：在容器中可能有很多元素具有给定的关键字。如果一个 multimap 或 multiset 中有多个元素具有给定关键字，则这些元素在容器中相邻存储。

【例 11-6】 给定一个从作者到著作题目的映射，打印一个特定作者的所有著作。

```
#include<map>
#include<iostream>
#include<string>
#include<iterator>
using namespace std;
int main()
{  //可以用三种不同方法来解决这个问题。最直观的方法是使用 find 和 count。
   //定义 multimap 对象 author，第一个 string 表示作者，第二个 string 表示作者所著书名
   multimap<string, string>authors;
   //添加作者 author1 写的 3 本书 book11~book13,3 种添加方式
   authors.insert(multimap<string, string>::value_type(string("author1"),
   string("book11")));
   authors.insert(multimap<string, string>::value_type("author1", "book12"));
   authors.insert(make_pair(string("author1"), string("book13")));
   //添加作者 author2 写的 2 本书 book21~book22
   authors.insert(multimap<string, string>::value_type("author2", "book21"));
   authors.insert(make_pair(string("author2"), string("book22")));
   string search_item("author1");                    //要查找的作者
```

```
    auto entries=authors.count(search_item);              //元素的数量
    auto iter=authors.find(search_item);                  //此作者的第一本书
    while(entries)
    {   cout<<iter->first<<" "<<iter->second<<endl; //打印每个著作题目
        ++iter;                                           //前进到下一本书
        --entries;                                        //记录已经打印了多少本书
    }
    //还可以使用 lower_bound 和 upper_bound 来解决此问题。
    //如果 authors 中存在键 search_item,begin 指向第一个匹配的元素
    multimap<string, string>::iterator begin=authors.lower_bound(search_item);
    //如果 authors 中存在键 search_item,end 指向最后一个匹配的元素的下一位置
    multimap<string, string>::iterator end=authors.upper_bound(search_item);
    while (begin !=end)
    {   cout<<begin->first<<" "<<begin->second<<endl; begin++;   }
    //解决此问题的第三种方法是使用 equal_range
    /*定义 pair 对象 position; pair 数据类型是 2 个 multimap< string, string>::
      iterator 指针 */
    pair < multimap < string, string >:: iterator, multimap < string, string >::
    iterator>position;
    //如果键存在,函数返回 2 个指针,第一个指针指向键第一个匹配的元素
    //第二个指针指向键最后一个匹配的元素的下一位置
    position=authors.equal_range(search_item);
    while (position.first !=position.second)
    {   cout<<position.first->first<<" "<<position.first->second<<"\n";
        position.first++;
    }
    return 0;
}
```

11.4.5 无序容器

C++ 11 标准定义了 4 个无序关联容器：unordered_map、unordered_multimap、unordered_set、unordered_multiset。这些容器不是使用比较运算符来组织元素，而是使用一个哈希函数和关键字类型的==运算符。在关键字类型的元素没有明显有序关系的情况下，无序容器是非常有用的。在某些应用中，维护元素的序代价非常高昂，此时无序容器也很有用。

除了哈希管理操作之外，无序容器还提供了与有序容器相同的操作(find、insert 等)。这意味着我们曾用于 map 和 set 的操作也能用于 unordered_map 和 unordered_set。类似的，无序容器也有允许重复关键字的版本。

无序容器在存储上组织为一组桶，每个桶保存零个或多个元素。无序容器使用一个哈希函数将元素映射到桶。为了访问一个元素，容器首先计算元素的哈希值，它指出应该搜索哪个桶。容器将具有一个特定哈希值的所有元素都保存在相同的桶中。如果容器允

许重复关键字，所有具有相同的关键字的元素也都会在同一个桶中。因此，无序容器的性能依赖于哈希函数的质量和桶的数量和大小。

对于相同的参数，哈希函数必须总是产生相同的结果。理想情况下，哈希函数还能将每个特定的值映射到唯一的桶。但是，将不同关键字的元素映射到相同的桶也是允许的。当一个桶保存多个元素时，需要顺序搜索这些元素来查找我们想要的那个。计算一个元素的哈希值和在桶中搜索通常都是很快的操作。但是，如果一个桶中保存了很多元素，那么查找一个特定元素就需要大量比较操作。

无序容器提供了一组管理桶的操作。这些成员函数允许我们查询容器的状态以及在必要时强制容器进行重组。

1. 桶接口

（1）c.bucket_count()：正在使用的桶的数目。

（2）c.max_bucket_count()：容器能容纳的最多的桶的数量。

（3）c.bucket_size(n)：第 n 个桶中有多少元素。

（4）c.bucket(k)：关键字为 k 的元素在哪个桶中。

2. 桶迭代器

（1）local_iterator：可以用来访问桶中元素的迭代器类型。

（2）const_local_iterator：桶迭代器的 const 版本。

（3）c.begin(n)、c.end(n)：桶 n 的首元素迭代器和尾后迭代器。

（4）c.cbegin(n)、c.cend(n)：返回 const_local_iterator。

3. 哈希策略

（1）c.load_factor()：每个桶的平均元素数量，返回 float 值。

（2）c.max_load_factor()：c 试图维护的平均桶大小，返回 float 值。c 会在需要时添加新的桶，以使得 load_factor<=max_load_factor。

（3）c.rehash(n)：重组存储，使得 bucket_count>=n 且 bucket_count>size/max_load_factor。

（4）c.reserve(n)：重组存储，使得 c 可以保存 n 个元素且不必 rehash。

无序容器对关键字类型的要求：默认情况下，无序容器使用关键字类型的==运算符来比较元素，它们还使用一个 hash<key_type>类型的对象来生成每个元素的哈希值。标准库为内置类型（包括指针）提供了 hash 模板。还为一些标准库类型，包括 string 和智能指针类型定义了 hash。因此，我们可以直接定义关键字是内置类型（包括指针类型）、string 还是智能指针的无序容器。

但是，不能直接定义关键字类型为自定义类类型的无序容器。可以提供自己的 hash 模板版本，也可以使用另一种方法，类似于为有序容器重载关键字类型的默认比较操作。这里采用第二种方法，为了能将前面章节介绍过的自定义类类型 SalesDdata 对象保存到无序容器中，我们需要提供函数来替代= =运算符和哈希值计算函数。我们从定义这些重载函数开始：

```
size_t hasher(const SalesData &sd){   return hash<string>()(sd.isbn());  }
bool eqOp(const SalesData &lhs,const SalesData &rhs)
```

```
{  return lhs.isbn()==rhs.isbn();  }
```

hasher 函数使用一个标准库 hash 类型对象来计算 ISBN 成员的哈希值，该 hash 类型建立在 string 类型之上。类似的，eqOp 函数通过比较 ISBN 号来比较两个 SalesData 对象。

我们使用这些函数来定义一个 unordered_multiset

```
using SD_multiset=unordered_multiset<SalesData, decltypr(hasher)*,decltype
(eqOp)*>;
//参数是桶大小、哈希函数指针和相等型判断运算符指针
SD_multiset bookstore(42, hasher, eqOp);
```

上述代码中，为了简化 bookstore 的定义，首先为 unordered_multiset 定义了一个类型别名，此集合的哈希和相等型判断操作与 hasher 和 eqOp 函数有着相同的类型。通过使用这种类型，在定义 bookstore 时可以将用户希望它使用的函数的指针传递给它。

如果类定义了= =运算符，则可以只重载哈希函数：

```
//使用 FooHash 生成哈希值;Foo 必须有==运算符
unordered_set<Foo, decltype(FooHash)*>fooset(10, FooHash);
```

11.5 算　　法

C++ 的函数库对代码的重用起着至关重要的作用。例如，一个求方根的函数可以在很多地方多次重复的调用。而 C++ 通过模板机制允许数据类型的参数化，进一步提高了可重用性，STL 就是利用这一点提供了超过 100 个泛型算法。这些算法都是用模板技术实现的。

STL 算法主要由头文件 algorithm. h、numeric. h 和 functional. h 组成。

algorithm. h 是所有 STL 头文件中最大的一个，它是由很多函数模板组成的。可以认为每个函数模板在很大程度上都是独立的，其中常用到的功能范围涉及到比较、交换、查找、遍历、赋值、修改、移动、移除、反转、排序、合并等。如果在自己编写的程序中需要使用这些函数模板，在程序开头必须包含如下的 include 命令：

```
#include<algorithm>
```

numeric. h 体积很小，只包括几个在序列上面进行简单数学运算的函数模板，包括加法和乘法在序列上的一些操作。

functional. h 中则定义了一些类模板，用以声明函数对象。

在这超过 100 个 STL 泛型算法中，我们把常用算法汇总如下：

(1) 常用的查找算法：adjacent_find()(adjacent 是邻近的意思)、binary_search()、count()、count_if()、equal_range()、find()、find_if()。

(2) 常用的排序算法：merge()、sort()、random_shuffle()(shuffle 是洗牌的意思)、reverse()。

(3) 常用的复制和替换算法：copy()、replace()、replace_if()、swap()。

(4) 常用的算术和生成算法：accumulate()(accumulate 是求和的意思)、fill()。

(5) 常用的集合算法：set_union()、set_intersection()、set_difference()。

(6) 常用的遍历算法：for_each()、transform()(transform 是变换的意思)。

11.5.1 初识泛型算法

STL 算法之所以被称为泛型算法，是因为它们可以用于不同类型的元素和多种容器类型(不仅包括标准库类型，还包括内置的数组类型)，以及其他类型的序列(istream 类型序列、ostream 类型序列)。

一般情况下，STL 算法并不直接操作容器，而是遍历有两个迭代器指定的一个元素范围来进行操作。

假定我们有一个 int 的 vector，希望知道 vector 中是否包含一个特定值。实现这个问题最方便的方法是调用标准库算法 find：

```
int val=42;                          //要查找的值
//如果在 vec 中找到想要的元素，则返回结果指向它，否则返回结果为 vec.cend()
auto result=find(vec.cbegin(), vec.cend(), val);
//报告结果
cout<<"The value "<<val<<(result==vec.cend()?" is not present":" is
present")<<endl;
```

传递给 find 的前两个参数是表示元素范围的迭代器，第三个参数是一个值。find 将范围中每个元素与给定值进行比较。它返回指向第一个等于给定值的元素的迭代器。如果范围中无匹配元素，则 find 返回第二个参数来表示搜索失败。因此，我们可以通过比较返回值和第二个参数来判断搜索是否成功。

我们可以用 find 在一个 string 的 list 中查找一个给定值：

```
string val="a value";                                //要查找的值
auto result=find(lst.cbegin(), lst.cend(), val);     //此调用在 list 中查找 string 元素
```

类似地，由于指针就像内置数组上的迭代器一样，我们可以用 find 在数组中查找值：

```
int ia[]={27, 210, 12, 47, 109, 83};
int val=83;
int * result=find(begin(ia), end(ia), val);
```

上述代码中使用了标准库 begin 和 end 函数来获得指向 ia 中首元素和尾元素之后的指针，并传递给 find。

还可以在序列的子范围中查找，只需要指向子范围首元素和尾元素之后位置的迭代器(指针)传递给 find。例如，下面的语句在 ia[1]、ia[2]和 ia[3]中查找指定的元素：

```
auto result=find(ia+1, ia+4, val);
```

11.5.2 算法迭代器参数

STL 算法的最基本的特性是它要求其迭代器提供哪些操作。某些算法，如 find，只要求通过迭代器访问元素、递增迭代器以及比较两个迭代器是否相等这些能力。其他一些算法，如 sort，还要求读、写和随机访问元素的能力。算法所要求的迭代器操作可以分为 5 种迭代器类别，列举如下：

(1) 输入迭代器：只读，不写；单遍扫描，只能递增。

(2) 输出迭代器：只写，不读；单遍扫描，只能递增。

(3) 前向迭代器：可读写；多遍扫描，只能递增。

(4) 双向迭代器：可读写；多遍扫描，可递增递减。

(5) 随机访问迭代器：可读写；多遍扫描，支持全部迭代器运算。

1. 输入迭代器

输入迭代器可以读取序列中的元素。一个输入迭代器必须支持：

(1) 用于比较两个迭代器的相等和不相等运算符(==、!=)。

(2) 用于推进迭代器的前置和后置递增运算(++)。

(3) 用于读取元素的解引用运算符(*)；解引用只会出现在赋值运算符的右侧。

(4) 箭头运算符(->)，等价于(*it).member，即，解引用迭代器，并提取对象的成员。

(5) 输入迭代器只用于顺序访问。对于一个输入迭代器，*it++保证是有效的，但递增它可能导致所有其他指向流的迭代器失效。其结果就是，不能保证输入迭代器的状态可以保存下来并用来访问元素。因此，输入迭代器只能用于单遍扫描算法。算法 find 和 accumulate 要求输入迭代器。istream_iterator 是输入迭代器，读取输入流。

当创建一个流迭代器时，必须指定迭代器将要读写的对象类型。一个 istream_iterator 使用>>来读取流。因此，istream_iterator 要读取的类型必须定义了输入运算符。当创建一个 istream_iterator 时，可以将它绑定到一个流。当然，我们还可以默认初始化迭代器，这样就创建了一个可以当作尾后值使用的迭代器。

```
istream_iterator<int>int_iter(cin);          //从 cin 读取 int
istream_iterator<int>int_eof;                //尾后迭代器
ifstream in("afile");
istream_iterator<string>str_in(in);          //从"afile"读取字符串
```

下面是一个用 istream_iterator 从标准输入流读取数据，存入一个 vector 的例子：

```
istream_iterator<int>in_iter(cin);           //从 cin 读取 int
istream_iterator<int>eof;                    //istream 尾后迭代器
while(in_iter!=eof)
//后置递增运算读取流，返回迭代器的旧值
//解引用迭代器，获得从流读取的前一个值
vec.push_back(*in_iter++);
```

此循环从 cin 读取 int 值，保存在 vec 中。在每个循环步中，循环体代码检查 in_iter 是否等于 eof。eof 被定义为空 istream_iterator，从而可以当作尾后迭代器来使用。对于

一个绑定到流的迭代器,一旦其关联的流遇到文件尾或遇到I/O错误,迭代器的值就与尾后迭代器相等。

可以将程序重写为如下形式,这体现了istream_iterator更有用的地方:

```
istream_iterator<int>in_iter(cin), eof;      //从 cin 读取 int
vector<int>vec(in_iter, eof);                //从迭代器范围构造 vec
```

本例中使用了一对表示范围的迭代器来构造vec,这两个迭代器是istream_iterator,这意味着元素范围是通过从关联的流中读取数据获得的。这个构造函数从cin读取数据,直至遇到文件尾或者遇到一个不是int的数据为止。从流中读取的数据被用来构造vec。

使用算法操作流迭代器:由于算法使用迭代器操作来处理数据,而流迭代器又至少支持某种迭代器操作,因此我们至少可以用某些算法来操作流迭代器。下面是一个例子,用户可以用一对istream_iterator来调用accumulate:

```
istream_iterator<int>in(cin), eof;
cout<<accumulate(in, eof, 0)<<endl;
```

此调用会计算出从标准输入读取的值的和。如果输入为:

```
1 3 7 9 9
```

输出为:

```
29
```

2. 输出迭代器

输出迭代器可以看做输入迭代器功能上的补集——只写而不读元素。输出迭代器必须支持:

(1) 用于推进迭代器的前置和后置递增运算(++)。

(2) 解引用运算符(*),只能出现在赋值运算符的左侧(向一个已经解引用的输出迭代器赋值,就是将值写入它所指向的元素)

用户只能向一个输出迭代器赋值一次。类似输入迭代器,输出迭代器只能用于单遍扫描算法。用作目的位置的迭代器通常都是输出迭代器。例如,copy函数的第三个参数就是输出迭代器。

ostream_iterator是输出迭代器,向一个输出流写数据。

用户可以对任何具有输出运算符(<<运算符)的类型定义ostream_iterator。当创建一个ostream_iterator时,用户可以提供(可选的)第二参数,它是一个字符串,在输出每个元素后都会打印此字符串。此字符串必须是一个C语言风格字符串(即,一个字符串字面值或者一个指向以空字符结尾的字符数组的指针)。必须将ostream_iterator绑定到一个指定的流。不允许空的或表示尾后位置的ostream_iterator。

我们可以使用ostream_iterator来输出值的序列:

```
ostream_iterator<int>out_iter(cout, " ");
```

```
for(auto e:vec)
    *out_iter++=e;          //赋值语句实际上将元素写到 cout
cout<<endl;
```

此程序将 vec 中的每个元素写到 cout，每个元素加一个空格，每次向 out_iter 赋值时，写操作就会被提交。

值得注意的是，当向 out_iter 赋值时，可以忽略解引用和递增运算。即，循环可以重写成下面的样子：

```
for(auto e: vec)
    out_iter=e;             //赋值语句将元素写到 cout
cout<<end;
```

运算符 * 和++实际上对 ostream_iterator 对象不做任何事情，因此忽略它们对我们的程序没有任何影响。但是，推荐第一种形式。在这种写法中，流迭代器的使用与其他迭代器的使用保存一致。如果想将此循环改为操作其他迭代器类型，修改起来非常容易。而且，对于读者来说，此循环的行为也更为清晰。

可以通过调用 copy 来打印 vec 中的元素，这比编写循环更为简单：

```
copy(vec.begin(), vec.end(), out_iter);
cout<<endl;
```

使用流迭代器处理类类型：可以为任何定义了输入运算符(>>)的类型创建 istream_iterator 对象。类似的，只要类型有输出运算符(<<)，就可以为其定义 ostream_iterator。

对于如下声明的 SalesData 类：

```
class SalesData {
    friend istream& operator>>(std::istream&, SalesData&);
    friend ostream& operator<<(std::ostream&, const SalesData&);
public:
    SalesData()=default;
    SalesData(const std::string &book): bookNo(book) { }
    SalesData& operator+=(const SalesData&);
    string isbn() const { return bookNo; }
    double avg_price() const;
private:
    string bookNo;              //implicitly initialized to the empty string
    unsigned units_sold=0;      //explicitly initialized
    double revenue=0.0;
};
inline bool compareIsbn(const SalesData &lhs, const SalesData &rhs)
{ return lhs.isbn()==rhs.isbn(); }
SalesData& SalesData::operator+=(const SalesData& rhs)
{  units_sold+=rhs.units_sold;
   revenue+=rhs.revenue;
```

```
    return * this;
}
std::istream& operator>>(std::istream& in, SalesData& s)
{   double price;
    in>>s.bookNo>>s.units_sold>>price;
    //check that the inputs succeeded
    if (in) s.revenue=s.units_sold * price;
    else s=SalesData();          //input failed: reset object to default state
    return in;
}
std::ostream& operator<<(std::ostream& out, const SalesData& s)
{   out<<s.isbn()<<" "<<s.units_sold<<" "<<s.revenue<<" "<<s.avg_price();
    return out;
}
double SalesData::avg_price() const
{   if (units_sold) return revenue/units_sold;
    else return 0;
}
```

由于 SalesData 既有输入运算符也有输出运算符，因此可以使用 I/O 迭代器。例如：

```
istream_iterator<SalesData>item_iter(cin), eof;
ostream_iterator<SalesData>out_iter(cout, "\n");
SalesData sum= * item_iter++;
while(item_iter !=eof)
{   if(item_iter->isbn()==sum.isbn())
        sum+= * item_iter++;
    else{
        out_iter=sum;
        sum= * item_iter++;
    }
}
out_iter=sum;
```

此程序使用 item_iter 从 cin 读取 Sales_item 交易记录，并将和写入 cout，每个结果后面都跟一个换行符。定义了自己的迭代器后，我们就可以用 item_iter 读取第一条交易记录，用它的值来初始化 sum。

3. 前向迭代器

前向迭代器：可以读元素。这类迭代器只能在序列中沿一个方向移动。前向迭代器支持所有输入和输出迭代器的操作，而且可以多次读写同一个元素。因此，可以保存前向迭代器的状态，使用前向迭代器的算法可以对序列进行多遍扫描。算法 replace 要求前向迭代器，forward_list 上的迭代器是前向迭代器。

4. 双向迭代器

双向迭代器：可以正向/反向读写序列中的元素。除了支持所有前向迭代器的操作之外，双向迭代器还支持前置和后置递减运算符(--)。算法 reverse 要求双向迭代器，除了 forward_list 之外，其他标准库容器都提供符合双向迭代器要求的迭代器。

5. 随机访问迭代器

随机访问迭代器：提供在常量时间内访问序列中的任意元素的能力。此类迭代器支持双向迭代器的所有功能，此外还支持如下的操作：

(1) 用于比较两个迭代器相对位置的关系运算符(<、<=、>和>=)。

(2) 迭代器和一个整数值的加减运算(+、+=、-和-=)，计算结果是迭代器在序列中前进(或后退)给定整数个元素后的位置。

(3) 用于两个迭代器上的减法运算符(-)得到两个迭代器的距离。

(4) 下标运算符(iter[n])，与 *(iter[n])等价。

算法 sort 要求随机访问迭代器，array、vector、deque 和 string 的迭代器都是随机访问迭代器，用于访问内置数组元素的指针也是。

11.5.3 向算法传递函数

迭代器的使用让算法不依赖于容器，但算法依赖于元素类型的操作。大多数算法都使用了一个(或多个)元素类型上的操作。例如，用于排序的 sort 算法，其函数模板定义如下。

```
template<class RandomAccessIterator>
void sort (RandomAccessIterator first, RandomAccessIterator last);
template<class RandomAccessIterator, class Compare>
void sort (RandomAccessIterator first, RandomAccessIterator last, Compare comp);
```

第1个函数模板只适合对属于基本数据类型的对象排序，它使用"<"(递增排序)作为排序比较规则，第2个函数模板则是根据指定排序规则 comp 来进行排序。如果要排序的对象不是如 int、float 等简单类型或不想使用"<"(递增排序)作为排序规则的话就得使用第2个函数模板，它接受第三个参数，指定排序规则。该参数是一个谓词参数。

谓词是一个可调用的表达式，其返回结果是一个能用作条件的值。STL 标准库算法所使用的谓词分为两类：一元谓词(意味着它们只接受单一参数)和二元谓词(意味着它们接受两个参数)。接受谓词参数的算法对输入序列中的元素调用谓词。因此，元素类型必须能转换为谓词的参数类型。

sort 算法的第2个函数模板接受一个二元谓词，用这个二元谓词代替<来比较元素。

谓词可以是一个返回 bool 类型的值的函数，也可以是重载了返回 bool 值的函数调用运算符"()"的类对象。看下面这个例子。

【例 11-7】 对一组字符串按长度排序，长度相同的单词按字典序排列。

```
#include<iostream>
#include<string>
#include<vector>
#include<algorithm>
using namespace std;
```

```
void elimDumps(vector<string>&words)     //按字典排序,删除重复单词
{  sort(words.begin(), words.end());     //按字典序排序 words,以便查找重复单词
   //unique 重排输入范围,使得每个单词只出现一次
   //并排列在范围的前部,返回指向不重复区域之后一个位置的迭代器
   auto end_unique=unique(words.begin(), words.end());
   words.erase(end_unique, words.end()); //删除重复单词
}
bool isShorter(const string &s1, const string &s2)  //比较函数,用来按长度排序单词
{  return s1.size()<s2.size();  }
int main()
{  //创建并初始化字符串向量
   vector<string>words{ {"Beauty", "Girl", "Lady", "Women", "Pretty"} };
   elimDumps(words);                              //移除重复单词并按字典序排序
   //将按字符串长度重新排序,使用稳定排序算法保持长度相同的单词按字典序排列
   stable_sort(words.begin(), words.end(), isShorter);
   for (auto &s : words) {  cout<<s<<" ";  }  //打印每个元素,以空格分隔
   cout<<endl;
   return 0;
}
```

程序首先通过调用 sort 算法对字符串数据按字典序排序,并调用 unique 和 erase 算法删除重复单词。在将 words 按大小重排的同时,我们还希望具有相同长度的元素按字典序排列。因此,为了保持相同长度的单词按字典序排列,我们选择 stable_sort 算法。这种稳定排序算法维持相等元素的原有顺序。isShorter 函数是我们自己定义的排序规则。将 isShorter 传递给 stable_sort 的第三个参数,就可以实现题目要求了。

也可以给 stable_sort 的第三个参数传递一个指向 isShorter 的函数指针,代码如下:

```
//定义函数指针 ptrIsShorter
typedef bool(*ptrIsShorter)(const string &s1, const string &s2);
ptrIsShorter ptr=isShorter;      //定义函数指针 ptr,并让其指向 isShorter 函数
stable_sort(words.begin(), words.end(), ptr);
```

isShorter 函数只有两个参数,并且返回值为 bool,该函数是一个二元谓词。

一元谓词举例如下:

```
bool GT6(const string &s)            //判断给出的 string 对象的长度是否大于 6
{  return s.size()>=6;  }
```

GT6 函数只有一个参数,并且返回值为 bool,该函数是一个一元谓词。

11.5.4 向算法传递函数对象

函数对象,是指重载了函数调用运算符“()”的类对象。对于例 11-7 的 stable_sort 算法,我们也可以在调用时向它的第三个参数传递一个函数对象。

首先声明一个重载函数调用运算符“()”的类 IsShorter,代码如下:

```
class IsShorter                        //重载函数调用运算符"()"的类 IsShorter
{public:
    bool operator() (const string &s1, const string &s2)
    {  return s1.size()<s2.size();  }
};
```

IsShorter 类中的重载函数调用运算符“()”的成员函数有两个形参，接受参与比较的两个字符串，并返回 bool 值。调用 stable_sort 算法时，可以向它的第三个参数传递该类类型的对象，代码如下：

```
sort(words.begin(), words.end(), IsShorter());
```

IsShorter()对象是一个二元谓词，它的重载函数调用运算符“()”的成员函数——operator() 有两个形参，返回值为 bool。

标准库定义的函数对象：标准库定义了一组表示算术运算符、关系运算符和逻辑运算符的类，每个类分别定义了一个执行命名操作的调用运算符。这些类都被定义成模板的形式，我们可以为其指定具体的应用类型，见表 11-15。

表 11-15　标准库定义的函数对象

类型	函数对象	所应用的操作符
算术函数对象	plus<Type>	+
	minus<Type>	-
	multiplies<Type>	*
	divides<Type>	/
	modulus<Type>	%
	negate<Type>	-
关系函数对象	equal_to<Type>	==
	not_equal_to<Type>	!=
	greater<Type>	>
	greater_equal<Type>	>=
	less<Type>	<
	less_equal<Type>	<=
逻辑函数对象	logical_and<Type>	&&
	logical_or<Type>	|
	logical_not<Type>	!

标准库函数对象定义在头文件 functional.h 中，常用来替换算法中的默认运算符。例如，sort 默认使用 operator< 按升序对序列进行排序。为了按降序对序列进行排序，可以传递一个 greater 类型的函数对象。该类将产生一个调用运算符并负责执行待排序类

型的大于运算。例如,如果 svec 是一个 vector<string>对象,以下代码:

```
sort(svec.begin(), svec.end(), greater<string>());
```

将按降序对 vector 进行排序。第三个参数是 greater<string>类型的临时对象,是一个将>操作符应用于两个 string 操作数的函数对象。因此,当 sort 比较元素时,不再是使用默认的<运算符,而是调用给定的 greater 函数对象。该对象负责在 string 元素之间执行>比较运算。

11.5.5 向算法传递 lambda 表达式

对于例 11-7 的 stable_sort 算法,我们也可以在调用时向它的第三个参数传递一个与 isShorter 函数完成相同功能的 lambda 表达式。代码如下:

```
//按长度排序字符串,长度相同的单词维持字典序
sort(words.begin(), words.end(), [] (const string &s1, const string &s2)
{ return s1.size()<2.size(); });
```

当 stable_sort 需要比较两个元素时,它就会调用给定的这个 lambda 表达式。

1. lambda 表达式

lambda 表达式是 C++ 11 标准引入的新内容。一个 lambda 表达式表示一个可调用的代码单元。我们可以将其理解为一个未命名的内联函数。与任何函数类似,一个 lambda 具有一个返回类型、一个参数列表和一个函数体。但与函数不同,lambda 可能定义在函数内部。一个 lambda 表达式具有如下形式:

```
[capture list] (parameter list) ->return type { function body }
```

其中,capture list(捕获列表)是一个 lambda 所在函数中定义的局部变量列表;return type、parameter list 和 function body 与任何普通函数一样,分别表示返回类型、参数列表和函数体。但是,与普通函数不同,lambda 必须使用尾置返回来指定返回类型,lambda 不能有默认参数。

我们可以忽略参数列表和返回类型,但必须永远包含捕获列表和函数体:

```
auto f=[] {return 42;};        //定义了一个 lambda 表达式,它不接受参数,返回 42
```

lambda 的调用方式与普通函数的调用方式相同,都是使用调用运算符:

```
cout<<f()<<endl;               //打印 42
```

在 lambda 中忽略括号和参数列表等价于指定一个空参数列表。在此例中,当调用 f 时,函数参数列表是空的。如果忽略返回类型,则返回类型从返回的表达式的类型推断而来。否则,返回类型为 void。

注意:如果 lambda 的函数体包含任何单一 return 语句之外的语句,且未指定返回类型,则返回 void。

与普通函数调用类似,调用一个 lambda 时给定的实参类型被用来初始化 lambda 的形参。通常,实参和形参的类型必须匹配,但与普通函数不同,lambda 不能有默认参数。

因此,一个 lambda 调用的实参数目永远与形参数目相等。一旦形参初始化完毕,就可以执行函数体了。

根据算法接受一元谓词还是二元谓词,我们传递给算法的谓词必须严格接受一个或两个参数。但是,有时我们希望进行的操作需要更多参数,超出了算法对谓词的限制。看下面这个例子。

【例 11-8】 对一组字符串按长度排序,长度相同的单词按字典序排列,并实现求大于等于一个给定长度的单词的数目,且打印大于等于给定长度的单词。

用户可以使用标准库 find_if 算法来查找第一个具有特定大小的元素。find_if 算法接受一对迭代器,表示一个范围。它第三个参数是一个谓词。find_if 算法对输入序列中的每个元素调用给定的这个谓词。它返回第一个使谓词返回非 0 值的元素,如果不存在这样的元素,则返回尾迭代器。

编写一个函数,令其接受一个 string 和一个长度,并返回一个 bool 值表示该 string 的长度是否大于给定长度,是一件很容易的事情。但是,find_if 接受一元谓词——我们传递给 find_if 的任何函数都必须接受一个参数,以便能用来自输入序列的一个元素调用它。为了解决此问题,我们可以定义如下一个重载函数调用运算符"()"的类 Biggies。

```
class Biggies
{public:
    Biggies(vector<string>::size_type sz){ this->size=sz; }
    bool operator() (const string &s){  return s.size()>=size;  }
private:
    vector<string>::size_type size=0;
};
```

然后编写如下的函数,实现题目要求。

```
void biggies(vector<string>& words, vector<string>::size_type sz)
{  elimDumps(words);                //将 words 按字典顺序排序,删除重复单词
   //按长度重排字符串,长度相同的单词维持字典序
   stable_sort(words.begin(), words.end(), [](const string &s1, const string
   &s2){ return s1.size()<s2.size(); });
   //获取一个迭代器,指向第一个满足 size()>=sz 的元素
   auto wc=find_if(words.begin(), words.end(), Biggies(sz));
   auto count=words.end() -wc;       //计算满足 size()>=sz 的元素的数目
   //打印长度大于等于给定值的单词,每个单词后面接一个空格
   for_each(wc, words.end(), [](const string & s){cout<<s<<" "; });
}
```

通过上述代码,可以看出:指定的字符串长度值 sz 是通过 Biggies 类对象的数据成员 size 参与和字符串长度的比较的。

用户也可使用 lambda 表达式。一个 lambda 可以出现在一个函数中,使用其局部变量(注意只能使用那些明确指明的变量)。一个 lambda 通过将局部变量包含在其捕获列表中指出将会使用这些变量。捕获列表指引 lambda 在其内部包含访问局部变量所需的

信息。

重写上面的 biggies 函数，代码如下：

```
void biggies(vector<string>& words, vector<string>::size_type sz)
{  elimDumps(words);                    //将 words 按字典顺序排序，删除重复单词
   //按长度重排字符串，长度相同的单词维持字典序
   stable_sort(words.begin(), words.end(),
      [](const string &s1, const string &s2){ return s1.size()<s2.size(); });
   //获取一个迭代器，指向第一个满足 size()>=sz 的元素
   auto wc=find_if(words.begin(), words.end(),
      [sz](const string &s){ return s.size()>=sz;});
   auto count=words.end() -wc;  //计算满足 size()>=sz 的元素的数目
   //打印长度大于等于给定值的单词，每个单词后面接两个空格
   for_each(wc, words.end(), [](const string & s){cout<<s<<" "; });
}
```

在本例中，lambda 会捕获 sz，并只有单一的 string 参数。其函数体会将 string 的大小与捕获的 sz 的值进行比较。

打印 words 中长度大于等于 sz 的元素，使用了 for_each 算法，此算法接受一个 lambda 表达式：

```
[](const string &s) {cout<<s<<" ";}
```

此 lambda 表达式中的捕获列表为空，但其函数体中还是使用了两个名字：s 和 cout，前者是它自己的参数。捕获列表为空，是因为我们只对 lambda 所在函数中定义的（非 static）变量使用捕获列表。一个 lambda 可以直接使用定义在当前函数之外的名字。在本例中，cout 不是定义在 biggies 中的局部名字，而是定义在头文件 iostream. h 中。因此，只要在 biggies 出现的作用域中包含了头文件 iostream. h，我们的 lambda 就可以使用 cout。

注意：捕获列表只用于局部非 static 变量，lambda 可以直接使用局部 static 变量和在它所在函数之外声明的名字。

2. lambda 捕获和返回

当定义一个 lambda 时，编译器生成一个与 lambda 对应的新的（未命名的）类类型。当向一个函数传递一个 lambda 时，同时定义了一个新类型和该类型的一个对象；传递的参数就是此编译器生成的类类型的未命名对象。类似的，当使用 auto 定义一个用 lambda 初始化的变量时，定义了一个从 lambda 生成的类型的对象。

默认情况下，从 lambda 生成的类都包含一个对应该 lambda 所捕获的变量的数据成员，类似任何普通类的数据成员，lambda 的数据成员也在 lambda 对象创建时被初始化。

(1) 值捕获。类似参数传递，变量的捕获方式也可以是值或引用。到目前为止，我们的 lambda 采用值捕获的方式。与传值参数类似，采用值捕获的前提是变量可以复制。与参数不同，被捕获的变量的值是在 lambda 创建时复制，而不是调用时复制：

```
void fun1()
{  int x=10;                       //局部变量
```

```
    auto f=[x] {return x;};           //将 x 复制到名为 f 的可调用对象
    x=0;
    auto y=f();                       //y 为 10;f 保存了用户创建它时 x 的副本
}
```

由于被捕获变量的值是在 lambda 创建时复制，因此随后对其修改不会影响到 lambda 内对应的值。

(2) 引用捕获。我们定义 lambda 时可以采用引用方式捕获变量。例如：

```
void fun2()
{   int x=10;
    auto f=[&x] { return x;};         //对象 f 包含 x 的引用
    x=0;
    auto y=f();                       //y 为 0;f 保存 x 的引用,而非复制
}
```

捕获列表中 x 之前的 & 指出 x 应该以引用方式捕获。一个以引用方式捕获的变量与其他任何类型的引用的行为类似。当我们在 lambda 函数体内使用此变量时，实际上使用的是引用所绑定的对象。在本例中，当 lambda 返回 x 时，它返回的是 x 指向的对象的值。

引用捕获与返回引用有着相同的问题和限制。如果我们采用引用方式捕获一个变量，就必须确保被引用的对象在 lambda 执行的时候是存在的。

引用捕获有时是必要的。例如，用户可能希望 biggies 函数接受一个 ostream 的引用，用来输出数据，并接受一个字符作为分隔符：

```
void biggies(vector<string>&words, vector<string>::size_type sz, ostream
&os=cout, char c=' ')
{   //打印 words 到 os
    for_each(words.begin(), words.end(), [&os, c](const string &s) {os<<s<<c;});
}
```

用户不能复制 ostream 对象，因此捕获 os 的唯一方式就是捕获其引用(或指向 os 的指针)。

当向一个函数传递一个 lambda 时，就像本例中调用 for_each 那样，lambda 会立即执行。在此情况下，以引用方式捕获 os 没有问题，因为当 for_each 执行时，biggies 中的变量是存在的。

用户也可以从一个函数返回 lambda。如果函数返回一个 lambda，则与函数不能返回一个局部变量的引用类似，此 lambda 也不能包含引用捕获。

(3) 隐式捕获。除了显式列出用户希望使用的来自所在函数的变量外，还可以让编译器根据 lambda 体中的代码来推断用户要使用哪些变量。为了指示编译器推断捕获列表，应在捕获列表中写一个 & 或=。& 告诉编译器采用引用捕获方式。例如，用户可以重写传递给 find_if 的 lambda：

```
//sz 为隐式捕获,值捕获方式
```

```
wc=find_if(words.begin(), words.end (), [=](const string &s){ return
s.size()>=sz; });
```

如果用户希望对一部分变量采用值捕获，对其他变量采用引用捕获，可以混合使用隐式捕获和显式捕获：

```
void biggies(vector<string> &words, vector<string>::size_type sz, ostream &os=
cout, char c=' ')
{  //os 隐式捕获，引用捕获方式；c 显式捕获，值捕获方式
   for_each(words.begin(), words.end(), [&, c](const string &s){os<<s<<c;});
   //os 显式捕获，引用捕获方式；c 隐式捕获，值捕获方式
   for_each(words.begin(),words.end(), [=, &os](const string &s) {os<<s<<c;});
}
```

当混合使用隐式捕获和显式捕获时，捕获列表中的第一个元素必须是一个 & 或=，此符号指定了默认捕获方式为引用或值。

当混合使用隐式捕获和显式捕获时，显式捕获的变量必须使用与隐式捕获不同的方式。即，如果隐式捕获是引用方式(使用了 &)，则显式捕获命名变量必须采用值方式，因此不能在其名字前使用 &。类似的，如果隐式捕获采用的是值方式(使用了=)，则显式捕获命名变量必须采用引用方式，即，在名字前使用 &。

(4) lambda 捕获列表如下。

- []：空捕获列表。lambda 不能使用所在函数中的变量。一个 lambda 只有捕获变量后才能使用它们。
- [names]：names 是一个逗号分隔的名字列表，这些名字都是 lambda 所在函数的局部变量。默认情况下，捕获列表中的变量都被复制。名字前如果使用了 &，则采用引用方式捕获。
- [&]：隐式捕获列表，采用引用捕获方式。lambda 体中所使用的来自所在函数的实体都采用引用方式使用。
- [=]：隐式捕获列表，采用值捕获方式。lambda 体将复制所使用的来自所在函数的实体的值。
- [&, identifier_list]：identifier_list 是一个逗号分隔的列表，包含 0 个或多个来自所在函数的变量。这些变量采用值捕获方式，而任何隐式捕获的变量都采用引用方式捕获。identifier_list 中的名字前面不能加 &。
- [=, identifier_list]：identifier_list 中的变量都采用引用方式捕获，而任何隐式捕获的变量都采用值方式捕获。identifier_list 中的名字不能包括 this，且这些名字之前必须使用 &。

(5) 可变 lambda。默认情况下，对于一个值被复制的变量，lambda 不会改变其值。如果用户希望能改变一个捕获的变量的值，就必须在参数列表后加上关键字 mutable。因此，可变 lambda 能省略参数列表：

```
void fun3()
{  int x=10;                           //局部变量
```

```
    auto f=[x] () mutable { return++x; };      //f可以改变它所捕获的变量的值
    x=0;
    auto y=f();                               //y为11
}
```

一个引用捕获的变量是否可以修改，依赖于此引用指向的是一个const类型还是一个非const类型：

```
void fcn4()
{  int x=10;                                  //局部变量
   //x是一个非const变量的引用，可以通过f中的引用来改变它
   auto f=[&x] { return++x; };
   x=0;
   auto j=f();                                //j为1
}
```

(6) 指定lambda返回类型。到目前为止，所编写的lambda都只包含单一的return语句。因此，还未遇到必须指定返回类型的情况。默认情况下，如果一个lambda体包含return之外的任何语句，则编译器假定此lambda返回void。与其他返回void的函数类型类似，被推断返回void的lambda不能返回值。

下面给出了一个简单的例子，可以使用标准库transform算法和一个lambda来将一个序列中的每个负数替换为其绝对值：

```
transform(vi.begin(), vi.end(), vi.begin(), [] (int i) {return i<0 ? -i : i;});
```

函数transform接受3个迭代器和一个可调用对象。前两个迭代器表示输入序列，第三个迭代器表示目的位置。算法对输入序列中的每个元素调用可调用对象，并将结果写到目的位置。

在本例中，传递给transform一个lambda，它返回其参数的绝对值。Lambda函数体是单一的return语句，返回一个条件表达式的结果。无须指定返回类型，因为可以根据条件运算符的类型推断出来。

但是，如果我们将程序改写为看起来是等价的if语句，就会产生编译错误：

```
//错误:不能推断lambda的返回类型
transform(vi.begin(), vi.end(), vi.begin(), [] (int i) {if(i<0) return -i;
else return i;});
```

编译器推断这个版本的lambda返回类型是void，但它返回了一个int值。

当需要为一个lambda定义返回类型时，必须使用尾置返回类型：

```
transform(vi.begin(), vi.end(), vi.begin(), [](int i)->int {if(i<0) return -i;
else return i;});
```

在此例中，传递给transform的第四个参数是一个lambda，它的捕获列表是空的，接受单一int参数，返回一个int值。它的函数体是一个返回其参数的绝对值的if语句。

11.5.6 向算法传递 bind 绑定的对象

对于那种只有一两个地方使用的简单操作，lambda 表达式是最有用的。如果需要在很多地方使用相同的操作，通常应该定义一个函数，而不是多次编写相同的 lambda 表达式。类似的，如果一个操作需要很多语句才能完成，通常使用函数更好。

如果 lambda 的捕获列表为空，编写一个函数来替换它是一件十分容易的事情。

但是，对于捕获局部变量的 lambda，用函数来替换它就不是那么容易了。例如，用在 find_if 调用中的 lambda 比较一个 string 和一个给定大小。

我们可以很容易地编写一个完成同样工作的函数：

```
bool check_size(const string &s, string::size_type sz){  return s.size()>=sz; }
```

但是，不能用这个函数作为 find_if 的一个参数。因为 find_if 接受一个一元谓词，因此传递给 find_if 的可调用对象必须只接受单一参数。biggies 传递给 find_if 的 lambda 使用捕获列表来保存 sz。为了用 check_size 来代替此 lambda，必须解决如何向 sz 形参传递一个参数的问题。方法为使用标准库中 bind 函数。

可以将 bind 函数看作一个通用的函数适配器，它接受一个可调用对象，生成一个新的可调用对象来“适应”原对象的参数列表。bind 函数定义在头文件 functional. h 中。

调用 bind 的一般形式：

```
auto newCallable=bind(callable, arg_list);
```

其中，newCallable 本身是一个可调用对象，arg_list 是一个逗号分隔的参数列表，对应给定的 callable 的参数。即，当调用 newCallable 时，newCallable 会调用 callable，并传递给它 arg_list 中的参数。

arg_list 中的参数可能包含形如_n 的名字，其中 n 是一个整数。这些参数是“占位符”，表示 newCallable 的参数，它们占据了传递给 newCallable 的参数的“位置”。数值 n 表示生成的可调用对象中参数的位置：_1 为 newCallable 的第一个参数，_2 为第二个参数，以此类推。

下面的代码使用 bind 生成一个调用 check_size 的对象，它用一个定值作为其大小参数来调用 check_size：

```
//check 是一个可调用对象，接受一个 string 类型的参数，并用此 string 和值 6 来调用 check
_size
auto check=bind(check_size, _1, 6);
```

此 bind 调用只有一个占位符，表示 check 只接受单一参数。占位符出现在 arg_list 的第一个位置，表示 check 的此参数对应 check_size 的第一个参数。此参数是一个 const string&。因此，调用 check 必须传递给它一个 string 类型的参数，check 会将此参数传递给 check_size。

```
string s="hello";
bool b1=check(s);                //check(s)会调用 check_size(s,6)
```

使用 bind,我们可以将原来基于 lambda 的 find_if 调用：

```
auto wc=find_if(words.begin(),words.end(), [sz](const string &s)
```

替换为如下使用 check_size 的版本：

```
auto wc=find_if(words.begin(),words.end(), bind(check_size,
std::placeholders::_1, sz));
```

此 bind 调用生成一个可调用对象,将 check_size 的第二个参数绑定到 sz 的值。当 find_if 对 words 中的 string 调用这个对象时,这些对象会调用 check_size,将给定的 string 和 sz 传递给它。因此,find_if 可以有效地对输入序列中每个 string 调用 check_size,实现 string 的大小与 sz 的比较。

名字_n 都定义在一个名为 placeholders 的命名空间中,而这个命名空间本身定义在 std 命名空间中。为了使用这些名字,两个命名空间都要写上。例如,_1 对应的 using 声明为：

```
using std::placeholders::_1;
```

对每个占位符名字,都必须提供一个单独的 using 声明。编写这样的声明很麻烦,也很容易出错。可以使用另外一种不同形式的 using 语句,而不是分别声明每个占位符：

```
using namespace std::placeholders;
```

有了上述语句,由 placeholders 定义的所有名字都可用。与 bind 函数一样,placeholders 命名空间也定义在 functional. h 头文件中。

可以用 bind 绑定给定可调用对象中的参数或重新安排其顺序。例如,假定 f 是一个可调用对象,它有 5 个参数,则下面对 bind 的调用：

```
auto g=bind(f, a, b, _2, c, _1);                //g是一个有两个参数的可调用对象
```

生成一个新的可调用对象,它有两个参数,分别用占用符_2 和_1 表示。这个新的可调用对象将它自己的参数作为第三个和第五个参数传递给 f。f 的第一个、第二个和第四个参数分别被绑定到给定的值 a、b 和 c 上。

传递给 g 的参数按位置绑定到占位符。即,第一个参数绑定到_1,第二个参数绑定到_2。因此,当调用 g 时,其第一个参数将被传递给 f 作为最后一个参数,第二个参数将被传递给 f 作为第三个参数。实际上,这个 bind 调用会将：

```
g(_1,_2);
```

映射为：

```
f(a, b, _2, c, _1)
```

即,对 g 的调用会调用 f,用 g 的参数代替占位符,再加上绑定的参数 a、b 和 c。例如,调用 g(X, Y)会调用

```
f(a, b, Y, c, X);
```

可以用 bind 颠倒 isShorter 的含义：

```
sort(words.begin(), words.end(), isShorter);                //按单词长度由短至长排序
sort(words.begin(), words.end(), bind(isShorter, _2, _1)); //按单词长度由长至短排序
```

在第一个调用中，当 sort 需要比较两个元素 A 和 B 时，它会调用 isShorter(A, B)。在第二个对 sort 的调用中，传递给 isShorter 的参数被交换过来了。因此，当 sort 比较两个元素时，其实调用的是 isShorter(B, A)。

绑定引用参数：默认情况下，bind 的哪些不是占位符的参数被复制到 bind 返回的可调用对象中。但是，与 lambda 类似，有时对有些绑定的参数我们希望以引用方式传递，或是要绑定参数的类型无法复制。

例如，为了替换一个引用方式捕获 ostream 的 lambda：

```
//os 是一个局部变量，引用一个输出流，c 是一个局部变量，类型为 char
for_each(words.begin(), words.end(),[&os, c] (const string &s) { os<<s<<c;});
```

可以很容易地编写一个函数，完成相同的工作：

```
ostream & print(ostream &os, const string &s, char c){  os<<s<<c;  }
```

但是，不能直接用 bind 来代替对 os 的捕获：

```
for_each(words.begin(), words.end(), bind(print, os, _1, ' '));        //错误：不能复制 os
```

原因在于 bind 复制其参数，而不能复制一个 ostream，如果希望传递给 bind 一个对象而又不是复制它，就必须使用标准库 ref 函数：

```
for_each(words.begin(), words.end(), bind(print, ref(os), _1, ' '));
```

函数 ref 返回一个对象，包含给定的引用，此对象是可以复制的。标准库中还有一个 cref 函数，生成一个保存 const 引用的类。与 bind 一样，函数 ref 和 cref 也定义在头文件 functional.h 中。

11.6 STL 综合案例

【例 11-9】 某市举行一场演讲比赛，共有 24 个人参加，按参加顺序设置参赛号。比赛共三轮，前两轮为淘汰赛，第三轮为决赛。

比赛方式：分组比赛。

第一轮分为 4 个小组，根据参赛号顺序依次划分，比如 100～105 为一组，106～111 为第二组，以此类推，每组 6 个人，每个人分别按参赛号顺序演讲。当小组演讲完后，淘汰组内排名最后的三个选手，然后继续下一个小组的比赛。

第二轮分为 2 个小组，每组 6 人，每个人分别按参赛号顺序演讲。当小组演讲完后，淘汰组内排名最后的三个选手，然后继续下一个小组的比赛。

第三轮只剩下 6 个人，本轮为决赛，选出前三名。

选手每次要随机分组，进行比赛。

比赛评分：10 个评委打分，去除最低、最高分，求平均分。

每个选手演讲完由 10 个评委分别打分。该选手的最终得分是去掉一个最高分和一个最低分，求得剩下的 8 个成绩的平均分。选手的名次按得分降序排列，若得分一样，按参赛号升序排名。

用 STL 编程，求解以下问题：

(1) 请打印出所有选手的名字与参赛号，并以参赛号的升序排列。

(2) 打印每一轮比赛前，分组情况。

(3) 打印每一轮比赛后，小组晋级名单。

(4) 打印决赛前三名，选手名称、成绩。

实现思路：需要把选手信息、选手比赛抽签信息、选手比赛得分信息、选手的晋级信息保存到容器中，需要涉及到各个容器的类型。

选手可以设计一个类 Speaker(姓名、得分)。

所有选手的编号和选手信息，可以放在容器内：map<int, Speaker>。

所有选手的编号信息，可以放在容器内：vector<int>v1 中。

第 1 轮晋级名单，可以放在容器内：vector<int>v2 中。

第 2 轮晋级名单，可以放在容器内：vector<int>v3 中。

第 3 轮前三名名单，可以放在容器内：vector<int>v4 中。

每个小组的比赛得分信息，按照从小到大的顺序放在：

```
multimap<成绩,编号, greater<int>>multimapGroup
```

也就是：

```
multimap<int, int, greater<int>>multimapGroup
```

每个选手的得分信息，可以放在容器 deque<int>dscore 中，方便去除最低最高分。

程序代码如下：

```
#include<iostream>
using namespace std;
#include<string>
#include<vector>
#include<list>
#include<set>
#include<algorithm>
#include<functional>
#include<iterator>                              //输出流迭代器的头文件
#include<numeric>
#include<map>
#include<deque>
class Speaker                                   //选手类
{public:
    string m_name;                              //姓名
```

```
    int m_score[3];                                          //得分
};
int GenSpeaker(map<int, Speaker>&mapSpeaker, vector<int>&v)      //产生选手
{   string str="ABCDEFGHIJKLMNOPQRSTUVWXYZ";
    random_shuffle(str.begin(), str.end());
    for (int i=0; i<24; i++)
    {  Speaker tmp;
       tmp.m_name="选手";
       tmp.m_name=tmp.m_name+str[i];
       mapSpeaker.insert(pair<int, Speaker>(100+i, tmp));
    }
    for (int i=0; i<24; i++){
        v.push_back(100+i);                                  //参加比赛的人员
    }
    return 0;
}
int speech_contest_draw(vector<int>&v)                       //选手抽签
{  random_shuffle(v.begin(), v.end()); return 0;  }
//选手比赛:把小组的比赛得分记录下来,求出前3名和后3名
int speech_contest(int index, vector<int>&v1, map<int, Speaker>&mapSpeaker,
vector<int>&v2)
{  multimap<int, int, greater<int>>multmapGroup;            //小组成绩
   int tmpCount=0;
   for (vector<int>::iterator it=v1.begin(); it!=v1.end(); it++)
   {  tmpCount++;
      //打分
      {  deque<int>dscore;
         for (int j=0; j<10; j++)                            //10个评委打分
         {  int score=50+rand()%50; dscore.push_back(score);  }
         sort(dscore.begin(), dscore.end());
         dscore.pop_back();
         dscore.pop_front();                                 //去除最低分 最高分
         //求平均分
         int scoresum=accumulate(dscore.begin(), dscore.end(), 0);
         int scoreavg=scoresum/dscore.size();
         mapSpeaker[*it].m_score[index]=scoreavg;   //把选手得分存入容器中
         multmapGroup.insert(pair<int ,int>(scoreavg, *it));
      }
      //处理分组
      if (tmpCount %6==0)
      {  cout<<"小组的比赛成绩"<<endl;
         for (multimap<int, int, greater<int>>::iterator mit=multmapGroup.
         begin(); mit!=multmapGroup.end(); mit++)
```

```
        { //编号 姓名 得分
            cout<<mit->second<<"\t"<<mapSpeaker[mit->second].m_name<<"\t"
                <<mit->first<<endl;
        }
        //前三名晋级
        while (multmapGroup.size()>3)
        { multimap<int, int, greater<int>>::iterator it1=multmapGroup.begin();
            v2.push_back(it1->second);          //把前 3 名放到 v2 晋级名单中
            multmapGroup.erase(it1);
        }
        multmapGroup.clear();                   //清除本小组比赛成绩
      }
    }
    return 0;
};
//查看比赛结果
int speech_contest_print(int index, vector<int>&v, map<int, Speaker>&mapSpeaker)
{ printf("第%d轮 晋级名单\n", index+1);
    for (vector<int>::iterator it=v.begin(); it!=v.end(); it++)
    {
        cout <<"参赛编号:"<< * it<<"\t"<<mapSpeaker[* it].m_name<<"\t"
            <<mapSpeaker[* it].m_score[index]<<endl;
    }
    return 0;
};
int main()
{ //容器的设计
    map<int, Speaker>mapSpeaker;                //参加比赛的选手
    vector<int>v1;                              //第 1 轮演讲比赛名单
    vector<int>v2;                              //第 2 轮演讲比赛名单
    vector<int>v3;                              //第 3 轮演讲比赛名单
    vector<int>v4;                              //最后前三名演讲比赛名单
    //产生选手,得到第一轮选手的比赛名单
    GenSpeaker(mapSpeaker, v1);
    //第 1 轮 选手抽签,选手比赛,查看比赛结果
    cout<<"\n\n\n 任意键,开始第 1 轮比赛"<<endl;
    cin.get();
    speech_contest_draw(v1);                    //选手抽签
    speech_contest(0, v1, mapSpeaker, v2);      //选手比赛
    speech_contest_print(0, v2, mapSpeaker);    //查看比赛结果
    //第 2 轮 选手抽签,选手比赛,查看比赛结果
    cout<<"\n\n\n 任意键,开始第 2 轮比赛"<<endl;
    cin.get();
```

```
    speech_contest_draw(v2);                         //选手抽签
    speech_contest(1, v2, mapSpeaker, v3);           //选手比赛
    speech_contest_print(1, v3, mapSpeaker);         //查看比赛结果
    //第3轮 选手抽签 选手比赛 查看比赛结果
    cout<<"\n\n\n任意键,开始第3轮比赛"<<endl;
    cin.get();
    speech_contest_draw(v3);                         //选手抽签
    speech_contest(2, v3, mapSpeaker, v4);           //选手比赛
    speech_contest_print(2, v4, mapSpeaker);         //查看比赛结果
    cout<<"hello..."<<endl;
    return 0;
}
```

在上面的程序中,根据题目要实现的功能,选择了 vector、map、multimap、deque 共4类容器,以及 random_shuffle、sort、accumulate 共3个算法。程序的功能通过调用容器提供的操作和泛型算法实现。算法和容器之间的组合,就像搭积木一样轻松自如。这就是闪烁着泛型之光的 STL 的伟大力量。如此简洁、如此巧妙、如此神奇!如果大家想了解有关 STL 更详细的内容,可参阅 C++ 的帮助文档或 STL 的相关书籍。

本章小结

STL 是标准 C++ 的一部分,是对原来的 C++ 技术的一种补充,相对于 C++ 语言而言,它主要有以下几方面的优点:

(1) 具有非常优秀的通用性,STL 可以应用于任何数据结构和数据对象中,并且和传统的 C++ 数据结构相兼容。

(2) 数据结构非常简单,非常容易被程序员所掌握。

(3) 安全机制完善,内存管理非常优秀。

(4) 具有无法比拟的高效性。采用 STL 技术,不仅会使程序员的工作量减轻,同时使用 STL 技术的程序运行效率明显提高。

本章简要介绍了 STL 容器、算法、迭代器、函数对象、适配器,并通过一个综合案例体验了 STL 泛型编程之美。

从根本上说,STL 是一些"容器"的集合,这些容器有 array、vector、list、set、map 等,STL 也是算法、迭代器和其他一些组件的集合。

各个容器的使用时机如下:

deque 的使用场景:比如排队购票系统,对排队者的存储可以采用 deque,支持头端的快速移除,尾端的快速添加。如果采用 vector,则头端移除时,会移动大量的数据,速度慢。

vector 与 deque 的比较如下。

(1) vector.at()比 deque.at()效率高,比如 vector.at(0)是固定的,deque 的开始位置却是不固定的。

（2）如果有大量释放操作的话，vector 花的时间更少，这跟二者的内部实现有关。

（3）deque 支持头部的快速插入与快速移除，这是 deque 的优点。

list 的使用场景：比如公交车乘客的存储，随时可能有乘客下车，支持频繁的不确定位置元素的移除插入。

set 的使用场景：比如对手机游戏的个人得分记录的存储，存储要求从高分到低分的顺序排列。

map 的使用场景：比如按 ID 号存储十万个用户，想要快速通过 ID 查找对应的用户。二叉树的查找效率这时就体现出来了。如果是 vector 容器，最坏的情况下可能要遍历完整个容器才能找到该用户。

注意：如果存储在容器中的元素的类型是用户自定义的类类型，那么该自定义类中必须提供默认的构造函数、析构函数和赋值运算符重载函数。一些编译器还需要自定义类提供重载一些关系操作符的函数(至少需要重载“==”和“<”，还可能需要重载“!=”和“>”)，即使程序并不需要用到它们。另外，如果用户自定义的类中有指针数据成员，则该自定义类还必须提供复制构造函数和赋值运算符重载函数 operator=，因为插入操作使用的是插入元素的一个副本，而不是元素本身。

本章只是对 STL 的一个概要介绍，如果想了解有关 STL 更多、更详细的内容，请参阅 C++ 的帮助文档或 STL 的相关书籍。

习　题

一、简答题

1. 描述 deque 和 vector 的不同。
2. 描述 map 和 vector 的不同。
3. 解释 set 和 list 的区别。你如何选择使用哪个？
4. 解释 set 和 map 的区别。你如何选择使用哪个？

二、编程题

1. 改写例 11-3，实现复制 forward_list 容器中的每个奇数元素，并删除容器中的偶数元素。

2. 编写一个程序，随机产生 10 个 1～100 的正整数，利用 vector 容器存储数据，并用 accumulate 算法求这 10 个随机数之和，sort 算法对它们进行排序，用 copy 算法输出排序前后的这 10 个随机数。

3. 标准库定义了名一个为 partiton 的算法，它接受一个谓词，对容器内容进行划分，使得谓词为 true 的值排在容器的前半部分，而使谓词为 false 的值排在后半部分。算法返回一个迭代器，指向最后一个使谓词为 true 的元素后面一个位置。有一个 vector 容器 words，里面存放了多个故事的文本。编写函数，接受一个 string，返回一个 bool 值，指出 string 是否有 5 个或更多字符。使用此函数划分 words，打印长度大于 5 的元素。

4. 有许多学生的成绩以对象的形式存在于一个向量 vector 中，学生成绩类有学号、姓名、成绩 3 个数据成员。使用 for_each 算法查找成绩优秀的学生并打印。

5. 使用map编程实现单词转换程序。程序输入是两个文件，第一个文件保存转换规则，第二个文件为将要进行转换的文本。

6. 编写程序，定义一个从作者及其作品的multimap，并实现：

（1）打印一个特定作者的所有作品。

（2）使用find在multimap中查找一个元素并用erase删除它。

图书资源支持

感谢您一直以来对清华版图书的支持和爱护。为了配合本书的使用，本书提供配套的资源，有需求的读者请扫描下方的“书圈”微信公众号二维码，在图书专区下载，也可以拨打电话或发送电子邮件咨询。

如果您在使用本书的过程中遇到了什么问题，或者有相关图书出版计划，也请您发邮件告诉我们，以便我们更好地为您服务。

我们的联系方式：

地　　址：北京市海淀区双清路学研大厦 A 座 701

邮　　编：100084

电　　话：010-83470236　010-83470237

资源下载：http://www.tup.com.cn

客服邮箱：tupjsj@vip.163.com

QQ：2301891038（请写明您的单位和姓名）

资源下载、样书申请

书圈

扫一扫，获取最新目录

课 程 直 播

用微信扫一扫右边的二维码，即可关注清华大学出版社公众号“书圈”。